完全マスター

電験三種受験テキスト

重藤貴也
山田昌平
［共著］

法規

改訂5版

読者の皆さまへ

事業用電気工作物の安全で効率的な運用を行うため，その工事と維持，運用に関する保安と監督を担うのが電気主任技術者です．社会の生産活動の多くは電気に依存しており，また，その需要は増加傾向にあります．

このような中にあって電気設備の保安を確立し，安全・安心な事業を営むために電気主任技術者の役割はますます重要になってきており，その社会的ニーズも高いことから，人気のある国家資格となっています．

「完全マスター　電験三種　受験テキストシリーズ」は，電気主任技術者の区分のうち，第三種，いわゆる「電験三種」の 4 科目（理論，電力，機械，法規）に対応した受験対策書として，2008 年に発行し，改訂を重ねています．

本シリーズは以下のような点に留意した内容となっています．

① 多くの図を取り入れ，初学者や独学者でも理解しやすいよう工夫

② 各テーマともポイントを絞って丁寧に解説

③ 各テーマの例題には適宜「Point」を設け，解説を充実

④ 豊富な練習問題（過去問）を掲載

今回の改訂では，2023 年度から導入された CBT 方式を考慮した内容にしています．また，各テーマを出題頻度や重要度によって 3 段階（★★★～★）に分けています．合格ラインを目指す方は，★★★や★★までをしっかり学習しましょう．★の出題頻度は低いですが，出題される可能性は十分にありますので，一通り学習することをお勧めします．

電験三種の試験は，範囲も広く難易度が高いと言われていますが，ポイントを絞った丁寧な解説と実践力を養う多くの問題を掲載した本シリーズでの学習が試験合格に大いに役立つものと考えています．

最後に本シリーズ企画の立上げから出版に至るまでお世話になった，オーム社編集局の方々に厚く御礼申し上げます．

2023 年 10 月

著者らしるす

Use Method 本シリーズの活用法

1. 本シリーズは，「完全マスター」という名が示すとおり，過去の問題を綿密に分析し，「学習の穴をなくすこと」を主眼に，本シリーズのみの学習で合格に必要な実力の養成が図れるよう編集しています．

2. また，図や表を多く取り入れ，「理解しやすいこと」「イメージできること」を念頭に構成していますので，効果的な学習ができます．

3. 具体的な使用方法としては，まず，各 Chapter のはじめに「学習のポイント」を記しています．ここで学習すべき概要をしっかりとおさえてください．

4. 章内は節（テーマ）で分かれています．それぞれのテーマは読み切りスタイルで構成していますので，どこから読み始めても構いません．理解できないテーマに関しては，印などを付して繰り返し学習し，不得意分野をなくすようにしてください．また，出題頻度や重要度によって★★★～★の 3 段階に分類していますので，学習の目安にご活用ください．

5. それぞれのテーマの学習の成果を各節の最後にある問題でまずは試してください．また，各章末にも練習問題を配していますので，さらに実践力を養ってください（解答・解説は巻末に掲載しています）．

6. 本シリーズに挿入されている図は，先に示したように物理的にイメージしやすいよう工夫されているほか，コメントを配しており理解の一助をなしています．試験直前にそれを見るだけでも確認に役立ちます．

目次 Contents

Chapter 1 電気事業法とその他の法規

Chapter 2 電気設備の技術基準

Chapter

1

電気事業法とその他の法規

学習のポイント

「電気法規」の科目は，出題範囲が「電気法規（保安に関するものに限る）及び電気施設管理に関するもの」となっている．

過去の出題傾向からみると，電気法規の出題が 75％，施設管理の出題が 25％となっているが，施設管理の問題は配点が 2 倍となる B 問題の出題が多いため，配点比率では 2 対 1 程度の比率となっている．さらに，電気法規の出題のうち，電気設備に関する技術基準を定める省令（通称電気設備の技術基準）からの出題が 80％，その他の保安に関する電気法規からの出題が 20％となっている．

この章は，電気設備の技術基準以外のその他の保安に関する電気法規を取り上げ，その主要点をわかりやすく解説したものである．

その内容は，電気事業法関係では，事業用電気工作物に関する，工事計画の認可あるいは事前届出，使用前検査，主任技術者の選任とその届出，保安規程の作成とその届出，電気事故報告，電圧・周波数の維持，技術基準の制定とその順守，立入り検査，電気の使用制限などがあり，また，一般用電気工作物に関する電力会社の調査義務などがある．電気事業法以外の法律では，電気用品安全法，電気工事士法，電気工事業法がある．

この章からの出題は，上記のとおりあまり多くはないが，電気主任技術者としては理解しておかなければならない内容であり，また少ないといっても 10 数点程度の配点があり，合否に影響を及ぼすこともあるので，ぜひとも学習を進めてもらいたい．

電気事業法とその関係法令

［★★］

1 関係法令

電験の法規科目の試験内容は，「**電気法規（保安に関するものに限る）**及び**電気施設管理**」となっている．電気の保安に関する主な法令は図 1･1 のとおりである．

図 1･1 のうち，「～法」「～法律」とあるものは法律であり，国会が定めたものである．政令（施行令）は内閣が，省令（規則・施行規則）は大臣が定めたものであり，法律を施行するためにより詳細な規定などをまとめたものである．電験の出題は，主に図中の色文字の法令が対象となる．

電気事業法は，電気事業の規制及び電気工作物の保安について定めた法律であり，**電気工事士法**及び**電気工事業法**は，電気工事に従事する作業者及び事業者に

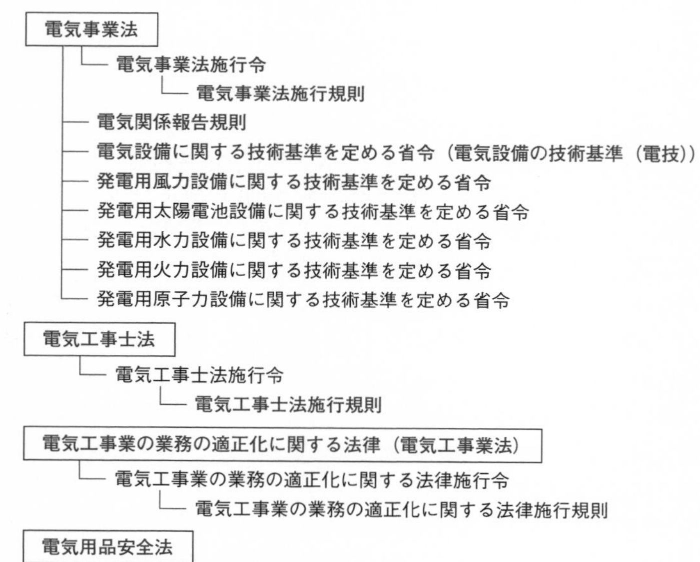

●図 1・1　電気の保安に関する主な法令

対する規制などについて定めた法律，**電気用品安全法**は，電気用品の安全性の確保について定めた法律である．これらの法令のうち，**電気設備の技術基準**及び**発電用風力設備に関する技術基準を定める省令**についてはChapter 2で，それ以外の法令についてはChapter 1で説明する．

2　電気事業法の目的と電気事業の種類

電気事業法の目的は，電気事業法第1条で，次のように規定されている．

第1条

この法律は，電気事業の運営を適正かつ合理的ならしめることによって，電気の使用者の利益を保護し，及び電気事業の健全な発達を図るとともに，電気工作物の工事，維持及び運用を規制することによって，公共の安全を確保し，及び環境の保全を図ることを目的とする．

電気事業の目的は，前半の「電気事業の……」と後半の「電気工作物の……」に大別される．電気事業法に関する出題は，主に後半の電気工作物についてが対象となるが，前半の電気事業の種類等についても出題されることがある．法令に関する理解を深めるためにも，ここでは電気事業について簡単に説明する．

2016年の電気事業法改正により，電気事業は，地域ごとの一般電気事業者10社が発電から小売まで一貫して行う体制から，小売の全面自由化とともに「一般

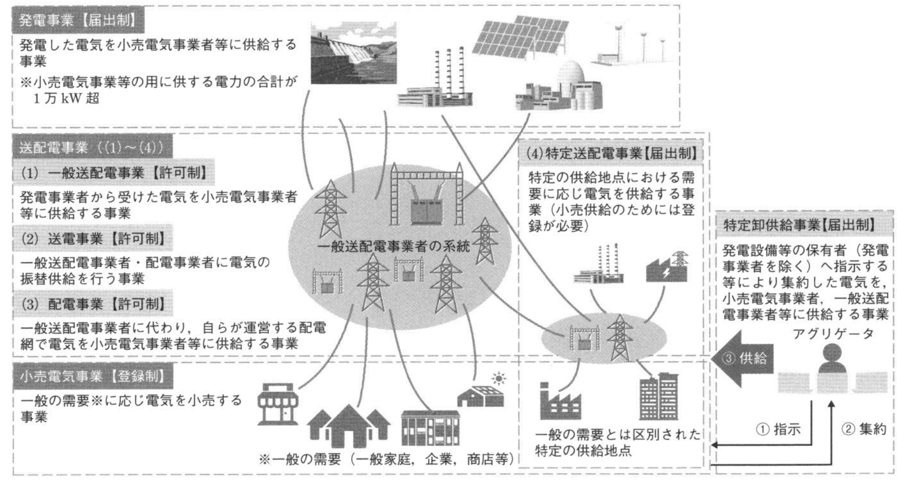

●図1・2　電気事業の分類イメージ
資源エネルギー庁　「電力供給の仕組み（2016年4月以降）」を基に作成

●表 1・1　各電気事業の詳細

電気事業の種類		事業の詳細	事業者数※
発電事業 【届出制】		自らが維持し，及び運用する発電用の電気工作物を用いて小売電気事業，一般送配電事業，配電事業又は特定送配電事業の用に供するための電気を発電する事業 （小売電気事業等の用に供する電力の合計が 1 万 kW を超えるもの）	1 000 超
送配電事業	**一般送配電事業** **【許可制】**	自らが維持し，及び運用する送電用及び配電用の電気工作物によりその供給区域において**託送供給**及び電力量調整供給を行う事業 （離島等では小売供給を行うことがある）	10
	送電事業 【許可制】	自らが維持し，及び運用する送電用の電気工作物により一般送配電事業者又は配電事業者に振替供給を行う事業	3
	配電事業 【許可制】	自らが維持し，及び運用する配電用の電気工作物によりその供給区域において託送供給及び電力量調整供給を行う事業 （配電用の電気工作物は，電圧 7 000 V 以下の配電線路であること）	0
	特定送配電事業 【届出制】	自らが維持し，及び運用する送電用及び配電用の電気工作物により特定の供給地点において小売供給又は小売電気事業，一般送配電事業若しくは配電事業の用に供するための電気に係る託送供給を行う事業	39
小売電気事業 **【登録制】**		**小売供給**（**一般の需要**※に応じ電気を供給すること）を行う事業 （小売供給に必要な供給能力は，小売電気事業者が自社電源や発電事業者等から調達して確保する必要がある） ※「一般の需要」とは，不特定多数の全ての電気の使用者を意味する	700 超
特定卸供給事業 【届出制】		発電設備や蓄電池等の電気の供給能力を有する者（発電事業者を除く）に対し，発電を指示する方法等により集約した電気を，小売電気事業，一般送配電事業，配電事業又は特定送配電事業の用に供するための電気として供給を行う事業 （特定卸供給事業者はアグリゲーターと呼ばれる）	57

※ 2023 年 8 月時点

電気事業」が廃止され「発電事業」「送配電事業」「小売電気事業」といった事業類型に一新された．さらに 2022 年には，新たに「配電事業」及び「特定卸供給事業」が追加された．2022 年 4 月以降の電気事業の分類イメージは図 1･2，各電気事業の詳細は表 1･1 のとおりである．

各電気事業を行うにはそれぞれ経済産業大臣の**「許可」「登録」「届出」**が必要となる．表 1･2 のとおりそれぞれ規制の強さが異なっており，「許可」が最も規制が強い．

●表 1・2　許可・登録・届出

許可	法令により一般的に禁止されている行為を特定の場合に解除する
登録	あらかじめ定められた基準等を満たしているか否か審査・判定し，これを公に証明するために公簿に記載すること
届出	一定の事実を行政庁に知らせるもので，行政庁は原則として記載事項を確認し，受理する

送配電事業者が行う電気の供給には，表 1·3 に示すものがある．このうち，接続供給と振替供給を図示すると図 1·3 のとおりである．

●表 1・3　送配電事業者が行う電気の供給の種類

託送供給		接続供給及び振替供給
	接続供給	小売電気事業者等の依頼により，ある地点で受電し，同時に，その受電した場所以外の場所において，小売供給等のために必要な量の電気を供給すること
	振替供給	小売電気事業者等の依頼により，ある地点で受電した電気と同量の電気を，同時に，他の地点に供給すること
電力量調整供給		発電又は需要抑制（ネガワット）の契約者に対して，契約者があらかじめ申し出た量の電気を供給すること．申し出た量と実際の発電・抑制量に過不足がある場合は，契約する一般送配電事業者又は配電事業者が調整する．

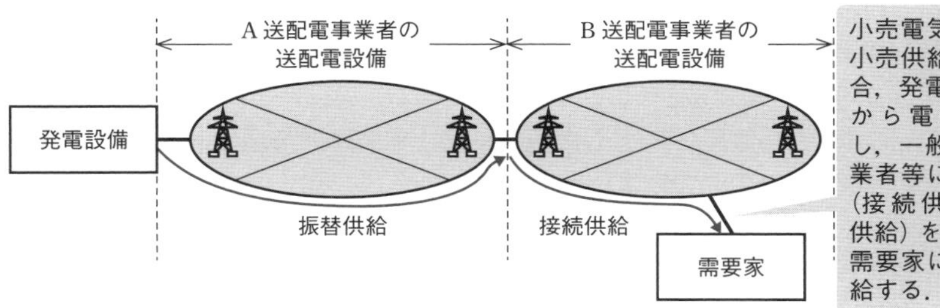

●図 1・3　接続供給と振替供給

3　一般送配電事業者の規制

一般送配電事業者には，東京電力パワーグリッドや関西電力送配電などの旧一般電気事業者 10 社の送配電部門が該当する．送配電網を発電事業者や小売事業者が公平に利用できるよう送配電部門の中立性を確保するため，**2020 年に送配電部門の別会社化（法的分離）**が実施された（東京電力は 2016 年に別会社化を実施．沖縄電力は例外的に別会社化の対象外）．

電気事業法により一般送配電事業者は，特定の発電・小売事業者を優遇するなどの差別的取扱いが禁止されているとともに，利用者がどの小売事業者からも電気の供給を受けられない場合に最終的な電気の供給を実施する義務（**最終保証供給**）や離島等の需要家にも他地域と同程度の料金水準で電気を供給する義務（**離島等供給**）などが課せられている．また，供給する電気の**電圧及び周波数**の値を電気事業法施行規則第 38 条で定められた値に維持するよう義務づけられており，電圧の値は表 1･4，周波数の値は，供給する電気の**標準周波数に等しい値**と定義されている．

●表 1・4　維持すべき電圧の値

標準電圧	維持すべき値
100 V	**101 V ± 6 V** を超えない値
200 V	**202 V ± 20 V** を超えない値

問題1　H21　A-1

次の文章は，「電気事業法」の目的についての記述である．

この法律は，電気事業の運営を適正かつ合理的ならしめることによって，電気の使用者の利益を保護し，及び電気事業の健全な発達を図るとともに，電気工作物の工事，維持及び運用を［（ア）］することによって［（イ）］の安全を確保し，及び［（ウ）］の保全を図ることを目的とする．

上記の記述中の空白箇所（ア），（イ）及び（ウ）に記入する語句として，正しいものを組み合わせたのは次のうちどれか．

	（ア）	（イ）	（ウ）
(1)	規定	公共	電気工作物
(2)	規制	電気	電気工作物
(3)	規制	公共	環境
(4)	規定	電気	電気工作物
(5)	規定	電気	環境

解説　この問題は，電気事業法第 1 条がそのまま出題されたもので，法規の空白箇所補充問題では，このようなものが多く出題されている．問題を解く鍵は，法律の用語をしっかり押さえておくことである．

解答 ▶ (3)

問題2　R1　A-1

次の文章は，「電気事業法」に基づく電気事業に関する記述である．

a　小売供給とは，（ア）の需要に応じ電気を供給することをいい，小売電気事業を営もうとする者は，経済産業大臣の（イ）を受けなければならない．小売電気事業者は，正当な理由がある場合を除き，その小売供給の相手方の電気の需要に応ずるために必要な（ウ）能力を確保しなければならない．

b　一般送配電事業とは，自らの送配電設備により，その供給区域において，（エ）供給及び電力量調整供給を行う事業をいい，その供給区域における最終保障供給及び離島の需要家への離島供給を含む．一般送配電事業を営もうとする者は，経済産業大臣の（オ）を受けなければならない．

上記の記述中の空白箇所（ア），（イ），（ウ），（エ）及び（オ）に当てはまる組合せとして，正しいものを次の（1）～（5）のうちから一つ選べ．

	（ア）	（イ）	（ウ）	（エ）	（オ）
(1)	一般	登録	供給	託送	許可
(2)	特定	許可	発電	特定卸	認可
(3)	一般	登録	発電	特定卸	許可
(4)	一般	許可	供給	特定卸	認可
(5)	特定	登録	供給	託送	認可

「許可」「登録」「届出」は，法規の問題で選択肢として出てくることがあるため，その違いを覚えておくこと（p.5 の表 1・2 参照）．

解説　小売供給とは，**一般**（不特定多数）の需要に応じ電気を供給することをいう．

小売電気事業は**登録制**であり，当該事業を営もうとする者の適格性を経済産業大臣が事前に審査する．小売電気事業者は，需要に応じて必要な**供給能力**を確保する必要があるが，その調達方法には自社電源，他社との相対契約，日本卸電力取引所（JEPX）からの調達などの方法がある．

一般送配電事業とは，**託送供給**及び電力量調整供給を行う事業である．一般送配電事業は，電気の安定供給の確保や送配電設備の二重投資及び過剰投資を防止する観点から，登録制より規制が強い**許可制**となっている．

解答 ▶ (1)

問題 3　H21　A-10（一部改変）

次の文章は，「電気事業法」及び「電気事業法施工規則」の電圧及び周波数の値についての説明である．

1.　一般送配電事業者は，その供給する電気の電圧の値を標準電圧が 100 V では，［（ア）］を超えない値に維持するように努めなければならない．

2.　一般送配電事業者は，その供給する電気の電圧の値を標準電圧が 200 V では，［（イ）］を超えない値に維持するように努めなければならない．

3.　一般送配電事業者は，その者が供給する電気の標準周波数［（ウ）］値に維持するよう努めなければならない．

上記の記述中の空白箇所（ア），（イ）及び（ウ）に当てはまる語句として，正しいものを組み合わせたのは次のうちのどれか．

	（ア）	（イ）	（ウ）
(1)	100 V の上下 4 V	200 V の上下 8 V	に等しい
(2)	100 V の上下 4 V	200 V の上下 12 V	の上下 0.2 Hz を超えない
(3)	100 V の上下 6 V	200 V の上下 12 V	に等しい
(4)	101 V の上下 6 V	202 V の上下 12 V	の上下 0.2 Hz を超えない
(5)	101 V の上下 6 V	202 V の上下 20 V	に等しい

解説　電気事業法第 26 条により，電力系統の電圧及び周波数の維持義務は，一般送配電事業者に課せられている．電気事業法施行規則第 38 条により，電圧及び周波数の維持すべき値が定められており，電圧は標準電圧 100 V が **101 V ± 6 V**，標準電圧 200 V が **202 V ± 20 V** である．また，周波数については**標準周波数に等しい値**と定められており，具体的には 50 Hz 又は 60 Hz である．

解答 ▶ (5)

電気工作物の種類

［★★★］

1 電気工作物の定義

電気工作物は，電気事業法第 2 条第 1 項第 18 号で次のように定義されている．

第 2 条（定義）

十八　電気工作物　発電，変電，送電若しくは配電又は電気の使用のために設置する機械，器具，ダム，水路，貯水池，電線路その他の工作物（船舶，車両又は航空機に設置されるものその他の政令で定めるものを除く．）をいう．

また，**電気工作物から除かれる工作物**は，電気事業法施行令第 1 条で次のように定められている．

施行令第 1 条（電気工作物から除かれる工作物）

電気事業法第 2 条第 1 項第 18 号の政令で定める工作物は，次のとおりとする．

一　鉄道営業法（明治 33 年法律第 65 号），軌道法（大正 10 年法律第 76 号）若しくは鉄道事業法（昭和 61 年法律第 92 号）が適用され若しくは準用される車両若しくは搬器，船舶安全法（昭和 8 年法律第 11 号）が適用される船舶，陸上自衛隊の使用する船舶（水陸両用車両を含む．）若しくは海上自衛隊の使用する船舶又は道路運送車両法（昭和 26 年法律第 185 号）第 2 条第 2 項に規定する自動車に設置される工作物であって，これらの車両，搬器，船舶及び自動車以外の場所に設置される電気的設備に電気を供給するためのもの以外のもの

二　航空法（昭和 27 年法律第 231 号）第 2 条第 1 項に規定する航空機に設置される工作物

三　前二号に掲げるもののほか，電圧 30 V 未満の電気的設備であって，電圧 30 V 以上の電気的設備と電気的に接続されていないもの

(1) 電気工作物の範囲

電気工作物とは，発電，変電，送電若しくは配電又は電気を使用するために設置する工作物の総称であるが，工作物という以上，人為的労作を加えることによって土地などに固定して設置されるものをいい，天然の河川を利用した水路などは電気工作物に含まれない．また，発電所や変電所などは総合的設備として電気工作物であるとともに，それを組成する機械や器具も電気工作物である．

また，電気工作物の範囲としては，発電，変電，送電若しくは配電又は電気の使用のために直接必要なものを指し，営業所や社宅などこれに直接関係ないものは含まれない．ただし，発電所や水路などの監視保守のために必要な駐在所などは，直接の必要があると解されている．

(2) 電気工作物から除かれる工作物

工作物のうち，船舶，車両，航空機などに設置されるものについては，ほかのものと電気的に接続されずに独立しているものが多く，またほかの法令により保安面の規制を受けており，電気事業法において電気工作物として規制する必要がないものが多いので，電気事業法施行令第１条で除外されている．

これらの内容を図示すると図1･4のとおりである．

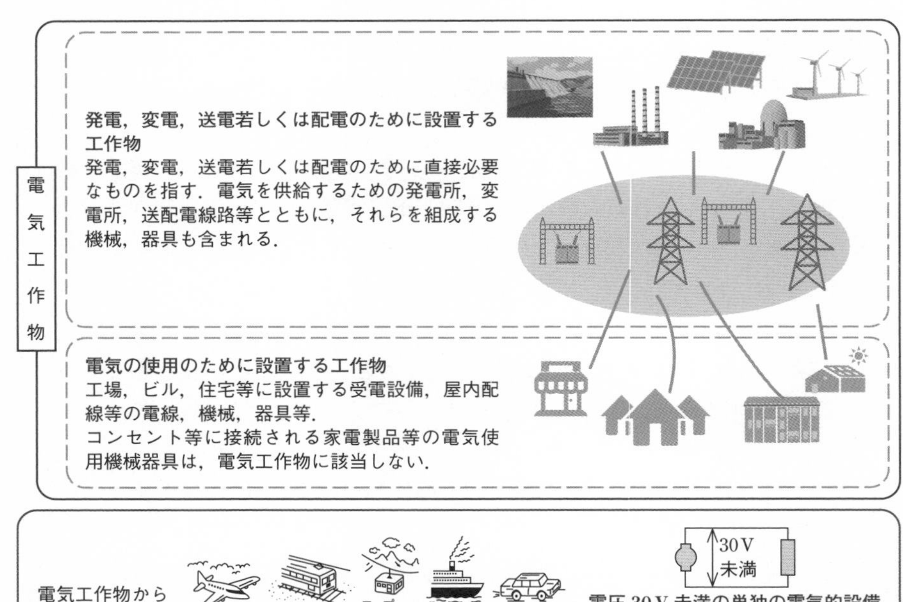

●図1・4　電気工作物の定義

2 電気工作物の種類

電気工作物の種類は，電気事業法第 38 条で次のように定義されている．

第 38 条

この法律において「一般用電気工作物」とは，次に掲げる電気工作物であって，構内（これに準ずる区域内を含む．以下同じ．）に設置するものをいう．ただし，小規模発電設備（低圧（経済産業省令で定める電圧以下の電圧をいう．第 1 号において同じ．）の電気に係る発電用の電気工作物であって，経済産業省令で定めるものをいう．以下同じ．）以外の発電用の電気工作物と同一の構内に設置するもの又は爆発性若しくは引火性の物が存在するため電気工作物による事故が発生するおそれが多い場所として経済産業省令で定める場所に設置するものを除く．

一　電気を使用するための電気工作物であって，低圧受電電線路（当該電気工作物を設置する場所と同一の構内において低圧の電気を他の者から受電し，又は他の者に受電させるための電線路をいう．次号ロ及び第 3 項第 1 号ロにおいて同じ．）以外の電線路によりその構内以外の場所にある電気工作物と電気的に接続されていないもの

二　小規模発電設備であって，次のいずれにも該当するもの

イ　出力が経済産業省令で定める出力未満のものであること．

ロ　低圧受電電線路以外の電線路によりその構内以外の場所にある電気工作物と電気的に接続されていないものであること．

三　前 2 号に掲げるものに準ずるものとして経済産業省令で定めるもの

2　この法律において「事業用電気工作物」とは，一般用電気工作物以外の電気工作物をいう．

3　この法律において「小規模事業用電気工作物」とは，事業用電気工作物のうち，次に掲げる電気工作物であって，構内に設置するものをいう．ただし，第 1 項ただし書に規定するものを除く．

一　小規模発電設備であって，次のいずれにも該当するもの

イ　出力が第 1 項第 2 号イの経済産業省令で定める出力以上のものであること．

ロ　低圧受電電線路以外の電線路によりその構内以外の場所にある電気工作物と電気的に接続されていないものであること．

二　前号に掲げるものに準ずるものとして経済産業省令で定めるもの
4　この法律において「自家用電気工作物」とは，次に掲げる事業の用に供する電気工作物及び一般用電気工作物以外の電気工作物をいう．
一　一般送配電事業
二　送電事業
三　配電事業
四　特定送配電事業
五　発電事業であって，その事業の用に供する発電等用電気工作物が主務省令で定める要件に該当するもの

(1) 使用目的からの分類

電気工作物は，使用目的，規模などから，**事業用電気工作物**と**一般用電気工作物**に大別され，さらに事業用電気工作物は**電気事業の用に供する電気工作物**（**電気事業用電気工作物**）と**自家用電気工作物**に分けられる．この分類を図1･5のとおりである．

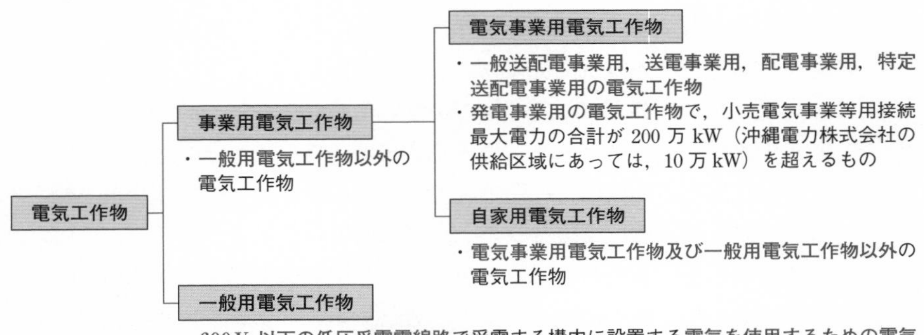

●図1・5　電気工作物の種類

一般用電気工作物の受電電圧は，電気事業法施行規則第48条で**600 V以下**と定められている．発電用の電気工作物のうち一般用電気工作物となるものは，以前は「小出力発電設備」という名称であったが，2023 年 3 月の電気事業法の改正により「**小規模発電設備**」に名称が変更になり，また，「小出力発電設備」のうち太陽光発電設備の一部と風力発電設備は「**小規模事業用電気工作物**」として一般用電気工作物から事業用電気工作物に変更になった．この変更は，小規模な再エネ発電設備に係る事故の増加により公衆災害リスクが懸念されたためであり，事業用電気工作物に分類されることで保安規制が強化されている（保安規制の詳細は 1-3 節で説明）．具体的な小規模発電設備と小規模事業用電気工作物の範囲は，表 1･5 のとおりである．

●表 1・5　小規模発電設備と小規模事業用電気工作物の範囲

	小規模発電設備※1	
	小規模事業用電気工作物※2（事業用電気工作物）	小規模発電設備のうち一般用電気工作物※2
太陽光発電設備	**出力 10 kW 以上 50 kW 未満**	**出力 10 kW 未満**
風力発電設備	**出力 20 kW 未満**	—
水力発電設備	—	**出力 20 kW 未満**で以下のいずれかに該当 ・最大使用水量が毎秒 1 m³未満のもの（ダムを伴うものを除く） ・特定の施設内に設置されるものであって別に告示するもの（土地改良事業に係る農業用用排水施設（ダムを除く）など）
内燃力を原動力とする火力発電設備	—	**出力 10 kW 未満**
燃料電池発電設備	—	**出力 10 kW 未満**で以下のいずれかに該当 ・固体高分子型又は固体酸化物型の燃料電池発電設備であって，燃料・改質系統設備の最高使用圧力が 0.1 MPa（液体燃料を通ずる部分にあっては，1.0 MPa）未満のもの ・圧縮水素ガスを燃料とする自動車の動力源用の燃料電池発電設備であって，道路運送車両の保安基準に適合するもの
スターリングエンジンを原動力とする発電設備	—	**出力 10 kW 未満**

※1　発電電圧が **600 V 以下**であること．また，表内の発電設備が同一の構内に複数設置され電気的に接続されている場合，それらの設備の**出力の合計が 50 kW 未満**であること．

※2　低圧受電電線路以外の電線路によりその構内以外の場所にある電気工作物と電気的に接続されていないものであること．

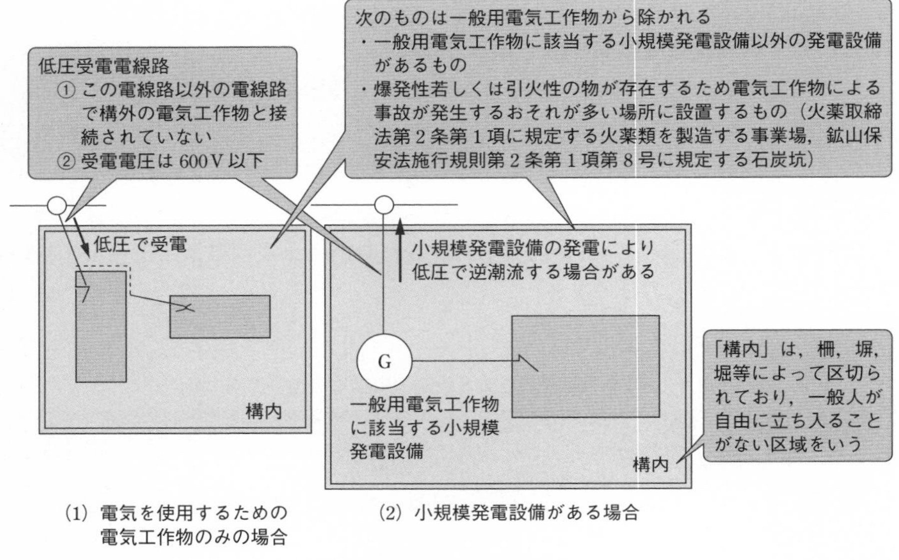
次のものは一般用電気工作物から除かれる
・一般用電気工作物に該当する小規模発電設備以外の発電設備があるもの
・爆発性若しくは引火性の物が存在するため電気工作物による事故が発生するおそれが多い場所に設置するもの（火薬取締法第2条第1項に規定する火薬類を製造する事業場，鉱山保安法施行規則第2条第1項第8号に規定する石炭坑）
低圧受電電線路
① この電線路以外の電線路で構外の電気工作物と接続されていない
② 受電電圧は 600V 以下
低圧で受電
構内
小規模発電設備の発電により低圧で逆潮流する場合がある
G
一般用電気工作物に該当する小規模発電設備
構内
「構内」は，柵，塀，堀等によって区切られており，一般人が自由に立ち入ることがない区域をいう
(1) 電気を使用するための電気工作物のみの場合
(2) 小規模発電設備がある場合

●図1・6　一般用電気工作物

一般用電気工作物を図に示すと図 1･6 のとおりである．また，一般用電気工作物と事業用電気工作物を具体的に例図したものが図 1･7 である．図 1･7 の(a)，(b) は低圧受電で，構外の電気工作物と接続されている電線路が低圧受電電線路のみであるため，一般用である．(b) のように電気使用設備の電圧が高圧あるいは特別高圧のものがあっても，電気使用設備の電圧に対する規制はないので一般用である．(c) は発電設備があるが一般用電気工作物に該当する小規模発電設備であるので，一般用である．電気の向きは，構外の電線路へ電気を送り出す逆潮流が一時的にある場合も受電に該当すると解釈される．また，(d) の構外の電線路と接続されない場合や，(e) の一般用電気工作物に該当する小規模発電設備が単体で設置される場合も一般用である．

一方で，図 1･7 の (f)，(g) は高圧受電であるため，事業用である．(h)，(i) は一般用電気工作物に該当する小規模発電設備以外の発電設備があるため，事業用である．(j)，(k) は低圧受電であるが，(j) は受電用の電線路以外の電線路が構外の電気工作物と接続されているため，(k) は受電場所が構外にあるため，事業用である．

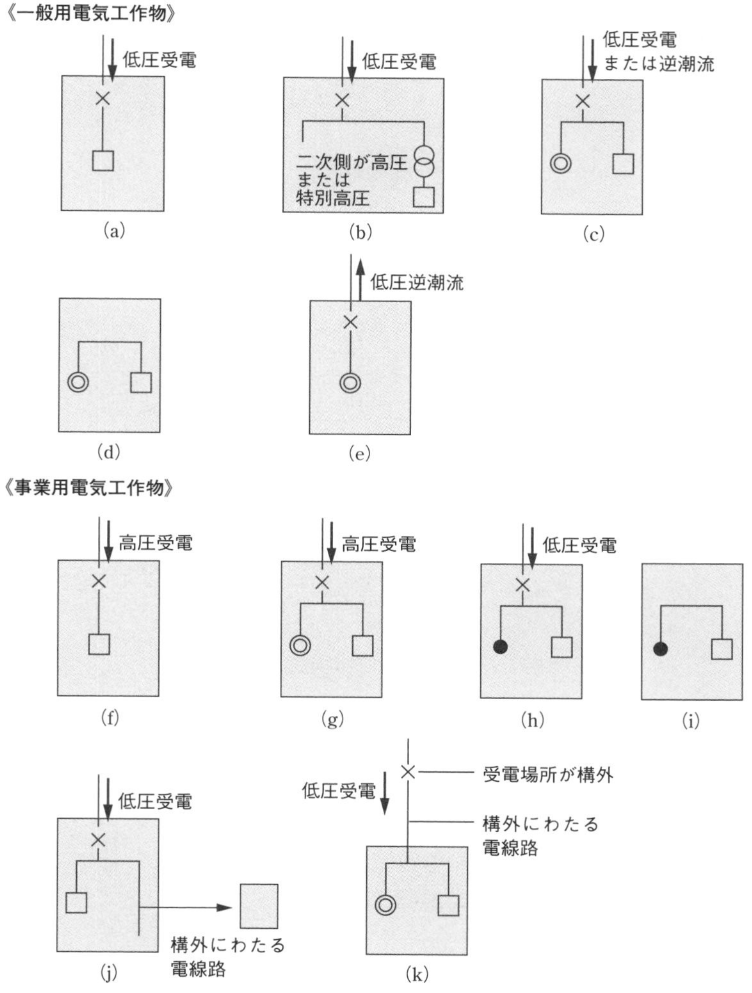

《一般用電気工作物》

低圧受電

(a)

低圧受電

二次側が高圧
または
特別高圧

(b)

低圧受電
または逆潮流

(c)

(d)

低圧逆潮流

(e)

《事業用電気工作物》

高圧受電

(f)

高圧受電

(g)

低圧受電

(h)

(i)

低圧受電

構外にわたる
電線路

(j)

受電場所が構外

低圧受電

構外にわたる
電線路

(k)

〔注〕◎：一般用電気工作物に該当する小規模発電設備
●：上記の小規模発電設備以外の発電設備
×：保安上の責任分界点
□：電気を使用するための電気工作物

●図1・7　一般用電気工作物と事業用電気工作物の例図

(2) 機能上からの分類

電気工作物は，その機能，形態から図1･8のように発電所，変電所，送電線路，配電線路，需要設備に分類される．

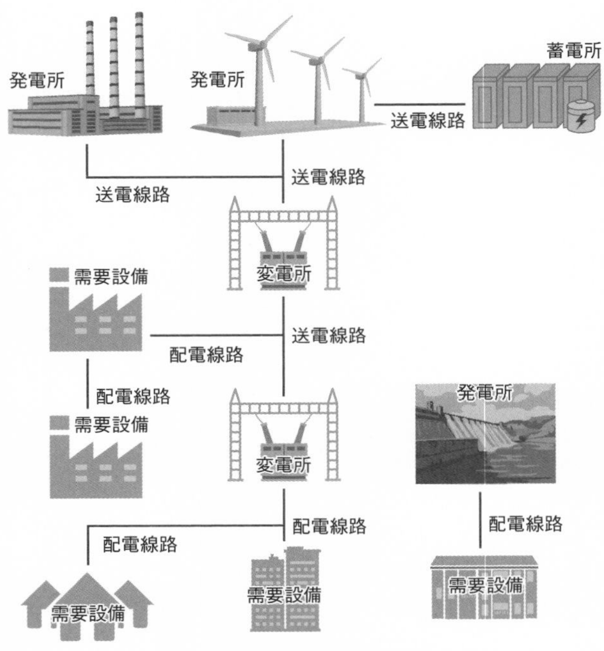

●図1・8　電気工作物の機能からの分類

(a) 発　電　所

電気事業法には定義はないが，電気設備技術基準において，発電機，原動機，燃料電池，太陽電池その他の機械器具を施設して電気を発生させる所と定義されている．小規模発電設備，非常用予備電源を得る目的で施設するもの及び電気用品安全法の適用を受ける携帯用発電機は除かれる．

(b) 変　電　所

電気事業法施行規則では，構内以外の場所から伝送される電気を変成し，これを構内以外の場所に伝送するため，又は構内以外の場所から伝送される電圧10万V以上の電気を変成するために設置する変圧器その他の電気工作物の総合体と定義している．なお，電気設備技術基準では，構外から伝送される電気を構内で変成し，さらに構外に伝送する所と定義しており，定義が若干異なる．

(c) 送電線路

発電所相互間，蓄電所相互間，変電所相互間又は発電所，蓄電所，変電所のいずれか2つの間の電線路及びこれに附属する開閉所その他の電気工作物をいう．

(d) 配電線路

発電所，蓄電所，変電所若しくは送電線路と需要設備との間又は需要設備相互間の電線路及びこれに附属する開閉所その他の電気工作物をいう．電柱に施設される柱上変圧器は配電線路に含まれる．

(e) 需要設備

電気を使用するために，その使用の場所と同一構内（発電所又は変電所の構内を除く．）に設置する電気工作物の総合体をいう．

問題4　H30　A-1（一部改変）

次の a，b 及び c の文章は，「電気事業法」に基づく自家用電気工作物に関する記述である．

a　事業用電気工作物とは，（ア）電気工作物以外の電気工作物をいう．

b　自家用電気工作物とは，次に掲げる事業の用に供する電気工作物及び（イ）電気工作物以外の電気工作物をいう．

① 一般送配電事業

② 送電事業

③ 配電事業

④ 特定送配電事業

⑤ （ウ）事業であって，その事業の用に供する（ウ）用の電気工作物が主務省令で定める要件に該当するもの

上記の記述中の空白箇所（ア），（イ），及び（ウ）に当てはまる組合せとして，正しいものを次の(1)～(5)のうちから一つ選べ．

	（ア）	（イ）	（ウ）
(1)	一般用	事業用	配電
(2)	一般用	一般用	発電
(3)	自家用	事業用	配電
(4)	自家用	一般用	発電
(5)	一般用	一般用	配電

解説　電気事業法第 38 条にある事業用電気工作物と自家用電気工作物の定義である．事業用電気工作物は，一般用電気工作物以外の工作物であり，事業用電気工作物から発電及び送配電に用いる電気事業用の工作物を除いたものが自家用電気工作物である．

解答 ▶ (2)

問題 5　H21　A-2（一部改変）

「電気事業法」に基づく，一般用電気工作物に該当するものは次のうちどれか．なお，(1)～(5) の電気工作物は，その受電のための電線路以外の電線路により，その構内以外の場所にある電気工作物と電気的に接続されていないものとする．

(1) 受電電圧 6.6 kV，受電電力 60 kW の店舗の電気工作物

(2) 受電電圧 200 V，受電電力 30 kW で，別に発電電圧 200 V，出力 15 kW の内燃力による非常用予備発電装置を有する病院の電気工作物

(3) 受電電圧 6.6 kV，受電電力 45 kW の事務所の電気工作物

(4) 受電電圧 200 V，受電電力 35 kW で，別に発電電圧 100 V，出力 5 kW の太陽電池発電設備を有する事務所の電気工作物

(5) 受電電圧 200 V，受電電力 30 kW で，別に発電電圧 100 V，出力 15 kW の風力発電設備を有する公民館の電気工作物

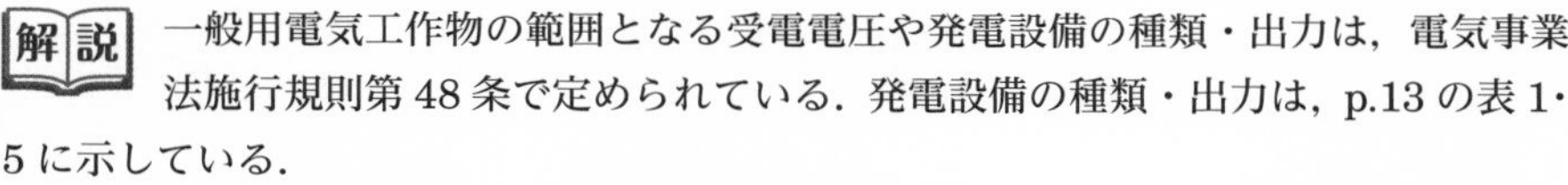

解説　一般用電気工作物の範囲となる受電電圧や発電設備の種類・出力は，電気事業法施行規則第 48 条で定められている．発電設備の種類・出力は，p.13 の表 1・5 に示している．

(1)，(3) ×　一般用電気工作物は，**受電電圧 600 V 以下**のため該当しない．

(2) ×　一般用電気工作物となる内燃力を原動力とする火力発電設備は，**出力 10 kW 未満**のため該当しない．

(4) ○　**出力 10 kW 未満**の太陽光発電設備は，一般用電気工作物の範囲となる**小規模発電設備**である．

(5) ×　**出力 20 kW 未満**の風力発電設備は，事業用電気工作物である**小規模事業用電気工作物**に該当する．

解答 ▶ (4)

問題6 ☑☑☑ H26 A-1（一部改変）

次の文章は，「電気事業法施行規則」における送電線路及び配電線路の定義である．

a.「送電線路」とは，発電所相互間，蓄電所相互間，変電所相互間，発電所と蓄電所との間，発電所と (ア) との間又は蓄電所と (ア) との間の (イ) （専ら通信の用に供するものを除く．以下同じ.）及びこれに附属する (ウ) その他の電気工作物をいう.

b.「配電線路」とは，発電所，蓄電所，変電所若しくは送電線路と (エ) との間又は (エ) 相互間の (イ) 及びこれに附属する (ウ) その他の電気工作物をいう.

上記の記述中の空白箇所（ア），（イ），（ウ）及び（エ）に当てはまる組合せとして，正しいものを次の（1）～（5）のうちから一つ選べ.

	（ア）	（イ）	（ウ）	（エ）
(1)	変電所	電線	開閉所	電気使用場所
(2)	開閉所	電線路	支持物	電気使用場所
(3)	変電所	電線	支持物	開閉所
(4)	開閉所	電線	支持物	需要設備
(5)	変電所	電線路	開閉所	需要設備

解説 電気事業法施行規則第２条の用語の定義からの出題である．

「送電線路」とは，**発電所**，**蓄電所**，**変電所**の間をそれぞれつなぐ**電線路**及びこれに附属する**開閉所**その他の電気工作物をいう．「配電線路」とは，発電所，蓄電所，変電所若しくは送電線路と**需要設備**との間又は**需要設備**相互間の**電線路**及びこれに附属する**開閉所**その他の電気工作物をいう．送電線路と配電線路のイメージは，p.16 の図 1・8 に示している．

解答 ▶ (5)

事業用電気工作物の保安規制

［★★★］

1 事業用電気工作物の規制概要

電気事業法では，第 1 条の目的にある「電気工作物の工事，維持及び運用を規制することによって，公共の安全を確保し，及び環境の保全を図ること」を達成するため，さまざまな保安規制が定められている．事業用電気工作物のうち第三種電気主任技術者が扱うことが多い需要設備，太陽光発電設備，風力発電設備に関する主な保安規制を図に示すと図 1･9 ～ 1･11 のとおりである（一般用電気工作物については参考で記載）．

図 1･9 ～ 1･11 に記載した事業用電気工作物に関する各規制の概要は次のとおりである（風力発電設備の定期安全管理検査については説明を省略する）．

・技術基準への適合，維持義務（法第 39 条，40 条）

事業用電気工作物を設置する者は，事業用電気工作物を主務省令で定める技術基準に適合するように維持しなければならない．

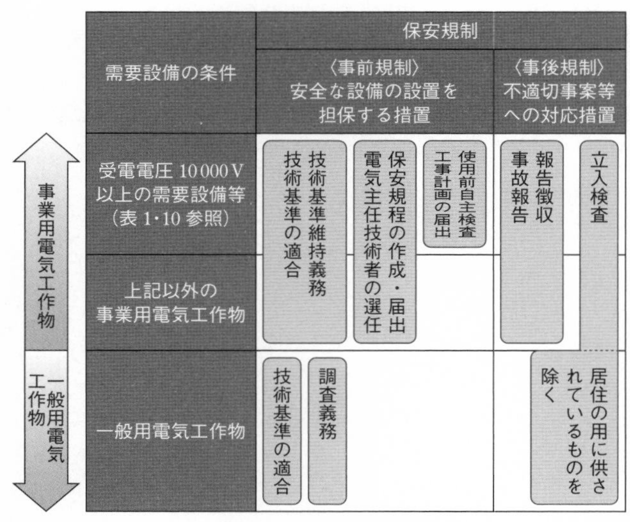

●図 1・9　需要設備の保安規制

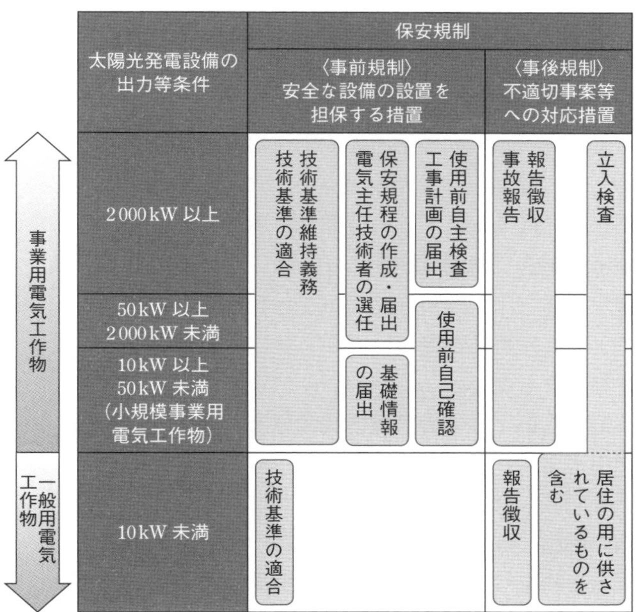

●図 1・10　太陽光発電設備の保安規制

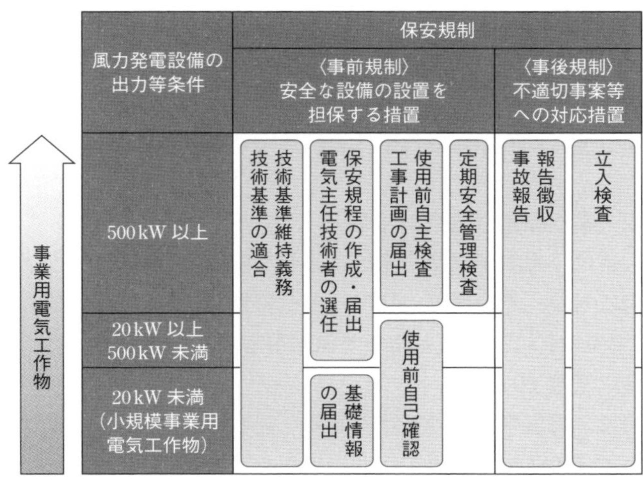

●図 1・11　風力発電設備の保安規制

主務大臣は，事業用電気工作物が技術基準に適合していないと認めるときは，その使用の一時停止等を命じることができる．

・保安規程の作成・届出（法第42条）

事業用電気工作物（小規模事業用電気工作物を除く）を設置する者は，事業用電気工作物の工事，維持及び運用に関する保安を確保するため保安規程を定め，事業用電気工作物の使用又は工事の開始前に届け出なければならない．

・主任技術者の選任（法第43条）

事業用電気工作物（小規模事業用電気工作物を除く）を設置する者は，事業用電気工作物の工事，維持及び運用に関する保安の監督をさせるため，主任技術者を選任しなければならない．

・小規模事業用電気工作物の基礎情報の届出（法第46条）

小規模事業用電気工作物を設置する者は，その使用の開始前に，経済産業省令で定める事項を記載した書類を届け出なければならない．

・工事計画の届出（法第48条）

事業用電気工作物を設置又は変更の工事であって，主務省令で定めるものをしようとする者は，その工事の計画を主務大臣に届け出なければならない．

・使用前自主検査（法第51条）

事業用電気工作物であって，主務省令で定めるものを設置する者は，その使用の開始前に自主検査を行い，その結果を記録し，保存しなければならない．

・使用前自己確認（法第51条の2）

事業用電気工作物であって公共の安全の確保上重要なものとして主務省令で定めるものを設置する者は，その使用を開始しようとするときは，当該事業用電気工作物が主務省令で定める技術基準に適合することについて，自ら確認しなければならない．

・報告徴収・事故報告（法第106条）

経済産業大臣は，電気事業法の施行に必要な限度において，自家用電気工作物を設置する者に対し，その業務の状況に関し報告又は資料の提出をさせることができる．（電気事業者に対しても同条で別途規定がある．説明は省略する．）

・立入検査（法第107条）

経済産業省は，電気事業法の施行に必要な限度において，その職員に，電気事業者や自家用電気工作物を設置する者の事業所等に立ち入り，電気工作物，書類等を検査させることができる．

上記の各規制のうち，「報告徴収・事故報告（法第 106 条)」については，1-6 節「電気関係報告規則」で詳細を説明する．それ以外の規制について，この節の第 2 項以降で順に説明する．

なお，電気事業法にある主務大臣とは，原子力発電工作物以外の場合は経済産業大臣，原子力発電工作物の場合は経済産業大臣及び原子力規制委員会を指す．また，主務省令とは，主務大臣の発する命令を指す（法第 113 条の 2)．

電気事業法の保安規制は，1964 年の制定から国による直接的な関与の仕組みとして整備されてきたが，1995 年以降は**自己責任原則，自主保安体制**の確保を重視した規制へと見直しが進められ，国による工事計画認可や直接検査などは大幅に縮小されている．

2　技術基準への適合

電気事業法第 39 条では事業用電気工作物の技術基準適合の維持について，電気事業法第 40 条では技術基準適合命令について，次のとおり定めている．

第 39 条（事業用電気工作物の維持）

事業用電気工作物を設置する者は，事業用電気工作物を主務省令で定める技術基準に適合するように維持しなければならない．

2　前項の主務省令は，次に掲げるところによらなければならない．

一　事業用電気工作物は，人体に危害を及ぼし，又は物件に損傷を与えないようにすること．

二　事業用電気工作物は，他の電気的設備その他の物件の機能に電気的又は磁気的な障害を与えないようにすること．

三　事業用電気工作物の損壊により一般送配電事業者又は配電事業者の電気の供給に著しい支障を及ぼさないようにすること．

四　事業用電気工作物が一般送配電事業又は配電事業の用に供される場合にあっては，その事業用電気工作物の損壊によりその一般送配電事業又は配電事業に係る電気の供給に著しい支障を生じないようにすること．

第 40 条（技術基準適合命令）

主務大臣は，事業用電気工作物が前条第 1 項の主務省令で定める技術基準に適合していないと認めるときは，事業用電気工作物を設置する者に

対し，その技術基準に適合するように事業用電気工作物を修理し，改造し，若しくは移転し，若しくはその使用を一時停止すべきことを命じ，又はその使用を制限することができる．

第 39 条第 2 項の第 1 号～第 4 号には，電気設備の技術基準を定めるに当たっての基準を定めており，各号の内容を図示すると図 1・12 のとおりである．技術基準の具体的な規定内容については，Chapter2 で説明する．事業用電気工作物の**設置者**は，図 1・12 に示す**人体への危害等を防止**するため電気工作物を**技術基準に適合するように維持**しなければならない．

また，電気事業法第 40 条では，電気工作物が**技術基準に適合していない**場合は，主務大臣が電気工作物の**修理**や**使用の一時停止**等の命令を発動できるよう規定している．技術基準適合命令は，立入検査（法第 107 条）等の結果，電気工作物が技術基準に適合していないと主務大臣が認める場合に発動されることとなる．

人体に対する危害防止と物件に対する損傷防止
・人体への電撃の防止
・漏電，閃絡，短絡等による火災の防止
・ダム決壊，鉄塔倒壊，ボイラーの爆発等の防止

他の物件の機能に対する電気的又は磁気的障害の防止
（誘導障害，電波障害，電食障害等）

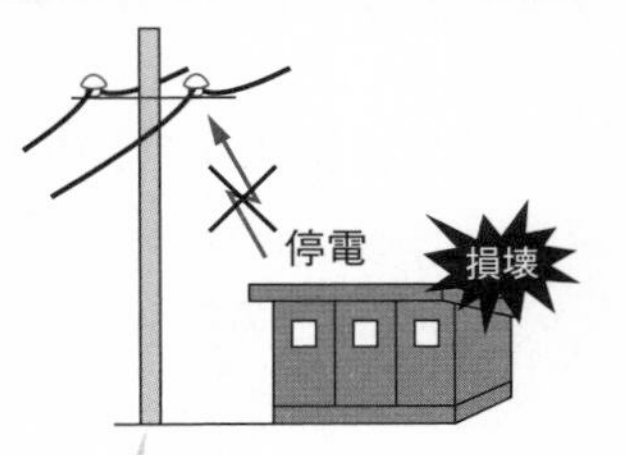

電力系統の電気の供給に著しい支障を及ぼす電気工作物の損壊事故による波及事故の防止
（電力系統に接続する自家用電気工作物等）

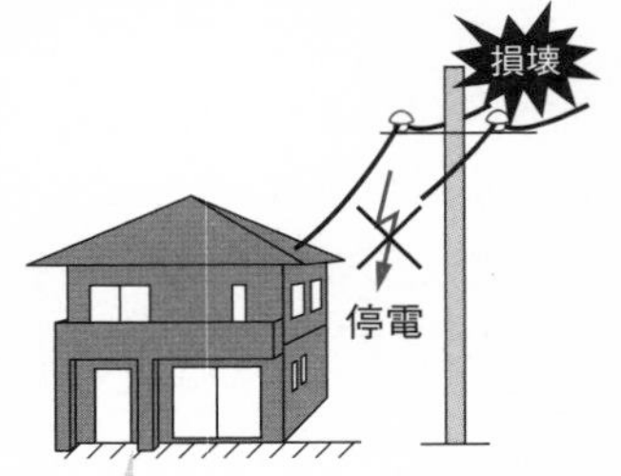

電力系統の電気の供給に著しい支障を及ぼす一般送配電事業用又は配電事業用の電気工作物の損壊防止

●図 1・12　技術基準に規定する事項

3 保安規程の作成・届出

電気事業法第 42 条では，事業用電気工作物の保安規程について次のとおり定めている．

第 42 条（保安規程）

事業用電気工作物（小規模事業用電気工作物を除く．以下同じ．）を設置する者は，事業用電気工作物の工事，維持及び運用に関する保安を確保するため，主務省令で定めるところにより，保安を一体的に確保することが必要な事業用電気工作物の組織ごとに保安規程を定め，当該組織における事業用電気工作物の使用（第 51 条第 1 項又は第 52 条第 1 項の自主検査を伴うものにあっては，その工事）の開始前に，主務大臣に届け出なければならない．

2　事業用電気工作物を設置する者は，保安規程を変更したときは，遅滞なく，変更した事項を主務大臣に届け出なければならない．

3　主務大臣は，事業用電気工作物の工事，維持及び運用に関する保安を確保するため必要があると認めるときは，事業用電気工作物を設置する者に対し，保安規程を変更すべきことを命ずることができる．

4　事業用電気工作物を設置する者及びその従業者は，保安規程を守らなければならない．

保安規程は，事業用電気工作物の工事，維持及び運用に関する保安を確保するために事業用電気工作物の設置者が作成するものであり，その届出のタイミングは「**使用の開始前**」又は「**工事の開始前**」となる．「工事の開始前」に届出が必要になるものは，p.31 で説明する「使用前自主検査（法第 51 条）」の対象となる事業用電気工作物であり，これは工事段階における自主検査の取組・体制を明確にするためである．

また，保安規程は，「保安を一体的に確保することが必要な事業用電気工作物の組織ごと」に定めることとなっている．この「組織ごと」の単位は，それぞれの保安のための組織のあり方により，例えば「ビルを所有している企業ごと」又は「企業のビルごと」のどちらの場合もあり得る．

事業用電気工作物のうち自家用電気工作物の保安規程に規定すべき事項，施行規則第 50 条（原子力発電工作物は別規定）で定められており，その内容は表 1・6 のとおりである．

●表1・6　自家用電気工作物の保安規程に規定すべき事項

工事 維持 運用	① 電気工作物の工事，維持又は運用に関する業務管理者の**職務及び組織**に関すること
	② 電気工作物の工事，維持又は運用に従事する者の**保安教育**に関すること
	③ 電気工作物の工事，維持及び運用に関する保安のための**巡視**，**点検**及び**検査**に関すること
	④ 発電所の運転を相当期間停止する場合における**保全**の方法に関すること
運転・操作	⑤ 電気工作物の**運転**又は**操作**に関すること
災害時	⑥ 災害その他非常の場合に採るべき**措置**に関すること
記録 保存	⑦ 電気工作物の工事，維持及び運用に関する保安についての**記録**に関すること
	⑧ 法定事業者検査（使用前自主検査等）又は使用前自己確認に係る実施体制及び記録の保存に関すること
その他	⑨ その他保安に関し必要な事項

4　主任技術者の選任

電気事業法第43条では，主任技術者について次のとおり定めている．

第43条（主任技術者）

事業用電気工作物（小規模事業用電気工作物を除く．以下同じ．）を設置する者は，事業用電気工作物の工事，維持及び運用に関する保安の監督をさせるため，主務省令で定めるところにより，主任技術者免状の交付を受けている者のうちから，主任技術者を選任しなければならない．

2　自家用電気工作物（小規模事業用電気工作物を除く．）を設置する者は，前項の規定にかかわらず，主務大臣の許可を受けて，主任技術者免状の交付を受けていない者を主任技術者として選任することができる．

3　事業用電気工作物を設置する者は，主任技術者を選任したとき（前項の許可を受けて選任した場合を除く．）は，遅滞なく，その旨を主務大臣に届け出なければならない．これを解任したときも，同様とする．

4　主任技術者は，事業用電気工作物の工事，維持及び運用に関する保安の監督の職務を誠実に行わなければならない．

5　事業用電気工作物の工事，維持又は運用に従事する者は，主任技術者がその保安のためにする指示に従わなければならない．

(1) 主任技術者の選任方法

小規模事業用電気工作物を除く事業用電気工作物の設置者は，電気工作物の工事，維持及び運用に関する保安の監督をさせるため，定められた**事業場又は設備（事業所等）ごとに主任技術者を選任**しなければならない．主任技術者の選任方法の詳細については，電気事業法施行規則第 52 条及び経済産業省の「主任技術者制度の解釈及び運用（内規）」に定められている．主任技術者は，原則として「自社役員若しくは従業員」で「常時勤務」している「主任技術者免状の交付を受けている者」を選任するよう定められている．ただし，自家用電気工作物の主任技術者については，一定の条件を満たす場合に選任方法の例外として，他社従業員を選任する「**外部選任**」，別事業場等の主任技術者が複数の事業所等の主任技術者を兼務する「**兼務承認**」，常時勤務する主任技術者免状の交付を受けていない者を選任する「**選任許可**」がある．また，主任技術者を**選任しない方法**として一定の要件を満たす外部の個人又は法人に保安の監督に係る業務（保安管理業務）を委託する「**外部委託承認**」がある．これらの選任方法の主な要件等は表 1･7 のとおりである．

なお，**兼務承認**，**選任許可**，**外部委託承認**により主任技術者を選任する又は選任しないためには，所定の様式にて申請を行い**経済産業大臣**（監督に係る事業用電気工作物が一の産業保安監督部の管轄区域内のみにある場合は，その設置の場所を管轄する**産業保安監督部長**）の許可又は承認を受ける必要がある．

なお，法令では主任技術者を選任すべき時点については特に定められていないが，「事業用電気工作物の工事，維持及び運用に関する保安の監督」をさせる必要が生ずる時までには選任されていなければならないと解釈される．そのため，電気工作物を設置する場合であれば，工事に着手する時までに選任すべきと考えられる．

(2) 主任技術者の種類

主任技術者の免状の種類は，電気事業法第 44 条において**第一種，第二種及び第三種電気主任技術者免状，第一種及び第二種ダム水路主任技術者免状，第一種及び第二種ボイラー・タービン主任技術者免状**の計 7 種と定められている．このうち，各種電気主任技術者が保安の監督をすることができる範囲は，電気事業法施行規則第 56 条において表 1･8 のとおり定められている．

一定規模以上の発電所においては，電気的設備に係るもの以外の保安の監督のために，ダム水路主任技術者やボイラー・タービン主任技術者が必要となる．ダ

●表 1・7　主任技術者の選任方法等

選任の方法	主な要件	対象となる事業所等
〈選任（原則）〉 当該事業場等に常時勤務する有資格者から選任する.	・事業用電気工作物の設置者又はその役員若しくは従業員 ・当該事業場等に常時勤務する者 ・**主任技術者免状**の交付を受けている者	交付を受けている主任技術者免状で保安の監督をすることができる範囲の全ての事業所等

自家用電気工作物で例外となる選任方法又は選任しない方法

選任の方法・選任しない方法	主な要件	対象となる事業所等
〈外部選任〉 当該事業場等に常時勤務する他社の有資格者を選任する	・ビル管理会社の従業員等，当該事業場等に常時勤務する他社の従業員 ・**主任技術者免状**の交付を受けている者 ・保安管理業務の委託契約に「主任技術者の意見を尊重すること，指示に従うこと」等が訳されていること	交付を受けている主任技術者免状で保安の監督をすることができる範囲の自家用電気工作物の事業所等
〈兼任承認〉 他の事業場等の主任技術者に選任されている者を兼任させる	・**電気主任技術者免状**の交付を受けている者 ・常時勤務する事業場又は自宅から 2 時間以内に到達できること ・電気主任技術者に連絡する責任者が選任されていること	次の要件を満たす事業所等 ・最大電力 2000 kW 未満かつ受電電圧 7000 V 以下 ・常時勤務する事業場等を含めて 6 カ所以内 ・同一又は親・子・兄弟会社若しくは同一敷地内にある事業場 など
〈選任許可〉 当該事業場に勤務する有資格者以外の者を選任する	・**第 1 種電気工事士**や高等学校で電気関係の認定科目を修めた卒業者等	・**最大電力 500 kW 未満の需要設備** ・**出力 500 kW 未満の発電所** など
	・第二種電気工事士等	・最大電力 100 kW 未満の需要設備 など
〈外部委託〉 主任技術者を選任せず保安管理業務を外部委託する	次の要件を満たす個人（電気管理技術者）又は法人（電気保安法人） ・**電気主任技術者免状**の交付を受け，規定の年数の実務経験がある者（法人の場合は保安管理業務従事者） ・点検等に必要な機械器具を有している ・受託事業場に 2 時間以内に到達できる など	・**電圧 7000 V 以下で受電する需要設備** ・**電圧 7000 V 以下で連系する出力 5000 kW 未満の太陽電池発電所又は蓄電所** ・**電圧 7000 V 以下で連系する出力 2000 kW 未満の水力，火力，風力発電所** ・電圧 7000 V 以下で連系する出力 1000 kW 未満の発電所（前述の発電設備を除く） ・電圧 600 V 以下の配電線路を管理する事業場

●表 1・8　電気主任技術者の種類と監督範囲

主任技術者免状の種類	保安の監督をすることができる範囲
第一種電気主任技術者免状	事業用電気工作物の工事，維持及び運用※
第二種電気主任技術者免状	電圧 170 000 V 未満の事業用電気工作物の工事，維持及び運用※
第三種電気主任技術者免状	**電圧 50 000V 未満**の事業用電気工作物（**出力 5 000 kW 以上の発電所又は蓄電所を除く.**）の工事，維持及び運用※

※ダム水路主任技術者免状又はボイラー・タービン主任技術者免状が必要な水力設備，ダム，火力設備，原子力設備及び燃料電池設備等（電気的設備を除く）の工事，維持及び運用を除く.

ム水路主任技術者は水力発電所の水力設備（ダム，導水路，サージタンク及び水圧管路等）の工事，維持及び運用に係る保安の監督を行い，ボイラー・タービン主任技術者は発電用ボイラー，蒸気タービン，ガスタービン及び燃料電池発電所等の工事，維持，運用に係る保安の監督を行う.

5　小規模事業用電気工作物の基礎情報の届出

電気事業法第 46 条では，小規模事業用電気工作物の届出について次のとおり定めている.

第 46 条（小規模事業用電気工作物を設置する者の届出）

小規模事業用電気工作物を設置する者は，当該小規模事業用電気工作物の使用の開始前に，経済産業省令で定めるところにより，氏名又は名称及び住所その他経済産業省令で定める事項を記載した書類を添えて，その旨を経済産業大臣に届け出なければならない．ただし，経済産業省令で定める場合は，この限りでない.

2　前項の規定による届出をした者は，次の各号のいずれかに該当するときは，経済産業省令で定めるところにより，遅滞なく，その旨を経済産業大臣に届け出なければならない.

一　前項の事項を変更したとき.

二　前項の規定による届出に係る小規模事業用電気工作物が小規模事業用電気工作物でなくなったとき.

三　その他経済産業省令で定める場合に該当するとき.

2023 年 3 月の電気事業法の改正で新たに分類された小規模事業用電気工作物の設置者に対し，**保安規程作成や電気主任技術者選任の代替**として**基礎的な情報の届出**が定められている．届出の記載事項は，電気事業法施行規則第 57 条で定められており，表 1·9 のとおりである．

●表 1・9　基礎情報の届出事項

設置者	・住所，氏名（法人の場合は名称及び代表者氏名） ・電話番号，電子メールアドレスその他の連絡先
設備	・設置の場所 ・原動力の種類，出力
保安体制	・保安管理業務担当者の氏名又は名称，住所，電話番号，電子メールアドレス ・点検の頻度

6　工事計画の届出・使用前自主検査

(1) 工事計画の届出

電気事業法第 48 条では，工事計画の届出について次のとおり定めている．

第 48 条（工事計画）

事業用電気工作物の設置又は変更の工事（前条第 1 項の主務省令で定めるものを除く．）であって，主務省令で定めるものをしようとする者は，その工事の計画を主務大臣に届け出なければならない．その工事の計画の変更（主務省令で定める軽微なものを除く．）をしようとするときも，同様とする．

2　前項の規定による届出をした者は，その届出が受理された日から 30 日を経過した後でなければ，その届出に係る工事を開始してはならない．

（以下略）

前条（第 47 条）第 1 項では，公共の安全の確保上特に重要なもの（原子力発電設備等）の工事計画は主務大臣の認可が必要と定められている．第 48 条では，第 47 条の認可が必要な工事以外であって，なお重要な工事については，**工事開始の日の 30 日前までに主務大臣に当該工事の計画を届け出**なければならないと定められている．第 47 条の認可は p.5 の表 1·2 にある許可と同じ強い規制であるが，第 48 条の届出は記載事項に不備がなければ受理される比較的弱い規制である．届出が必要な工事の範囲は，電気事業法施行規則の別表第 2（原子力発電工作物は別規定）で定められており，その主なものは表 1·10 のとおりである．

なお，定型化された工事等であって 30 日間も審査期間としては必要がないという場合には，30 日以下に工事開始禁止期間を短縮することができると規定されている．

●表1・10　工事計画の届出を要する主な工事

	設置の工事	変更の工事
発電所	・**出力 2000 kW 以上の太陽電池発電所の設置** ・**出力 500 kW 以上の風力発電所の設置** ・水力発電所の設置（小型のもの等を除く） ・汽力を原動力とする火力発電所の設置（小型のもの等を除く） ・出力 1000 kW 以上のガスタービン火力発電所の設置 ・出力 10000 kW 以上の内燃力火力発電所の設置 ・上記以外を原動力，又は 2 以上の原動力を組み合わせた火力発電所の設置 ・出力 500 kW 以上の燃料電池発電所の設置 ・上記に掲げる原動力のうち 2 以上のものを組み合わせた合計出力 300 kW 以上の発電所の設置	・左欄の発電所における左欄出力の発電設備の設置
需要設備	・**受電電圧 10000 V 以上の需要設備の設置**	・**受電電圧 10000 V 以上の受電用遮断器の設置，取替，又は 20％以上の遮断電流の変更を伴う改造** ・**電圧 10000 V 以上の機器であって，容量 10000 kV·A 以上又は出力 10000 kW 以上のものの設置，取替，又は 20％以上の容量等の変更を伴う改造**（電力貯蔵装置及び計器用変成器を除く.）
蓄電所	・出力 10000 kW 以上又は容量 80000 kWh 以上の蓄電所の設置	・出力 10000 kW 以上又は容量 80000 kWh 以上の電力貯蔵装置の設置，又は 20％以上の容量等の変更を伴う改造
変電所	・電圧 170000 V 以上の変電所の設置	・電圧 170000 V 以上であって，容量 100000 kV·A 以上の変圧器の設置，取替
送電線路	・電圧 170000 V 以上の送電線路の設置	・電圧 170000 V 以上の電線路の 1 km 以上の延長，又は電圧や電線種類等の変更を伴う改造

(2) 使用前自主検査

電気事業法第 51 条では，使用前自主検査について次のとおり定めている.

第 51 条（使用前安全管理検査）

第 48 条第 1 項の規定による届出をして設置又は変更の工事をする事業用電気工作物（その工事の計画について同条第四項の規定による命令があった場合において同条第 1 項の規定による届出をしていないもの及び

第49条第1項の主務省令で定めるものを除く.）であって，主務省令で定めるものを設置する者は，主務省令で定めるところにより，その使用の開始前に，当該事業用電気工作物について自主検査を行い，その結果を記録し，これを保存しなければならない.

2　前項の自主検査（以下「使用前自主検査」という.）においては，その事業用電気工作物が次の各号のいずれにも適合していることを確認しなければならない.

一　その工事が第48条第1項の規定による届出をした工事の計画（同項後段の主務省令で定める軽微な変更をしたものを含む.）に従って行われたものであること.

二　第19条第1項の主務省令で定める技術基準に適合するものであること.

3　使用前自主検査を行う事業用電気工作物を設置する者は，使用前自主検査の実施に係る体制について，主務省令で定める時期（第7項の通知を受けている場合にあっては，当該通知に係る使用前自主検査の過去の評定の結果に応じ，主務省令で定める時期）に，事業用電気工作物（原子力を原動力とする発電用のものを除く.）であって経済産業省令で定めるものを設置する者にあっては経済産業大臣の登録を受けた者が，その他の者にあっては主務大臣が行う審査を受けなければならない.

4　前項の審査は，事業用電気工作物の安全管理を旨として，使用前自主検査の実施に係る組織，検査の方法，工程管理その他主務省令で定める事項について行う.

（以下略）

電気事業法第51条では，第48条の規定により工事計画の届出をして設置又は変更の工事をする事業用電気工作物（一部除く）の設置者に対し，その**使用の開始前**に，当該事業用電気工作物について**自主検査を行い**，その**結果を記録**し，**保存**しなければならないと定められている.

使用前自主検査の方法は，電気工作物の各部の損傷，変形等の状況並びに機能及び作動の状況について，届出をした**工事の計画に従って工事**が行われたこと，及び**技術基準に適合**するものであることを確認するために十分な方法で行う必要がある．使用前自主検査結果の**記録の保存期間**は，発電用水力設備に係るものは当該設備の存続する期間，それ以外のものは使用前自主検査を行った後**5年間**

と定められている．

また，使用前自主検査を行う事業用電気工作物の設置者は，使用前自主検査の**実施に係る体制**（組織，検査方法，工程管理など）について国の**使用前安全管理審査**を受けることが義務付けられている．使用前安全管理審査は，事業用電気工作物の技術基準適合性等について国が直接検査するという規制をなくし，設置者による自主的な保安確保を促進するために導入されている制度である．

なお，電気事業法第 47 条の工事計画の**認可**を受けた原子力発電所等に係る工事については，電気事業法第 49 条で主務大臣の使用前検査を受け，これに合格しなければならないと定められている．

(3) 自家用電気工作物の使用開始届出

電気事業法第 53 条及び同法施行規則第 87 条では，自家用電気工作物のうち，電気事業法第 47 条の工事計画の認可又は同法第 48 条の**工事計画の届出の対象となる電気工作物**を他から**譲り受け又は借り受けて使用**する場合，その自家用電気工作物の設置者は**使用の開始の後**，遅滞なく，その旨を主務大臣に**届け出**なければならないと定められている．例えば，受電電圧 10 000 V 以上の需要設備を譲り受けて使用する場合などが該当する．

7 使用前自己確認

電気事業法第 51 条では，使用前自己確認について次のとおり定めている．

第 51 条の 2（設置者による事業用電気工作物の自己確認）

事業用電気工作物であって公共の安全の確保上重要なものとして主務省令で定めるものを設置する者は，その使用を開始しようとするときは，当該事業用電気工作物が，第 39 条第 1 項の主務省令で定める技術基準に適合することについて，主務省令で定めるところにより，自ら確認しなければならない．ただし，第 47 条第 1 項の認可（設置の工事に係るものに限る．）又は同条第 4 項若しくは第 48 条第 1 項の規定による届出（設置の工事に係るものに限る．）に係る事業用電気工作物を使用するとき，及び主務省令で定めるときは，この限りでない．

2　前項の規定は，同項に規定する事業用電気工作物を設置する者が当該事業用電気工作物について主務省令で定める変更をした場合であって，当該変更をした事業用電気工作物の使用を開始しようとするときに準用する．この場合において，同項中「事業用電気工作物が」とあるのは「変更

をした事業用電気工作物が」と，「設置の工事」とあるのは「変更の工事」と読み替えるものとする．
3　第1項に規定する事業用電気工作物を設置する者は，同項（前項において準用する場合を含む．）の規定による確認をした場合には，当該事業用電気工作物の使用の開始前に，主務省令で定めるところにより，当該確認の結果（当該事業用電気工作物が小規模事業用電気工作物である場合であって，その設置者が当該確認を委託して行った場合にあっては，その委託先の氏名又は名称及び住所その他経済産業省令で定める事項を含む．）を主務大臣に届け出なければならない．

使用前自己確認は，**公共の安全の確保上重要**な事業用電気工作物であって，第47条及び第48条の工事計画認可・届出の対象となっていないものが対象となる．対象の工作物の設置者に対して，**使用の開始前**に**技術基準に適合**することを**自ら確認**させ，公共の安全の確保を図ることが目的である．具体的な対象は，電気事業法施行規則の別表第6で定められており，表1·11のとおりである．

●表1・11　使用前自己確認の対象

・出力10kW以上2000kW未満の太陽電池発電所又は太陽電池発電設備
・出力500kW未満風力発電所又は風力発電設備
・出力500kW以上2000kW未満の燃料電池発電所 （500kW未満の複数の燃料電池筐体等で構成されているもの）
・下記以外の出力20kW未満の発電所（波力発電や潮力発電等） 水力発電所，火力発電所，燃料電池発電所，太陽電池発電所，風力発電所

また，これらの事業用電気工作物は，**変更の工事**をした場合にも使用前自主検査が必要な場合がある．具体的な対象については，電気事業法施工規則の別表第7に定められている．

使用前事項確認が必要な事業用電気工作物の**設置者**は，当該事業用電気工作物の**使用の開始前**に電気事業法施工規則で定められた様式（使用前自己確認結果届出書）に自己確認の結果や実施者の氏名などを記載し，主務大臣に**届け出**なければならない．また，使用前自己確認結果の**記録の保存期間**は，使用前自己確認を行った後**5年間**と定められている．なお，小規模事業用電気工作物については，確認業務を専門の施工業者等に委託することが可能である．その場合は，当該委託事業者の情報についても届出が必要である．

使用前自己確認は，2014 年の法改正において新設された規定であり，2023 年 3 月の法改正で新たに小規模事業用電気工作物が対象に追加されている．規定された背景には，例えば太陽電池発電設備であれば，設置数の増加に伴い，中小規模の太陽電池発電設備について突風や台風などによるパネルの飛散が発生し，近隣の家屋などの第三者への被害が発生していたことがあげられる．また，近年は再エネ発電設備の導入数の増加と設置形態が多様化したことに伴い，小規模な再エネ発電設備に係る事故の増加により公衆災害リスクが懸念されたことから，小規模事業用電気工作物が対象に追加されている．

8 立入検査

電気事業法第 107 条第 4 項，第 11 項，第 18 項では，自家用電気工作物に関する立入検査について次のとおり定めている．

第 107 条（立入検査）

4　経済産業大臣は，第 1 項の規定による立入検査のほか，この法律の施行に必要な限度において，その職員に，自家用電気工作物を設置する者，自家用電気工作物の保守点検を行った事業者又はボイラー等の溶接をする者の工場又は営業所，事務所その他の事業場に立ち入り，電気工作物，帳簿，書類その他の物件を検査させることができる．

11　前各項の規定により立入検査をする職員は，その身分を示す証明書を携帯し，関係人の請求があったときは，これを提示しなければならない．

18　第 1 項から第 10 項までの規定による権限は，犯罪捜査のために認められたものと解釈してはならない

立入検査は，経済産業省の各地方出先機関である産業保安監督部などが行い，技術基準適合状況，保安規程遵守状況，電気主任技術者の執務状況などを確認する．立入検査の対象としては，電気事故（感電死傷事故，電気火災事故など）が発生した事業場や電気保安の確保が適切でないおそれのある事業場，社会的影響が大きい事業場などが選定されている．

問題 7　☐☐☐　H29　A-1

次の文章は「電気事業法」における事業用電気工作物の技術基準への適合に関する記述の一部である．

a　事業用電気工作物を設置する者は，事業用電気工作物を主務省令で定める技術基準に適合するように [（ア）] しなければならない．

b　上記 a の主務省令で定める技術基準では，次に掲げるところによらなければならない.

① 事業用電気工作物は，人体に危害を及ぼし，又は物件に損傷を与えないようにすること.

② 事業用電気工作物は，他の電気的設備その他の物件の機能に電気的又は［（イ）］的な障害を与えないようにすること.

③ 事業用電気工作物の損壊により一般送配電事業者の電気の供給に著しい支障を及ぼさないようにすること.

④ 事業用電気工作物が一般送配電事業の用に供される場合にあっては，その事業用電気工作物の損壊によりその一般送配電事業に係る電気の供給に著しい支障を生じないようにすること.

c　主務大臣は，事業用電気工作物が上記 a の主務省令で定める技術基準に適合していないと認めるときは，事業用電気工作物を設置する者に対し，その技術基準に適合するように事業用電気工作物を修理し，改造し，若しくは移転し，若しくはその使用を［（ウ）］すべきことを命じ，又はその使用を制限することができる.

上記の記述中の空白箇所（ア），（イ）及び（ウ）に当てはまる組合せとして，正しいものを次の (1) ～ (5) のうちから一つ選べ.

	（ア）	（イ）	（ウ）
(1)	設置	磁気	一時停止
(2)	維持	熱	禁止
(3)	設置	熱	禁止
(4)	維持	磁気	一時停止
(5)	設置	熱	一時停止

解説 電気事業法第 39 条（事業用電気工作物の維持）及び電気事業法第 40 条（技術基準適合命令）の条文がほぼそのまま出題された問題である．条文及びその解説は，p.23 に記載している．事業用電気工作物の**設置者**は，**人体への危害**，**物件の損傷**，**他物件の機能への電気的・磁気的障害**，**波及事故による電気の供給支障**等を防止するため電気工作物を**技術基準に適合するように維持**しなければならない．電気工作物が技術基準に適合していない場合は，主務大臣が電気工作物の**修理**や**使用の一時停止**等といった命令を発動できる.

試験問題では，第 39 条のみ又は第 40 条のみの条文の形で出題されることがある．各条文のポイントは覚えておきたい.

解答 ▶ (4)

問題8　H28 A-10

次の文章は，「電気事業法施行規則」に基づく自家用電気工作物を設置する者が保安規程に定めるべき事項の一部に関しての記述である．

a　自家用電気工作物の工事，維持又は運用に関する業務を管理する者の［（ア）］に関すること．

b　自家用電気工作物の工事，維持又は運用に従事する者に対する［（イ）］に関すること．

c　自家用電気工作物の工事，維持及び運用に関する保安のための［（ウ）］及び検査に関すること．

d　自家用電気工作物の運転又は操作に関すること．

e　発電所の運転を相当期間停止する場合における保全の方法に関すること．

f　災害その他非常の場合に採るべき［（エ）］に関すること．

g　自家用電気工作物の工事，維持及び運用に関する保安についての［（オ）］に関すること．

上記の記述中の空白箇所（ア），（イ），（ウ），（エ）及び（オ）に当てはまる組合せとして，正しいものを次の(1)～(5)のうちから一つ選べ．

	（ア）	（イ）	（ウ）	（エ）	（オ）
(1)	権限及び義務	勤務体制	巡視，点検	指揮命令	記　録
(2)	職務及び組織	勤務体制	整備，補修	措置	届　出
(3)	権限及び義務	保安教育	整備，補修	指揮命令	届　出
(4)	職務及び組織	保安教育	巡視，点検	措置	記　録
(5)	権限及び義務	勤務体制	整備，補修	指揮命令	記　録

解説　自家用電気工作物の保安規程に規定すべき事項は，施行規則第 50 条で定められており，その内容は p.26 の表 1·6 に記載している．この問題は，その一部が出題されている．

保安規程については，記載事項とともにその届出のタイミング（**使用の開始前**又は**工事の開始前**）も覚えておきたい．

解答 ▶ (4)

問題9　H23 A-1

次の a から c の文章は，自家用電気工作物を設置する X 社が，需要設備又は変電所のみを直接統括する同社の A，B，C 及び D 事業場ごとに行う電気主任技術者の選任等に関する記述である．ただし，A～D の各事業場は，すべて Y 産業保安監督部の管轄区域内のみにある．

「電気事業法」及び「電気事業法施行規則」に基づき，適切なものと不適切なものの組合せとして，正しいものを次の (1)～(5) のうちから一つ選べ．

a.　受電電圧 33 kV，最大電力 12 000 kW の需要設備を直接統括する A 事業場に，X 社の従業員で第三種電気主任技術者免状の交付を受けている者のうちから，電気主任技術者を選任し，遅滞なく，その旨を Y 産業保安監督部長に届け出た．

b.　最大電力 400 kW の需要設備を直接統括する B 事業場には，X 社の従業員で第一種電気工事士試験に合格している者をあてることとして，保安上支障がないと認められたため，Y 産業保安監督部長の許可を受けてその者を電気主任技術者に選任した．その後，その電気主任技術者を電圧 6 600 V の変電所を直接統括する C 事業場の電気主任技術者として兼任させた．その際，B 事業場への選任の許可を受けているので，Y 産業保安監督部長の承認は求めなかった．

c.　受電電圧 6 600 V の需要設備を直接統括する D 事業場については，その需要設備の工事，維持及び運用に関する保安の監督に係る業務を委託する契約を Z 法人（電気保安法人）と締結し，保安上支障がないものとして Y 産業保安監督部長の承認を受けたので，電気主任技術者を選任しないこととした．

	a	b	c
(1)	不適切	適切	適切
(2)	適切	不適切	適切
(3)	適切	適切	不適切
(4)	不適切	適切	不適切
(5)	適切	不適切	不適切

解説　第三種主任技術者の監督範囲及び選任方法に関する出題である．第三種主任技術者免状の保安の監督範囲は，「**電圧 50 000 V 未満**の事業用電気工作物（**出力 5 000 kW 以上の発電所又は蓄電所を除く**）の工事，維持及び運用」である．また，選任方法には，p.28 の表 1･7 に記載しているとおり，**外部選任**，**兼務承認**，**選任許可**，主任技術者を選任しない**外部委託承認**といった方法がある．

a. ○　受電電圧が 33 kV（50 kV 未満）なので第三種電気主任技術者の選任でよい．需要設備の最大電力についての規定はない．

b. ×　B 事業場は最大電力 500 kW 未満の需要設備を直接統括する事業場なので，**選任許可**を受けて第一種電気工事士に合格しているものを主任技術者に選任することができる．しかし，他事業場の兼任には電気主任技術者免状の交付を受けている必要があるため，C 事業場の主任技術者を兼任することはできない．また，**兼務承認**は経済産業大臣又は産業保安監督部長の承認が必要である．

c. ○　**電圧 7000 V 以下で受電する需要設備**を直接統括する事業場は，**外部委託承認**を受けて保安管理業務を外部委託し，主任技術者を選任しないことができる．

解答 ▶ (2)

問題10 ✓✓✓ H25 A-2

「電気事業法」及び「電気事業法施行規則」に基づき，事業用電気工作物の設置又は変更の工事の計画には経済産業大臣に事前届出を要するものがある．次の工事を計画するとき，事前届出の対象となるものを (1) ～ (5) のうちから一つ選べ．

(1) 受電電圧 6600 V で最大電力 2000 kW の需要設備を設置する工事

(2) 受電電圧 6600 V の既設需要設備に使用している受電用遮断器を新しい遮断器に取り替える工事

(3) 受電電圧 6600 V の既設需要設備に使用している受電用遮断器の遮断電流を 25％ 変更する工事

(4) 受電電圧 22000 V の既設需要設備に使用している受電用遮断器を新しい遮断器に取り替える工事

(5) 受電電圧 22000 V の既設需要設備に使用している容量 5000 kV·A の変圧器を同容量の新しい変圧器に取り替える工事

解説　電気事業法第 48 条の工事計画の届出に関する出題である．工事計画の届出が必要な工事は，p.31 の表 1·10 に記載しているとおりであり，需要設備については**受電電圧 10000 V 以上**の需要設備の設置や受電用遮断器等の機器の変更工事が該当する．

(1)　×　需要設備の設置は，**受電電圧 10000 V 以上**のものが対象となるため，受電電圧 6600 V は対象外．

(2)　(3)　×　受電用遮断器の工事は，**受電電圧 10000 V 以上**のものの**設置**，**取替**，又は **20％ 以上の遮断電流の変更を伴う改造**が対象となるため，受電電圧 6600 V は対象外．

(4)　○　**受電電圧 10000 V 以上**の受電用遮断器の**設置**は対象．

(5)　×　変圧器の工事は，**電圧 10000 V 以上で容量 10000 kV·A 以上**のものの**設置**，**取替**，又は **20％ 以上の容量等の変更を伴う改造**が対象となるため，容量 5000 kV·A は対象外．

解答 ▶ (4)

問題11 ✓✓✓ H30 A-2

次の a から d の文章は，太陽電池発電所等の設置についての記述である．「電気事業法」及び「電気事業法施行規則」に基づき，適切なものと不適切なものの組合せとして，正しいものを次の（1）～（5）のうちから一つ選べ．

a　低圧で受電し，既設の発電設備のない需要家の構内に，出力 20 kW の太陽電池発電設備を設置する者は，電気主任技術者を選任しなければならない．

b　高圧で受電する工場等を新設する際に，その受電場所と同一の構内に設置する他の電気工作物と電気的に接続する出力 40 kW の太陽電池発電設備を設置する場合，これらの電気工作物全体の設置者は，当該発電設備も対象とした保安規程を経済産業大臣に届け出なければならない．

c　出力 1 000 kW の太陽電池発電所を設置する者は，当該発電所が技術基準に適合することについて自ら確認し，使用の開始前に，その結果を経済産業大臣に届け出なければならない．

d　出力 2 000 kW の太陽電池発電所を設置する者は，その工事の計画について経済産業大臣の認可を受けなければならない．

	a	b	c	d
(1)	適切	適切	不適切	不適切
(2)	適切	不適切	適切	適切
(3)	不適切	適切	適切	不適切
(4)	不適切	不適切	適切	不適切
(5)	適切	不適切	不適切	適切

解説　太陽光発電設備に関する保安規制の項目は，p.21 の図 1･10 のとおりである．

a. ×　低圧で受電する出力 10 kW 以上 50 kW 未満の太陽光発電設備は，**小規模事業用電気工作物**であるため主任技術者の選任は不要である．代わりに電気事業法第 46 条で定められた基礎情報の届出が必要である．

b. ○　高圧で受電する電気工作物と同一構内で電気的に接続する太陽光発電設備は，出力 50 kW 未満であっても自家用電気工作物の一部となる．そのため，当該の高圧受電の工場については，発電設備も含めた保安規程の作成が必要である．

c. ○　出力 10 kW 以上 2 000 kW 未満の太陽電池発電設備は，電気事業法第 51 条の**使用前自己確認**の対象となる．**使用の開始前**に**技術基準に適合**することを**自ら確認**し，その結果を届け出る必要がある．

d. ×　問題文の認可とは，電気事業法第 47 条の**工事計画の認可**であり，原子力発電設備等の公共の安全の確保上特に重要なものが対象となる．出力 2 000 kW 以上の太陽電池発電設備は，電気事業法第 48 条の**工事計画の届出**の対象であり，認可の対象ではない．

解答 ▶ (3)

電気関係報告規則

［★★］

1 電気事故報告の目的

電気関係報告規則は，1-3 節第 1 項「事業用電気工作物の規制概要」にある電気事業法第 106 条の報告徴収の規定に基づき，報告の範囲や方法等を定めている．電気関係報告規則の中で事業用電気工作物の保安規制に関わる規定としては，第 3 条及び第 3 条の 2 の電気事故報告，第 4 条及び第 4 条の 2 の公害防止等に関する届出，及び第 5 条の自家用電気工作物の発電所の出力変更等の報告がある（詳細は 2 項～4 項で説明する）．

このうち電気事故報告は，事故内容の分析に基づいて，類似の事故の再発防止策や電気工作物の安全性の確保等のための施策の検討，電気に係る保安の確保のための規制の在り方について検討を行うことを目的としている．電気事故を分析する方法としては，電気事故の内容の質的分析と，統計的な量的分析の両者が必要である．第 3 条及び第 3 条の 2 の事故報告は，質的分析に該当し，社会的及び技術的に重要な設備で予防措置を講じる必要があるものや，詳細調査が必要な最新の技術を用いた設備で発生した事故等を報告対象としている．量的分析については第 2 条の定期報告が該当するが，主に一般送配電事業者等の電気事業者が報告対象者である．これを図にすると図 1･13 のとおりである．

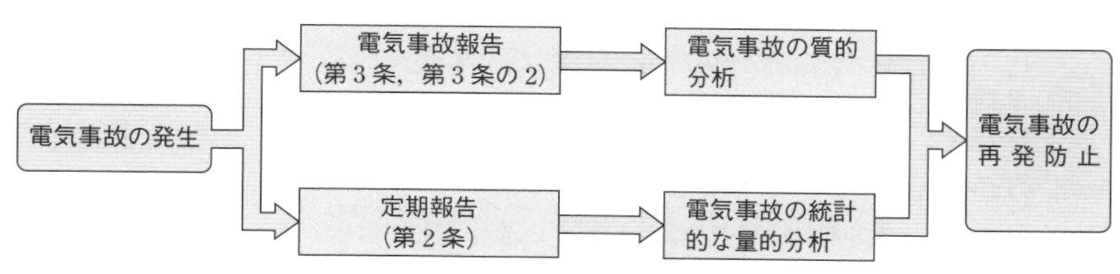

●図 1・13　電気事故報告の目的

2 電気事故報告の詳細

電気関係報告規則第 3 条では，電気事業者又は自家用電気工作物（小規模事業用電気工作物を除く）の設置者に対して，第 3 条の 2 では，小規模事業用電気工作物の設置者に対して，電気事故報告の範囲や方法等を規定している．このうち，電気事業用を除いた自家用電気工作物及び小規模事業用電気工作物の設置者に対する規定について詳細を説明する．

1 報告対象の事故

自家用電気工作物及び小規模事業用電気工作物の設置者について，報告すべき電気事故の主なものは，表 1･12 のとおりである．小規模事業用電気工作物とそ

●表 1・12　報告対象となる主な電気事故

事故内容	対象の電気工作物	
	自家用電気工作物（小規模事業用電気工作物を除く）	小規模事業用電気工作物
感電又は電気工作物の破損若しくは電気工作物の**誤操作**若しくは電気工作物を**操作しないこと**により**人が死傷した事故**（**死亡**又は**入院**した場合に限る．）	○	○
電気火災事故（工作物にあっては，その半焼以上の場合に限る．）	○	○
電気工作物の**破損**又は電気工作物の**誤操作**若しくは電気工作物を**操作しないこと**により，**他の物件に損傷**を与え，又はその機能の全部又は一部を**損なわせた事故**	○	○
次の**主要電気工作物の破損事故** ・**電圧 1 万 V 以上の需要設備** ・**出力 50 kW 以上の太陽電池発電所** ・**出力 20 kW 以上の風力発電所** ・水力発電所 ・火力発電所における発電設備（出力 1000 kW 未満のガスタービン及び出力 1 万 kW 未満の内燃力を除く） ・出力 500 kW 以上の燃料電池発電所 ・電圧 17 万 V 以上の変電所（電気を構内のみに送る受電所は 10 万 V 以上） ・電圧 17 万 V 以上の送電線路	○	
小規模事業用電気工作物に属する主要電気工作物の**破損事故**		○
電圧 3000 V 以上の自家用電気工作物の破損，**誤操作**若しくは**操作しないこと**により一般送配電事業者，配電事業者又は特定送配電事業者に**供給支障を発生させた事故**（**波及事故**）	○	
出力 10 万 kW 以上の発電設備又は蓄電所に係る 7 日間以上の発電支障事故又は放電支障事故	○	
ダムによって貯留された流水が当該ダムの洪水吐きから異常に放流された事故	○	
その他，電気工作物に係る社会的に影響を及ぼした事故	○	

れ以外で報告対象が異なっている．

2016 年の一部改正により，太陽電池発電所の事故報告対象は出力 500 kW 以上から 50 kW 以上に，風力発電所の事故報告対象は出力 500 kW 以上から 20 kW 以上に変更された．さらに，2021 年には小規模事業用電気工作物の範囲となる太陽光及び風力発電設備も事故報告の対象に追加された．これは，太陽電池発電所・風力発電所の急速な普及に伴い，強風などにより設備が破損し，飛散した設備が家屋を損壊するなど公衆被害を及ぼす事故が発生していることから，事故の発生状況を十分に把握し，再発防止を図るためである．

(2) 報告の種類，時期など

電気事故の報告には，事故の発生を知ったときから **24 時間以内**に報告する「**速報**」と，事故の発生を知った日から起算して **30 日以内**に報告する「**詳報**」がある．速報と詳報の報告方法は次のとおりである．

- **速報**：可能な限り速やかに事故の発生の日時，場所，事故などの概要などについて，電話などの方法により行う．
- **詳報**：自家用電気工作物（小規模事業用電気工作物を除く）の場合は電気関係報告規則様式第 13，小規模事業用電気工作物の場合は詳細を記載した報告書を提出する．

なお，速報の報告期限は，2016 年の一部改正により，48 時間以内から 24 時間以内に変更された．

詳報では，様式第 13 等により事故の状況や被害状況，原因，再発防止対策などについて報告する．詳報により得られたデータは，保安規制上の要求事項の改正や，他施設での同種の事故の発生防止策の検討などに活用される．なお，波及事故や発電支障事故などのうち原因が自然現象であるものは詳報の報告が不要となる．

報告先は，事故内容により異なり，経済産業大臣又は電気工作物の設置の場所を管轄する産業保安監督部長のどちらかである．

(3) 事故内容の詳細

表 1･12 に示した事故内容の詳細について説明する．

（a） 感電により人が死傷した事故

充電している電気工作物や，誘導によって充電された工作物などに人が触れたり，あるいは接近して閃絡を起こしたりすることで，感電又はアークにより死傷した事故，又は電撃のショックで体の自由を失って高所から墜落したりすることなどにより死傷した事故をいう．

（b）　誤操作若しくは操作しないこと

主として，電気工作物の操作員のヒューマンエラーによる事故の発生を想定しており，「誤操作」とは，本来の当該機器の操作手順と異なる操作を行うこと，「操作しないこと」とは，例えば機器の誤動作阻止のための操作をしないことなど，本来機器であるべき状態に操作しないことをいう．操作員のヒューマンエラーに起因するものだけでなく，マニュアルの不整備による事故など組織的な判断・対応の場合も対象になり得る．

（c）　電気火災事故

発電機，電線路，変圧器，配線などに漏電，短絡，閃絡などの電気的異常状態が発生し，それによる発熱や発火が原因で，建造物，車両，その他の工作物，山林などに火災を起こしたものをいう．電熱器などの取扱い不注意から発生した火災は，電気的異常から発生したものでないため報告対象外である．

（d）　他の物件

事故を発生させた電気工作物設置者及び関係事業者でない第三者の物件のことをいう．他の物件に損傷や機能を損なわせるなどの被害を与える事故としては，例えば以下の事故が挙げられる．

- 支持物の傾斜や破損などによる家屋などの損壊
- 太陽電池モジュール又は架台，風車のブレードなどの構外への飛散など
- 電気工作物の破損などに伴う土砂崩れなどによる道路などの閉塞，交通の著しい阻害など

（e）　主要電気工作物

主要電気工作物は，発電所等の運転，維持又は保安対策上必要不可欠な電気工作物として定めているものであり，電気関係規則第 1 条第 2 項第 3 号に規定されている．需要設備，太陽光発電所，風力発電所であれば次のような電気工作物が該当する．

- 需要設備：遮断器（受電電圧 1 万 V 以上），変圧器（電圧 1 万 V 以上かつ容量 1 万 kV·A 以上），電力用コンデンサ（電圧 1 万 V 以上かつ容量 1 万 kVA 以上），電線及び支持物（電圧 5 万 V 以上の電線路）など
- 太陽電池発電所：太陽電池，変圧器，整流機器，遮断器，逆変換装置など
- 風力発電所：風力機関，発電機，変圧器，整流機器，遮断器，逆変換装置など

（f）　破損事故

電気工作物が変形，損傷若しくは破壊，火災又は絶縁劣化若しくは絶縁破壊が原因で，当該電気工作物の機能が低下又は喪失したことにより，直ちに，その運転が停止し，若しくはその運転を停止しなければならなくなること，又は，その使用が不可能となり，若しくはその使用を中止することをいう．

（g）　波及事故

一般送配電事業者間，発電事業者又は自家用電気工作物設置者の事故などが原因で他の電気事業者に供給支障を発生させる事故．ただし，一般送配電事業の用に供する配電線路などが自動的に再閉路（変電所からの再送電）に成功した場合を除く．

（h）　異常に放流された事故

操作員の誤操作や制御システムの不具合などにより，例えば河川法などの規定に反して，ダムによって貯留された流水が放流された場合のことをいう．

3　公害防止等に関する届出

（1）公害防止等に関する届出

電気関係報告規則第 4 条では，電気事業者又は自家用電気工作物設置者に対して，公害防止等に関する必要な届出を規定している．大気汚染防止法，水質汚濁防止法，騒音規制法等の公害防止関連の規制のうち電気工作物に関する規制は経済産業省が行う．第 4 条に規定された届出には，表 1･13 のようなものがあり，届出先は経済産業大臣又は産業保安監督部長である．

（2）ポリ塩化ビフェニル（PCB）含有電気工作物に関する届出

電気関係報告規則第 4 条の 2 では，**ポリ塩化ビフェニル（PCB）**が含まれる絶縁油を使用している**ポリ塩化ビフェニル（PCB）含有電気工作物**を現に設置している者又は予備として有している者に対して必要な届出を規定しており，表 1･14 に示す事象が発生した場合，当該電気工作物を設置している場所（又は予備として保管している場所）を管轄する産業保安監督部長へ届け出なければならない．

なお，PCB 含有電気工作物の対象となる電気工作物は，以下の 12 種類である．

対象：変圧器，電力用コンデンサ，計器用変成器，リアクトル，放電コイル，電圧調整器，整流器，開閉器，遮断器，中性点抵抗器，避雷器，OF ケーブル

●表 1・13　公害防止等に関する主な届出

届出を要する場合	対象施設等
《大気汚染防止法》 ・**ばい煙発生施設**に該当する電気工作物を設置又はばい煙濃度等の変更. ・一般粉じん発生施設に該当する電気工作物の一般粉じんの排出などに係るものの変更.	・**ばい煙発生施設**には，燃料消費量が重油換算で 50 L/h 以上のディーゼルエンジン及びガスタービン，35 L/h 以上のガスエンジン及びガソリンエンジン等がある.
《水質汚濁防止法》 ・貯油事業場等に該当する発電所，変電所，開閉所等において，**貯油施設**等に該当する電気工作物の破損等の事故が発生し，**油**を含む水が構内以外に排出された場合や地下に浸透した場合. ・特定施設，有害物質貯蔵指定施設に該当する電気工作物の設置又は使用方法等の変更.	・**貯油施設**等の対象となる**油**には,原油，重油，潤滑油，軽油，灯油，揮発油，動植物油がある. ・特定施設には，石炭火力発電の廃ガス洗浄施設等がある.
《騒音規制法・振動規制法》 ・特定施設に該当する電気工作物を設置する発電所，蓄電所，変電所等の設置場所が指定地域になった場合，又は指定地域で特定施設が設置された場合.	・騒音規制法の特定施設には，原動機の定格出力が 7.5 kW 以上の空気圧縮機，送風機等がある. ・騒音規制法の特定施設には，原動機の定格出力が 7.5 kW 以上の空気圧縮機等がある.

●表 1・14　PCB 含有電気工作物に関する届出

届出を要する場合	届出期限
PCB 含有電気工作物を現に**設置**又は予備として**保有**していること**が新たに判明した場合**	判明した後遅滞なく
PCB 含有電気工作物の届出事項（設置者等の氏名，住所等，又は PCB 含有電気工作物の設置，予備の別）に変更があった場合	変更の後遅滞なく
PCB 含有電気工作物を**廃止した場合**	廃止の後遅滞なく
PCB 含有電気工作物の破損等の事故が発生し，PCB を含有する**絶縁油が構内以外に排出された，又は地下に浸透した場合**	事故の発生後可能な限り速やかに

3　関連する電気設備の技術基準

公害等の防止については，関連する法令として電気設備の技術基準にも公害等の防止の規定があり，電気関係報告規則と合わせて出題されることがあるため，ここで説明する．電気設備の技術基準第 19 条では，公害等の防止について以下のように規定している．

第 19 条（公害等の防止）

発電用火力設備に関する技術基準を定める省令（平成 9 年通商産業省令第 51 号）第 4 条第 1 項及び第 2 項の規定は，変電所，開閉所若しくはこれらに準ずる場所に設置する電気設備又は電力保安通信設備に附属する電気設備について準用する．

2～9　（省略）

10　中性点直接接地式電路に接続する変圧器を設置する箇所には，絶縁油の構外への流出及び地下への浸透を防止するための措置が施されていなければならない．

11～12　（省略）

13　急傾斜地の崩壊による災害の防止に関する法律（昭和 44 年法律第 57 号）第 3 条第 1 項の規定により指定された急傾斜地崩壊危険区域（以下「急傾斜地崩壊危険区域」という．）内に施設する発電所又は変電所，開閉所若しくはこれらに準ずる場所の電気設備，電線路又は電力保安通信設備は，当該区域内の急傾斜地（同法第 2 条第 1 項の規定によるものをいう．）の崩壊を助長し又は誘発するおそれがないように施設しなければならない．

14　ポリ塩化ビフェニルを含有する絶縁油を使用する電気機械器具及び電線は，電路に施設してはならない．

15　（省略）

第 10 項は，特別高圧の**中性点直接接地式電路に接続する変圧器**を対象としている．中性点直接接地式電路では，その地絡電流が他の非接地式等に比べて著しく大きいため，地絡事故等によりタンク破損から大量の漏油事故に発展するケースが考えられるためである．

第 13 項の「**急傾斜地**」とは傾斜度が 30 度以上ある土地と定義され，急傾斜地のうち崩壊するおそれがある地域などが「急傾斜地崩壊危険区域」として指定されている．

第 14 項により **PCB 含有の絶縁油を使用する電気機械器具**を電路に**新たに施設することは禁止**されているが，この規制が施行された 1976 年時点に電路に施設されていたものは，そのまま電路に施設することができる．しかし，これを流用，転用して新たに電路に施設する場合はこの規制が適用されることとなるので，**流用，転用はできない．**

4 自家用電気工作物の変更などの報告

電気関係報告規則第 5 条では，「自家用電気工作物について，次に示すような変更などの事項が行われたときは，遅滞なく，その旨を所轄産業保安監督部長に報告しなければならない」と規定している．

① 発電所，蓄電所，変電所の**出力変更**，又は送電線路，配電線路の**電圧変更**をした場合（ただし，1-3 節第 6 項（1）で説明した電気事業法第 47 条の工事計画の認可，又は第 48 条の工事計画の届出をした工事で変更した場合を除く）

② 発電所，蓄電所，変電所その他の自家用電気工作物を設置する事業場，又は送電線路，配電線路を**廃止**した場合

上記の対象となるのは，例えば，自家用電気工作物である発電所の出力を変更した場合や，発電所や需要設備の事業場を廃止した場合などがある．

問題⑫ R2　A-2

自家用電気工作物の事故が発生したとき，その自家用電気工作物を設置する者は，「電気関係報告規則」に基づき，自家用電気工作物の設置の場所を管轄する産業保安監督部長に報告しなければならない．次の文章は，かかる事故報告に関する記述である．

a）感電又は電気工作物の破損若しくは電気工作物の誤操作若しくは電気工作物を操作しないことにより人が死傷した事故（死亡又は病院若しくは診療所 （ア） した場合に限る．）が発生したときは，報告をしなければならない．

b）電気工作物の破損又は電気工作物の誤操作若しくは電気工作物を操作しないことにより， （イ） に損傷を与え，又はその機能の全部又は一部を損なわせた事故が発生したときは，報告をしなければならない．

c）上記 a）又は b）の報告は，事故の発生を知ったときから （ウ） 時間以内可能な限り速やかに電話等の方法により行うとともに，事故の発生を知った日から起算して 30 日以内に報告書を提出して行わなければならない．

上記の記述中の空白箇所（ア）～（ウ）に当てはまる組合せとして，正しいものを次の（1）～（5）のうちから一つ選べ．

	（ア）	（イ）	（ウ）
（1）	に入院	公共の財産	24
（2）	で治療	他の物件	48

(3)	に入院	公共の財産	48
(4)	に入院	他の物件	24
(5)	で治療	公共の財産	48

電気関係報告規則第 3 条の報告対象となる電気事故と報告方法に関する出題である．報告対象となる主な電気事故は p.42 の表 1･12 のとおりである．

人が死傷した事故については**死亡**又は**入院**した場合が報告対象となる．また，**他の物件**（第三者の物件）に損傷を与えた事故も報告対象である．

電気事故の報告方法は，事故の発生を知ったときから **24 時間以内**に事故概要などを「**速報**」として，事故の発生を知った日から起算して **30 日以内**に事故の詳細を「**詳報**」として報告する必要がある．

解答 ▶ (4)

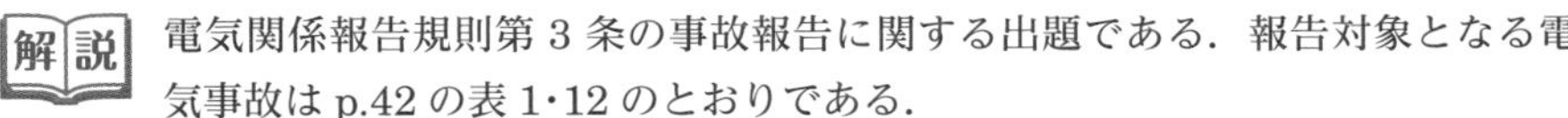

「電気関係報告規則」に基づく，事故報告に関して，受電電圧 6600 V の自家用電気工作物を設置する事業場における下記（1）から（5）の事故事例のうち，事故報告に該当しないものはどれか．

(1) 自家用電気工作物の破損事故に伴う構内 1 号柱の倒壊により道路をふさぎ，長時間の交通障害を起こした．

(2) 保修作業員が，作業中誤って分電盤内の低圧 200 V の端子に触れて感電負傷し，治療のため 3 日間入院した．

(3) 電圧 100 V の屋内配線の漏電により火災が発生し，建屋が全焼した．

(4) 従業員が，操作を誤って高圧の誘導電動機を損壊させた．

(5) 落雷により高圧負荷開閉器が破損し，電気事業者に供給支障を発生させたが，電気火災は発生せず，また，感電死傷者は出なかった．

解説　電気関係報告規則第 3 条の事故報告に関する出題である．報告対象となる電気事故は p.42 の表 1･12 のとおりである．

(1)　○　道路の閉塞や交通の著しい阻害は**他の物件**の**機能**を損なわせる事故であるため，報告が必要．

(2)　○　**感電負傷者**が，**入院**した事故であるため，報告が必要．

(3)　○　**半焼以上の電気火災**であるため，報告が必要．

(4)　×　報告対象となるは**電圧 1 万 V 以上の需要設備の主要電気工作物の破損事故**である．受電電圧 1 万 V 未満であり，誘導電動機は主要電気工作物にも該当しないため報告は不要．

(5)　○　**電圧 3 000 V 以上の自家用電気工作物の破損**により電気事業者に**供給支障を**

発生させた事故（波及事故）であるため，報告が必要．

解答 ▶ (4)

問題14 ✓ ✓ ✓　H21　A-4

次の文章は，「電気設備技術基準」の公害などの防止について及び「電気関係報告規則」の公害防止などに関する届出についての記述の一部である．

a. （ア） に接続する変圧器を設置する箇所には，（イ） の構外への流出及び地下への浸透を防止するための措置が施されていなければならない．

b. 電気事業者又は自家用電気工作物を設置する者は，（ウ） の破損その他の事故が発生し，（イ） が構内以外に排出された，又は地下に浸透した場合には，事故の発生後可能な限り速やかに事故の状況及び講じた措置の概要を当該 （ウ） の設置の場所を管轄する産業保安監督部長へ届け出なければならない．

上記の記述中の空白箇所（ア），（イ）及び（ウ）に当てはまる語句として，正しいものを組み合わせたのは次のうちどれか．

	（ア）	（イ）	（ウ）
(1)	中性点非接地式電路	絶縁油	変圧器
(2)	中性点直接接地式電路	廃液	貯油施設
(3)	中性点非接地式電路	廃液	変圧器
(4)	送電線路	絶縁油	電気工作物
(5)	中性点直接接地式電路	絶縁油	電気工作物

解説 aは電気設備の技術基準第19条（公害等の防止）第10項からの出題，bは電気関係報告規則第4条（公害防止等に関する届出）からの出題である．

中性点直接接地式電路では，地絡事故等の地絡電流が著しく大きく，変圧器のタンク破損から大量の漏油事故に発展するケースが考えられるため，**絶縁油**の流出防止対策が必要と定められている．

電気工作物の破損等の事故が発生し，**油**を含む水が構内以外に排出された場合や地下に浸透した場合には，電気関係報告規則第4条に則って届出が必要である．

解答 ▶ (5)

問題15　H20　A-8

次の文章は，「電気設備技術基準」及び「電気関係報告規則」に基づくポリ塩化ビフェニル（以下「PCB」という）を含有する絶縁油を使用する電気機械器具（以下「PCB電気工作物」という）の取扱いに関する記述である．

1. PCB電気工作物を新しく電路に施設することは （ア） されている．
2. PCB電気工作物に関しては，次の報告が義務付けられている．
   ① PCB電気工作物であることが判明した場合の報告
   ② 上記①の報告内容が変更になった場合の報告
   ③ PCB電気工作物を （イ） した場合の報告
3. 上記2の報告の対象となるPCB電気工作物には， （ウ） がある．

上記の記述中の空白箇所（ア），（イ）及び（ウ）に当てはまる語句として，正しいものを組み合わせたのは次のうちどれか．

	（ア）	（イ）	（ウ）
(1)	禁止	廃止	CVケーブル
(2)	制約	廃止	電力用コンデンサ
(3)	制約	転用	電力用コンデンサ
(4)	制約	転用	CVテーブル
(5)	禁止	廃止	電力用コンデンサ

解説　1は電気設備の技術基準第19条（公害等の防止）第14項からの出題，2及び3は電気関係報告規則第4条の2（PCB含有電気工作物に関する届出）からの出題である．

PCB含有の絶縁油を使用する電気機械器具を電路に新たに施設することは**禁止**されている．PCB含有電気工作物を**廃止**した場合には届出が必要である．なお，PCB含有電気工作物の対象となる電気工作物は，12種類（変圧器，**電力用コンデンサ**，計器用変成器，リアクトル，放電コイル，電圧調整器，整流器，開閉器，遮断器，中性点抵抗器，避雷器，OFケーブル）である．

解答 ▶ (5)

一般用電気工作物の保安規制

［★］

1 一般用電気工作物の規制概要

電気事業法で定められている一般用電気工作物に関する保安規制の主な項目は次のとおりである．なお，一般用電気工作物の保安規制の主な項目を図に示すと1-3 節第 1 項（p.20 ～ 21）の図 1･9 ～ 10 のとおりである．太陽光発電設備以外の一般用電気工作物に該当する**小規模発電設備**の保安規制は，図 1･10 の太陽光発電設備と同じである．

・技術基準適合命令（法第 56 条）

経済産業大臣は，一般用電気工作物が経済産業省令で定める技術基準に適合していないと認めるときは，その所有者又は占有者に対し，その技術基準に適合するように一般用電気工作物を修理，改造，移転，若しくはその使用の一時停止又は制限を命じることができる．

・調査義務（法第 57 条）

一般用電気工作物と直接に電気的に接続する電線路を維持及び運用する者（電線路維持運用者）は，その一般用電気工作物（小規模発電設備を除く）が経済産業省令で定める技術基準に適合しているか調査しなければならない．また，調査の結果，技術基準に適合していないと認めるときは，技術基準に適合するようとるべき措置，及び措置をとらなかった場合に生じる結果をその所有者又は占有者に遅滞なく通知しなければならない．

・報告徴収（法第 106 条）

経済産業大臣は，電気事業法の施行に必要な限度において，一般用電気工作物（小規模発電設備であるものに限る）の所有者又は占有者に対し，必要な事項の報告又は資料の提出をさせることができる．

・立入検査（法第 107 条）

経済産業大臣は，電気事業法の施行に必要な限度において，その職員に，一般用電気工作物の設置の場所（小規模発電設備以外のものの場合は，居住の用に供されているものを除く）に立ち入り，一般用電気工作物を検査させることができる．

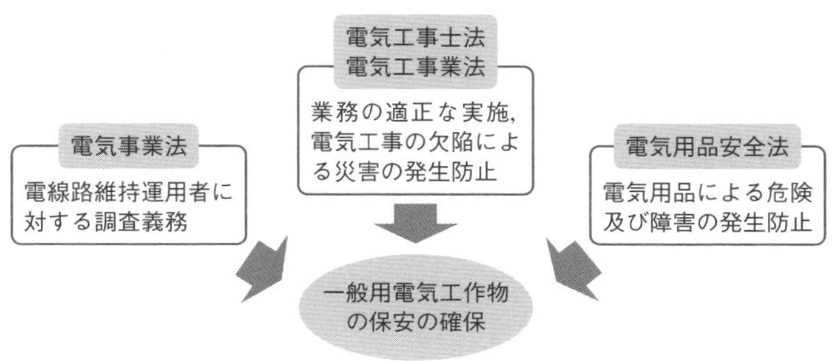

●図 1・14　一般用電気工作物の保安規制

一般用電気工作物の保安責任はその所有者又は占有者にあるが，一般用電気工作物は主として一般家庭などに設置されており，その所有者又は占有者は電気保安に関する専門的知識が乏しい場合が多い．そのため，電気を供給する電線路維持運用者（主として一般送配電事業者）に調査義務を課すことにより，一般家庭などにおける電気の保安を図っている．

また，調査義務と合わせて，電気工事士法・電気工事業法による工事段階での保安の確保や電気用品安全法による電気用品の品質の確保により，一般家庭などにおける電気保安を確保する仕組みとなっている（図 1･14）．

2　一般用電気工作物の調査義務

電気事業法第 57 条では，一般用電気工作物の調査義務について次のとおり定めている．

第 57 条（調査の義務）

一般用電気工作物と直接に電気的に接続する電線路を維持し，及び運用する者（以下この条，次条及び第 89 条において「電線路維持運用者」という．）は，経済産業省令で定める場合を除き，経済産業省令で定めるところにより，その一般用電気工作物が前条第 1 項の経済産業省令で定める技術基準に適合しているかどうかを調査しなければならない．ただし，その一般用電気工作物の設置の場所に立ち入ることにつき，その所有者又は占有者の承諾を得ることができないときは，この限りでない．

2　電線路維持運用者は，前項の規定による調査の結果，一般用電気工作物が前条第 1 項の経済産業省令で定める技術基準に適合していないと認めるときは，遅滞なく，その技術基準に適合するようにするためとるべき

措置及びその措置をとらなかった場合に生ずべき結果をその所有者又は占有者に通知しなければならない．
（以下略）

電線路維持運用者は，自らが維持・運用する電線路に接続する一般用電気工作物について，経済産業省令で定める**技術基準に適合しているか調査**しなければならないと定められている．なお，電気事業法施行規則第 96 条により小規模発電設備は調査対象から除外されている．

(1) 調査の時期

一般用電気工作物の調査には，**竣工調査**と**定期調査**と呼ばれる 2 種類がある．調査の実施時期は，電気事業法施行規則第 96 条で次のように定められている．

- **竣工調査**：一般用電気工作物が**設置されたとき**及び**変更の工事が完成したとき**
- **定期調査**：**4 年に 1 回以上**の頻度

なお，一般用電気工作物の**設置場所への立入り**について，その**所有者又は占有者の承諾を得ることができないとき**は，この限りではない．例えば，一般住宅の定期調査で訪問しても住人の不在が続いた場合には，屋外から引込線などの屋外設備の点検や電力メータ付近での漏洩電流の測定のみ行い，屋内の一般用電気工作物の調査は行わない場合がある．

(2) 調査後の措置

電線路維持運用者は，一般用電気工作物を調査した結果，当該一般用電気工作物が**技術基準に適合していない**と認める場合には，遅滞なく，技術基準に適合するようにするために**採るべき措置**，及びその**措置**を採らなかった場合に発生しうる**結果**をその一般用電気工作物の**所有者**又は**占有者**に通知しなければならない．

(3) 調査業務の委託

電気事業法第 57 条の 2 では，電線路維持運用者は，調査業務を経済産業大臣の登録を受けた「**登録調査機関**」に委託することができると定めている．なお，登録調査機関には，各地域の電気保安協会や県電気工事業工業組合などがある．

問題16　R3　A-1（一部抜粋）

次の文章は，「電気事業法」に基づく調査の義務に関する記述である．

a）一般用電気工作物と直接に電気的に接続する電線路を維持し，及び運用する者（以下，「（ア）」という．）は，その一般用電気工作物が経済産業省令で定める技術基準に適合しているかどうかを調査しなければならない．ただし，その一般用電気工作物の設置の場所に立ち入ることにつき，その所有者又は（イ）の承諾を得ることができないときは，この限りでない．

b）（ア）又はその（ア）から委託を受けた登録調査機関は，上記 a）の規定による調査の結果，電気工作物が技術基準に適合していないと認めるときは，遅滞なく，その技術基準に適合するようにするためとるべき（ウ）及びその（ウ）をとらなかった場合に生ずべき結果をその所有者又は（イ）に通知しなければならない．

上記の記述中の空白箇所（ア）～（ウ）に当てはまる組合せとして，正しいものを次の（1）～（5）のうちから一つ選べ．

	（ア）	（イ）	（ウ）
(1)	一般送配電事業者等	占有者	措置
(2)	電線路維持運用者	使用者	工事方法
(3)	一般送配電事業者等	使用者	措置
(4)	電線路維持運用者	占有者	措置
(5)	電線路維持運用者	使用者	工事方法

解説　電気事業法第 57 条の調査義務からの出題である．

電線路維持運用者は，自らが維持・運用する電線路に接続する一般用電気工作物について調査義務を課されているが，当該一般用電気工作物の設置の場所に立ち入ることについて，その**所有者**又は**占有者**の承諾を得られない場合には，調査義務は免除される．

また，調査の結果，当該一般用電気工作物が**技術基準に適合していない**と認める場合には，遅滞なく，技術基準に適合するようにするために**採るべき措置**，及びその**措置**を採らなかった場合に発生しうる**結果**をその一般用電気工作物の**所有者**又は**占有者**に通知しなければならない．

解答 ▶ (4)

電気工事士法と電気工事業法

［★★］

1 電気工事士法の概要と規制範囲

電気工事士法第１条では，電気工事士法の目的について次のとおり定めている．

第１条（目的）

この法律は，電気工事の作業に従事する者の資格及び義務を定め，もって電気工事の欠陥による災害の発生の防止に寄与することを目的とする．

また，電気工事士法第２条では，用語の定義として「電気工事」や「電気工事士」などについてその内容や範囲などを次のとおり定めている．

第２条（用語の定義）

この法律において「一般用電気工作物等」とは，一般用電気工作物（電気事業法（昭和39年法律第170号）第38条第１項に規定する一般用電気工作物をいう．以下同じ．）及び小規模事業用電気工作物（同条第３項に規定する小規模事業用電気工作物をいう．以下同じ．）をいう．

2　この法律において「自家用電気工作物」とは，電気事業法第38条第４項に規定する自家用電気工作物（小規模事業用電気工作物及び発電所，変電所，最大電力500 kW以上の需要設備（電気を使用するために，その使用の場所と同一の構内（発電所又は変電所の構内を除く．）に設置する電気工作物（同法第２条第１項第18号に規定する電気工作物をいう．）の総合体をいう．）その他の経済産業省令で定めるものを除く．）をいう．

3　この法律において「電気工事」とは，一般用電気工作物等又は自家用電気工作物を設置し，又は変更する工事をいう．ただし，政令で定める軽微な工事を除く．

4　この法律において「電気工事士」とは，次条第１項に規定する第一種電気工事士及び同条第２項に規定する第二種電気工事士をいう．

電気工事士法では，**電気工事の欠陥による災害の発生の防止**を目的としているが，その規制の対象となる電気工事は，第２条を要約すると電気工作物のうち**一般用電気工作物等（一般用電気工作物及び小規模事業用電気工作物）及び自家用電気工作物のうち最大電力500 kW未満の需要設備**に関する工事が対象となる．

電気工事士法では，自家用電気工作物のうち**小規模事業用電気工作物**が**一般用電気工作物等**として一般用電気工作物と同じ扱いになるため注意が必要である．また，電気工事士法第 2 条及び電気工事士法施行規則第 1 条の 2 により，電気事業法における自家用電気工作物であっても，**発電所**，**蓄電所**，**変電所**，**最大電力 500 kW 以上の需要設備**，**送電線路**，**保安通信設備**については，電気工事士法の**規制対象から除外される**．これらの設備については，その設置者が電気保安に関する十分な知見を有しており，電気事業者の選定も含めて，工事に関して十分的確に保安を確保できる体制にあると考えられるため，規制対象から除外されている．

2 電気工事士等の資格と作業範囲等

電気工事士法第 3 条では，電気工事士等の資格の種類と作業範囲について次のとおり定めている．

第 3 条（電気工事士等）

第一種電気工事士免状の交付を受けている者（以下「第一種電気工事士」という．）でなければ，自家用電気工作物に係る電気工事（第 3 項に規定する電気工事を除く．第 4 項において同じ．）の作業（自家用電気工作物の保安上支障がないと認められる作業であって，経済産業省令で定めるものを除く．）に従事してはならない．

2　第一種電気工事士又は第二種電気工事士免状の交付を受けている者（以下「第二種電気工事士」という．）でなければ，一般用電気工作物等に係る電気工事の作業（一般用電気工作物等の保安上支障がないと認められる作業であって，経済産業省令で定めるものを除く．）に従事してはならない．

3　自家用電気工作物に係る電気工事のうち経済産業省令で定める特殊なもの（以下「特殊電気工事」という．）については，当該特殊電気工事に係る特種電気工事資格者認定証の交付を受けている者（以下「特種電気工事資格者」という．）でなければ，その作業（自家用電気工作物の保安上支障がないと認められる作業であって，経済産業省令で定めるものを除く．）に従事してはならない．

4　自家用電気工作物に係る電気工事のうち経済産業省令で定める簡易なもの（以下「簡易電気工事」という．）については，第 1 項の規定にかか

わらず，認定電気工事従事者認定証の交付を受けている者（以下「認定電気工事従事者」という．）は，その作業に従事することができる．

(1) 資格の種類と作業範囲

電気工事士等の資格の種類には，電気工事士法第 3 条にあるとおり，**第一種電気工事士**，**第二種電気工事士**，**特種電気工事資格者**，**認定電気工事従事者**の 4 種類がある．

自家用電気工作物に係る「**特殊電気工事**」には，**ネオン工事**と**非常用予備発電装置工事**の 2 種類がある．これらの工事は，当該分野特有のきわめて専門的な知識，技能などが要求されるものであり，具体的な工事内容は電気工事士法施行規則第 2 条の 2 にそれぞれ表 1･15 のとおり規定されている．

●表 1・15　特殊電気工事の種類

ネオン工事	ネオン用として設置される分電盤，主開閉器（電源側の電線との接続部分を除く．）タイムスイッチ，点滅器，ネオン変圧器，ネオン管及びこれらの附属設備に係る電気工事
非常用予備発電装置工事	非常用予備発電装置として設置される原動機，発電機，配電盤（他の需要設備との間の電線との接続部分を除く．）及びこれらの附属設備に係る電気工事

また,「**簡易電気工事**」とは, 具体的には電気工事士法施行規則第 2 条の 3 で「**電圧 600 V 以下で使用する自家用電気工作物に係る電気工事**（電線路に係るものを除く)」と規定されている．なお，電線路とは，電気使用場所などの相互間の電線とこれを支持又は保蔵する工作物（支持物やがいし，暗きょなど）をいう．

電気工事士等の資格の種類と作業範囲をまとめると, 表 1･16 のとおりである．

また，電気工事士等でなければ従事できない電気工事の作業は，電気工事士法施行規則第 2 条に定められており，表 1･17 のとおりである．

(2) 規制対象外となる工事・作業

電気工事士等の資格が不要な工事や作業には，電気工事士法第 2 条第 3 項にある「軽微な工事」と同法第 3 条第 1 項，第 2 項にある「保安上支障がないと認められる作業」がある．「軽微な工事」の内容は電気工事士法施行令第 1 条に,「保安上支障がないと認められる作業」の内容は電気工事士法施行規則第 2 条にそれぞれ定められており，表 1･18 のとおりである．「保安上支障がないと認められる作業」は，作業がきわめて安易であって，施工不良が発生するおそれがほとんどないものや電気工事士等が行う作業を補助する作業などをいう．

●表 1・16　資格の種類と作業範囲

	自家用電気工作物（最大電力 500 kW 未満の需要設備）				一般用電気工作物等（一般用電気工作物・小規模事業用電気工作物）の工事
	特殊電気工事		簡易電気工事（電圧 600 V 以下で使用する設備（電線路に係るものを除く））	左記以外の工事	
	ネオン	非常用予備発電装置			
第一種電気工事士	×	×	○	○	○
第二種電気工事士	×	×	×	×	○
特種電気工事資格者（ネオン）	○	×	×	×	×
特種電気工事資格者（非常用予備発電装置）	×	○	×	×	×
認定電気工事従事者	×	×	○	×	×

●表 1・17　電気工事士等でなければ従事できない電気工事の作業

① **電線相互を接続**する作業（電気さく（定格一次電圧 300 V 以下であって感電により人体に危害を及ぼすおそれがないよう電気さく用電源装置から電気を供給されるものに限る．以下同じ．）の電線を接続するものを除く．）
② がいしに**電線を取り付け**，又は**取り外す**作業（電気さくの電線及びそれに接続する電線を除く．③，④，⑧ において同じ．）
③ 電線を直接造営材その他の物件（がいしを除く）に取り付け，又は取り外す作業
④ 電線管，線樋，ダクトその他これらに類する物に**電線を収める**作業
⑤ **配線器具**を造営材その他の物件に取り付け，若しくは取り外し，又はこれに電線を接続する作業（露出型点滅器又は露出型コンセントを取り換える作業を除く）
⑥ **電線管**を曲げ，若しくはねじ切りし，又は電線管相互若しくは電線管とボックスその他の附属品とを接続する作業
⑦ **金属製のボックス**を造営材その他の物件に取り付け，又はこれを取り外す作業
⑧ 電線，電線管，線樋，ダクトその他これらに類する物が造営材を貫通する部分に金属製の防護装置を取り付け，又は取り外す作業
⑨ 金属製の電線管，線樋，ダクトその他これらに類する物又はこれらの附属品を，建造物のメタルラス張り，ワイヤラス張り又は金属板張りの部分に取り付け，又は取り外す作業
⑩ **配電盤**を造営材に取り付け，又は取り外す作業
⑪ **接地線**を電気工作物（電圧 600 V 以下で使用する電気機器を除く）に取り付け，若しくは取り外し，接地線相互若しくは接地線と接地極とを接続し，又は接地極を地面に埋設する作業（電気さくを使用するためのものを除く）
⑫ 電圧 600 V を超えて使用する**電気機器に電線を接続**する作業

●表 1・18　電気工事士等の資格が不要な工事・作業

軽微な工事	・電圧 600 V 以下で使用する差込み接続器等の接続器又は電圧 600 V 以下で使用するナイフスイッチ等の開閉器にコード又はキャブタイヤケーブルを接続する工事 ・電圧 600 V 以下で使用する電気機器（配線器具を除く）の端子に電線をねじ止めする工事 ・電圧 600 V 以下で使用する電力量計，電流制限器又はヒューズを取り付け，又は取り外す工事 ・インターホーン，火災感知器等に使用する小型変圧器（二次電圧 36 V 以下）の二次側の配線工事 ・電線を支持する柱，腕木等の工作物を設置又は変更する工事 ・地中電線用の暗きょ又は管を設置又は変更する工事
保安上支障がないと認められる作業	・表 1・17 以外の作業 ・電気工事士や特殊電気工事資格者が従事する作業を補助する作業

また，電路がすでに遮断され，以降電気を使用しない部分の設備を撤去する作業（建物の取り壊しなど）についても電気工事に該当しないため，電気工事士等の資格は不要である．

3 電気工事士等の義務

電気工事士法第 5 条では，電気工事士等が電気工事の作業に従事する際の義務として次のことを定めている．

・電気工事士等が電気工事の作業に従事するときは，電気事業法の経済産業省令で定める**技術基準に適合**するようにその作業をしなければならない．

・電気工事士等が電気工事の作業に従事するときは，**電気工事士免状等**（電気工事士免状，特種電気工事資格者認定証，認定電気工事従事者認定証）**を携帯**していなければならない．

3 電気工事業法の概要と電気工事業者の種類等

電気工事業を規制する法律として「**電気工事業の業務の適正化に関する法律**」があり，一般的には「**電気工事業法**」と呼称される．電気工事業法第 1 条では，電気工事業法の目的について次のとおり定めている．

> **第 1 条（目的）**
> **この法律は，電気工事業を営む者の登録等及びその業務の規制を行うことにより，その業務の適正な実施を確保し，もって一般用電気工作物等及び自家用電気工作物の保安の確保に資することを目的とする．**

また，電気工事業法第 2 条では，用語の定義として次のとおり定めている．

第 2 条（定義）

この法律において「電気工事」とは，電気工事士法（昭和 35 年法律第 139 号）第 2 条第 3 項に規定する電気工事をいう．ただし，家庭用電気機械器具の販売に付随して行う工事を除く．

2　この法律において「電気工事業」とは，電気工事を行う事業をいう．

3　この法律において「登録電気工事業者」とは次条第 1 項又は第 3 項の登録を受けた者を，「通知電気工事業者」とは第 17 条の 2 第 1 項の規定による通知をした者を，「電気工事業者」とは登録電気工事業者及び通知電気工事業者をいう．

（以下略）

電気工事業法に出てくる「一般用電気工作物等」及び「自家用電気工作物」の定義は電気工事士法と同じで，一般用電気工作物等は一般用電気工作物及び小規模事業用電気工作物，自家用電気工作物は最大電力 500kW 未満の需要設備である．

(1) 電気工事業者の種類

電気工事業を営む者である「**電気工事業者**」には，電気工事業法第 2 条第 3 項にあるように「**登録電気工事業者**」及び「**通知電気工事業者**」の 2 種類がある．それぞれの概要は，表 1･19 のとおりである．

●表 1・19　電気工事業者の種類

	登録電気工事業者	通知電気工事業者
電気工事の範囲	・**一般用電気工作物等**に係る電気工事のみ 又は ・**一般用電気工作物等**及び**自家用電気工作物**に係る電気工事	**自家用電気工作物**に係る電気工事のみ
事業の開始方法	**経済産業大臣**又は**都道府県知事**の登録を受ける	**事業開始の 10 日前**までに，**経済産業大臣**又は**都道府県知事**にその旨を**通知**する
有効期限・更新	**5 年ごと**の更新が必要	更新は不要
その他	**主任電気工事士**の設置が必要	—

登録電気工事業者は，**一般用電気工作物等**に係る電気工事業を営もうとする場合に**登録**を受けるものであり，電気工事業法第 3 条により，**経済産業大臣**（2 以上の都道府県の区域内に営業所を設置する場合）又は**都道府県知事**（1 都道府県

内のみに営業所を設置する場合）の**登録**を受けなければならないと定められている．登録の**有効期間は 5 年**であり，5 年ごとに更新の登録を受けなければならない．また，登録電気工事業者は，一般用電気工作物等に係る電気工事の業務を行う営業所ごとに**主任電気工事士**の設置が義務付けられている．主任電気工事士は，第一種電気工事士又は第二種電気工事士免状取得後 3 年以上の電気工事の実務経験を有する第二種電気工事士である．

通知電気工事業者は，**自家用電気工作物**のみに係る電気工事業を営む者であり，電気工事業法第 17 条の 2 により，その**事業開始の 10 日前**までに，**経済産業大臣**（2 以上の都道府県の区域内に営業所を設置する場合又は**都道府県知事**（1 都道府県内のみ営業所を設置する場合）にその旨を**通知**しなければならないと定められている．

通知電気工事業者は，「登録」より規制の弱い行政庁に事業の開始を知らせるだけの「通知」を採用している．これは，自家用電気工作物の場合，その設置者は電気主任技術者の選任等をしており，自ら適確な電気工事業者を選定することが可能であり，行政庁において電気工事業者の適格性をチェックする必要性が乏しいためである．

（2） 電気工事業者の義務等

電気工事業法で定められている電気工事業者にかかる主な業務規制と義務は，表 1･20 のとおりである．

●表 1・20 電気工事業者にかかる主な業務規制と義務

電気工事士等でない者を電気工事の作業に従事させることの禁止（第 21 条）	電気工事業者が**電気工事士等**（電気工事士，特種電気工事資格者，認定電気工事従事者）**でない者を電気工事の作業に従事させてはならない．**
電気工事を請け負わせることの制限（第 22 条）	請け負った電気工事を当該電気工事に係る電気工事業を営む**電気工事業者でない者に請け負わせてはならない．**
電気用品の使用の制限（第 23 条）	電気用品安全法において定める所定の表示が付されていない電気用品を電気工事に使用してはならない．
検査器具の備付け義務（第 24 条）	営業所ごとに，絶縁抵抗計その他の経済産業省令で定める電気工事の検査に**必要な器具を備えなければならない．**
標識の掲示義務（第 25 条）	営業所及び電気工事の施工場所ごとに，その見やすい場所に，氏名又は名称，登録番号などの事項を記載した**標識を掲示しなければならない．**
帳簿の備付け・記録・保存の義務（第 26 条）	営業所ごとに**帳簿を備え**，その業務に関し経済産業省令で定める事項を**記載し**，**保存しなければならない．**

問題17　　H22　A-2（一部改変）

自家用電気工作物について，「電気事業法」と「電気工事士法」において，定義が異なっている．

電気工事士法に基づく「自家用電気工作物」とは，電気事業法に規定する自家用電気工作物から，小規模事業用電気工作物及び発電所，蓄電所，変電所，［（ア）］の需要設備，［（イ）］{発電所相互間，蓄電所相互間，変電所相互間，発電所と蓄電所の間，発電所と変電所との間又は蓄電所と変電所との間の電線路（専ら通信の用に供するものを除く.）及びこれに附属する開閉所その他の電気工作物をいう.} 及び［（ウ）］を除いたものをいう．

上記の記述中の空白箇所（ア），（イ）及び（ウ）に当てはまる語句として，正しいものを組み合わせたのは次のうちどれか．

	（ア）	（イ）	（ウ）
(1)	最大電力 500 kW 以上	送電線路	保安通信設備
(2)	最大電力 500 kW 未満	配電線路	保安通信設備
(3)	最大電力 2 000 kW 以上	送電線路	小出力発電設備
(4)	最大電力 500 kW 以上	配電線路	非常用予備発電設備
(5)	最大電力 2 000 kW 以上	送電線路	非常用予備発電設備

解説　電気工事士法第 2 条の用語の定義に関する出題である．電気事業法では，自家用電気工作物の定義は，**電気事業の用に供する電気工作物及び一般用電気工作物以外の電気工作物**である．対して，電気工事士法では，電気工事士法第 2 条及び電気工事士法施行規則第 1 条の 2 により，電気事業法に規定する自家用電気工作物から，**小規模事業用電気工作物，発電所，蓄電所，変電所，最大電力 500 kW 以上の需要設備，送電線路，保安通信設備を除いたもの**と定義されている．結果として電気工事士法の規制対象となる自家用電気工作物は，最大電力 500 kW 未満の需要設備である．

解答 ▶ (1)

問題18　H26　A-3

電圧 6.6kV で受電し，最大電力 350kW の需要設備が設置された商業ビルがある．この商業ビルには出力 50kW の非常用予備発電装置も設置されている．

次の (1)～(5) の文章は，これら電気工作物に係る電気工事の作業（電気工事士法に基づき，保安上支障がないと認められる作業と規定されたものを除く.）に従事する者に関する記述である．その記述内容として，「電気工事士法」に基づき，不適切なものを次の (1)～(5) のうちから一つ選べ．

なお，以下の記述の電気工事によって最大電力は変わらないものとする．

(1) 第一種電気工事士は，この商業ビルのすべての電気工作物について，それら電気工作物を変更する電気工事の作業に従事することができるわけではない．

(2) 第二種電気工事士は，この商業ビルの受電設備のうち低圧部分に限った電気工事の作業であっても従事してはならない．

(3) 非常用予備発電装置工事に係る特種電気工事資格者は，特殊電気工事を行える者であるため，第一種電気工事士免状の交付を受けていなくても，この商業ビルの非常用予備発電装置以外の電気工作物を変更する電気工事の作業に従事することができる．

(4) 認定電気工事従事者は，この商業ビルの需要設備のうち 600V 以下で使用する電気工作物に係る電気工事の作業に従事することができる．

(5) 電気工事士法に定める資格を持たない者は，この商業ビルの需要設備について，使用電圧が高圧の電気機器に接地線を取り付けるだけの作業であっても従事してはならない．

解説　電気工事士法第 3 条の電気工事士等の資格と作業範囲に関する出題である．電気工事士等の資格の種類と作業範囲は p.59 の表 1·16，電気工事士等でなければ従事できない電気工事の作業は p.59 の表 1·17 のとおりである．

(1)　○　**非常用予備発電装置工事**の作業に従事するには，非常用予備発電装置工事に係る**特種電気工事資格者**である必要がある．第一種電気工事士では特殊電気工事の作業に従事できない．

(2)　○　第二種電気工事士が従事できるのは一般用電気工作物等に係る電気工事の作業である．自家用電気工作物の低圧部分については，**第一種電気工事士**又は**認定電気工事従事者**が従事できる．

(3)　×　特種電気工事資格者は，当該特殊電気工事の作業には従事できるが，それ以外の自家用電気工作物に係る電気工事の作業には従事できない．特殊電気工事以外の自家用電気工作物に係る電気工事の作業に従事できるのは**第一種電気工事士**である．

(4)　○　**認定電気工事従事者**は，**簡易電気工事**（電圧 600 V 以下で使用する自家用電気工作物に係る電気工事）の作業に従事することができる．

(5)　○　高圧で使用する電気機器に接地線を取り付ける作業は，電気工事士等でなければ従事できない電気工事の作業である．（表 1･17 の ⑪）

解答 ▶ (3)

問題⑲　H26　A-4

次の文章は，「電気工事業の業務の適正化に関する法律」に規定されている電気工事業者に関する記述である．

この法律において，「電気工事業」とは，電気工事士法に規定する電気工事を行う事業をいい，「［（ア）］電気工事業者」とは，経済産業大臣又は［（イ）］の［（ア）］を受けて電気工事業を営む者をいう．また，「通知電気工事業者」とは，経済産業大臣又は［（イ）］に電気工事業の開始の通知を行って，［（ウ）］に規定する自家用電気工作物のみに係る電気工事業を営む者をいう．

上記の記述中の空白箇所（ア），（イ）及び（ウ）に当てはまる組合せとして，正しいものを次の (1)～(5) のうちから一つ選べ．

	(ア)	(イ)	(ウ)
(1)	承認	都道府県知事	電気工事士法
(2)	許可	産業保安監督部長	電気事業法
(3)	登録	都道府県知事	電気工事士法
(4)	承認	産業保安監督部長	電気事業法
(5)	登録	産業保安監督部長	電気工事士法

解説　電気工事業を営む者である電気工事業者には，電気工事業法第 2 条第 3 項により「**登録電気工事業者**」及び「**通知電気工事業者**」の 2 種類があり，それぞれの概要は p.61 の表 1･19 のとおりである．

登録電気工事業者は，**経済産業大臣**又は**都道府県知事**の**登録**を受けて電気工事業を営む者をいう．**通知電気工事業者**は，事業開始の 10 日前までに，**経済産業大臣**又は**都道府県知事**にその旨を**通知**し，**自家用電気工作物**のみに係る電気工事業を営む者である．それぞれ登録又は通知の相手は，2 以上の都道府県の区域内に営業所を設置する場合は**経済産業大臣**，1 都道府県内のみに営業所を設置する場合は**都道府県知事**となる．

解答 ▶ (3)

電気用品安全法

［★］

1 電気用品安全法の概要と電気用品の種類

電気用品安全法第 1 条では，電気用品安全法の目的について次のとおり定めている．

第 1 条（目的）

この法律は，電気用品の製造，販売等を規制するとともに，電気用品の安全性の確保につき民間事業者の自主的な活動を促進することにより，電気用品による危険及び障害の発生を防止することを目的とする．

また，電気用品安全法第 2 条では，用語の定義について次のとおり定めている．

第 2 条（定義）

この法律において「電気用品」とは，次に掲げる物をいう．

一　一般用電気工作物等（電気事業法（昭和 39 年法律第 170 号）第 38 条第 1 項に規定する一般用電気工作物及び同条第 3 項に規定する小規模事業用電気工作物をいう．）の部分となり，又はこれに接続して用いられる機械，器具又は材料であって，政令で定めるもの

二　携帯発電機であって，政令で定めるもの

三　蓄電池であって，政令で定めるもの

2　この法律において「特定電気用品」とは，構造又は使用方法その他の使用状況からみて特に危険又は障害の発生するおそれが多い電気用品であって，政令で定めるものをいう．

電気用品安全法第 2 条により，電気用品安全法の規制対象となる**電気用品**は，**特定電気用品**と**特定電気用品以外の電気用品**に分類される．電気用品安全法第 2 条の定義を図にすると図 1·15 のとおりである．**電気用品**は，主には**一般用電気工作物等**（**一般用電気工作物**及び**小規模事業用電気工作物**）**の部分**となるか**接続して用いられる機械，器具又は材料**であり，これ以外に**携帯発電機**と**蓄電池**が一部対象となる．

特定電気用品には，① 電線や配線器具のように長時間連続で無監視状態で使用するもの，② 治療用電気器具のように人体に直接触れて使用するものなどが

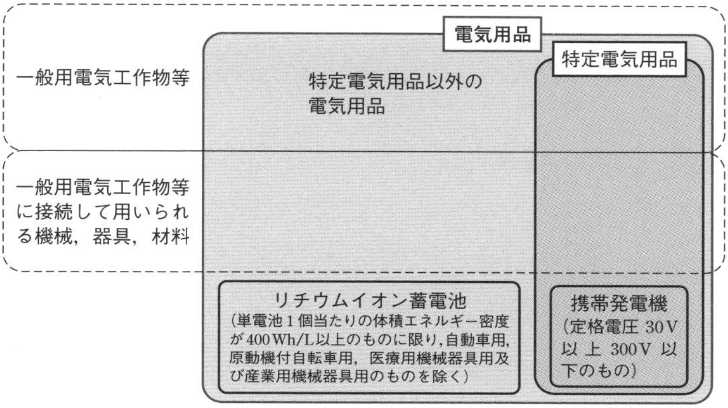

一般用電気工作物等

一般用電気工作物等に接続して用いられる機械，器具，材料

電気用品

特定電気用品以外の電気用品

特定電気用品

リチウムイオン蓄電池
（単電池1個当たりの体積エネルギー密度が400 Wh/L以上のものに限り，自動車用，原動機付自転車用，医療用機械器具用及び産業用機械器具用のものを除く）

携帯発電機
（定格電圧 30 V 以上 300 V 以下のもの）

●図1・15　電気用品の分類

定められている．主な電気用品は，表1･21のとおりである．電気用品の詳細な品目については，電気用品安全法施行令の別表第1及び別表第2に規定されている．

なお，リチウムイオン蓄電池については，機器に装着された状態で輸入・販売される場合，当該機器の一部として取り扱われる．ただし，ポータブルリチウムイオン蓄電池（いわゆるモバイルバッテリー）などの主として電子機器類の外付け電源として用いられるものは，充電装置などに組み込まれていてもリチウムイオン蓄電池の規制対象として取り扱う．

●表1・21　主な電気用品

区　分	特定電気用品	特定電気用品以外の電気用品
電線 （定格電圧100V以上600V以下）	・絶縁電線（断面積100 mm² 以下） ・ケーブル（断面積22 mm² 以下，線心7本以下） ・コード	・ケーブル（断面積22 mm² 超過100 mm² 以下，線心7本以下）
ヒューズ （定格電圧100V以上300V以下）	・温度ヒューズ ・その他のヒューズ（定格電流が1A以上200A以下，右欄及び半導体保護用速動ヒューズを除く）	・筒型ヒューズ，栓形ヒューズ（定格電流が1A以上200A以下）
電線管	—	・電線管（内径120 mm以下） ・ケーブル配線用スイッチボックス
配線器具 （定格電圧100V以上300V以下）	・タンブラスイッチ，中間スイッチ，タイムスイッチその他の点滅器（定格電流30A以下） ・配線用遮断器，漏電遮断器（定格電流100A以下）	・リモートコントロールリレー（定格電流30A以下） ・カバー付ナイフスイッチ，電磁開閉器（定格電流100A以下）
小形単相変圧器類 （定格電圧100V以上300V以下）	・家庭機器用変圧器，電子応用機械器具用変圧器（定格容量500VA以下） ・蛍光灯用安定器，水銀灯用安定器，オゾン発生器用安定器（定格消費電力500W以下）	・ベル用変圧器，ネオン変圧器（定格容量500VA以下） ・ナトリウム灯用安定器，殺菌灯用安定器（定格消費電力500W以下）
電熱器具 （定格電圧100V以上300V以下，定格消費電力10kW以下）	・電気便座 ・電気温水器 ・電気スチームバス及びスチームバス用電熱器 ・電気サウナバス及びサウナバス用電熱器 ・観賞魚用ヒータ，観賞植物用ヒータ	・電気カーペット ・電気毛布及び電気布団 ・電気こたつ ・電気ストーブ ・電気レンジ，電気こんろ
電動力応用機械器具 （定格電圧100V以上300V以下）	・冷蔵用又は冷凍用ショーケース（定格消費電力300W以下） ・電気マッサージ器 ・自動販売機（電熱装置，冷却装置，放電灯又は液体収納装置を有するもの）	・電気冷蔵庫及び電気冷凍庫（定格消費電力が500W以下） ・扇風機（定格消費電力300W以下） ・電気洗濯機（定格消費電力1kW以下）
その他	・携帯発電機（定格電圧30V以上300V以下）	・リチウムイオン蓄電池（体積エネルギー密度400Wh/L以上）

2 電気用品安全法の規制概要

電気用品安全法で定められている主な規制は，表 1･22 のとおりである．電気用品の**製造**又は**輸入**の事業を行う事業者に対して，**事業の届出義務**と扱う電気用品の**技術基準の適合義務**を課している．技術基準に適合し，所定の検査などを行った電気用品には**図 1･16 に示す記号**（**PSE マーク**）などを**表示**することができる．また，この表示がされた電気用品でなければ**販売**や**電気工事への使用**ができないと定められている．

電気用品安全法では，このように電気用品の製造，輸入，販売，使用などを規制することで，法の目的である電気用品による危険及び障害の発生防止を図っている．

●表 1・22　電気用品安全法の主な規制

事業の届出（第 3 条）	**電気用品の製造又は輸入の事業を行う者**は，事業開始の日から 30 日以内に，**経済産業大臣に届け出**なければならない．（届出をした者を「届出事業者」という）
基準適合義務（第 8 条）特定電気用品の適合性検査（第 9 条）	届出事業者は，第 3 条の届出に係る**電気用品を製造**又は**輸入**する場合，経済産業省令で定める**技術基準に適合**するようにしなければならない．また，これらの**電気用品**について**検査**を行い，**検査記録を作成**，**保存**しなければならない．上記の電気用品が**特定電気用品**である場合には，その販売するときまでに経済産業大臣の登録を受けた**登録検査機関の技術基準適合性検査**を受け，**適合性証明書**の**交付**を受け，これを**保存**しなければならない．
表示（第 10 条）	届出事業者は，第 8 条及び第 9 条の**義務を履行**したときは，当該電気用品に**図 1･16 に示す記号**（**PSE マーク**）などを**表示**することができる．
販売の制限（第 27 条）	**電気用品の製造**，**輸入**，**販売を行う事業者**は，第 10 条の表示（PSE マーク等）が付されている電気用品でなければ，**販売**又は**販売の目的で陳列**してはならない．
使用の制限（第 28 条）	**電気事業者**，**自家用電気工作物設置者**，**電気工事士等**は，第 10 条の表示（PSE マーク等）が付されている電気用品でなければ，**電気工作物の設置又は変更の工事に使用**してはならない．

電線等で構造上表示スペースを確保することが困難なものは，記号に代えて〈PS〉E とすることができる．

（a）特定電気用品

（b）特定電気用品以外の電気用品

電線等で構造上表示スペースを確保することが困難なものは，記号に代えて（PS）E とすることができる．

●図 1・16　電気用品表示記号（PSE マーク）

問題20　　H27　A-2

次の文章は，「電気用品安全法」に基づく電気用品の電線に関する記述である．

a. [(ア)] 電気用品は，構造又は使用方法その他の使用状況からみて特に危険又は障害が発生するおそれが多い電気用品であって，具体的な電線については電気用品安全法施行令で定めるものをいう．

b. 定格電圧が [(イ)] V 以上 600 V 以下のコードは，導体の公称断面積及び線心の本数に関わらず，[(ア)] 電気用品である．

c. 電気用品の電線の製造又は [(ウ)] の事業を行う者は，その電線を製造し又は [(ウ)] する場合においては，その電線が経済産業省令で定める技術上の基準に適合するようにしなければならない．

d. 電気工事士は，電気工作物の設置又は変更の工事に [(ア)] 電気用品の電線を使用する場合，経済産業省令で定める方式による記号がその電線に表示されたものでなければ使用してはならない．[(エ)] はその記号の一つである．

上記の記述中の空白箇所 (ア)，(イ)，(ウ) 及び (エ) に当てはまる組合せとして，正しいものを次の (1) ～ (5) のうちから一つ選べ．

	(ア)	(イ)	(ウ)	(エ)
(1)	特定	30	販売	JIS
(2)	特定	30	販売	〈PS〉E
(3)	甲種	60	輸入	〈PS〉E
(4)	特定	100	輸入	〈PS〉E
(5)	甲種	100	販売	JIS

解説　電気用品は，**特定電気用品**と特定電気用品以外の電気用品に分類される．**特定電気用品**とは，特に危険又は障害の発生するおそれが多い電気用品が対象となる．特定電気用品及び特定電気用品以外の電気用品の主なものは p.68 の表 1･21 のとおりであり，定格電圧 **100 V** 以上 600 V 以下のコードは特定電気用品である．電気用品安全法の事業者などへの主な規制は，p.69 の表 1･22 のとおりであり，電気用品の**製造**又は**輸入**の事業者には，技術基準の適合義務が課せられている．電気工事士は，PSE マークが付されている電気用品でなければ，電気工事に使用してはならない．特定電気用品の記号は，p.69 の図 1･16 のとおりであり，表示スペースが確保できないものは **〈PS〉E** と表示することができる．

解答 ▶ (4)

電力事業の広域的運営

[★★]

1 電気事業者等の相互の協調

電気事業法第 28 条では，電気事業者間の相互協調について次のとおり定めている．

第 28 条（電気事業者等の相互の協調）

電気事業者及び発電用の自家用電気工作物を設置する者（電気事業者に該当するものを除く．）は，電源開発の実施，電気の供給，電気工作物の運用等の遂行に当たり，広域的運営による電気の安定供給の確保その他の電気事業の総合的かつ合理的な発達に資するように，相互に協調しなければならない．

広域的運営による相互協調とは，供給区域を有する**一般送配電事業者間**で，各供給区域における**電気の安定供給**等を確保するために実施されるものが基本となるが，これを実現するためには発電事業者や小売電気事業者等との協調が不可欠であることから**すべての電気事業者等**に**相互協調の義務**が規定されている．広域的運営による相互協調の具体的な例としては，以下のようなものがある．

・ある地方で消費しきれない再生可能エネルギーの電気を隣接する地方に一般送配電事業者間で融通する．

・ある地方の小売電気事業が供給力を確保できない場合に，隣接する地方の発電事業者が焚き増しを行うことで当該小売電気事業者に電気を供給する．

2 電力広域的運営推進機関

(1) 電力広域的運営推進機関の概要

2011 年 3 月の東日本大震災を契機に，大規模電源の停止に伴う供給力不足や需要の急増による需給ひっ迫時において，電気事業者間で電力の融通が迅速かつ円滑に確保される制度を構築し，広域的運営をより効率的かつ実効的に推進する必要性が高まることとなった．この課題を解決するため，政府主導の電力システム改革の一環として，2015 年 4 月に**電力広域的運営推進機関（広域機関，OCCTO）**が創設された．電気事業法第 28 条の 4 では，広域機関の目的について次のとおり定めている．

第 28 条の 4（目的）

広域的運営推進機関（以下「推進機関」という．）は，電気事業者が営む電気事業に係る電気の需給の状況の監視，電気の安定供給のために必要な供給能力の確保の促進及び電気事業者に対する電気の需給の状況が悪化した他の小売電気事業者，一般送配電事業者，配電事業者又は特定送配電事業者への電気の供給の指示等の業務を行うことにより，電気事業の遂行に当たっての広域的運営を推進することを目的とする．

この目的を達成するため，広域機関の業務では，需給状況の監視により需給バランスをリアルタイムに把握し，需給状況の悪化が見込まれるなどの場合には，**会員**（**電気事業者**）に対して**焚き増し**（**発電量の増加**）や**供給区域を越えた電力融通などの指示**を行っている．広域機関の業務内容やその実施プロセスなどは，**業務規程**に規定されている．なお，電気事業法第 28 条の 11 により，すべての電気事業者に対して広域機関に会員として加入するよう義務付けられている．

(2) 需給状況悪化時の対応

電気事業法第 28 条の 44 では，広域機関は電気の需給状況が悪化した場合又

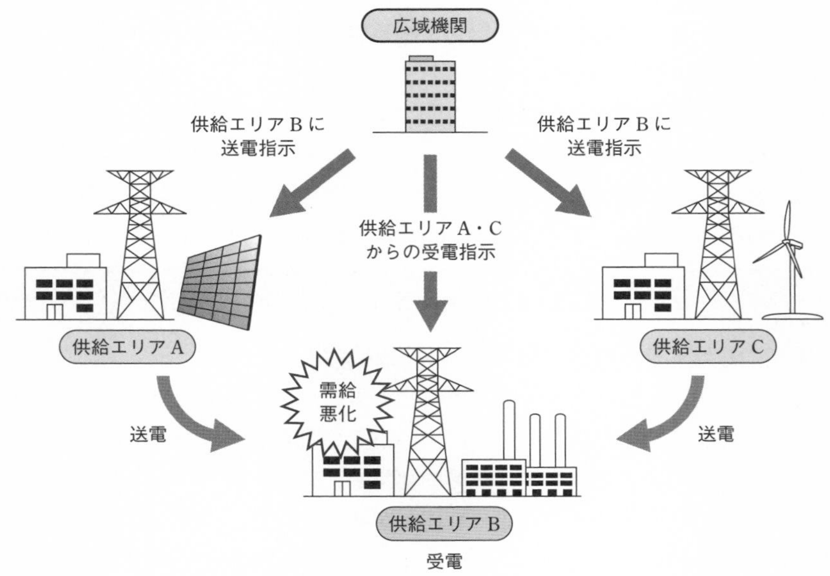

●図 1・17　需給状況悪化時の電力融通イメージ

は悪化するおそれがある場合に，業務規程で定めるところにより，**会員（電気事業者）**に対して需給状況を改善するために**必要な措置を指示**することができると定められている．必要な措置の指示には次のようなものがある．

・需給状況の悪化した会員に**電気を供給**（電力融通）すること（図1･17）
・会員同士で**電気工作物の貸借や共用**すること

需給状況が悪化する場合としては，例えば次のような場合がある．

・猛暑や強い寒気の影響による需要の増加
・自然災害や機器トラブルでの発電所停止などによる供給力の減少

3　特定自家用電気工作物の届出と供給勧告

2015年の電気事業法の改正では，緊急時における電力の安定供給の確保をより一層確かなものとするため，**特定自家用電気工作物**設置者への届出義務と供給勧告の制度が新たに定められた．なお，特定自家用電気工作物とは次のものをいう．

・**特定自家用電気工作物：出力1 000 kW以上の発電用の電気工作物（太陽電池発電設備及び風力発電設備を除く）**

(1) 特定自家用電気工作物の届出義務

電気事業法第28条の3では，特定自家用電気工作物を維持・運用する者は，次のとおり経済産業大臣に届出をするよう義務づけている．

・届出時期：一般送配電事業者若しくは配電事業者が維持・運用する電線路と電気的に接続したとき
・届出事項：設置場所，原動力の種類，出力及び用途など

この届出は，特定自家用電気工作物の対象者を把握することを主目的としている．なお，特定自家用電気工作物であっても電気事業者が維持・運用するものは届出の対象から除外されている．電気事業者は，供給勧告ではなく供給命令の対象であり，別の条文でそれぞれの許可・届出義務が課されている．

(2) 特定自家用電気工作物の供給勧告

電気事業法第31条第1項では，災害などにより電気の安定供給の確保に支障が生じた場合又は生じるおそれがある場合，広域機関の需給状況悪化時の指示と同様に，**経済産業大臣**が**電気事業者**に対して**電気事業者相互での電気の供給**や**電気工作物の貸借や共用**などを命じることができると定められている．しかし，それでも安定供給を確保することが困難と認められる場合の措置として，電気事業法第31条第2項，第3項に次のとおり定められている．

第 31 条（供給命令等）
2　経済産業大臣は，前項に規定する措置を講じてもなお電気の安定供給を確保することが困難であると認められる場合において公共の利益を確保するため特に必要があり，かつ，適切であると認めるときは，特定自家用電気工作物設置者に対し，小売電気事業者に電気を供給することその他の電気の安定供給を確保するために必要な措置をとるべきことを勧告することができる．
3　経済産業大臣は，前項の規定による勧告をした場合において，当該勧告を受けた者が，正当な理由がなく，その勧告に従わなかったときは，その旨を公表することができる．

この供給勧告は，命令とは異なり法的拘束力がない勧告であるため，従わなかった場合であっても罰則はない．ただし，正当な理由がなく従わなかった場合，経済産業大臣はその旨を公表することができる．

4　電気の使用制限等

電気事業法第 34 条の 2 では，発電所の停止や急激な需要上昇などにより，電気の供給に不足が生じ大停電などの緊急事態が発生することをさけるため，経済産業大臣に次のとおり権限を与えている．

第 34 条の 2（災害時連携計画）
経済産業大臣は，電気の需給の調整を行わなければ電気の供給の不足が国民経済及び国民生活に悪影響を及ぼし，公共の利益を阻害するおそれがあると認められるときは，その事態を克服するため必要な限度において，政令で定めるところにより，使用電力量の限度，使用最大電力の限度，用途若しくは使用を停止すべき日時を定めて，小売電気事業者，一般送配電事業者若しくは登録特定送配電事業者（以下この条において「小売電気事業者等」という．）から電気の供給を受ける者に対し，小売電気事業者等の供給する電気の使用を制限すべきこと又は受電電力の容量の限度を定めて，小売電気事業者等から電気の供給を受ける者に対し，小売電気事業者等からの受電を制限すべきことを命じ，又は勧告することができる．
2　経済産業大臣は，前項の規定の施行に必要な限度において，政令で定めるところにより，小売電気事業者等から電気の供給を受ける者に対し，小売電気事業者等が供給する電気の使用の状況その他必要な事項について

報告を求めることができる.

具体的な使用制限の対象等は，電気事業法施行令第 23 条で次のように限定している.

① **使用電力量，使用最大電力の制限**　500 kW 以上の受電電力の容量のもの
② **用途を定めて制限**　装飾用，広告用その他これに類するもの
③ **使用停止すべき日時を定めてするもの**　1 週につき 2 日を限度
④ **受電電力の容量の制限**　3 000 kW 以上の受電電力の容量のもの

この使用制限は，東日本大震災直後の 2011 年夏に発動されたことがある（当時は電気事業法第 27 条）．制限の内容は，東北電力・東京電力供給区域内の契約電力 500 kW 以上の事業者に対して，7～9 月の平日昼間に使用できる電力の上限を前年夏の使用最大電力の 85 % 以内に制限するというものであった．また，対象事業所は，当該機関の電気の使用について後日報告することが求められた.

なお，実際の運用においては，第 34 条の使用制限令は 1 か月以上前の中長期的な供給不足が予想される場合に発せられると考えられる．短期的な対応としては，国からの節電のお願いや節電要請がある．また，前述の電力融通や発電の焚き増し等も含めた対策を実施しても需給バランスを回復できない場合は，広域的な大規模停電を回避するための最終手段として計画停電を実施する場合がある．計画停電は，国・広域機関・一般送配電事業者の共通判断により一般送配電事業者が実施する．なお，節電要請や計画停電については，電気事業法などの法的根拠はない.

ここまで説明した需給状況悪化時の対応を図にすると図 1･18 のとおりである.

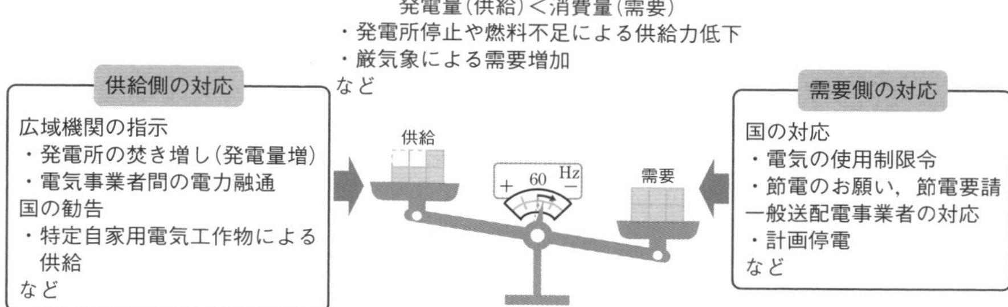

●図 1・18　需給状況悪化時の対応イメージ

5 供給計画

電気事業法第 29 条第 1 項及び第 2 項では，電気事業者の供給計画について次のとおり定めている．

第 29 条（供給計画）

電気事業者は，経済産業省令で定めるところにより，毎年度，当該年度以降経済産業省令で定める期間における電気の供給並びに電気工作物の設置及び運用についての計画（以下「供給計画」という．）を作成し，当該年度の開始前に（電気事業者となった日を含む年度にあっては，電気事業者となった後遅滞なく），推進機関を経由して経済産業大臣に届け出なければならない．

2　推進機関は，前項の規定により電気事業者から供給計画を受け取ったときは，経済産業省令で定めるところにより，これを取りまとめ，送配電等業務指針，広域系統整備計画及びその業務の実施を通じて得られた知見に照らして検討するとともに，意見（供給能力の確保のために必要な措置に関するものを含む．）があるときは当該意見を付して，当該年度の開始前に（当該年度に電気事業者となった者に係る供給計画にあっては，速やかに），経済産業大臣に送付しなければならない．

すべての電気事業者は，毎年度，**電気の供給**並びに**電気工作物の設置及び運用**についての**供給計画**を作成し，**広域機関を経由して経済産業大臣に届け出**なければならない．供給計画の記載項目は電気事業法施行規則第 46 条に定められており，具体的には，今後 10 年間の長期的な計画として**需要見通し**，発電所や送電網等の**電気工作物の新増設**及びその概要，他者の電源からの調達等，直近 1～2 年の短期的な計画として**需要見通し**，発電，受電（融通を含む），燃料調達等があり，電気事業の種類によって項目は異なる．

第 29 条は，電気事業者間の広域的な運営のために，長期的な需給見通しに着目しながら計画的かつ効率的に供給力の確保を図っていく必要があることから定められたものである．

問題21 ✓ ✓ ✓ R4上 A-9

次の文章は，電気の需給状況が悪化した場合における電気事業法に基づく対応に関する記述である.

電力広域的運営推進機関（OCCTO）は，会員である小売電気事業者，一般送配電事業者，配電事業者又は特定送配電事業者の電気の需給の状況が悪化し，又は悪化するおそれがある場合において，必要と認めるときは，当該電気の需給の状況を改善するために，電力広域的運営推進機関の （ア） で定めるところにより，（イ） に対し，相互に電気の供給をすることや電気工作物を共有することなどの措置を取るように指示することができる.

また，経済産業大臣は，災害等により電気の安定供給の確保に支障が生じたり，生じるおそれがある場合において，公共の利益を確保するために特に必要があり，かつ適切であると認めるときは （ウ） に対し，電気の供給を他のエリアに行うことなど電気の安定供給の確保を図るために必要な措置をとることを命ずることができる.

上記の記述中の空白箇所（ア）～（ウ）に当てはまる組合せとして，適切なものを次の（1）～（5）のうちから一つ選べ.

	（ア）	（イ）	（ウ）
(1)	保安規程	会員	電気事業者
(2)	保安規程	事業者	一般送配電事業者
(3)	送配電等業務指針	特定事業者	特定自家用電気工作物設置者
(4)	業務規程	事業者	特定自家用電気工作物設置者
(5)	業務規程	会員	電気事業者

解説 電気事業法第 28 条の 44 では，広域機関は電気の需給状況が悪化した場合又は悪化するおそれがある場合に，**業務規程**で定めるところにより，**会員**（**電気事業者**）に対して需給状況を改善するために**必要な措置を指示**することができると定められている．必要な措置には，会員相互での電気の供給や電気工作物を共有することなどがある.

また，電気事業法第 31 条第 1 項では，災害などにより電気の安定供給の確保に支障が生じた場合又は生じるおそれがある場合，広域機関の需給状況悪化時の指示と同様に，**経済産業大臣**が**電気事業者**に対して**電気事業者相互での電気の供給**などを命じることができると定められている.

解答 ▶ (5)

問題22 ✓✓✓ R4下　A-10

次の文章は，電気事業法及び電気事業法施行規則に基づく広域的運営に関する記述である．

電気事業者は，毎年度，電気の供給並びに電気工作物の設置及び運用についての［（ア）］を作成し，電力広域的運営推進機関（OCCTO）を経由して経済産業大臣に届け出なければならない．

具体的には，直近年における［（イ）］見通し，発電，受電（融通を含む．）等の短期的な内容に関するものと，長期［（イ）］見通し，電気工作物の［（ウ）］及びその概要，あるいは他者の電源からの長期安定的な調達等長期的な内容に関するものとがある．

また，電気事業者は，電源開発の実施，電気の供給等その事業の遂行に当たり，広域的運営による電気の［（エ）］のために，相互に協調しなければならないことが定められている．

広域的運営による相互協調の具体的な例として，A 地方に太陽電池発電や風力発電などの発電量を調整できない再生可能エネルギーが大量に導入された場合において，A 地方における電圧，周波数を維持する観点から，A 地方で消費しきれない電気を隣接する B 地方に融通するといった［（オ）］事業者間の広域運営による相互協調がある．

上記の記述中の空白箇所（ア）～（オ）に当てはまる組合せとして，正しいものを次の(1)～(5)のうちから一つ選べ．

	（ア）	（イ）	（ウ）	（エ）	（オ）
(1)	供給計画	経営	新増設	コスト低減	一般送配電
(2)	需要計画	需要	新増設	コスト低減	発電
(3)	供給計画	需要	新増設	安定供給	一般送配電
(4)	需要計画	経営	補修計画	コスト低減	発電
(5)	供給計画	需要	補修計画	安定供給	発電

解説　電気事業法第 29 条では，電気事業者に対して毎年度，**供給計画**を作成し，広域機関を経由して経済産業大臣に届け出なければならないと定めている．供給計画の記載項目は，長期的な計画として**需要見通し**，発電所や送電網等の**電気工作物の新増設**及びその概要等，短期的な計画として**需要見通し**，発電，受電等がある．

また，電気事業法第 28 条では，すべての電気事業者に対して，広域的運営による**電気の安定供給の確保**のために，相互に協調しなければならないと定めている．相互協調の具体例としては，安定供給のための**一般送配電事業者間**での電力融通などがある．

解答 ▶ (3)

練習問題

■1 (R2 A-1)

次の文章は，「電気事業法」及び「電気事業法施行規則」に基づく主任技術者に関する記述である．

a) 主任技術者は，事業用電気工作物の工事，維持及び運用に関する保安の (ア) の職務を誠実に行わなければならない．

b) 事業用電気工作物の工事，維持及び運用に (イ) する者は，主任技術者がその保安のためにする指示に従わなければならない．

c) 第 3 種電気主任技術者免状の交付を受けている者が保安について (ア) をすることができる事業用電気工作物の工事，維持及び運用の範囲は，一部の水力設備，火力設備等を除き，電圧 (ウ) 万 V 未満の事業用電気工作物（出力 (エ) kW 以上の発電所を除く.）とする．

上記の記述中の空白箇所（ア）～（エ）に当てはまる組合せとして，正しいものを次の（1）～（5）のうちから一つ選べ．

	(ア)	(イ)	(ウ)	(エ)
(1)	作業，検査等	従事	5	5 000
(2)	監督	関係	3	2 000
(3)	作業，検査等	関係	3	2 000
(4)	監督	従事	5	5 000
(5)	作業，検査等	従事	3	2 000

■2 (H19 A3〈改〉)

次の文章は，「電気事業法」及び「同法施行規則」に基づく一般用電気工作物に該当する小規模発電設備の定義に関する記述の一部である．

一般用電気工作物に該当する小規模発電設備とは，電圧 600 V 以下の発電用電気工作物であって，次の各号に該当するものをいう．ただし，次の各号の設備であって，同一の構内に設置する次の各号の他の設備と電気的に接続され，それらの設備の出力の合計が 50 kW 以上となるものを除く．

一　太陽電池発電設備であって出力 (ア) 〔kW〕未満のもの

二　水力発電設備であって出力 20 kW 未満のもの（ダムを伴うものを除く.）

三　内燃力を原動力とする火力発電設備であって出力 (イ) 〔kW〕未満のもの

四　燃料電池発電設備（固体高分子型のものであって，燃料・改質系統設備の最高使用圧力が 0.1 MPa {液体燃料を通ずる部分にあっては 1.0 MPa} 未満のものに限る.）であって出力 (ウ) 〔kW〕未満のもの

上記の記述中の空白箇所（ア），（イ）及び（ウ）に当てはまる数値として，正しいものを組み合わせたのは次のうちどれか．

	(ア)	(イ)	(ウ)
(1)	20	20	20
(2)	10	10	10
(3)	15	15	15
(4)	20	10	20
(5)	20	10	10

■ 3　(R2　A-11〈改〉)

次の記述中の空白箇所 (ア) ～ (エ) に当てはまる組合せとして，正しいものを次の (1) ～ (5) のうちから一つ選べ．

① 電気事業法第 39 条（事業用電気工作物の維持）において，事業用電気工作物の損壊により （ア） 者又は配電事業者の電気の供給に著しい支障を及ぼさないようにすることが規定されている．

②「電気関係報告規則」において，（イ） を設置する者は，（ア） の用に供する電気工作物と電気的に接続されている電圧 （ウ） V 以上の （イ） の破損又は （イ） の誤操作若しくは （イ） を操作しないことにより （ア） 者に供給支障を発生させた場合，電気工作物の設置の場所を管轄する産業保安監督部長に事故報告をしなければならないことが規定されている．

③ 図に示す高圧配電系統により高圧需要家が受電している．事故点 1，事故点 2 又は事故点 3 のいずれかで短絡等により高圧配電系統に供給支障が発した場合，② の報告対象となるのは （エ） である．

	(ア)	(イ)	(ウ)	(エ)
(1)	一般送配電事業	自家用電気工作物	6 000	事故点 1 又は事故点 2
(2)	送電事業	事業用電気工作物	3 000	事故点 1 又は事故点 3
(3)	一般送配電事業	事業用電気工作物	6 000	事故点 2 又は事故点 3
(4)	送電事業	事業用電気工作物	6 000	事故点 1 又は事故点 2
(5)	一般送配電事業	自家用電気工作物	3 000	事故点 2 又は事故点 3

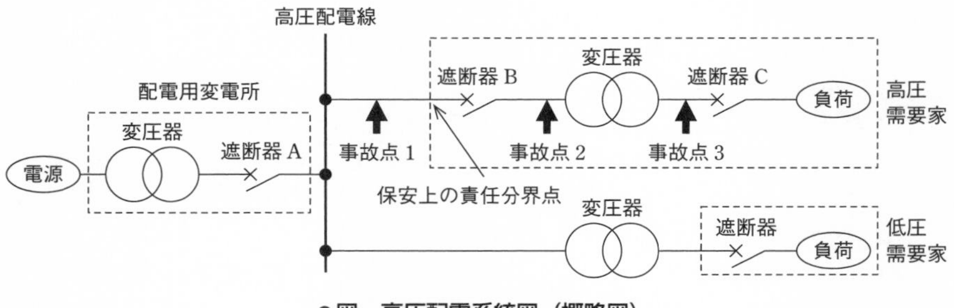

●図　高圧配電系統図（概略図）

■4　(H29　A-2)

次の文章は,「電気工事士法」及び「電気工事士法施行規則」に基づく,同法の目的,特殊電気工事及び簡易電気工事に関する記述である.

a この法律は,電気工事の作業に従事する者の資格及び義務を定め,もつて電気工事の［（ア）］による［（イ）］の発生の防止に寄与することを目的とする.

b この法律における自家用電気工作物に係る電気工事のうち特殊電気工事（ネオン工事又は［（ウ）］をいう.）については,当該特殊電気工事に係る特種電気工事資格者認定証の交付を受けている者でなければ,その作業（特種電気工事資格者が従事する特殊電気工事の作業を補助する作業を除く.）に従事することができない.

c この法律における自家用電気工作物（電線路に係るものを除く.以下同じ.）に係る電気工事のうち電圧［（エ）］V 以下で使用する自家用電気工作物に係る電気工事については,認定電気工事従事者認定証の交付を受けている者は,その作業に従事することができる.

上記の記述中の空白箇所（ア）,（イ）,（ウ）及び（エ）に当てはまる組合せとして,正しいものを次の (1)～(5) のうちから一つ選べ.

	（ア）	（イ）	（ウ）	（エ）
(1)	不良	災害	内燃力発電装置設置工事	600
(2)	不良	事故	内燃力発電装置設置工事	400
(3)	欠陥	事故	非常用予備発電装置工事	400
(4)	欠陥	災害	非常用予備発電装置工事	600
(5)	欠陥	事故	内燃力発電装置設置工事	400

■5　(R1　A-2)

次の文章は,「電気事業法」及び「電気事業法施行規則」に基づき,事業用電気工作物を設置する者が行う検査に関しての記述である.

a ［（ア）］以上の需要設備を設置する者は,主務省令で定めるところにより,その使用の開始前に,当該事業用電気工作物について自主検査を行い,その結果を記録し,これを保存しなければならない.（以下,この検査を使用前自主検査という.）

b 使用前自主検査においては,その事業用電気工作物が次の ① 及び ② のいずれにも適合していることを確認しなければならない.

① その工事が電気事業法の規定による［（イ）］をした工事の計画に従って行われたものであること.

② 電気設備技術基準に適合するものであること.

c 使用前自主検査を行う事業用電気工作物を設置する者は,使用前自主検査に係る体制について,［（ウ）］が行う審査を受けなければならない.この審査は,事業用電気工作物の［（エ）］を旨として,使用前自主検査の実施に係る組織,検査の方法,工程管理その他主務省令で定める事項について行う.

上記の記述中の空白箇所（ア），（イ），（ウ）及び（エ）に当てはまる組合せとして，正しいものを次の（1）～（5）のうちから一つ選べ．

	（ア）	（イ）	（ウ）	（エ）
(1)	受電電圧 1 万 V	申請	電気主任技術者	安全管理
(2)	容量 2 000 kW	届出	主務大臣	自己確認
(3)	受電電圧 1 万 V	届出	主務大臣	安全管理
(4)	容量 2 000 kW	申請	電気主任技術者	自己確認
(5)	容量 2 000 kW	申請	主務大臣	安全管理

■ 6 （R3　A-2）

「電気工事業の業務の適正化に関する法律」に基づく記述として，誤っているものを次の（1）～（5）のうちから一つ選べ．

(1) 電気工事業とは，電気事業法に規定する電気工事を行う事業であって，その事業を営もうとする者は，経済産業大臣の事業許可を受けなければならない．

(2) 登録電気工事業者の登録には有効期間がある．

(3) 電気工事業者は，その営業所ごとに，絶縁抵抗計その他の経済産業省令で定める器具を備えなければならない．

(4) 電気工事業者は，その営業所及び電気工事の施工場所ごとに，その見やすい場所に，氏名又は名称，登録番号その他の経済産業省令で定める事項を記載した標識を掲げなければならない．

(5) 電気工事業者は，その営業所ごとに帳簿を備え，その業務に関し経済産業省令で定める事項を記載し，これを保存しなければならない．

■ 7 （H14　A-1，H18　A-2，H30　A-2〈改〉）

次の文章は，「電気事業法」，「同法施行令」，「同法施行規則」及び「電気工事士法」に基づく保安に関する説明の一部である．不適切なものは次のうちどれか．

(1) 電気事業者が供給する電気の電圧の値は，標準電圧 100 V を供給する場所においては 101 V の上下 6 V を超えない値に維持するように努めなければならない．

(2) 100 V 回路に変圧器で接続された 24 V の警報回路は，電気工作物に該当しない．

(3) 出力 1 000 kW の太陽電池発電所を設置する者は，当該発電所が技術基準に適合することについて自ら確認し，使用の開始前に，その結果を経済産業大臣に届け出なければならない．

(4) 「電気関係報告規則」に基づく「電気事故速報」では，「自家用電気工作物を設置する者は，当該自家用電気工作物について，感電死傷事故が発生したときは，事故の発生を知った時から 24 時間以内に所轄産業保安監督部長に報告しなければならない．」とされている．

(5) 第一種電気工事士免状の交付を受けている者は，最大電力 500 kW 未満の自家用電気工作物の電気工事（特殊電気工事を除く．）の作業に従事することができる．

■ **8**　(R4上　A-1)

次の図は，「電気事業法」に基づく一般用電気工作物及び自家用電気工作物のうち受電電圧 7000 V 以下の需要設備の保安体系に関する記述を表したものである．ただし，除外事項，限度事項等の記述は省略している．

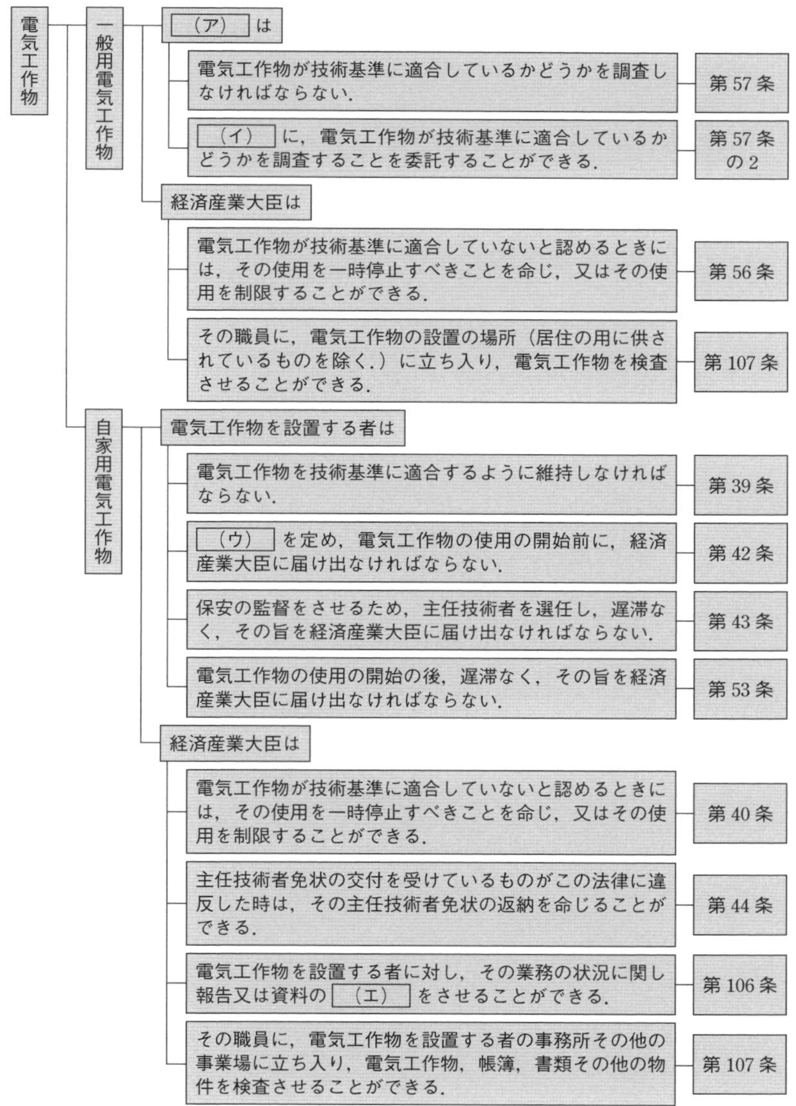

なお，この問において，技術基準とは電気設備技術基準のことをいう．

図中の空白箇所（ア）～（エ）に当てはまる組合せとして，正しいものを次の（1）～（5）のうちから一つ選べ．

	（ア）	（イ）	（ウ）	（エ）
(1)	所有者又は占有者	登録調査機関	検査要領書	提出
(2)	電線路維持運用者	電気主任技術者	検査要領書	作成
(3)	所有者又は占有者	電気主任技術者	保安規程	作成
(4)	電線路維持運用者	登録調査機関	保安規程	提出
(5)	電線路維持運用者	登録調査機関	検査要領書	作成

Chapter 2

電気設備の技術基準

学習のポイント

法規における出題は「電気設備技術基準（電技）」からのものが主体であり，この科目の克服には電技を重点的に勉強することが必要である．

この電技は，平成 9 年 3 月に抜本的に改正され，「保安確保上最小限必要な機能のみを規定し，その機能を実現する具体的手段，方法などは規定しない」という方向で定められた．

このため，電技に定める技術的要件を満たすべき技術的内容をできる限り具体的に示すものとして，「電気設備技術基準の解釈（解釈）」が経済産業省当局から示された．

この解釈が平成 23 年 7 月に全文改正された．その内容は，① 条文の組み換えによって規定内容をわかりやすくする，② 従来解説で示していたものを取り入れる，③ 社会情勢，技術進歩などに伴う規定の追加・改正である．

出題内容としては，電技と解釈からのものがあり，そのウェイトは，年度によって異なるが，現状では半々程度である．

本章は，これら電技と解釈を総合して，過去の出題傾向の分析から，設備・工事方法等別に分類して簡潔にわかりやすくまとめたものである．なお，電技の問題は，法律条文の空白記入問題が多く出題されており，法律条文の用語を正確に記憶しておくことが大切であることから，このテキストでは，電技に関する記述は法律条文をそのまま記載している．勉強に当たっては内容を理解するとともに，条文の用語を正確に記憶するように努められたい．

用語の定義

[★★]

1 発変電所（電技第１条）

電技では，発変電所について，次のように定義している．

第１条（用語の定義）

三 「発電所」とは，発電機，原動機，燃料電池，太陽電池その他の機械器具（電気事業法（昭和39年法律第170号）第38条第１項ただし書に規定する小規模発電設備，非常用予備電源を得る目的で施設するもの及び電気用品安全法（昭和36年法律第234号）の適用を受ける携帯用発電機を除く）を施設して電気を発生させる所をいう．

四 「変電所」とは，構外から伝送される電気を構内に施設した変圧器，回転変流機，整流器その他の電気機械器具により変成する所であって，変成した電気をさらに構外に伝送するもの（蓄電所を除く）をいう．

変電所は，図2･1（a）に示すように ①電気が構外から伝送される，②電気を変圧器などにより変成する，③電気をさらに構外に伝送するものと定義されている．なお，図2･1（b）に示す一般の工場などの構内にある受電用の変電室などは，電気を構外に伝送しないので，電技でいう変電所には該当せず，「変電所に準ずる場所」となる．

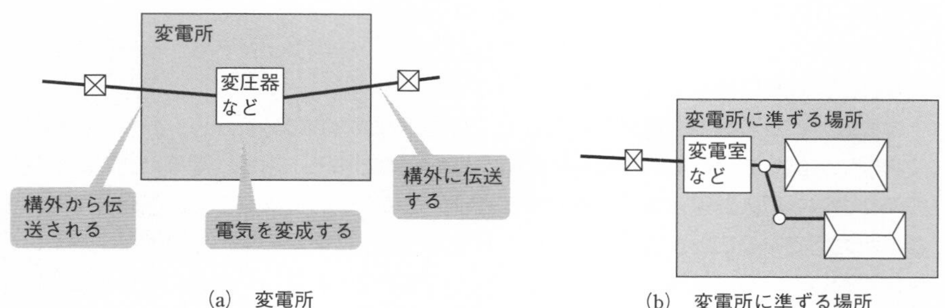

●図２・１　変電所の定義

2 電線路と配線（電技第1条，解釈第1・142条）

電技では，電線路と配線について，次のように定義している．

第1条（用語の定義）

八 「電線路」とは，発電所，蓄電所，変電所，開閉所及びこれらに類する場所並びに電気使用場所相互間の電線（電車線を除く．）並びにこれを支持し，又は保蔵する工作物をいう．

十七 「配線」とは，電気使用場所において施設する電線（電気機械器具内の電線及び電線路の電線を除く．）をいう．

電線路と配線の関係については，図2·2のとおりである．

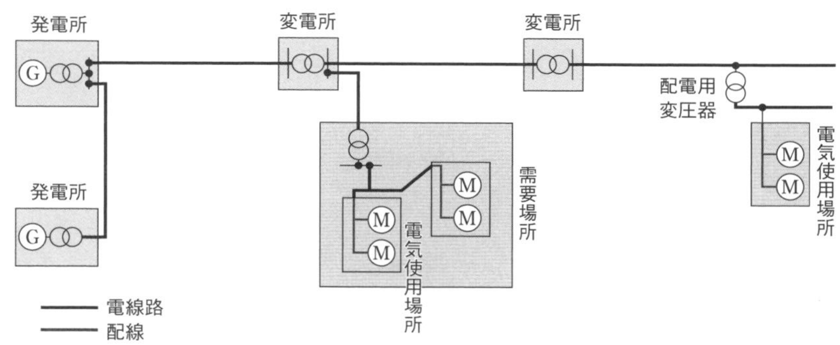

●図2・2　電線路と配線

(1) 電線路の種類

電線路には，次の種類があり，解釈において，具体的な施設方法などを規定している．

① 架空電線路（解釈第51～109条）

② 屋側電線路，屋上電線路，架空引込線及び連接引込線（解釈第110～119条）

③ 地中電線路（解釈第120～125条）

④ 特殊場所の電線路

- トンネル内電線路（解釈第126条）
- 水上電線路及び水底電線路（解釈第127条）
- 地上に施設する電線路（解釈第128条）
- 橋に施設する電線路（解釈第129条）

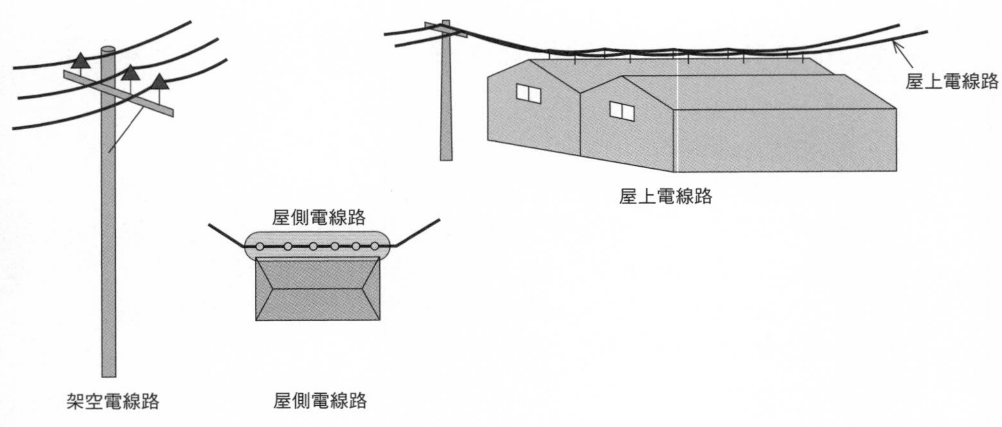

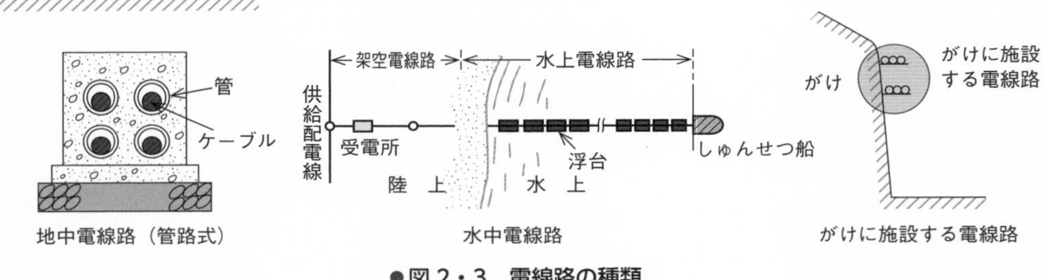

●図２・３　電線路の種類

・電線路専用橋などに施設する電線路（解釈第 130 条）
・がけに施設する電線路（解釈第 131 条）
・屋内に施設する電線路（解釈第 132 条）
・臨時電線路（解釈第 133 条）

2 引込線の種類（電技第１条，解釈第１条）

引込線には，次の種類がある（図２･４）.

① **架空引込線**　架空電線路の支持物から他の支持物を経ずに**需要場所の取付け点**に至る架空電線（解釈第１条９号）

② **引込線**　架空引込線及び需要場所の造営物の側面などに施設する電線で，**当該需要場所の引込口**に至るもの（解釈第１条 10 号）

③ **連接引込線**　１需要場所の引込線から分岐して，支持物を経ないで**他の需要場所の引込口**に至る部分の電線（電技第１条 16 号）

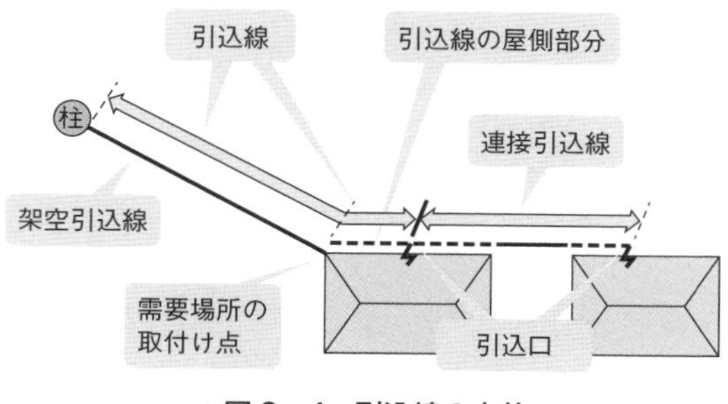

●図 2・4 引込線の定義

また，① の文中の「**需要場所**」及び ② の文中の「**造営物**」は，次のように定義される．

- **電気使用場所**　電気を使用するための電気設備を施設した，1 の建物又は 1 の単位をなす場所（解釈第 1 条 4 号）
- **需要場所**　電気使用場所を含む 1 の構内又はこれに準ずる区域で，発電所，蓄電所，変電所及び開閉所以外のもの（解釈第 1 条 5 号）
- **工作物**　人により加工されたすべての物体（解釈第 1 条 22 号）
- **造営物**　工作物のうち，土地に定着するもので，屋根及び柱又は壁を有するもの（解釈第 1 条 23 号）
- **建造物**　造営物のうち，人が居住若しくは勤務し，又は頻繁に出入り若しくは来集するもの（解釈第 1 条 24 号）

3 配線の種類（解釈第 1・142 条）

配線には，次の種類がある．

① 屋内配線　屋内の電気使用場所において，固定して施設する電線（解釈第 1 条 11 号）

② 屋側配線　屋外の電気使用場所において，当該電気使用場所における電気の使用を目的として，造営物に固定して施設する電線（解釈第 1 条 12 号）

③ 屋外配線　屋外の電気使用場所において，当該電気使用場所における電気の使用を目的として，固定して施設する電線（解釈第 1 条 13 号）

④ その他（主なもの）

- 移動電線　電気使用場所において，造営物に固定しない電線（扇風機などの可搬型の電気使用器具に付属するコードなど）（解釈第 142 条 6 号）

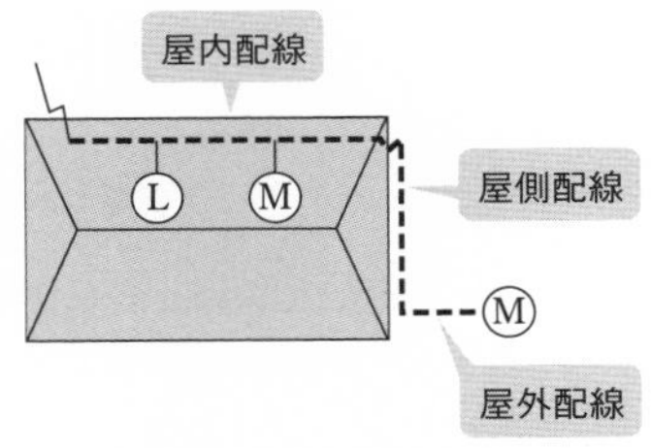

●図 2・5　配線の種類

・接触電線　電線に接触してしゅう動する集電装置を介して移動して使用する電気機械器具（走行クレーン，モノレールホイスト，電車線，遊戯用電車など）に電気の供給を行うための電線（解釈第 142 条 7 号）

・管灯回路　放電灯用安定器又は放電灯用変圧器から放電管までの電路（解釈第 1 条 14 号）

3 その他（解釈第 1・49 条）

(1) 接触防護措置（解釈第 1 条）

「**接触防護措置**」及び「**簡易接触防護措置**」は，表 2･1 に示すいずれかに適合するように施設することをいう．

●表 2・1　接触防護措置の定義

接触防護措置（解釈 第 1 条 36 号）	**簡易接触防護措置**（解釈 第 1 条 37 号）
・設備を屋内では**床上 2.3 m 以上**，屋外では**地表上 2.5 m 以上**の高さに，かつ，人が通る場所から手を伸ばしても触れることのない範囲に施設すること ・設備に人が接近又は接触しないよう，**さく・へいなど**を設け，又は設備を**金属管**に収めるなどの防護措置を施すこと	・設備を屋内では**床上 1.8 m 以上**，屋外では**地表上 2 m 以上**の高さに，かつ，人が通る場所から容易に触れることのない範囲に施設すること ・設備に人が接近又は接触しないよう，**さく・へいなど**を設け，又は設備を**金属管**に収めるなどの防護措置を施すこと

(2) 接近状態（解釈第 49 条）

架空電線が他の工作物と接近する状態は，表 2･2 に示すように「**第 1 次接近状態**」及び「**第 2 次接近状態**」と定義され，その接近状態に応じて架空電線の施設を規定している（図 2･6）．

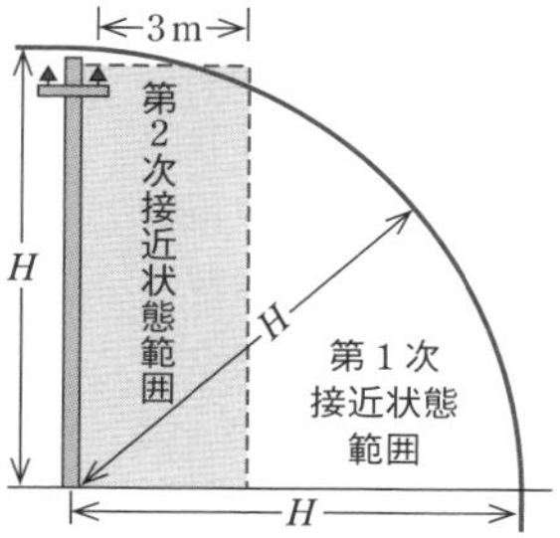

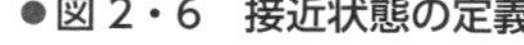

●図2・6　接近状態の定義

●表2・2　接近状態の定義

第1次接近状態（解釈第49条9号）	**第2次接近状態**（解釈第49条10号）
架空電線が他の工作物と接近する場合に当該架空電線が他の工作物の上方又は側方に**水平距離で3m以上**，かつ，**架空電線路の支持物の地表上の高さに相当する距離以内**に施設されることにより，架空電線路の電線の切断，支持物の倒壊などの際に，**当該電線が他の工作物に接触するおそれがある状態**	架空電線が他の工作物と接近する場合に当該架空電線が他の工作物の上方又は側方において**水平距離で3m未満**に施設される状態

問題1　R2　A-7

次の文章は，「電気設備技術基準」及び「電気設備技術基準の解釈」に基づく引込線に関する記述である.

a. 引込線とは，[(ア)] 及び需要場所の造営物の側面等に施設する電線であって，当該需要場所の [(イ)] に至るもの

b. [(ア)] とは，架空電線路の支持物から [(ウ)] を経ずに需要場所の [(エ)] に至る架空電線

c. [(オ)] とは，引込線のうち一需要場所の引込線から分岐して，支持物を経ないで他の需要場所の [(イ)] に至る部分の電線

上記の記述中の空白箇所（ア）～（オ）に当てはまる組合せとして，正しいものを次の（1）～（5）のうちから一つ選べ.

	(ア)	(イ)	(ウ)	(エ)	(オ)
(1)	架空引込線	引込口	他の需要場所	取付け点	連接引込線
(2)	連接引込線	引込口	他の需要場所	取付け点	架空引込線
(3)	架空引込線	引込口	他の支持物	取付け点	連接引込線
(4)	連接引込線	取付け点	他の需要場所	引込口	架空引込線
(5)	架空引込線	取付け点	他の支持物	引込口	連接引込線

解説 a）と b）は解釈第 1 条（用語の定義），c）は電技第 1 条（用語の定義）からの出題である．本節第 2 項（2）参照．

解答 ▶ (3)

問題 2 ✓ ✓ ✓ H29　A-6

次の文章は「電気設備技術基準の解釈」における用語の定義に関する記述の一部である．

a.「(ア)」とは，電気を使用するための電気設備を施設した，1 の建物又は 1 の単位をなす場所をいう．

b.「(イ)」とは，(ア) を含む 1 の構内又はこれに準ずる区域であって，発電所，蓄電所，変電所及び開閉所以外のものをいう．

c.「引込線」とは，架空引込線及び (イ) の (ウ) の側面等に施設する電線であって，当該 (イ) の引込口に至るものをいう．

d.「(エ)」とは，人により加工された全ての物体をいう．

e.「(ウ)」とは，(エ) のうち，土地に定着するものであって，屋根及び柱又は壁を有するものをいう．

上記の記述中の空白箇所（ア），（イ），（ウ）及び（エ）に当てはまる組合せとして，正しいものを次の（1）～（5）のうちから一つ選べ．

	(ア)	(イ)	(ウ)	(エ)
(1)	需要場所	電気使用場所	工作物	建造物
(2)	電気使用場所	需要場所	工作物	造営物
(3)	需要場所	電気使用場所	建造物	工作物
(4)	需要場所	電気使用場所	造営物	建造物
(5)	電気使用場所	需要場所	造営物	工作物

解説 解釈第 1 条（用語の定義）からの出題である．本節第 2 項（2）参照．

解答 ▶ (5)

問題3 H26 A-7

次の文章は,「電気設備技術基準の解釈」における,接触防護措置及び簡易接触防護措置の用語の定義である.

a.「接触防護措置」とは,次のいずれかに適合するように施設することをいう.

① 設備を,屋内にあっては床上 (ア) m 以上,屋外にあっては地表上 (イ) m 以上の高さに,かつ,人が通る場所から手を伸ばしても触れることのない範囲に施設すること.

② 設備に人が接近又は接触しないよう,さく,へい等を設け,又は設備を (ウ) に収める等の防護措置を施すこと.

b.「簡易接触防護措置」とは,次のいずれかに適合するように施設することをいう.

① 設備を,屋内にあっては床上 (エ) m 以上,屋外にあっては地表上 (オ) m 以上の高さに,かつ,人が通る場所から容易に触れることのない範囲に施設すること.

② 設備に人が接近又は接触しないよう,さく,へい等を設け,又は設備を (ウ) に収める等の防護措置を施すこと.

上記の記述中の空白箇所(ア),(イ),(ウ),(エ)及び(オ)に当てはまる組合せとして,正しいものを次の(1)～(5)のうちから一つ選べ.

	(ア)	(イ)	(ウ)	(エ)	(オ)
(1)	2.3	2.5	絶縁物	1.7	2
(2)	2.6	2.8	不燃物	1.9	2.4
(3)	2.3	2.5	金属管	1.8	2
(4)	2.6	2.8	絶縁物	1.9	2.4
(5)	2.3	2.8	金属管	1.8	2.4

解説 解釈第1条(用語の定義)からの出題である.本節第3項(1)参照.

解答 ▶ (3)

問題4　H21　A-7

次の文章は，「電気設備技術基準の解釈」における，第 1 次接近状態及び第 2 次接近状態に関する記述である．

1. 「第 1 次接近状態」とは，架空電線が他の工作物と接近する場合において，当該架空電線が他の工作物の上方又は側方に，水平距離で （ア） m 以上，かつ，架空電線路の支持物の地表上の高さに相当する距離以内に施設されることにより，架空電線路の電線の （イ） ，支持物の （ウ） 等の際に，当該電線が他の工作物 （エ） おそれがある状態をいう．
2. 「第 2 次接近状態」とは，架空電線が他の工作物と接近する場合において，当該架空電線が他の工作物の上方又は側方において水平距離で （ア） m 未満に施設される状態をいう．

上記の記述中の空白箇所（ア），（イ），（ウ）及び（エ）に当てはまる語句又は数値として，正しいものを組み合わせたのは次のうちどれか．

	（ア）	（イ）	（ウ）	（エ）
(1)	1.2	振動	傾斜	を損壊させる
(2)	2	振動	倒壊	に接触する
(3)	3	切断	倒壊	を損壊させる
(4)	3	切断	倒壊	に接触する
(5)	1.2	振動	傾斜	に接触する

解説　解釈第 49 条（電線路に係る用語の定義）からの出題である．本節第 3 項（2）参照．

解答 ▶ (4)

電線の種類とその接続

[★]

本節では，電線の種類とその接続などに関する規定を学習する．

1 電線の種類（解釈第4～11・46条）

送配電線路・電気使用場所における配線などに使用できる電線は，電気用品安全法に適合するもの，及びそれ以外のものは解釈の性能及び規格に適合するものでなければならない．なお，解釈では，具体的な性能及び規格を，表2･3に示すように**裸電線など**，**絶縁電線**，**多心型電線**，**コード**，**キャブタイヤケーブル**，**ケーブル**に分類して定めている．

●表2・3　電線の種類

電線の種類	構　造
裸電線など（解釈第4条）	導体のみの電線
絶縁電線（解釈 第5条） 多心型電線（解釈第6条） コード（解釈第7条）	導体を絶縁物で被覆した電線
キャブタイヤケーブル（解釈第8条） ケーブル（解釈第9～11条）	導体を絶縁物で被覆した上を保護被覆した電線

(1) 裸電線など（解釈第4条）

裸電線及び支線，架空地線，保護線，保護網，電力保安通信用弱電流電線その他の金属線（接地工事の接地線，架空共同地線，架空ケーブル・電力保安通信用ケーブルなどのちょう架用線（メッセンジャーワイヤ）など）がある．

(2) 絶縁電線（解釈第5条）

導体を絶縁物で被覆した構造の電線であり，引込用ビニル絶縁電線（DV電線），引込用ポリエチレン絶縁電線（DE電線），屋外用ビニル絶縁電線（OW電線），600Vビニル絶縁電線（IV電線），600Vポリエチレン絶縁電線（IC電線），600Vふっ素樹脂絶縁電線，600Vゴム絶縁電線（RB電線），高圧絶縁電線，特別高圧絶縁電線などがある（図2･7）．

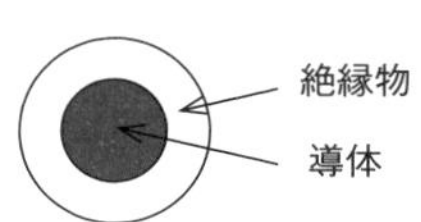

●図2・7　絶縁電線

(3) 多心型電線（解釈第 6 条）

絶縁物で被覆した導体を絶縁物で被覆していない導体の周囲にらせん状に巻き付けた電線である（図 2･8）．多心型電線は，300 V 以下の低圧架空電線のみに使用が認められ，裸導体は，B 種接地工事を施した中性線や接地線，D 種接地工事を施したちょう架用線（メッセンジャーワイヤ）に限定されている．

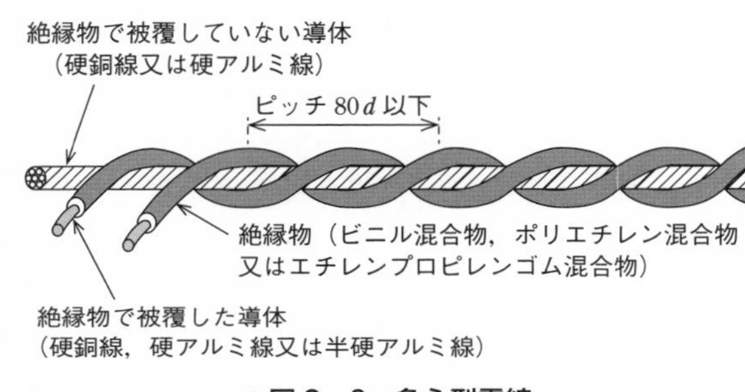

●図 2・8　多心型電線

(4) コード（解釈第 7 条）

絶縁電線と同様に導体を絶縁物で被覆した構造の電線であり，ゴムコード，ビニルコード，ゴムキャブタイヤコード，ビニルキャブタイヤコード，金糸コードなどがある．なお，金糸コードは，電気ひげそりや電気バリカンなどの軽小な電気機械器具に限り使用できる．

(5) キャブタイヤケーブル（解釈第 8 条）

導体を絶縁物で被覆した上を外装で保護被覆した構造の電線であり，構造の違いによって 1 種から 4 種に分類されている（図 2･9）．耐摩耗性・耐衝撃性・耐

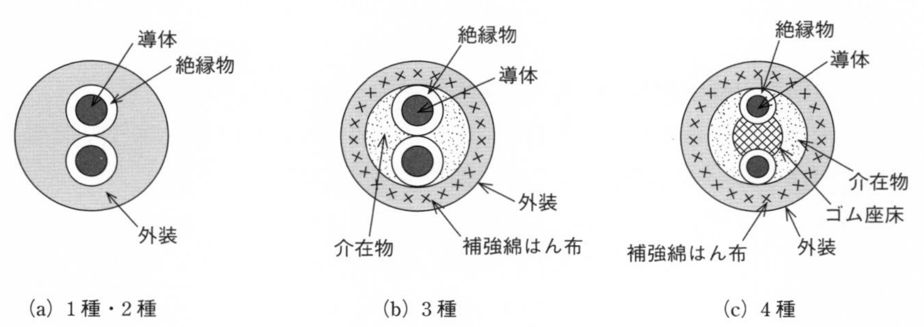

●図 2・9　キャブタイヤケーブル

屈曲性に優れており，耐水性を有しており，鉱山・工場・農場などの移動用電気機器に接続するケーブルとして使用される．

(6) ケーブル（解釈第9～11・46条）

キャブタイヤケーブルと同様に導体を絶縁物で被覆した上を外装で保護被覆した構造の電線であり，使用電圧により，低圧ケーブル，高圧ケーブル，特別高圧ケーブルに分類されている（図2·10）．

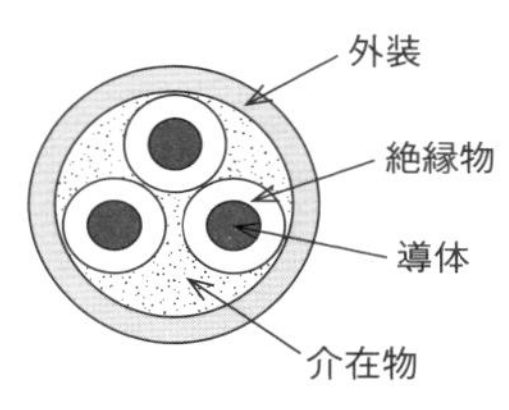

●図2・10　ケーブル

なお，太陽電池発電所に施設する高圧の直流電路の電線（電気機械器具内の電線を除く）には，高圧ケーブルを使用する．ただし，取扱者以外の者が立ち入らないような措置を講じた場所において，使用電圧が**直流1500V以下**であるときは，**太陽電池発電設備用直流ケーブル**を使用することができる．

2 電線の接続（電技第7条，解釈第12条）

電技では，電線の接続（接続部分の電気抵抗，絶縁性能，機械的強度）について，次のように規定している．

第7条（電線の接続）

電線を接続する場合は，接続部分において電線の電気抵抗を増加させないように接続するほか，絶縁性能の低下（裸電線を除く．）及び通常の使用状態において断線のおそれがないようにしなければならない．

解釈では，電線を接続する場合の具体的な方法を，表2·4のように規定している．

また，アルミ電線と銅電線の接続など，電気化学的性質の異なる導体を接続する場合は，接続部分に電気的腐食が生じないように接続しなければならない．

●表 2・4　電線の接続法

<table>
<tr><th rowspan="2"></th><th colspan="5">接続する電線</th></tr>
<tr><th>裸電線</th><th>絶縁電線</th><th>キャブタイヤケーブル</th><th>ケーブル</th><th>コード</th></tr>
<tr><td>裸電線</td><td colspan="4">①　電線の電気抵抗を増加させないように接続すること
②　電線の引張強さを 20％以上減少させないこと（ただし，ジャンパー線に接続点を設ける場合など，使用状態における張力が電線自身の引張強さに比べて著しく小さいときは除く）
③　接続部分には，接続管その他の器具を使用する，又はろう付けすること（ただし，架空電線相互を接続する場合など，技術上困難であるときは除く）</td><td></td></tr>
<tr><td>絶縁電線</td><td></td><td colspan="4">①　上記①～③に同じ
②　接続部分の絶縁電線の絶縁物と同等以上の絶縁効力のある接続器を使用すること
③　接続部分をその部分の絶縁電線の絶縁物と同等以上の絶縁効力のあるもので十分に被覆すること</td></tr>
<tr><td>キャブタイヤケーブル</td><td colspan="2" rowspan="3"></td><td colspan="3" rowspan="3">①　電線の電気抵抗を増加させないように接続すること
②　コード接続器，接続箱その他の器具を使用すること（ただし，断面積 8 mm² 以上のキャブタイヤケーブル相互及び金属被覆のないケーブル相互を，絶縁電線の接続法に準じて接続する場合は，直接接続が可能）</td></tr>
<tr><td>ケーブル</td></tr>
<tr><td>コード</td></tr>
</table>

問題5　H17　A-7（類 H23　A-4）

次の文章は，裸電線及び絶縁電線の接続法の基本事項について「電気設備技術基準の解釈」に規定されている記述の一部である．

1. 電線の電気抵抗を［（ア）］させないように接続すること．
2. 電線の引張強さを［（イ）］% 以上減少させないこと．
3. 接続部分には，接続管その他の器具を使用し，又は［（ウ）］すること．
4. 絶縁電線相互を接続する場合は，接続部分をその部分の絶縁電線の絶縁物と同等以上の［（エ）］のあるもので十分被覆すること（当該絶縁物と同等以上の［（エ）］のある接続器を使用する場合を除く）．

上記の記述中の空白箇所（ア），（イ），（ウ）及び（エ）に記入する語句又は数値として，正しいものを組み合わせたのは次のうちどれか．

	（ア）	（イ）	（ウ）	（エ）
(1)	変化	30	ろう付け	絶縁効力
(2)	増加	30	圧着	絶縁抵抗
(3)	増加	20	ろう付け	絶縁効力
(4)	変化	20	ろう付け	絶縁抵抗
(5)	増加	15	圧着	絶縁抵抗

解釈第 12 条（電線の接続法）からの出題である．本節第 2 項参照．

解答 ▶ (3)

電路の絶縁性能とその計算

[★★★]

本節では，電圧の定義と電路の絶縁性能に関する規定を学習する．

1 電圧の定義（電技第 2 条，解釈第 1 条）

電技では，表 2･5 に示すように**低圧，高圧及び特別高圧の区分**を定義している．

第 2 条（電圧の種別等）

電圧は，次の区分により低圧，高圧及び特別高圧の 3 種とする．

一　低圧　直流にあっては 750 V 以下，交流にあっては 600 V 以下のもの

二　高圧　直流にあっては 750 V を，交流にあっては 600 V を超え，7 000 V 以下のもの

三　特別高圧　7 000 V を超えるもの

2　高圧又は特別高圧の多線式電路（中性線を有するものに限る．）の中性線と他の一線とに電気的に接続して施設する電気設備については，その使用電圧又は最大使用電圧がその多線式電路の使用電圧又は最大使用電圧に等しいものとして，この省令の規定を適用する．

●表 2・5　電圧の区分

	交　流	直　流
低　　圧	600 V 以下	750 V 以下
高　　圧	低圧を超え 7 000 V 以下	
特別高圧	7 000 V を超えるもの	

(1) 標準電圧

機器の規格化や送配電線の連絡を容易にするために，電気学会電気規格調査会標準規格「JEC-0222（2009）」において**標準電圧**を定めている．また，この標準電圧は，表 2･6 に示すように**公称電圧**と**最高電圧**が定められている．

・電線路の公称電圧：その電線路を代表する線間電圧

・電線路の最高電圧：その電線路に通常発生する最高の線間電圧

参考　**電圧の区分の変遷**

<table>
<tr><th rowspan="2"></th><th colspan="2">低　圧</th><th rowspan="2">高　圧</th><th rowspan="2">特別高圧</th></tr>
<tr><th>直　流</th><th>交　流</th></tr>
<tr><td>明治 24 年
（1891 年）</td><td>300 V 未満</td><td>150 V 未満</td><td>低圧以上</td><td>—</td></tr>
<tr><td>明治 30 年
（1897 年）</td><td>600 V 以下</td><td rowspan="2">300 V 以下</td><td>低圧を超え
3 500 V 以下</td><td rowspan="3">高圧を超えるもの</td></tr>
<tr><td>昭和 24 年
（1949 年）</td><td rowspan="2">750 V 以下</td><td rowspan="2">低圧を超え
7 000 V 以下</td></tr>
<tr><td>昭和 40 年
（1965 年）</td><td>600 V 以下</td></tr>
</table>

●表 2・6　標準電圧

区　分	公称電圧	最高電圧	公称電圧	最高電圧
公称電圧が 1 000 V 超過〔kV〕	3.3 6.6 11 22 33 （66，77）	3.45 6.9 11.5 23 34.5 （69，80.5）	110 （154，187） （220，275） 500 1 000	115 （161，195.5） （230，287.5） 525，550 又は 600 1 100
公称電圧が 1 000 V 以下〔V〕	100 200 100/200	— — —	230 400 230/400	— — —

［注］1.（　）内の電圧は，1 地域においては，いずれかの電圧のみを採用する
2. 公称電圧 500 kV の最高電圧は，各電線路ごとに 3 種類のうちいずれか 1 種類を採用する

(2) 最大使用電圧（解釈第 1 条 1・2 号）

最大使用電圧は，通常の使用状態において電路に加わる最大の線間電圧のことをいい（事故時などの異常電圧のことではない），軽負荷運転又は無負荷運転の場合の電圧変動を考慮したものでなければならない．

使用電圧が表 2･6 に示す公称電圧に等しい電路における最大使用電圧は，**使用電圧（公称電圧）に表 2･7 の係数を乗じた電圧**と規定されており，表 2･6 に示す最高電圧に相当する．

●表 2・7　最大使用電圧の計算に用いる係数

使用電圧の区分	係数
1 000 V 以下	1.15
1 000 V 超過 500 000 V 未満	1.15/1.1

(3) 対地電圧

対地電圧とは，一般的には，電路と大地との間の電圧を意味する．しかし，電技及び解釈においては，接地式電路（中性点又は一端を接地した電路）では上記のとおりであるが，非接地式電路では線間電圧を指しているので注意を要する（図 2・11）．

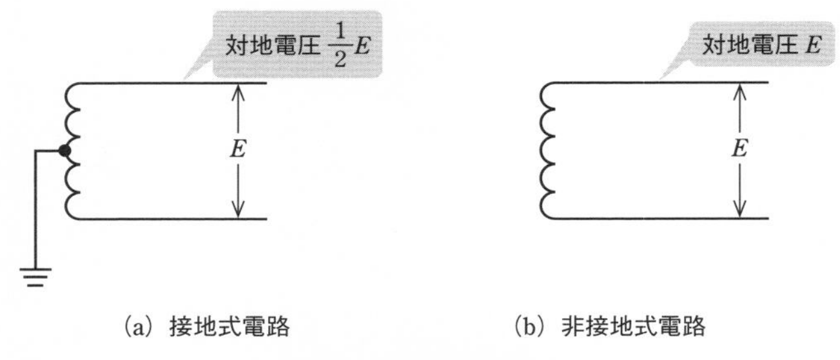

●図 2・11　対地電圧の例

2　電路絶縁の原則（電技第 5 条，解釈第 13 条）

電技では，電路絶縁の原則（電路は使用電圧に応じて十分に絶縁すること）と，その原則の適用を除外できる条件を，次のように規定している．

第 5 条（電路の絶縁）

電路は，大地から絶縁しなければならない．ただし，構造上やむを得ない場合であって通常予見される使用形態を考慮し危険のおそれがない場合，又は混触による高電圧の侵入等の異常が発生した際の危険を回避するための接地その他の保安上必要な措置を講ずる場合は，この限りでない．

2，3　（本節第 3 項参照）

(1) 電路絶縁の原則

電路は，十分に絶縁されていなければ，漏れ電流による火災や感電の危険を生じ，電力損失が増加するなどの種々の障害を生じるので，原則として，電路は使用電圧に応じて十分に絶縁しなければならない．

2 電路絶縁の原則の適用を除外できる条件（解釈第 13 条）

電路は使用電圧に応じて十分に絶縁しなければならないものの，保安上の理由やその構造上などから絶縁することができない部分は，電路絶縁の原則が除外される．解釈では，その具体的な条件を，次のように規定している．

[電路絶縁の原則の適用を除外できる条件]

① 接地工事を施す場合の**接地点**（ただし，接地点だけを除外しており，接地点以外の接地側電路は絶縁しなければならない）（図 2・12）

② 電路の一部を**大地から絶縁せずに電気を使用することがやむを得ないもの**（図 2・13）

③ 大地から絶縁することが**技術上困難なもの**（図 2・14）

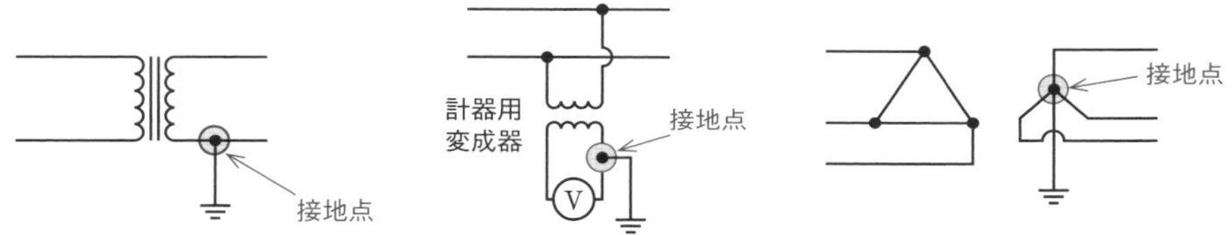

(a) B 種接地工事の接地点　(b) 計器用変成器の二次側接地点　(c) 電路の中性点接地などの接地点

●図 2・12　接地工事を施す場合の接地点の具体例

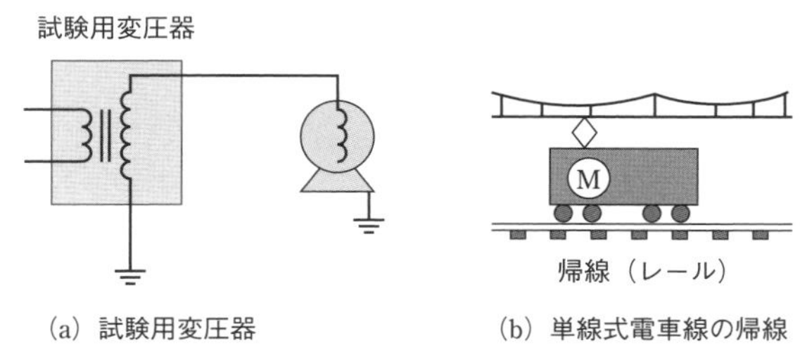

(a) 試験用変圧器　(b) 単線式電車線の帰線

●図 2・13　電路の一部を大地から絶縁せずに電気を使用することがやむを得ないものの具体例

3 電路の絶縁性能（電技第 5・22・58 条，解釈第 14～16 条）

電路の絶縁性能を判定する方法としては，**絶縁抵抗試験**と**絶縁耐力試験**があり，低圧の場合は「絶縁抵抗試験による方法」，高圧及び特別高圧の場合は「絶縁耐

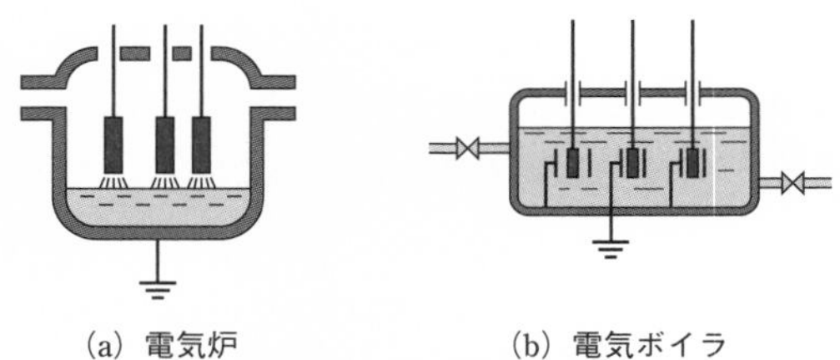

●図 2・14　大地から絶縁することが技術上困難なものの具体例

力試験による方法」が採用されている．ただし，機械器具などの場合は，低圧・高圧又は特別高圧に関係なく，すべて「絶縁耐力試験による方法」が採用されている．

1 低圧配線の絶縁性能（電技第 58 条，解釈第 14 条）

電技では，電気使用場所における低圧配線の絶縁性能について，次のように規定している．

第 58 条（低圧の電路の絶縁性能）

電気使用場所における使用電圧が低圧の電路の電線相互間及び電路と大地との間の絶縁抵抗は，開閉器又は過電流遮断器で区切ることのできる電路ごとに，表 2·8 の左欄に掲げる電路の使用電圧の区分に応じ，それぞれ同表の右欄に掲げる値以上でなければならない（図 2·15）．

●表 2・8　低圧の電路の絶縁抵抗値

電路の使用電圧の区分		絶縁抵抗値〔MΩ〕
300 V 以下	対地電圧（接地式電路においては電線と大地との間の電圧，非接地式電路においては電線間の電圧をいう．以下同じ．）が 150 V 以下の場合	0.1
	その他の場合	0.2
300 V を超えるもの		0.4

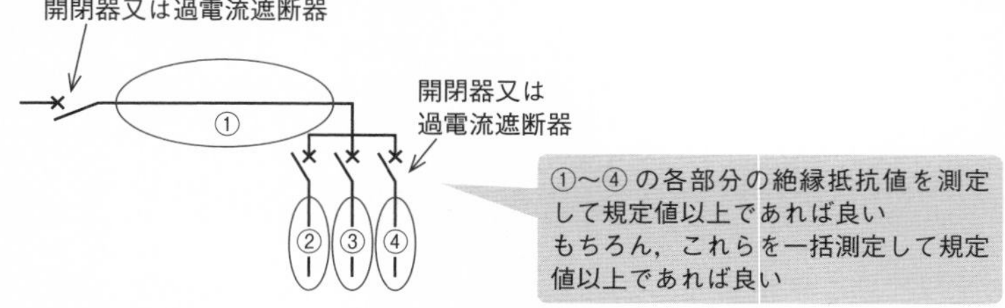

●図 2・15　低圧配線の絶縁抵抗の測定区分

絶縁抵抗試験による方法は，絶縁性能を完全に判定する方法とは言えないものの，測定が簡単であり，低圧の場合であれば，漏電による火災事故の防止には十分な目安となることから，低圧配線の絶縁性能を判定する方法として採用されている．

また，一般家庭では，停電して行う屋内配線などの絶縁抵抗測定が困難になってきていることから，停電を伴わずに測定できる漏えい電流で絶縁性能を判定する方法も採用されている．具体的に解釈では，「絶縁抵抗測定が困難な場合においては，当該電路の使用電圧が加わった状態における**漏えい電流が 1 mA 以下**であること」と規定している．

(2) 低圧配電線の絶縁性能（電技第 22 条）

電技では，低圧配電線の絶縁性能について，次のように規定している．

第 22 条（低圧電線路の絶縁性能）

低圧電線路中絶縁部分の電線と大地との間及び電線の線心相互間の絶縁抵抗は，使用電圧に対する漏えい電流が最大供給電流の 1/2 000 を超えないようにしなければならない（図 2・16）．

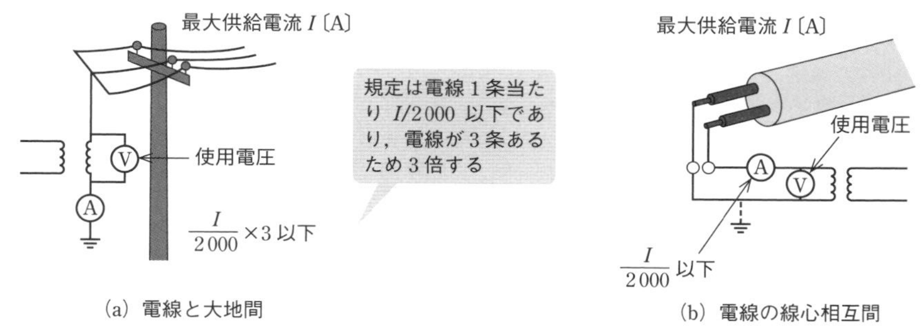

●図 2・16　低圧電線路の絶縁性能

(3) 高圧・特別高圧の配線及び電線路の絶縁性能（電技第 5 条，解釈第 15 条）

電技では，前述の（1）低圧配線及び（2）低圧配電線以外の電路の絶縁性能について，次のように規定している．

第 5 条（電路の絶縁）

1（本節第 2 項参照）

2　前項の場合にあっては，その絶縁性能は，第 22 条及び第 58 条の規定を除き，事故時に想定される異常電圧を考慮し，絶縁破壊による危険のお

それがないものでなければならない.
3 変成器内の巻線と当該変成器内の他の巻線との間の絶縁性能は，事故時に想定される異常電圧を考慮し，絶縁破壊による危険のおそれがないものでなければならない.

解釈では，高圧・特別高圧の配線及び電線路の絶縁耐力試験の試験電圧や試験方法を，次のように規定している.

① **表 2·9 に規定する試験電圧**※1 を電路と大地との間（多心ケーブルは，心線相互間及び心線と大地との間）に**連続して 10 分間**加えたとき，これに耐えなければならない

※1 電路の絶縁は，正常な運転中の電圧だけでなく，事故時などに発生する異常電圧にも耐えなければならない．しかし，現場でこれらの異常電圧（短時間の高電圧）を試験電圧として加えることは困難なので，表 2·9 に規定する一定電圧を連続して 10 分間加えたとき，これに耐える性能を有するものであることを規定している.

●表 2・9 絶縁耐力試験の試験電圧（高圧・特別高圧の配線及び電線路）

電路の種類	試験電圧
最大使用電圧が 7000 V 以下の電路	**最大使用電圧の 1.5 倍の電圧**
最大使用電圧が 7000 V を超え，15000 V 以下の中性点接地式電路（中性線を有するもので，その中性線に多重接地するものに限る）	最大使用電圧の 0.92 倍の電圧
最大使用電圧が 7000V を超え，60000 V 以下の電路（上欄に掲げるものを除く）	**最大使用電圧の 1.25 倍の電圧（10500 V 未満となる場合は，10500 V）**

② 電線にケーブルを使用する場合は，**表 2·9 に規定する試験電圧の 2 倍の直流電圧**※2 を電路と大地との間（多心ケーブルは，心線相互間及び心線と大地との間）に**連続して 10 分間**加えたとき，これに耐えなければならない

※2 長距離のケーブルの場合，静電容量が大きくなり，交流を用いて絶縁耐力試験を行うには，大容量の電源設備が必要となる．そのため，直流を用いた絶縁耐力試験を行っても良いとしている.

また，表 2·9 の試験電圧の計算例を図 2·17 に示す（本節第 1 項（2）参照）

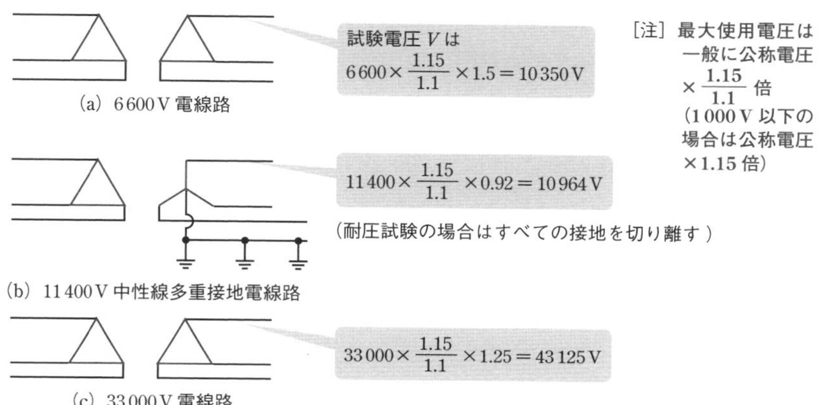

●図 2・17　電線路の試験電圧の計算例

〔4〕機械器具などの絶縁性能（電技第 5 条，解釈第 16 条）

機械器具などは，表 2･10 に規定する電路の種類に応じて，**同表に規定する試験電圧**を，同表に規定する印加箇所に**連続して 10 分間**加えたとき，これに耐えなければならない．

また，表 2･10 の試験電圧の計算例を図 2･18 に示す（本節第 1 項（2）参照）．

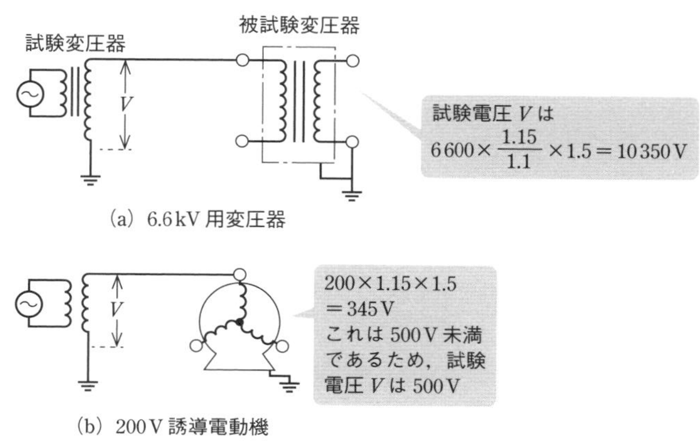

●図 2・18　機械器具などの試験電圧の計算例

●表 2・10　絶縁耐力試験の試験電圧と印加箇所（機械器具など）

電路の種類		試験電圧	印加箇所
変圧器	最大使用電圧が 7000V 以下のもの	**最大使用電圧の 1.5 倍の電圧（500V 未満となる場合は，500V）**	試験される巻線と他の巻線，鉄心及び外箱との間
	最大使用電圧が 7000V を超え，15000V 以下の中性点接地式電路（中性線を有するもので，その中性線に多重接地するものに限る）に接続するもの	最大使用電圧の 0.92 倍の電圧	
	最大使用電圧が 7000V を超え，60000V 以下のもの（上欄に掲げるものを除く）	**最大使用電圧の 1.25 倍の電圧（10500V 未満となる場合は，10500V）**	
回転機※1	最大使用電圧が 7000V 以下のもの	最大使用電圧の 1.5 倍の電圧※2（500V 未満となる場合は，500V）	巻線と大地との間
	最大使用電圧が 7000V を超えるもの	最大使用電圧の 1.25 倍の電圧※2（10500V 未満となる場合は，10500V）	
整流器	最大使用電圧が 60000V 以下のもの	直流側の最大使用電圧の 1 倍の交流電圧（500V 未満となる場合は，500V）	充電部分と外箱との間
燃料電池及び太陽電池モジュール		**最大使用電圧の 1.5 倍の直流電圧又は 1 倍の交流電圧（500V 未満となる場合は，500V）**	充電部分と大地との間
開閉器，遮断器，電力用コンデンサ，誘導電圧調整器，計器用変成器その他の器具など	最大使用電圧が 7000V 以下のもの	最大使用電圧の 1.5 倍の電圧※3（500V 未満となる場合は，500V）	充電部分と大地との間
	最大使用電圧が 7000V を超え，15000V 以下の中性点接地式電路（中性線を有するもので，その中性線に多重接地するものに限る）に接続するもの	最大使用電圧の 0.92 倍の電圧※3	
	最大使用電圧が 7000V を超え，60000V 以下のもの（上欄に掲げるものを除く）	最大使用電圧の 1.25 倍の電圧※3（10500V 未満となる場合は，10500V）	

※1　発電機，電動機，調相機その他の回転機（ただし，回転変流器を除く）

※2　表 2･10 に規定する試験電圧の 1.6 倍の直流電圧を加えて絶縁耐力試験を行うことができる（大容量の交流回転機の場合，静電容量が大きくなり，交流を用いて絶縁耐力試験を行うには，大容量の電源設備が必要となる．そのため，直流を用いた絶縁耐力試験を行っても良いとしている．）

※3　電線にケーブルを使用する場合は，表 2･10 に規定する試験電圧の 2 倍の直流電圧を加えて絶縁耐力試験を行うことができる

5　絶縁耐力試験で必要な電源容量

絶縁耐力試験装置に被試験対象の電路・機器などを接続し，試験電圧（V_t）を印加すると，同試験対象の絶縁物の対地静電容量（C_0）を通じて，絶縁耐力試験装置に充電電流（I_C）が流れる．被試験対象が電路の場合の試験回路は図 2・19 となり，周波数を f とすると，充電電流（I_C）は

$$I_C = 2\pi f C_0 V_t \qquad (2・1)$$

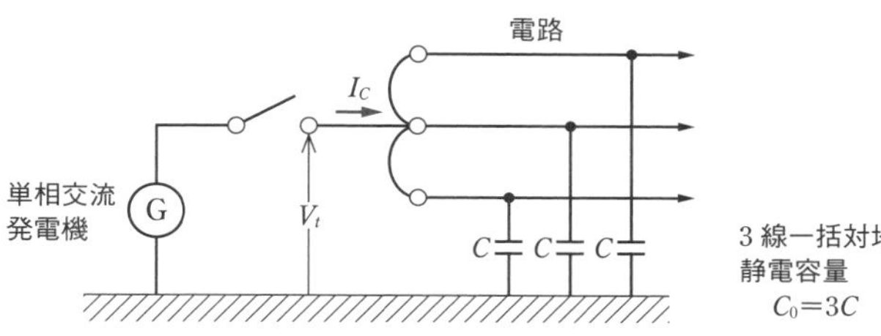

●図 2・19　絶縁耐力試験の試験回路

絶縁耐力試験装置は，この電流を供給できる電源が必要となり，その必要容量（S）は，次式で示される．

$$S=I_CV_t=2\pi fC_0V_t^2 \qquad (2・2)$$

問題6　H24　A-5（類 R1　A-3）

次の文章は，「電気設備技術基準」における電路の絶縁に関する記述の一部である．

電路は，大地から絶縁しなければならない．ただし，構造上やむを得ない場合であって通常予見される使用形態を考慮し危険のおそれがない場合，又は混触による高電圧の侵入等の異常が発生した際の危険を回避するための接地その他の保安上必要な措置を講ずる場合は，この限りでない．

次の a から d のうち，下線部の場合に該当するものの組合せを，「電気設備技術基準の解釈」に基づき，下記の（1）～（5）のうちから一つ選べ．

a．架空単線式電気鉄道の帰線
b．電気炉の炉体及び電源から電気炉用電極に至る導線
c．電路の中性点に施す接地工事の接地点以外の接地側電路
d．計器用変成器の 2 次側電路に施す接地工事の接地点

（1）a，b　（2）b，c　（3）c，d　（4）a，d　（5）b，d

解説　解釈第 13 条（電路の絶縁）からの出題である．本節第 2 項（2）参照．

b．電気炉の炉体は，大地から絶縁することが技術上困難であり，絶縁できないことがやむを得ない部分である（電路絶縁の原則の適用を除外できる部分である）が，**電気炉用電極に至る導線はやむを得ない部分とは認められない**ので誤りである．

c．電路絶縁の原則の適用を除外できる条件は，接地工事の接地点（接地線と電路との接続点）だけであり，**接地点以外の接地側電路は絶縁しなければならない**ので誤りである．

解答 ▶（4）

問題7 H26　A-6（類 H13　A-6，類 H16　A-3）

次の文章は，「電気設備技術基準」における低圧の電路の絶縁性能に関する記述である．

電気使用場所における使用電圧が低圧の電路の電線相互間及び［（ア）］と大地との間の絶縁抵抗は，開閉器又は［（イ）］で区切ることのできる電路ごとに，次の表の左欄に掲げる電路の使用電圧の区分に応じ，それぞれ同表の右欄に掲げる値以上でなければならない．

<table>
<tr><th colspan="2">電路の使用電圧の区分</th><th>絶縁抵抗値</th></tr>
<tr><td rowspan="2">［（ウ）］V 以下</td><td>［（エ）］（接地式電路においては電線と大地との間の電圧，非接地式電路においては電線路の電圧をいう．以下同じ．）が 150 V 以下の場合</td><td>0.1 MΩ</td></tr>
<tr><td>その他の場合</td><td>0.2 MΩ</td></tr>
<tr><td colspan="2">［（ウ）］V を超えるもの</td><td>［（オ）］MΩ</td></tr>
</table>

上記の記述中の空白箇所（ア），（イ），（ウ），（エ）及び（オ）に当てはまる組合せとして，正しいものを次の（1）～（5）のうちから一つ選べ．

	（ア）	（イ）	（ウ）	（エ）	（オ）
（1）	電線	配線用遮断器	400	公称電圧	0.3
（2）	電路	過電流遮断器	300	対地電圧	0.4
（3）	電線路	漏電遮断器	400	公称電圧	0.3
（4）	電線	過電流遮断器	300	最大使用電圧	0.4
（5）	電路	配線用遮断器	400	対地電圧	0.4

電技第 58 条（低圧の電路の絶縁性能）からの出題である．本節第 3 項（1）参照．

解答 ▶（2）

問題8 ☑☑☑　H19　A-4（類 H13　A-2）

「電気設備技術基準」では，低圧電線路の絶縁性能として，「低圧電線路中絶縁部分の電線と大地との間及び電線の線心相互間の絶縁抵抗は，使用電圧に対する漏えい電流が最大供給電流の［（ア）］を超えないようにしなければならない」と規定している．

いま，定格容量 75 kV·A，一次電圧 6 600 V，二次電圧 105 V の単相変圧器に接続された単相 2 線式 105 V 1 回線の低圧架空配電線路について，上記規定に基づく，この配電線路の電線 1 線当たりの漏えい電流〔A〕の許容最大値を求めることとする．

上記の記述中の空白箇所（ア）に当てはまる語句と漏えい電流〔A〕の許容最大値との組合せとして，最も適切なのは次のうちどれか．

	（ア）	漏えい電流〔A〕の許容最大値
(1)	1 000 分の 1	0.714
(2)	1 000 分の 1	1.429
(3)	1 500 分の 1	0.476
(4)	2 000 分の 1	0.357
(5)	2 000 分の 1	0.179

解説　電技第 22 条（低圧電線路の絶縁性能）からの出題である．本節第 3 項 (2) 参照．

低圧電線路は，使用電圧に対する漏えい電流が最大供給電流の **1/2 000 を超えない**ようにしなければならない．

二次側の最大供給電流 I_n〔A〕は

$I_n = 75 \times 10^3/105 \fallingdotseq 714\,\mathrm{A}$

漏えい電流は，最大供給電流の 1/2 000 を超えないようにしなければならないので

$714/2\,000 \fallingdotseq \mathbf{0.357\,A}$

解答 ▶ (4)

問題9 R2 A-3（類 H20 A-7，類 H22 A-8）

次の文章は，「電気設備技術基準」及び「電気設備技術基準の解釈」に基づく使用電圧が 6600 V の交流電路の絶縁性能に関する記述である．

a. 電路は，大地から絶縁しなければならない．ただし，構造上やむを得ない場合であって通常予見される使用形態を考慮し危険のおそれがない場合，又は混触による高電圧の侵入等の異常が発生した際の危険を回避するための接地その他の保安上必要な措置を講ずる場合は，この限りでない．

電路と大地との間の絶縁性能は，事故時に想定される異常電圧を考慮し，（ア）による危険のおそれがないものでなければならない．

b. 電路は，絶縁できないことがやむを得ない部分及び機械器具等の電路を除き，次の ① 及び ② のいずれかに適合する絶縁性能を有すること．

① （イ） V の交流試験電圧を電路と大地（多心ケーブルにあっては，心線相互間及び心線と大地との間）との間に連続して 10 分間加えたとき，これに耐える性能を有すること．

② 電線にケーブルを使用する電路においては，（イ） V の交流試験電圧の （ウ） 倍の直流電圧を電路と大地（多心ケーブルにあっては，心線相互間及び心線と大地との間）との間に連続して 10 分間加えたとき，これに耐える性能を有すること．

上記の記述中の空白箇所（ア）～（ウ）に当てはまる組合せとして，正しいものを次の (1)～(5) のうちから一つ選べ．

	（ア）	（イ）	（ウ）
(1)	絶縁破壊	9900	1.5
(2)	漏えい電流	10350	1.5
(3)	漏えい電流	8250	2
(4)	漏えい電流	9900	1.25
(5)	絶縁破壊	10350	2

a は電技第 5 条（電路の絶縁），b は解釈第 15 条（高圧又は特別高圧の電路の絶縁性能）からの出題である．本節第 3 項（3）参照．

最大使用電圧は，一般に公称電圧$\times\dfrac{1.15}{1.1}$（1000 V 以下の場合は公称電圧×1.15 倍）なので（本節第 1 項（2）参照）

$$最大使用電圧 = 6600\times\frac{1.15}{1.1} = 6900\,\mathrm{V}$$

最大使用電圧が 7 000 V 以下の電路の絶縁耐力試験の試験電圧は，最大使用電圧の 1.5 倍なので

試験電圧 $= 6\,900 \times 1.5 = \mathbf{10\,350\,V}$

解答 ▶ (5)

問題⑩ ✓ ✓ ✓　R2　B-12（類 H18　A-6，類 H28　A-6）

次の文章は，「電気設備技術基準の解釈」に基づく変圧器の電路の絶縁耐力試験に関する記述である．

変圧器（放電灯用変圧器，エックス線管用変圧器等の変圧器，及び特殊用途のものを除く．）の電路は，次のいずれかに適合する絶縁性能を有すること．

① 表の中欄に規定する試験電圧を，同表の右欄で規定する試験方法で加えたとき，これに耐える性能を有すること．

② 日本電気技術規格委員会規格 JESC E7001（2018）「電路の絶縁耐力の確認方法」の「3.2 変圧器の電路の絶縁耐力の確認方法」により絶縁耐力を確認したものであること．

<table>
<tr><th colspan="2">変圧器の巻線の種類</th><th>試験電圧</th><th>試験方法</th></tr>
<tr><td colspan="2">最大使用電圧が（ア）V 以下のもの</td><td>最大使用電圧の（イ）倍の電圧（（ウ）V 未満となる場合は（ウ）V）</td><td rowspan="3">試験される巻線と他の巻線，鉄心及び外箱との間に試験電圧を連続して 10 分間加える．</td></tr>
<tr><td rowspan="2">最大使用電圧が（ア）V を超え，60 000 V 以下のもの</td><td>最大使用電圧が 15 000 V 以下のものであって，中性点接地式電路（中性点を有するものであって，その中性線に多重接地するものに限る．）に接続するもの</td><td>最大使用電圧の 0.92 倍の電圧</td></tr>
<tr><td>上記以外のもの</td><td>最大使用電圧の（エ）倍の電圧（10 500 V 未満となる場合は 10 500 V）</td></tr>
</table>

上記の記述に関して，次の（a）及び（b）の問に答えよ．

(a) 表中の空白箇所（ア）～（エ）に当てはまる組合せとして，正しいものを次の（1）～（5）のうちから一つ選べ．

	(ア)	(イ)	(ウ)	(エ)
(1)	6900	1.1	500	1.25
(2)	6950	1.25	600	1.5
(3)	7000	1.5	600	1.25
(4)	7000	1.5	500	1.25
(5)	7200	1.75	500	1.75

(b) 公称電圧 22000V の電線路に接続して使用される受電用変圧器の絶縁耐力試験を，表の記載に基づき実施する場合の試験電圧の値〔V〕として，最も近いものを次の (1)～(5) のうちから一つ選べ.

(1) 28750　(2) 30250　(3) 34500　(4) 36300　(5) 38500

解釈第 16 条(機械器具等の電路の絶縁性能)からの出題である. 本節第 3 項(4)参照.

(b) 最大使用電圧は，一般に公称電圧$\times\dfrac{1.15}{1.1}$（1000V 以下の場合は公称電圧×1.15倍）なので（本節第 1 項（2）参照）

$$最大使用電圧=22000\times\frac{1.15}{1.1}=23000\,\mathrm{V}$$

最大使用電圧が 7000V を超える変圧器の絶縁耐力試験の試験電圧は，最大使用電圧の 1.25 倍なので

$$試験電圧=23000\times1.25=\mathbf{28750\,V}$$

解答 ▶ (a)-(4)，(b)-(1)

問題11　R3　B-12（類H14　A-1）

「電気設備技術基準の解釈」に基づいて，使用電圧6600 V，周波数50 Hzの電路に使用する高圧ケーブルの絶縁耐力試験を実施する．次の（a）及び（b）の問に答えよ．

(a) 高圧ケーブルの絶縁耐力試験を行う場合の記述として，正しいものを次の(1)～(5)のうちから一つ選べ．

(1) 直流10 350 Vの試験電圧を電路と大地との間に1分間加える．
(2) 直流10 350 Vの試験電圧を電路と大地との間に連続して10分間加える．
(3) 直流20 700 Vの試験電圧を電路と大地との間に1分間加える．
(4) 直流20 700 Vの試験電圧を電路と大地との間に連続して10分間加える．
(5) 高圧ケーブルの絶縁耐力試験を直流で行うことは認められていない．

(b) 高圧ケーブルの絶縁耐力試験を，図のような試験回路で行う．ただし，高圧ケーブルは3線一括で試験電圧を印加するものとし，各試験機器の損失は無視する．また，被試験体の高圧ケーブルと試験用変圧器の仕様は次のとおりとする．

【高圧ケーブルの仕様】
ケーブルの種類：6 600 Vトリプレックス形架橋ポリエチレン絶縁ビニルシースケーブル（CVT）
公称断面積：100 mm²，ケーブルのこう長：220 m
1線の対地静電容量：0.45 μF/km

【試験用変圧器の仕様】
定格入力電圧：AC 0-120 V，定格出力電圧：AC 0-12 000 V
入力電源周波数：50 Hz

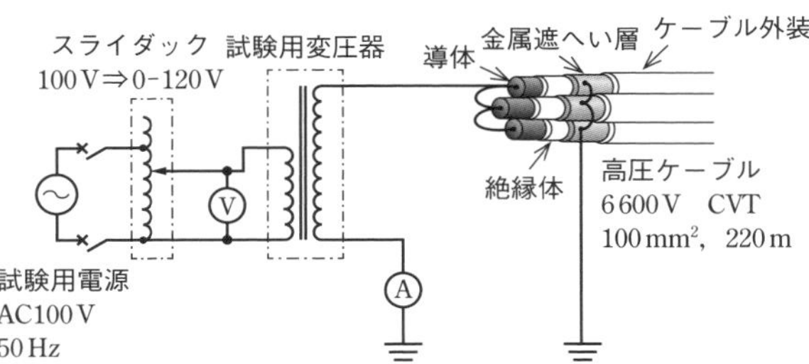

この絶縁耐力試験に必要な皮相電力の値〔kV・A〕として，最も近いものを次の（1）～（5）のうちから一つ選べ．

(1) 4　(2) 6　(3) 9　(4) 10　(5) 17

解説 解釈第 15 条（高圧又は特別高圧の電路の絶縁性能）からの出題である．本節第 3 項（3）及び（5）参照．

（a）最大使用電圧は，一般に公称電圧×$\dfrac{1.15}{1.1}$（1 000 V 以下の場合は公称電圧×1.15 倍）なので

$$最大使用電圧 = 6\,600 \times \frac{1.15}{1.1} = 6\,900\,\mathrm{V}$$

高圧ケーブルの絶縁耐力試験は，交流の場合は最大使用電圧の 1.5 倍の電圧，直流の場合は交流の試験電圧の 2 倍の電圧を**連続して 10 分間**加える．

$$交流の試験電圧 = 6\,900 \times 1.5 = 10\,350\,\mathrm{V}$$

$$直流の試験電圧 = 10\,350 \times 2 = \mathbf{20\,700\,V}$$

（b）ケーブル 1 線の対地静電容量（C）は，ケーブルのこう長が 220 m なので

$$C = 0.45 \times 10^{-6}\,\mathrm{F/km} \times 0.22\,\mathrm{km} = 9.9 \times 10^{-8}\,\mathrm{F}$$

絶縁耐力試験は 3 線一括で試験するため，3 線一括の対地静電容量（C_0）は

$$C_0 = 3C = 29.7 \times 10^{-8}\,\mathrm{F}$$

試験電圧（V_t）を印加したときに流れる充電電流（I_C）は，周波数を f とすると

$$I_C = 2\pi f C_0 V_t = 2\pi \times 50 \times 29.7 \times 10^{-8} \times 10\,350 = 0.966\,\mathrm{A}$$

したがって，絶縁耐力試験に必要な皮相電力（S）は

$$S = I_C V_t = 0.966 \times 10\,350 = 9\,998\,\mathrm{V\cdot A} = 9.998\,\mathrm{kV\cdot A} \fallingdotseq \mathbf{10\,kV\cdot A}$$

解答 ▶（a）-（4），（b）-（4）

問題12　H28　B-12（類 H19　B-11，類 H24　B-11）

「電気設備技術基準の解釈」に基づいて，使用電圧 6600 V，周波数 50 Hz の電路に接続する高圧ケーブルの交流絶縁耐力試験を実施する．次の (a) 及び (b) の問に答えよ．

ただし，試験回路は図のとおりとする．高圧ケーブルは 3 線一括で試験電圧を印加するものとし，各試験機器の損失は無視する．また，被試験体の高圧ケーブルと試験用変圧器の仕様は次のとおりとする．

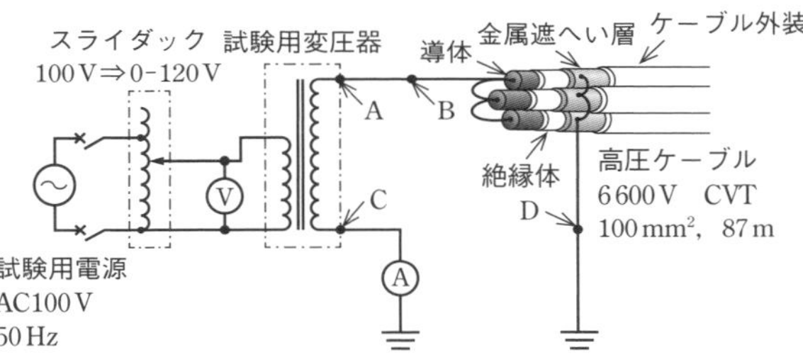

【高圧ケーブルの仕様】

ケーブルの種類：6600 V トリプレックス形架橋ポリエチレン絶縁ビニルシースケーブル（CVT）

公称断面積：100 mm²，ケーブルのこう長：87 m

1 線の対地静電容量：0.45 μF/km

【試験用変圧器の仕様】

定格入力電圧：AC 0-120 V，定格出力電圧：AC 0-12 000 V

入力電源周波数：50 Hz

(a) この交流絶縁耐力試験に必要な皮相電力（以下，試験容量という．）の値〔kV・A〕として，最も近いものを次の (1) ～ (5) のうちから一つ選べ．

(1) 1.4　(2) 3.0　(3) 4.0　(4) 4.8　(5) 7.0

(b) 上記 (a) の計算の結果，試験容量が使用する試験用変圧器の容量よりも大きいことがわかった．そこで，この試験回路に高圧補償リアクトルを接続し，試験容量を試験用変圧器の容量より小さくすることができた．

このとき，同リアクトルの接続位置（図中の A ～ D のうちの 2 点間）と，試験用変圧器の容量の値〔kV・A〕の組合せとして，正しいものを次の (1) ～ (5) のうちから一つ選べ．ただし，接続する高圧補償リアクトルの仕様は次のとおりとし，接続する台数は 1 台とする．また，同リアクトルによる損失は無視し，A-B 間に同リアクトルを接続する場合は，図中の A-B 間の電線を取り除くものとする.

【高圧補償リアクトルの仕様】

定格容量：3.5 kvar，定格周波数：50 Hz，定格電圧：12 000 V

電流：292 mA（12 000 V　50 Hz 印加時）

	高圧補償リアクトル接続位置	試験用変圧器の容量〔kV･A〕
(1)	A–B 間	1
(2)	A–C 間	1
(3)	C–D 間	2
(4)	A–C 間	2
(5)	A–B 間	3

解説　解釈第 15 条（高圧又は特別高圧の電路の絶縁性能）からの出題である．本節第 3 項（3）及び（5）参照.

（a）最大使用電圧（V_m〔V]）は，公称電圧$\times\dfrac{1.15}{1.1}$（1 000 V 以下の場合は公称電圧×1.15 倍）なので

$$V_m = 6\,600\times\frac{1.15}{1.1} = 6\,900\,\text{V}$$

高圧電路の試験電圧（V_t〔V]）は，交流の場合は最大使用電圧の 1.5 倍の電圧なので

$$V_t = 6\,900\times1.5 = 10\,350\,\text{V}$$

ケーブル 1 線の対地静電容量（C〔F]）は，ケーブルのこう長が 87 m なので

$$C = 0.45\times10^{-6}\,\text{F/km}\times0.087\,\text{km} = 3.915\times10^{-8}\,\text{F}$$

耐電圧試験は 3 線一括で試験するため，3 線一括の対地静電容量（C_0〔F]）は

$$C_0 = 3C = 1.174\,5\times10^{-7}\,\text{F}$$

試験電圧（V_t〔V]）を印可したときに流れる充電電流（I_C〔A]）は，周波数を f〔Hz]とすると

$$I_C = 2\pi fC_0V_t = 2\pi\times50\times1.1745\times10^{-7}\times10\,350 = 0.381\,9\,\text{A}$$

このときの皮相電力 S〔kV･A〕は

$$S = I_C\times V_t = 0.381\,9\,\text{A}\times10\,350\,\text{V} = 3.95\times10^3\,\text{V}\cdot\text{A} = 3.95\,\text{kV}\cdot\text{A}$$

この交流絶縁耐力試験に必要な皮相電力の値は，3.95 kV･A の直近上位の **4 kV･A** となる.

（b）解図 1（a）のように高圧補償リアクトルを被試験体（高圧ケーブル）と並列になる位置に挿入したときの等価回路は，解図 1（b）となる.

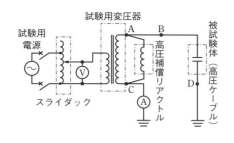

(a)

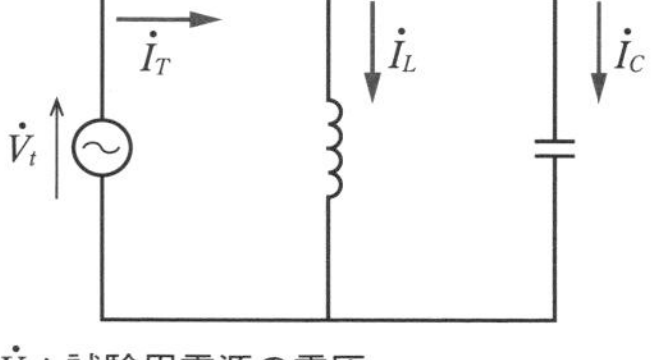

$\dot{V}_t$：試験用電源の電圧
$\dot{I}_T$：試験用電源の電流
$\dot{I}_L$：高圧補償リアクトルの電流
$\dot{I}_C$：被試験体（高圧ケーブル）の電流

(b)

●解図 1　絶縁耐力試験の試験回路

このとき，高圧補償リアクトルの電流 I_L〔A〕は，解図 2 のように試験用電源の電圧 V_t〔V〕より 90° 遅れの電流となる．一方で，被試験体（高圧ケーブル）の電流 I_C〔A〕は，V_t〔V〕より 90° 進みの電流なので，試験用電源の電流 I_T〔A〕の大きさは，I_C〔A〕よりも小さくなり，試験用電源の容量を小さくすることができる．

●解図 2　等価回路の電圧・電流ベクトルの関係

高圧補償リアクトルに流れる電流（I_L）は，電圧に比例するため

$$I_L = 292\,\mathrm{mA} \times \frac{10\,350\,\mathrm{V}}{12\,000\,\mathrm{V}}$$

$$= 251.85\,\mathrm{mA} \fallingdotseq 0.2519\,\mathrm{A}$$

試験用電源の電流（I_T）は，高圧補償リアクトルの電流（I_L）と被試験体（高圧ケーブル）の電流（I_C）の差となるので

$$I_T = I_C - I_L = 0.3819 - 0.2519 = 0.13\,\mathrm{A}$$

このときの交流絶縁耐力試験に必要な皮相電力 S〔kV·A〕は

$$S = I_T \times V_t = 0.13\,\mathrm{A} \times 10\,350\,\mathrm{V} = 1.3455 \times 10^3\,\mathrm{V \cdot A} = 1.35\,\mathrm{kV \cdot A}$$

したがって，交流絶縁耐力試験に必要な皮相電力の値は，1.35 kV·A の直近上位の **2 kV·A** となる．

解答 ▶ (a)-(3)，(b)-(4)

接地工事

［★★］

本節では，電気設備の接地に関する規定を学習する．

電技では，電気設備の接地について，次のように規定している．

第 10 条　(電気設備の接地)

電気設備の必要な箇所には，異常時の電位上昇，高電圧の侵入等による感電，火災その他人体に危害を及ぼし，又は物件への損傷を与えるおそれがないよう，接地その他の適切な措置を講じなければならない．ただし，電路に係る部分にあっては，第 5 条第 1 項の規定に定めるところによりこれを行わなければならない．

第 11 条　(電気設備の接地の方法)

電気設備に接地を施す場合は，電流が安全かつ確実に大地に通ずることができるようにしなければならない．

解釈では，接地工事の種類と具体的な施設方法などを，後述のように規定している．

1　接地工事の種類と施設方法（解釈第 17 条）

解釈第 17 条で規定している接地工事は，**A 種接地工事**，**B 種接地工事**，**C 種接地工事**，**D 種接地工事**の 4 種類である．

●表 2・11　接地工事の種類と接地抵抗値

接地工事の種類	接地抵抗値
A 種接地工事	**10Ω 以下**
B 種接地工事	表 2・12 のとおり
C 種接地工事	**10Ω 以下** (低圧電路において，地絡を生じた場合に **0.5 秒以内に当該電路を自動的に遮断する装置**を施設するときは，**500Ω 以下**)
D 種接地工事	**100Ω 以下** (低圧電路において，地絡を生じた場合に **0.5 秒以内に当該電路を自動的に遮断する装置**を施設するときは，**500Ω 以下**)

1 接地抵抗値（解釈第 17 条）

接地工事の接地抵抗値は，表 2・11（図 2・20）及び表 2・12 に示すとおりである（なお，表 2・12 に示す B 種接地工事の接地抵抗値を算定する 1 線地絡電流 I_g の算定方法は，2-5 節第 2 項を参照）.

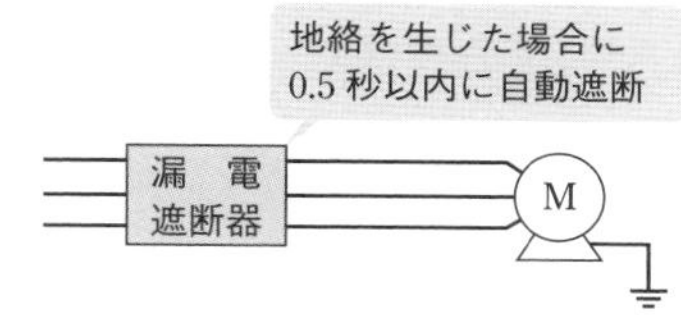

●図 2・20　C 種・D 種接地工事の接地抵抗値を 500 Ω 以下とすることができる場合

●表 2・12　B 種接地工事の接地抵抗値

接地工事を施す変圧器の種類	当該変圧器の高圧側又は特別高圧側の電路と低圧側の電路との混触により，低圧電路の対地電圧が 150 V を超えた場合に，自動的に高圧又は特別高圧の電路を遮断する装置を設ける場合の遮断時間	接地抵抗値（Ω）
下記以外の場合		$150/I_g$
高圧又は 35 000 V 以下の特別高圧の電路と低圧電路を結合するもの	1 秒を超え 2 秒以下	$300/I_g$
	1 秒以下	$600/I_g$

（備考）I_g は，当該変圧器の高圧側又は特別高圧側の電路の 1 線地絡電流（単位：A）

2 接地線の種類など（解釈第 17 条）

固定して使用する電気設備の接地線（接地箇所と接地極を結ぶ導体）は，表 2・13 に示す太さ以上の軟銅線又は（ ）内に示す引張強さ以上の容易に腐食しにく

●表 2・13　固定して使用する電気設備の接地線（太さ・引張強さ）

接地工事の種類	接地線の太さ（引張強さ）
A 種接地工事	・**直径 2.6 mm 以上**（引張強さ 1.04 kN 以上）
B 種接地工事	・接地工事を施す変圧器の 1 次側が高圧の場合 **直径 2.6 mm 以上**（引張強さ 1.04 kN 以上） ・接地工事を施す変圧器の 1 次側が特別高圧の場合 **直径 4.0 mm 以上**（引張強さ 2.46 kN 以上）
C 種接地工事 D 種接地工事	・**直径 1.6 mm 以上**（引張強さ 0.39 kN 以上）

い金属線であって，故障の際に流れる電流を安全に通ずることができるものでなければならない（図 2･21）．

なお，移動して使用する電気機械器具の金属製外箱などに接地工事を施す場合において可とう性を必要とする部分の接地線は，表 2･14 に示すものであって，故障の際に流れる電流を安全に通ずることができるものでなければならない．

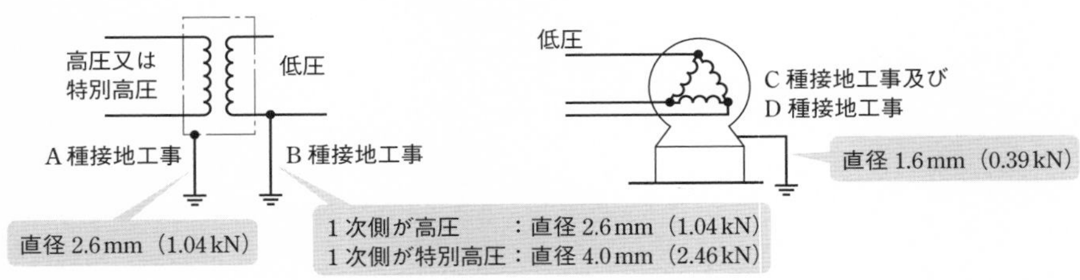

●図 2・21　固定して使用する電気設備の接地線

●表 2・14　移動して使用する電気機械器具などの接地線（種類・断面積）

接地工事の種類	接地線の種類	接地線の断面積
A 種接地工事 B 種接地工事	3 種クロロプレンキャブタイヤケーブル，3 種クロロスルホン化ポリエチレンキャブタイヤケーブル，3 種耐燃性エチレンゴムキャブタイヤケーブル，4 種クロロプレンキャブタイヤケーブル若しくは 4 種クロロスルホン化ポリエチレンキャブタイヤケーブルの 1 心又は多心キャブタイヤケーブルの遮へいその他の金属体	8 mm^2 以上
C 種接地工事 D 種接地工事	多心コード又は多心キャブタイヤケーブルの 1 心	0.75 mm^2 以上
	多心コード又は多心キャブタイヤケーブルの 1 心以外の可とう性を有する軟銅より線	1.25 mm^2 以上

(3) A 種･B 種接地工事の施設方法（人が触れるおそれがある場所）（解釈第 17 条）

接地線に故障電流が流れると，接地線は（故障電流）×（接地抵抗）だけ電位が上昇し，また，周辺の地表面に電位傾度が発生する．これらの値が大きいと，人が接地線に触れたり，付近を通過した際に，感電などの危害を及ぼすおそれがある．

したがって，これらの値が比較的大きくなることが予想される A 種・B 種接地工事の接地極及び接地線を**人が触れるおそれがある場所に施設する場合**には，図 2･22 に示すように接地極を十分な深さに埋設すること，接地線を十分に保護することなど具体的な施設方法が規定されている．

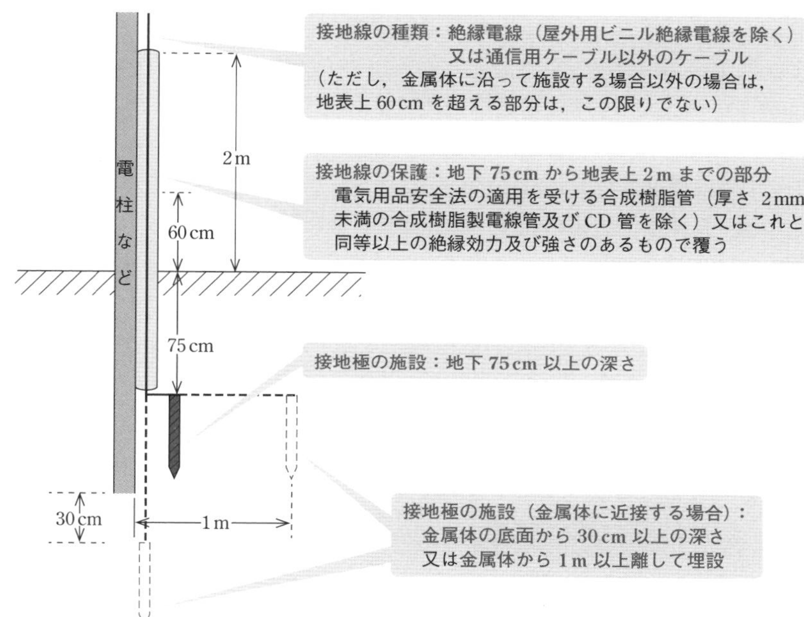
接地線の種類：絶縁電線（屋外用ビニル絶縁電線を除く）
又は通信用ケーブル以外のケーブル
（ただし，金属体に沿って施設する場合以外の場合は，
地表上 60cm を超える部分は，この限りでない）
接地線の保護：地下 75cm から地表上 2m までの部分
電気用品安全法の適用を受ける合成樹脂管（厚さ 2mm
未満の合成樹脂製電線管及び CD 管を除く）又はこれと
同等以上の絶縁効力及び強さのあるもので覆う
電柱など
2m
60cm
75cm
接地極の施設：地下 75cm 以上の深さ
30cm
1m
接地極の施設（金属体に近接する場合）：
金属体の底面から 30cm 以上の深さ
又は金属体から 1m 以上離して埋設

●図 2・22　A 種・B 種接地工事の施設方法（人が触れるおそれがある場所）

2 工作物の金属体を利用した接地工事（解釈第 17・18 条）

（1）等電位ボンディング（解釈第 18 条）

等電位ボンディングとは，建物の構造体接地極などを電気的に接続するとともに，水道管及び窓枠金属部分など系統外導電性部分も含め，人が触れるおそれがある範囲にあるすべての導電性部分を共用の接地極に接続して等電位を形成するものである（図 2・23）.

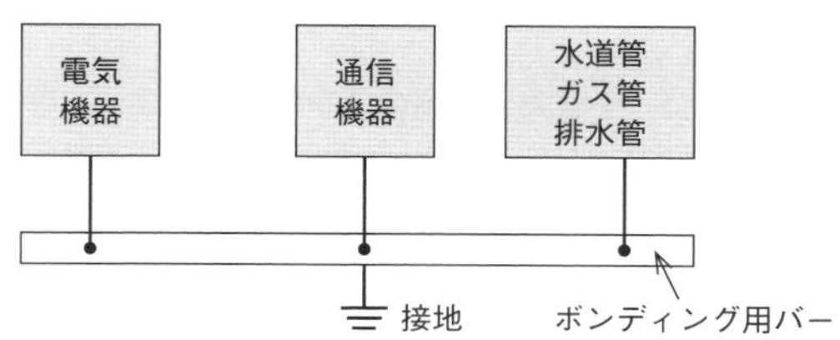
電気
機器
通信
機器
水道管
ガス管
排水管
接地
ボンディング用バー

●図 2・23　等電位ボンディング

鉄骨造・鉄骨鉄筋コンクリート造又は鉄筋コンクリート造のビルなどの建物において，**等電位ボンディングを施した当該建物の鉄骨・鉄筋などの金属体は，A 種・B 種・C 種及び D 種接地工事などの接地極に使用することができる**（ただし，A 種・B 種接地工事の接地極に使用する場合は，追加要件が解釈第 18 条第 1 項 1 ～ 4 号に規定されている）．

(2) A 種・B 種接地工事の特例（解釈第 18 条）

大地との間の電気抵抗値が **2Ω 以下の建物の鉄骨・鉄筋などの金属体**は，非接地式高圧電路に施設する機械器具などに施す **A 種接地工事**又は非接地式高圧電路と低圧電路を結合する変圧器の低圧電路に施す **B 種接地工事の接地極に使用することができる．**

(3) C 種・D 種接地工事の特例（解釈第 17 条）

C 種接地工事を施さなければならない金属体をビルなどの建物の鉄骨・鉄筋などと電気的に接続するなどして，**金属体と大地との間の電気抵抗値が 10Ω 以下である場合は，当該接地工事を省略することができる**（大地との間の電気抵抗値が 10Ω 以下の建物の鉄骨・鉄筋などの金属体は，C 種接地工事の接地極に使用することができる）．

同様に D 種接地工事を施さなければならない金属体についても，ビルなどの建物の鉄骨・鉄筋などと電気的に接続するなどして，**金属体と大地との間の電気抵抗値が 100Ω 以下である場合は，当該接地工事を省略することができる**（大地との間の電気抵抗値が 100Ω 以下の建物の鉄骨・鉄筋などの金属体は，D 種接地工事の接地極に使用することができる）．

3 機械器具の接地（解釈第 28・29 条）

(1) 計器用変成器の 2 次側電路の接地（解釈第 28 条）

計器用変成器の 2 次側電路には，表 2･15 に示す接地工事を施すよう規定されている．

●表 2・15　計器用変成器の 2 次側電路の接地工事

計器用変成器	接地工事
高圧計器用変成器の 2 次側電路	**D 種接地工事**
特別高圧計器用変成器の 2 次側電路	**A 種接地工事**

(2) 機械器具の金属製外箱などの接地（解釈第 29 条）

電路に施設する機械器具の金属製の台及び外箱には，機械器具の使用電圧の区分に応じて，表 2·16 に示す接地工事を施すよう規定されている．

●表 2・16　機械器具の金属製外箱などの接地工事

機械器具の使用電圧の区分		接地工事
低圧	300 V 以下	D 種接地工事
	300 V 超過	C 種接地工事※1
高圧又は特別高圧		A 種接地工事※2

※1　太陽電池モジュール，燃料電池発電設備又は常用電源として用いる蓄電池に接続する直流電路に施設する 300 V を超え 450 V 以下の機械器具の金属製外箱などに施す C 種接地工事の接地抵抗値は 100 Ω 以下とすることができる（解釈第 29 条第 4 項の規定に適合する場合に限る）．

※2　高圧ケーブルに接続される高圧用の機械器具の金属製外箱などの接地は，当該接地工事の接地線を高圧ケーブルの遮へい層に接続して連接接地を構成する場合は，この連接接地の合成抵抗値が規定値以下であればよい（日本電気技術規格委員会規格 JESC E2019（2015）「高圧ケーブルの遮へい層による高圧用の機械器具の金属製外箱等の連接接地」の「2．技術的規定」参照）．

(3) 機械器具の接地の省略（解釈第 29 条）

上記（1）及び（2）に示すように機械器具には接地工事を施すよう規定されているが，図 2·24 に示す場合には，接地工事を省略することができる（ただし，小規模発電設備である燃料電池発電設備は除く）．

4 電路の接地（解釈第 19 条）

電路絶縁の原則（2–3 節第 2 項参照）から除外できる部分のうち，保安上・機能上の理由から電路に接地を施すことができる場所は，次のように規定されている．

(1) 電路の接地（解釈第 19 条）

（a） 接地を施すことができる場所

電路の保護装置の確実な動作の確保，異常電圧の抑制又は対地電圧の低下を図るために必要な場合は，次に掲げる電路に接地を施すことができる．

① **電路の中性点**（**使用電圧が 300 V 以下の電路**において中性点に接地を施し難いときは，**電路の一端子**）

② 特別高圧の**直流電路**

③ 燃料電池の電路又はこれに接続する**直流電路**

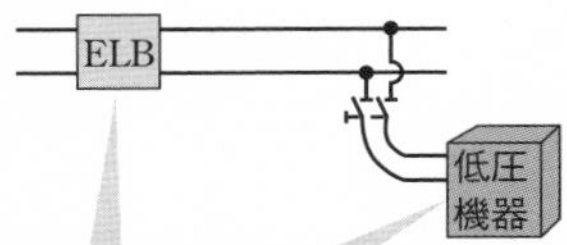

①水気のある場所以外の場所に施設する低圧用の機械器具に電気を供給する電路に電気用品安全法の適用を受ける漏電遮断器（定格感度電流 15 mA 以下，動作時間 0.1 秒以下）を施設する場合

②電気用品安全法の適用を受ける二重絶縁の構造の機械器具を施設する場合

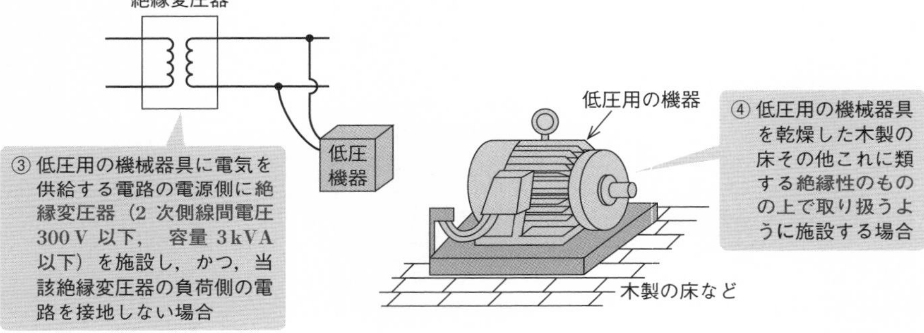

③低圧用の機械器具に電気を供給する電路の電源側に絶縁変圧器（2 次側線間電圧 300 V 以下，容量 3 kVA 以下）を施設し，かつ，当該絶縁変圧器の負荷側の電路を接地しない場合

④低圧用の機械器具を乾燥した木製の床その他これに類する絶縁性のものの上で取り扱うように施設する場合

⑤交流の対地電圧 150 V 以下又は直流の使用電圧 300 V 以下の機械器具を乾燥した場所に施設する場合

⑥外箱のない計器用変成器がゴム，合成樹脂その他の絶縁物で被覆したものである場合

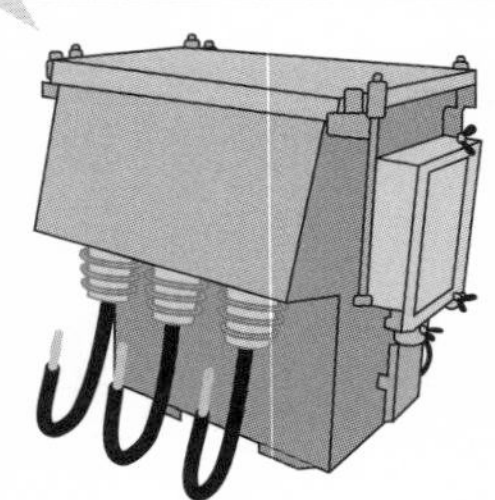

⑦金属製外箱などの周囲に適当な絶縁台を設ける場合

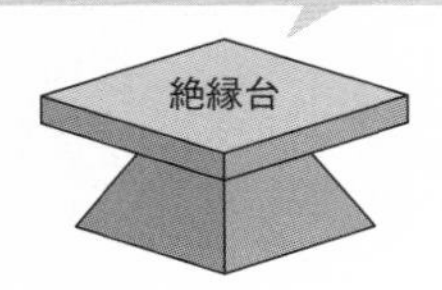

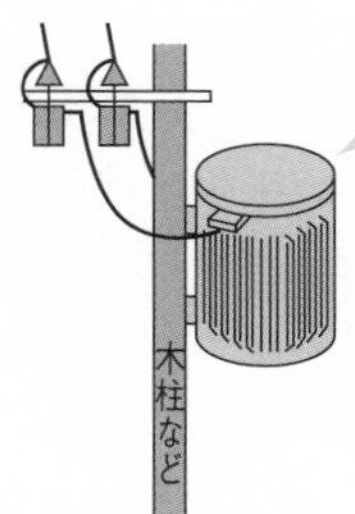

⑧低圧用若しくは高圧用の機械器具，解釈第 26 条に規定する配電用変圧器若しくはこれに接続する電線に施設する機械器具又は解釈第 108 条に規定する特別高圧架空電線路の電路に施設する機械器具を，木柱その他これに類する絶縁性のものの上で人が触れるおそれがない高さに施設する場合

●図 2・24　機械器具の金属製外箱などの接地の省略

（b） 施設方法

電路に接地を施す場合の接地工事は，図 2･25 に示すように具体的な施設方法が規定されている．

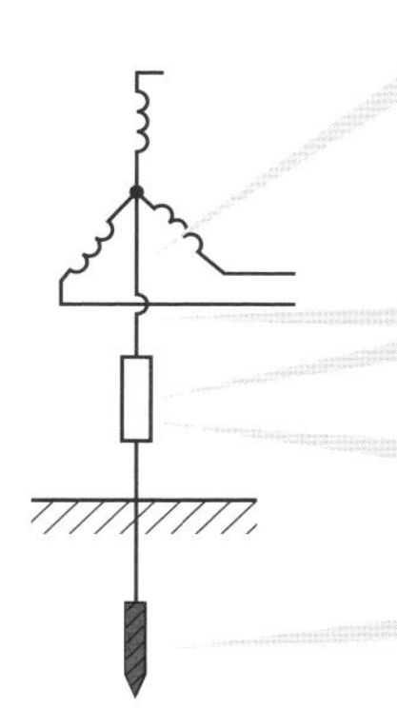

○ 接地線は，引張強さ 2.46 kN 以上（低圧電路では 1.04 kN 以上）の容易に腐食し難い金属線又は直径 4 mm 以上（低圧電路では直径 2.6 mm 以上）の軟銅線であるとともに，故障の際に流れる電流を安全に通じることのできるものであること
○ 接地線は，損傷を受けるおそれがないように施設すること
接地線及びこれに接続する抵抗器又はリアクトルその他は，取扱者以外の者が出入りできない場所に施設し，又は接触防護措置を施すこと
接地線に接続する抵抗器又はリアクトルその他は，故障の際に流れる電流を安全に通じることのできるものであること
接地極は，故障の際にその近傍の大地との間に生じる電位差により，人若しくは家畜又は他の工作物に危険を及ぼすおそれがないように施設すること

●図 2・25　電路の接地工事の施設方法

また，低圧電路の中性点（使用電圧が 300 V 以下の電路において中性点に接地を施し難いときは，電路の一端子）に接地を施す場合の接地工事は，図 2･26 に示す施設方法が認められている．

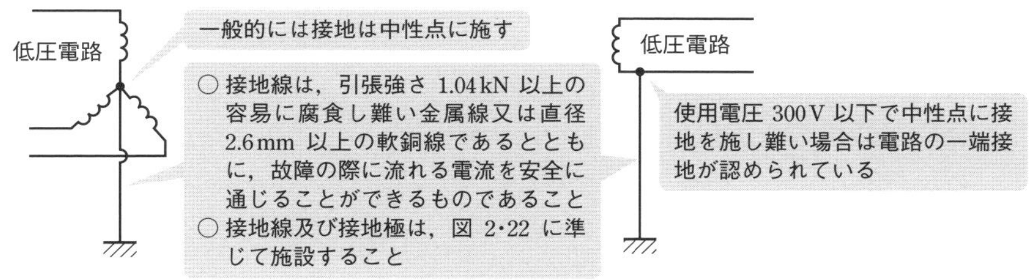

低圧電路
一般的には接地は中性点に施す
○ 接地線は，引張強さ 1.04 kN 以上の容易に腐食し難い金属線又は直径 2.6 mm 以上の軟銅線であるとともに，故障の際に流れる電流を安全に通じることができるものであること
○ 接地線及び接地極は，図 2･22 に準じて施設すること
低圧電路
使用電圧 300 V 以下で中性点に接地を施し難い場合は電路の一端接地が認められている

●図 2・26　電路の接地工事の施設方法（低圧電路）

2 変圧器の安定巻線などの接地（解釈第 19 条）

変圧器の安定巻線若しくは遊休巻線又は電圧調整器の内蔵巻線を異常電圧から保護するために必要な場合は，その巻線に接地を施すことができる．

(3) 需要場所の引込口付近の接地（解釈第 19 条）

需要場所の引込口付近において，地中に埋設されている建物の鉄骨で大地との間の電気抵抗値が 3Ω 以下の値を保っているものがある場合は，これを接地極に使用して，B 種接地工事を施した低圧電線路の中性線又は接地側電線に，解釈第 24 条の規定により施す接地に加えて接地工事を施すことができる．

(4) 電子機器に接続する電路の接地（解釈第 19 条）

電子機器に接続する使用電圧が 150 V 以下の電路，その他機能上で必要な場所において，電路に接地を施すことにより，感電・火災その他の危険を生じることのない場合には，電路に接地を施すことができる．

問題⑬　H23　A-3（類 H15　A-4，類 H17　A-3）

次の文章は，「電気設備技術基準」における，電気設備の保安原則に関する記述の一部である．

a. 電気設備の必要な箇所には，異常時の［（ア）］，高電圧の侵入等による感電，火災その他人体に危害を及ぼし，又は物件への損傷を与えるおそれがないよう，［（イ）］その他の適切な措置を講じなければならない．ただし，電路に係る部分にあっては，この基準の別の規定に定めるところによりこれを行わなければならない．

b. 電気設備に［（イ）］を施す場合は，電流が安全かつ確実に［（ウ）］ことができるようにしなければならない．

上記の記述中の空白箇所（ア），（イ）及び（ウ）に当てはまる組合せとして，正しいものを次の (1)～(5) のうちから一つ選べ．

	（ア）	（イ）	（ウ）
(1)	電位上昇	絶縁	遮断される
(2)	過熱	接地	大地に通ずる
(3)	過電流	絶縁	遮断される
(4)	電位上昇	接地	大地に通ずる
(5)	過電流	接地	大地に通ずる

電技第 10 条（電気設備の接地）及び第 11 条（電気設備の接地の方法）からの出題である．本節電技参照．

解答 ▶ (4)

問題14 H15 A-6

次の文章は,「電気設備技術基準の解釈」に基づく接地工事に関する記述である.

電気使用場所において A 種接地工事又は B 種接地工事に使用する接地線を人が触れるおそれがある場所に施設する場合は，次によることとしている.

1. 接地極は，地下 (ア) cm 以上の深さに埋設すること.
2. 接地線を鉄柱その他の金属体に沿って施設する場合は，接地極を鉄柱の底面から (イ) cm 以上の深さに埋設する場合を除き，接地極を地中でその金属体から (ウ) m 以上離して埋設すること.

上記の記述中の空白箇所（ア），（イ）及び（ウ）に記入する数値として，正しいものを組み合わせたのは次のうちどれか.

	（ア）	（イ）	（ウ）
(1)	60	40	1
(2)	75	40	1
(3)	60	30	2
(4)	75	40	2
(5)	75	30	1

解説 解釈第 17 条（接地工事の種類及び施設方法）からの出題である. 本節第 1 項(3)参照.

解答 ▶ (5)

問題15 R1　A-6

次の文章は，接地工事に関する工事例である．「電気設備技術基準の解釈」に基づき正しいものを次の (1)～(5) のうちから一つ選べ．

(1) C 種接地工事を施す金属体と大地との間の電気抵抗値が 80Ω であったので，C 種接地工事を省略した．

(2) D 種接地工事の接地抵抗値を測定したところ 1200Ω であったので，低圧電路において地絡を生じた場合に 0.5 秒以内に当該電路を自動的に遮断する装置を施設することとした．

(3) D 種接地工事に使用する接地線に直径 1.2mm の軟銅線を使用した．

(4) 鉄骨造の建物において，当該建物の鉄骨を，D 種接地工事の接地極に使用するため，建物の鉄骨の一部を地中に埋設するとともに，等電位ボンディングを施した．

(5) 地中に埋設され，かつ，大地との間の電気抵抗値が 5Ω 以下の値を保っている金属製水道管路を，C 種接地工事の接地極に使用した．

解説 (1) は，解釈第 17 条（接地工事の種類及び施設方法）からの出題である．本節第 2 項 (3) 参照．「C 種接地工事を施す金属体と大地との間の電気抵抗値が 10Ω 以下である場合は，当該接地工事を省略することができる」となっており，「80Ω」では省略できないので誤りである．

(2) は，解釈第 17 条（接地工事の種類及び施設方法）からの出題である．本節第 1 項 (1) 参照．D 種接地工事の接地抵抗値は，「低圧電路において，地絡を生じた場合に 0.5 秒以内に当該電路を自動的に遮断する装置を施設するときは，500Ω 以下」となっており，「1200Ω」は誤りである．

(3) は，解釈第 17 条（接地工事の種類及び施設方法）からの出題である．本節第 1 項 (2) 参照．D 種接地工事に使用する接地線（軟銅線）の太さは，「直径 1.6mm 以上」となっており，「直径 1.2mm」は誤りである．

(4) は，解釈第 18 条（工作物の金属体を利用した接地工事）からの出題である．本節第 2 項 (1) 参照．「等電位ボンディングを施した建物の鉄骨・鉄筋などの金属体は，A 種・B 種・C 種及び D 種接地工事などの接地極に使用することができる」となっており，「D 種接地工事の接地極に使用する」は正しい．

(5) は，従来は「大地との間の電気抵抗値が 3Ω 以下の金属製水道管路は，A 種・B 種・C 種及び D 種接地工事などの接地極に使用することができる」となっていたが，法改正によって認められなくなったため，誤りである．

解答 ▶ (4)

問題16 ✓ ✓ ✓ H24 A-6

「電気設備技術基準の解釈」に基づく，接地工事に関する記述として，誤っているものを次の(1)～(5)のうちから一つ選べ．

(1) 大地との間の電気抵抗値が 2Ω 以下の値を保っている建物の鉄骨その他の金属体は，非接地式高圧電路に施設する機械器具等に施す A 種接地工事又は非接地式高圧電路と低圧電路を結合する変圧器に施す B 種接地工事の接地極に使用することができる．

(2) 22 kV 用計器用変成器の 2 次側電路には，D 種接地工事を施さなければならない．

(3) A 種接地工事又は B 種接地工事に使用する接地線を，人が触れるおそれがある場所で，鉄柱その他の金属体に沿って施設する場合は，接地線には絶縁電線（屋外用ビニル絶縁電線を除く）又は通信用ケーブル以外のケーブルを使用しなければならない．

(4) C 種接地工事の接地抵抗値は，低圧電路において地絡を生じた場合に，0.5 秒以内に当該電路を自動的に遮断する装置を施設するときは，500Ω 以下であること．

(5) D 種接地工事の接地抵抗値は，低圧電路において地絡を生じた場合に，0.5 秒以内に当該電路を自動的に遮断する装置を施設するときは，500Ω 以下であること．

(1) は，解釈第 18 条（工作物の金属体を利用した接地工事）からの出題である．本節第 2 項（2）参照．

(2) は，解釈第 28 条（計器用変成器の 2 次側電路の接地）からの出題である．本節第 3 項（1）参照．特別高圧計器用変成器の 2 次側電路には，D 種接地工事ではなく，A 種接地工事を施すよう規定されているので誤りである．

(3) は，解釈第 17 条（接地工事の種類及び施設方法）からの出題である．本節第 1 項（3）参照．

(4) と (5) は，解釈第 17 条（接地工事の種類及び施設方法）からの出題である．本節第 1 項（1）参照．

解答 ▶ (2)

問題17 H25 A-4

次の文章は，「電気設備技術基準の解釈」に基づき，機械器具（小出力発電設備である燃料電池発電設備を除く）の金属製外箱等に接地工事を施さないことができる場合の記述の一部である．

a. 電気用品安全法の適用を受ける （ア） の機械器具を施設する場合

b. 低圧用の機械器具に電気を供給する電路の電源側に （イ） （2 次側線間電圧が 300 V 以下であって，容量が 3 kV・A 以下のものに限る）を施設し，かつ当該 （イ） の負荷側の電路を接地しない場合

c. 水気のある場所以外の場所に施設する低圧用の機械器具に電気を供給する電路に，電気用品安全法の適用を受ける漏電遮断器（定格感度電流が （ウ） mA 以下，動作時間が （エ） 秒以下の電流動作型のものに限る）を施設する場合

上記の記述中の空白箇所（ア），（イ），（ウ）及び（エ）に当てはまる組合せとして，正しいものを次の (1) ～ (5) のうちから一つ選べ．

	（ア）	（イ）	（ウ）	（エ）
(1)	2 重絶縁の構造	絶縁変圧器	15	0.3
(2)	2 重絶縁の構造	絶縁変圧器	15	0.1
(3)	過負荷保護装置付	絶縁変圧器	30	0.3
(4)	過負荷保護装置付	単巻変圧器	30	0.1
(5)	過負荷保護装置付	単巻変圧器	50	0.1

解説 解釈第 29 条（機械器具の金属製外箱等の接地）からの出題である．本節第 3 項（3）参照．

解答 ▶ (2)

混触による危険防止措置とその計算

［★★★］

本節では，混触による危険防止措置などに関する規定を学習する．

電技では，変圧器の一次巻線と二次巻線の混触による危険防止について，次のように規定している．

第 12 条（特別高圧電路等と結合する変圧器等の火災等の防止）

高圧又は特別高圧の電路と低圧の電路とを結合する変圧器は，高圧又は特別高圧の電圧の侵入による低圧側の電気設備の損傷，感電又は火災のおそれがないよう，当該変圧器における適切な箇所に接地を施さなければならない．ただし，施設の方法又は構造によりやむを得ない場合であって，変圧器から離れた箇所における接地その他の適切な措置を講ずることにより低圧側の電気設備の損傷，感電又は火災のおそれがない場合は，この限りでない．

2　変圧器によって特別高圧の電路に結合される高圧の電路には，特別高圧の電圧の侵入による高圧側の電気設備の損傷，感電又は火災のおそれがないよう，接地を施した放電装置の施設その他の適切な措置を講じなければならない．

第 13 条（特別高圧を直接低圧に変成する変圧器の施設制限）

特別高圧を直接低圧に変成する変圧器は，次の各号のいずれかに掲げる場合を除き，施設してはならない．

一　発電所等公衆が立ち入らない場所に施設する場合※1

二　混触防止措置が講じられている等危険のおそれがない場合※2

三　特別高圧側の巻線と低圧側の巻線とが混触した場合に自動的に電路が遮断される装置の施設その他の保安上の適切な措置が講じられている場合※3

※1　発電所，蓄電所又は変電所，開閉所若しくはこれらに準ずる場所の所内用の変圧器電気炉など大電流を消費する負荷に電気を供給するための変圧器
交流式電気鉄道用信号回路に電気を供給するための変圧器

※2　使用電圧が 100 kV 以下の変圧器で，その特別高圧巻線と低圧巻線との間に B 種接地工事（接地抵抗値が 10 Ω 以下のものに限る）を施した金属製の混触防止板を有するもの

※3　使用電圧が35kV以下の変圧器で，その特別高圧巻線と低圧巻線とが混触したときに，自動的に変圧器を電路から遮断するための装置を設けたもの
解釈第108条に規定する特別高圧架空電線路に接続する変圧器

解釈では，変圧器の一次巻線と二次巻線の混触による危険の具体的な防止措置などを，後述のように規定している．

1　B種接地工事の接地箇所（解釈第24条）

(1) B種接地工事の接地箇所（解釈第24条）

高圧又は特別高圧電路と低圧電路が混触すると低圧電路に高い電圧が印加され，非常に危険である．このため，解釈では，この危険防止策として，**高圧又は特別高圧電路と低圧電路を結合する変圧器には，次のいずれかの箇所にB種接地工事を施す**よう規定している．

① 低圧側の**中性点**（図2·27（a）（b））

② 低圧電路の**使用電圧が300V以下の場合**において，接地工事を低圧側の中性点に施し難いときは，**低圧側の1端子**（図2·27（c）（d））

③ 低圧電路が**非接地である場合**においては，高圧巻線又は特別高圧巻線と低圧巻線との間に設けた**金属製の混触防止板**

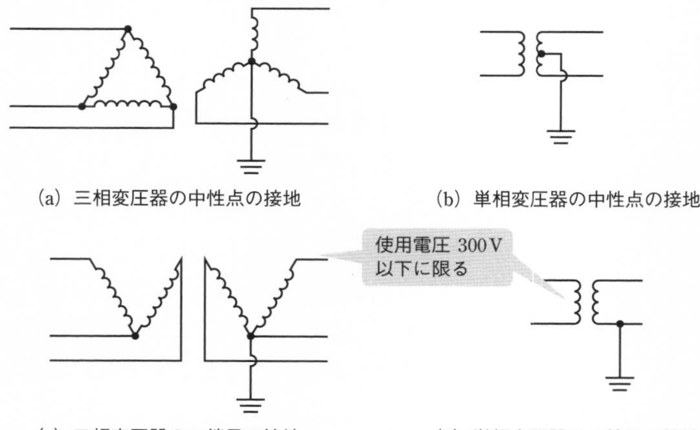

●図2・27　B種接地工事の接地箇所

(2) 接地線・共同地線の施設方法（解釈第24条）

（1）①及び②の接地工事は，**変圧器の施設箇所ごとに施すことが原則**である

が，土地の状況により，変圧器の施設箇所において本節第 2 項（1）に規定する接地抵抗値が得難い場合は，**接地線又は共同地線**を施設して，変圧器の施設箇所以外で接地工事を施すことが認められている．

（a）　接地線の施設方法

変圧器の施設箇所から 200 m 以内の場所（変圧器の施設箇所以外）に接地工事を施し，当該箇所と変圧器を図 2･28 に示すような架空接地線又は地中接地線で接続することが認められている．

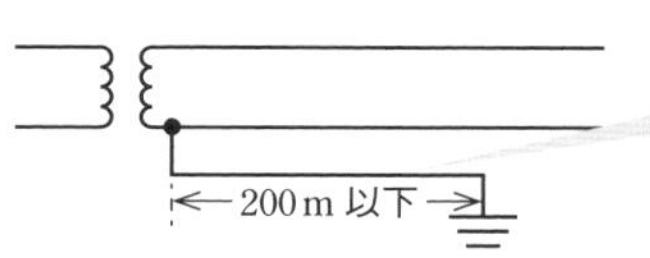

○ 架空接地線は，引張強さ 5.26 kN 以上のもの又は直径 4 mm 以上の硬銅線を使用し，低圧架空電線の規定に準じて施設すること
○ 地中接地線は，低圧地中電線の規定に準じて施設すること

●図 2・28　接地線の施設方法

（b）　共同地線の施設方法

複数箇所で接地工事を施し，これらを共同地線でつなぎ，2 以上の変圧器に共通の B 種接地工事を施すことが認められている（図 2･29）．

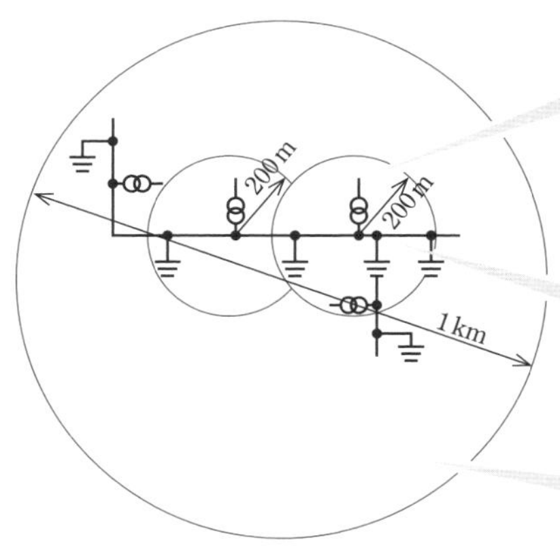

接地工事は，変圧器を中心とする直径 400 m 以内の地域に，各変圧器の両側にあるように施すこと（ただし，その施設箇所において接地工事を施した変圧器は除く）．

○ 架空共同地線は，引張強さ 5.26 kN 以上のもの又は直径 4 mm 以上の硬銅線を使用し，低圧架空電線の規定に準じて施設すること（低圧架空電線と兼用することができる）
○ 地中共同地線は，低圧地中電線の規定に準じて施設すること（低圧地中電線と兼用することができる）

○ 共同地線と大地との間の合成電気抵抗値は，直径 1 km 以内の地域ごとに B 種接地工事の接地抵抗値以下であること
○ 各接地工事の接地抵抗値は，接地線を共同地線から切り離した場合において，300 Ω 以下であること

●図 2・29　共同地線の施設方法

3　混触防止板付変圧器の施設方法（解釈第 24 条）

低圧電路を接地すると感電事故や漏電火災事故の危険性が，非接地電路に比べ

て高くなることは否定できない．鉱山や造船所などでは，施設場所の状況から感電事故や漏電火災事故が発生しやすく，これを防止することがより重要な意味を持つため，低圧電路を非接地とする場合がある．

このような非接地の低圧電路においても，高圧又は特別高圧電路と低圧電路の混触を予防する必要があり，解釈では**高圧巻線又は特別高圧巻線と低圧巻線との間にB種接地工事を施した金属製の混触防止板を取り付ける**よう規定している．また，当該変圧器に接続する低圧電線を屋外に施設する場合は，図2·30に示すように施設するよう規定している．

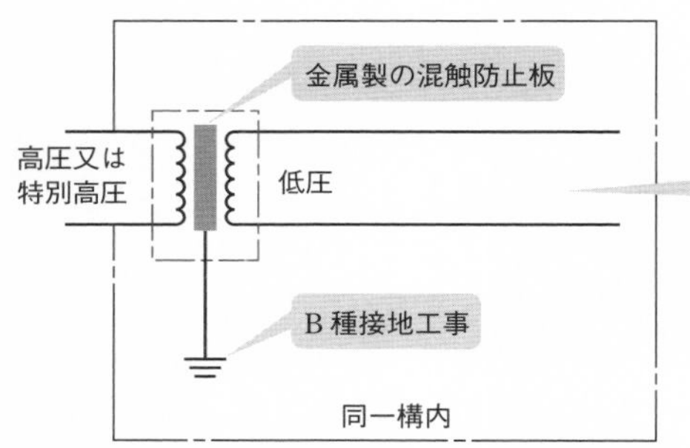
金属製の混触防止板
高圧又は
特別高圧
低圧
B種接地工事
同一構内
○低圧電線は，1構内だけに施設すること
○低圧架空電線路又は低圧屋上電線路の電線は，ケーブルであること
○低圧架空電線と高圧又は特別高圧の架空電線とは，同一支持物に施設しないこと（ただし，高圧又は特別高圧の架空電線がケーブルである場合は除く）．

●図2・30　混触防止板付変圧器の施設方法（低圧電線を屋外に施設する場合）

2　B種接地工事の接地抵抗値の計算（解釈第17·24条）

(1) B種接地工事の接地抵抗値（解釈第17・24条）

高圧又は特別高圧電路と低圧電路が混触すると接地線に高圧又は特別高圧電路の1線地絡電流が流れ，低圧電路には（1線地絡電流）×（接地抵抗）の電位上昇が発生する．この電位上昇による低圧機器の絶縁破壊を防止するため，接地点の電位上昇が150V（1次側が高圧又は35kV以下の特別高圧電路であって，150Vを超えたときに1秒を超え2秒以内に自動的に遮断する場合は300V，1秒以内に遮断する場合は600V）を超えないようにB種接地工事の接地抵抗値が規定されている（表2·17）．

ただし，変圧器が特別高圧電路（特別高圧電路の使用電圧が35kV以下であって，当該特別高圧電路に地絡を生じた際に1秒以内に自動的にこれを遮断する装置を有する場合及び解釈第108条に規定する特別高圧架空電線路の電路である場合を除く）と低圧電路を結合するものである場合の接地抵抗値は，10Ω以

●表 2・17　B 種接地工事の接地抵抗値

接地工事を施す変圧器の種類	当該変圧器の**高圧側又は特別高圧側の電路と低圧側の電路との混触**により，低圧電路の**対地電圧が150 V を超えた場合**に，自動的に高圧又は特別高圧の電路を遮断する装置を設ける場合の遮断時間	接地抵抗値〔Ω〕
下記以外の場合		**$150/I_g$**
高圧又は 35 kV 以下の特別高圧の電路と低圧電路を結合するもの	1 秒を超え 2 秒以下	**$300/I_g$**
	1 秒以下	**$600/I_g$**

（備考）I_g は，当該変圧器の高圧側又は特別高圧側の電路の 1 線地絡電流（単位：A）

下でなければならない．

2　1 線地絡電流の算定（解釈第 17 条）

表 2･17 に示す B 種接地工事の接地抵抗値を算定するために必要な 1 線地絡電流 I_g は，高圧電路の場合，実測値又は**表 2･18 に規定された計算式による計算値（計算結果は小数点以下を切上げ，2A 未満となる場合は 2A とする）**，特別高圧電路の場合，実測が困難な場合は，線路定数などによる計算値によることが認められている．

3　機械器具の地絡故障時の計算（解釈第 17 条）

図 2･31（a）に示すような電圧（E）の電路に接続された電気機械器具内で地絡事故が発生した場合，電気機械器具の金属外箱に施された D 種接地極と変圧器 2 次側電路の 1 端に施された B 種接地極を通じて電流（I_0）が流れる．これにより D 種接地の施された金属外箱に電位が生じる．

この電位上昇（E_0）は，図 2･31（b）に示す等価回路から次のように計算される．

$$I_0 = \frac{E}{R_B + R_D}$$

$$E_0 = I_0 \times R_D = \frac{R_D}{R_B + R_D} E \qquad (2 \cdot 3)$$

●表 2・18　高圧電路の 1 線地絡電流の計算式

中性点非接地式電路※1	中性点接地式電路等※2	中性点リアクトル接地式電路
$I_1=1+\dfrac{\dfrac{V'}{3}L-100}{150}+\dfrac{\dfrac{V'}{3}L'-1}{2}$ 第 2 項及び第 3 項の値は，それぞれ値が負となる場合は 0 とする．	$I_2=\sqrt{I_1{}^2+\dfrac{V^2}{3R^2}\times 10^6}$	$I_3=\sqrt{\left(\dfrac{\dfrac{V}{\sqrt{3}}R}{R^2+X^2}\times 10^3\right)^2+\left(I_1-\dfrac{\dfrac{V}{\sqrt{3}}X}{R^2+X^2}\times 10^3\right)^2}$
l_1'　l_1　l_2　l_3　l_2'	抵抗 R〔Ω〕	リアクトル$(R+jX)$〔Ω〕
V'：電路の公称電圧を 1.1 で除した電圧〔kV〕 L：同一母線に接続される高圧電路（電線にケーブルを使用するものを除く）の電線延長〔km〕 → $L=3l_1+3l_2+2l_3$〔km〕 L'：同一母線に接続される高圧電路（電線にケーブルを使用するものに限る）の線路延長〔km〕 → $L'=l_1'+l_2'$〔km〕	I_1：中性点非接地式電路の計算式で求めた 1 線地絡電流〔A〕 V：電路の公称電圧〔kV〕 R：中性点に使用する抵抗器の電気抵抗値（中性点の接地工事の接地抵抗値を含む）〔Ω〕	I_1：中性点非接地式電路の計算式で求めた 1 線地絡電流〔A〕 V：電路の公称電圧〔kV〕 R：中性点に使用するリアクトルの電気抵抗値（中性点の接地工事の接地抵抗値を含む）〔Ω〕 X：中性点に使用するリアクトルの誘導リアクタンスの値〔Ω〕

※1　大地から絶縁しないで使用する電気ボイラー，電気炉などを直接接続するものを除く

※2　中性点接地式電路及び中性点非接地式電路（大地から絶縁しないで使用する電気ボイラー，電気炉などを直接接続するものに限る）

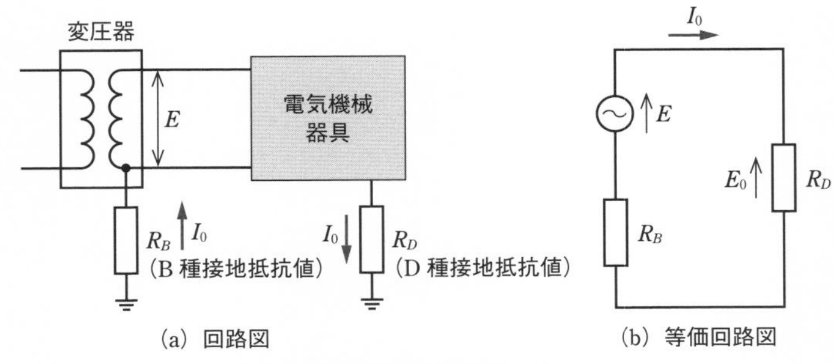

(a) 回路図　(b) 等価回路図

●図 2・31　機械器具の地絡故障時の回路図

問題18 H20 A-9

「電気設備技術基準の解釈」に基づくB種接地工事を施す主たる目的として，正しいのは次のうちどれか．

(1) 低圧電路の漏電事故時の危険を防止する．
(2) 高圧電路の過電流保護継電器の動作を確実にする．
(3) 高圧電路又は特別高圧電路と低圧電路との混触時の，低圧電路の電位上昇の危険を防止する．
(4) 高圧電路の変圧器の焼損を防止する．
(5) 避雷器の動作を確実にする．

解釈第24条（高圧又は特別高圧と低圧との混触による危険防止施設）からの出題である．本節第1項（1）参照．

解答 ▶ (3)

問題19 H27 A-5（類 H28 A-2）

次の文章は，「電気設備技術基準の解釈」に基づく，高圧電路又は特別高圧電路と低圧電路とを結合する変圧器（鉄道若しくは軌道の信号用変圧器又は電気炉若しくは電気ボイラーその他の常に電路の一部を大地から絶縁せずに使用する負荷に電気を供給する専用の変圧器を除く）に施す接地工事に関する記述の一部である．

高圧電路又は特別高圧電路と低圧電路とを結合する変圧器には，次のいずれかの箇所に［（ア）］接地工事を施すこと．

a. 低圧側の中性点
b. 低圧電路の使用電圧が［（イ）］V以下の場合において，接地工事を低圧側の中性点に施し難いときは，［（ウ）］の1端子
c. 低圧電路が非接地である場合においては，高圧巻線又は特別高圧巻線と低圧巻線との間に設けた金属製の［（エ）］

上記の記述中の空白箇所（ア），（イ），（ウ）及び（エ）に当てはまる組合せとして，正しいものを次の（1）～(5) のうちから一つ選べ．

	（ア）	（イ）	（ウ）	（エ）
(1)	B種	150	低圧側	混触防止板
(2)	A種	150	低圧側	接地板
(3)	A種	300	高圧側又は特別高圧側	混触防止板
(4)	B種	300	高圧側又は特別高圧側	接地板
(5)	B種	300	低圧側	混触防止板

解釈第 24 条（高圧又は特別高圧と低圧との混触による危険防止施設）からの出題である．本節第 1 項（1）参照．

解答 ▶ (5)

問題20 ☑ ☑ ☑ H30　A-5

次の文章は，「電気設備技術基準の解釈」に基づく接地工事の種類及び施工方法に関する記述である．

B 種接地工事の接地抵抗値は次の表に規定する値以下であること．

接地工事を施す変圧器の種類	当該変圧器の高圧側又は特別高圧側の電路と低圧側の電路との （ア） により，低圧電路の対地電圧が （イ） V を超えた場合に，自動的に高圧又は特別高圧の電路を遮断する装置を設ける場合の遮断時間	接地抵抗値〔Ω〕
下記以外の場合		（イ） $/I$
高圧又は 35 000 V 以下の特別高圧の電路と低圧電路を結合するもの	1 秒を超え 2 秒以下	$300/I$
	1 秒以下	（ウ） $/I$

（備考）I は，当該変圧器の高圧側又は特別高圧側の電路の （エ） 電流（単位：A）

上記の記述中の空白箇所（ア），（イ），（ウ）及び（エ）に当てはまる組合せとして，正しいものを次の (1)～(5) のうちから一つ選べ．

	（ア）	（イ）	（ウ）	（エ）
(1)	混触	150	600	1 線地絡
(2)	接近	200	600	許容
(3)	混触	200	400	1 線地絡
(4)	接近	150	400	許容
(5)	混触	150	400	許容

解釈第 17 条（接地工事の種類及び施設方法）からの出題である．本節第 2 項（1）参照．

解答 ▶ (1)

問題21　H18　B-11（類 H24　A-10）

6.6 kV の中性点非接地式高圧配電線路に，総容量 750 kV･A の変圧器（二次側が低圧）が接続されている．高低圧が混触した場合，低圧側の対地電圧をある値以下に抑制するために，変圧器の二次側に B 種接地工事を施すが，この接地工事に関して「電気設備技術基準の解釈」に基づき，次の (a) 及び (b) に答えよ．

ただし，高圧配電線路の電源側変電所において，当該配電線路及びこれと同一母線に接続された配電線路はすべて三相 3 線式で，当該配電線路を含めた回線数の合計は 7 回線である．その内訳は，こう長 15 km の架空配電線路（絶縁電線）が 2 回線，こう長 10 km の架空配電線路（絶縁電線）が 3 回線及びこう長 4.5 km の地中配電線路（ケーブル）が 2 回線とする．

なお，高圧配電線路の 1 線地絡電流は次式によって求めるものとする．

$$I = 1 + \frac{\frac{V}{3}L - 100}{150} + \frac{\frac{V}{3}L' - 1}{2}$$

I は，1 線地絡電流（〔A〕を単位とし，小数点以下は切り上げる）．

V は，配電線路の公称電圧を 1.1 で除した電圧（〔kV〕を単位とする）．

L は，同一母線に接続される架空配電線路の電線延長（〔km〕を単位とする）．

L' は，同一母線に接続される地中配電線路の線路延長（〔km〕を単位とする）．

(a)　高圧配電線路の 1 線地絡電流の値〔A〕として，正しいのは次のうちどれか．

(1) 10　　(2) 12　　(3) 13　　(4) 21　　(5) 30

(b)　このとき，これらの変圧器に施す B 種接地工事の接地抵抗の値〔Ω〕は何オーム以下でなければならないか．正しい値を次のうちから選べ．ただし，変電所引出口には高圧側の電路と低圧側の電路が混触したとき，1 秒以内に自動的に高圧電路を遮断する装置が設けられているものとする．

(1) 12.5　　(2) 25　　(3) 40　　(4) 50　　(5) 75

この問題を解くにあたり,特に気を付けなければならないことは,以下のとおり.

① V は，**公称電圧を 1.1 で除した値を用いること**．これは，以前の公称電圧は 6 kV であったが，6.6 kV に変更されたことによるものである.

② L は，電線延長なので，(こう長×回線数) に**条数を乗じた値を用いること**．つまり，三相 3 線式の場合，(こう長×回線数)×3 で計算された値を用いる.

③ V と L の単位は，〔V〕や〔m〕ではなく，**〔kV〕や〔km〕であること**.

④ I は，**小数点以下の端数処理は切上げとすること**．また，値が 2 未満の場合は 2 とすること.

解釈第 17 条（接地工事の種類及び施設方法）からの出題である．本節第 2 項参照.

(a) $V=\dfrac{6.6}{1.1}=6\,\mathrm{kV}$（解釈第 19 条）

$L=15\,\mathrm{km}\times 3$ 条$\times 2$ 回線$+10\,\mathrm{km}\times 3$ 条$\times 3$ 回線$=180\,\mathrm{km}$

$L'=4.5\,\mathrm{km}\times 2$ 回線$=9\,\mathrm{km}$

$$I=1+\frac{\frac{V}{3}L-100}{150}+\frac{\frac{V}{3}L'-1}{2}$$

$$=1+\frac{\frac{6}{3}\times 180-100}{150}+\frac{\frac{6}{3}\times 9-1}{2}$$

$$=1+\frac{260}{150}+\frac{17}{2}=11.23\to\mathbf{12\,A}\text{（切上げ）}$$

(b) 高圧電路と低圧電路の混触により低圧電路の対地電圧が 150 V を超えた場合に 1 秒以内に自動的に高圧電路を遮断する装置を施設した場合，B 種接地工事の接地抵抗値の上限は 600/I に該当するので

$$R=\frac{600}{I}=\frac{600}{12}=\mathbf{50\,\Omega}$$

解答 ▶ (a)-(2)，(b)-(4)

問題22 H25 B-13（類 H16 B-13，類 H22 B-12）

変圧器によって高圧電路に結合されている低圧電路に施設された使用電圧100V の金属製外箱を有する電動ポンプがある．この変圧器の B 種接地抵抗値及びその低圧電路に施設された電動ポンプの金属製外箱の D 種接地抵抗値に関して，次の（a）及び（b）の問に答えよ．ただし，次の条件によるものとする．

（ア）変圧器の高圧側電路の 1 線地絡電流は 3A とする．

（イ）高圧側電路と低圧側電路との混触時に低圧電路の対地電圧が 150V を超えた場合に，1.2 秒で自動的に高圧電路を遮断する装置が設けられている．

（a）変圧器の低圧側に施された B 種接地工事の接地抵抗値について，「電気設備技術基準の解釈」で許容されている上限の抵抗値〔Ω〕として，最も近いものを次の（1）～（5）のうちから一つ選べ．

（1）10　（2）25　（3）50　（4）75　（5）100

（b）電動ポンプに完全地絡事故が発生した場合，電動ポンプの金属製外箱の対地電圧を 25V 以下としたい．このための電動ポンプの金属製外箱に施す D 種接地工事の接地抵抗値〔Ω〕の上限値として，最も近いものを次の（1）～（5）のうちから一つ選べ．ただし，B 種接地抵抗値は，上記（a）で求めた値を使用する．

（1）15　（2）20　（3）25　（4）30　（5）35

（a）1 線地絡電流 3A，遮断時間 1.2 秒の B 種接地工事の接地抵抗値の上限は $300/I_g$ に該当する（本節第 2 項（1）参照）．

$$R_B = \frac{300}{3} = \mathbf{100\,\Omega}$$

（b）電動ポンプで地絡事故が発生した場合，電動ポンプの金属製外箱に施された D 種接地極と変圧器の B 種接地極を通じて電流 I_0〔A〕が流れる．これにより，D 種接地の施された金属製外箱に電位が生じる．

この電位上昇（E_0）は，解図（b）に示す等価回路から，次式のように計算される（本節第 3 項参照）．

$$I_0 = \frac{E}{R_B + R_D}$$

$$E_0 = I_0 \times R_D = \frac{R_D}{R_B + R_D} E = \frac{R_D}{100 + R_D} \times 100 < 25$$

$$100R_D < 2\,500 + 25R_D$$

$$75R_D < 2\,500$$

$$R_D < \frac{2\,500}{75} = 33.33$$

$$R_D < 33.33\,\Omega$$

よって選択肢の中で一番近いのは（4）の **30Ω** となる．

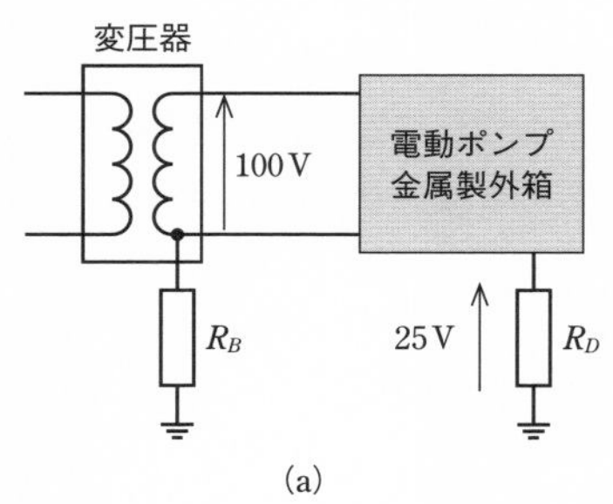

(a)

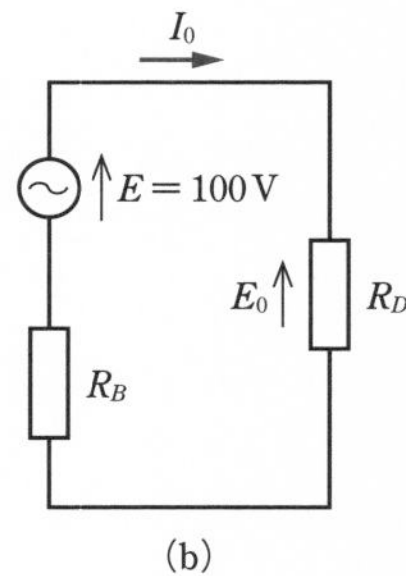

(b)

●解図

解答 ▶ (a)-(5)，(b)-(4)

電気機械器具の施設

[★★]

本節では，電気機械器具の熱的強度，接触防護措置（2-1 節第 3 項（1）参照）及びアーク対策などに関する規定を学習する．

1 電気機械器具の熱的強度（電技第 8 条，解釈第 20 条）

電技では，電気機械器具の熱的強度について，次のように規定している．

第 8 条（電気機械器具の熱的強度）

電路に施設する電気機械器具は，通常の使用状態においてその電気機械器具に発生する熱に耐えるものでなければならない．

解釈では，電気機械器具の熱的強度を，次のように具体的に規定している．

電路に施設する変圧器，遮断器，開閉器，電力用コンデンサ又は計器用変成器その他の電気機械器具は，民間規格評価機関として日本電気技術規格委員会が承認した規格である「電気機械器具の熱的強度の確認方法」の「適用」の欄に規定する方法により熱的強度を確認したとき，通常の使用状態で発生する熱に耐えるものであること

2 電気機械器具の接触防護措置（電技第 9 条，解釈第 21・22 条）

電技では，公衆が電気機械器具に触れるおそれがないように，次のように規定している．

第 9 条（高圧又は特別高圧の電気機械器具の危険の防止）

高圧又は特別高圧の電気機械器具は，取扱者以外の者が容易に触れるおそれがないように施設しなければならない．ただし，接触による危険のおそれがない場合は，この限りでない．

（1）高圧の機械器具の施設方法（解釈第 21 条）

高圧の機械器具（附属するケーブル以外の高圧電線を含む）を発電所，蓄電所又は変電所，開閉所若しくはこれらに準ずる場所以外に施設する場合は，表 2・19 に示すいずれかの方法により施設しなければならない．

●表 2・19　高圧の機械器具の施設方法

ケース	施設方法
屋内に施設する場合	・**取扱者以外の者が出入りできないように措置した場所に施設すること**
充電部分の露出した**機械器具を地上に施設する場合** (図 2・32 (a))	**(工場などの構内)** ・人が触れるおそれがないように周囲に**さく，へいなどを設けること**
	(工場などの構内以外の場所※**)** ・人が触れるおそれがないように周囲に**さく，へいなどを設けること** ・さく，へいなどの高さと，さく，へいなどから機械器具の充電部分までの距離との和を **5 m 以上とすること** ・**危険である旨の表示をすること**
柱上変圧器や柱上開閉器類を**柱上に施設する場合** (図 2・32 (b))	・人が触れるおそれがないように**地表上 4.5 m (市街地以外では 4 m) 以上の高さに施設すること** ・機械器具に附属する高圧電線にケーブル又は引下げ用高圧絶縁電線を使用すること
キュービクル内などに施設する場合	・人が触れるおそれがないように**コンクリート製の箱又は D 種接地工事を施した金属製の箱に収めて施設すること** ・充電部分が露出しないように施設すること
充電部分が露出しない機械器具を施設する場合	次のいずれかにより施設すること ① **簡易接触防護措置 (2-1 節第 3 項 (1) 参照) を施すこと** ② 温度上昇により，又は故障の際に，その近傍の大地との間に生じる電位差により，人若しくは家畜又は他の工作物に危険のおそれがないように施設すること

※工場など需要場所の構内以外の場所では，不特定の公衆が近づく頻度を踏まえて，充電部分までの距離と危険表示に関する規定が追加されている

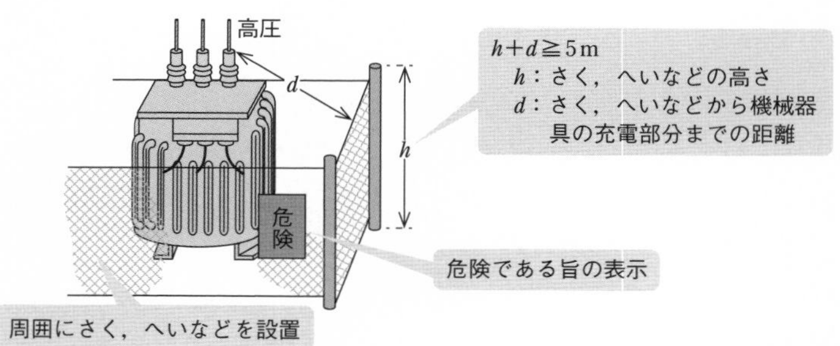

(a) 充電部分の露出した機械器具を地上に施設する場合
(工場などの構内以外の場所)

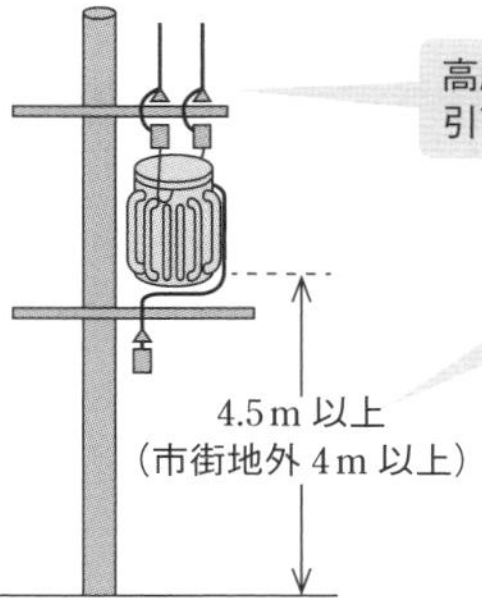

高圧電線にケーブル又は
引下げ用高圧絶縁電線を使用

地表上 4.5 m（市街地以外では 4 m）
以上の高さに施設

4.5 m 以上
（市街地外 4 m 以上）

(b) 柱上変圧器や柱上開閉器類を柱上に施設する場合

●図 2・32　高圧の機械器具の施設方法

(2) 特別高圧の機械器具の施設方法（解釈第 22 条）

特別高圧の機械器具（附属するケーブル以外の特別高圧電線を含む）は，高圧の機械器具とほぼ同様の施設方法となるが，高圧に比べて危険度が高くなるため，表 2・20 に示すように規制は厳しくなる（表 2・19 との主な変更点を下線で表示）．

●表 2・20　特別高圧の機械器具の施設方法

ケース	施設方法
屋内に施設する場合	・取扱者以外の者が出入りできないように措置した場所に施設すること
充電部分の露出した機械器具を地上に施設する場合※	・人が触れるおそれがないように周囲にさくを設けること ・さくの高さと，さくから機械器具の充電部分までの距離との和を表 2・21 に規定する値以上とすること ・危険である旨の表示をすること
柱上・架台などに施設する場合	・人が触れるおそれがないように地表上 5 m 以上の高さに施設すること ・機械器具の充電部分の地表上の高さを表 2・21 に規定する値以上とすること
キュービクル内などに施設する場合（工場などの構内に限る）	・人が触れるおそれがないように絶縁された箱又は A 種接地工事を施した金属製の箱に収めて施設すること ・充電部分が露出しないように施設すること
充電部分が露出しない機械器具を施設する場合	次のいずれかにより施設すること（ただし，② は使用電圧が 35 kV 以下のものに限る） ① 簡易接触防護措置（2-1 節第 3 項（1）参照）を施すこと ② 温度上昇により，又は故障の際に，その近傍の大地との間に生じる電位差により，人若しくは家畜又は他の工作物に危険のおそれがないように施設すること

※工場などの構内であっても，構内以外の場所と同様の規制を受ける

●表 2・21　特別高圧の機械器具の充電部分までの距離

使用電圧の区分	さくの高さとさくから充電部分までの距離との和又は充電部分の地表上の高さ
35 kV 以下	5 m
35 kV を超え 160 kV 以下	6 m

3　電気機械器具のアーク対策(電技第 9 条，解釈第 23 条)

電技では，電気機械器具の動作時のアークで火災が発生しないように，次のように規定している．

第 9 条（高圧又は特別高圧の電気機械器具の危険の防止）
1（本節第 2 項参照）
2　高圧又は特別高圧の開閉器，遮断器，避雷器その他これらに類する器具であって，動作時にアークを生ずるものは，火災のおそれがないよう，木製の壁又は天井その他の可燃性の物から離して施設しなければならない．ただし，耐火性の物で両者の間を隔離した場合は，この限りでない．

解釈では，動作時にアークを生じる電気機械器具は，次のいずれかにより施設するよう規定している．

① 耐火性のものでアークを生じる部分を囲むことにより，木製の壁又は天井その他の**可燃性のものから隔離すること**

② 木製の壁又は天井その他の**可燃性のものとの離隔距離**を，表 2･22 に規定する値以上とすること

●表 2・22　アークを生じる電気機械器具の離隔距離

使用電圧の区分		離隔距離
高圧		**1 m**
特別高圧	35 kV 以下	**2 m**（動作時に生じるアークの方向及び長さを火災が発生するおそれがないように制限した場合は **1 m**）
	35 kV 超過	**2 m**

4 特別高圧配電用変圧器の施設方法（解釈第 26 条）

特別高圧配電用変圧器を発電所，蓄電所又は変電所，開閉所若しくはこれらに準ずる場所以外の場所※に施設する場合は，図 2･33 に示す方法により施設しなければならない．

※特別高圧配電用変圧器は危険であり，供給上からも重要な設備であることから，発電所，蓄電所又は変電所，開閉所若しくはこれらに準ずる場所に施設することが原則となっている．しかし，33 kV（22 kV）配電の普及により，上記以外の場所に施設することが必要となってきた．このため，従来は山間の小部落，鉱山又は揚排水場などへの供給用として 300 kVA の市街地以外の屋外に施設が制限されていたが，前記の必要性から施設条件が緩和され，図 2･33 に示す方法により施設することが認められている．

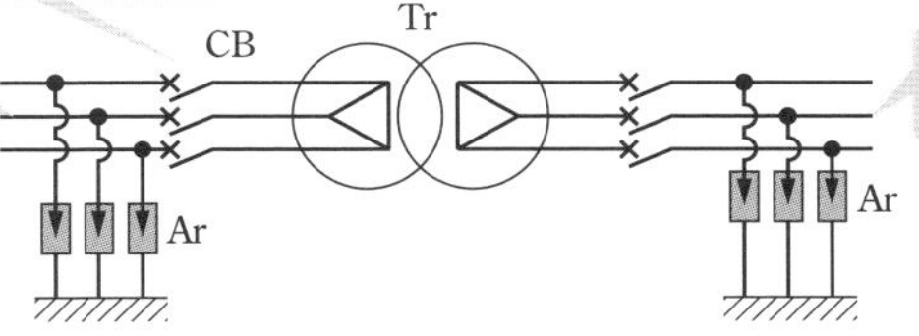
開閉器及び過電流遮断器を施設すること（ただし，過電流遮断器が開閉機能を有する場合は，過電流遮断器のみとすることができる）※1
1 次電圧は 35 kV 以下であること
電線は，特別高圧絶縁電線又はケーブルであること※2
CB
Tr
Ar
Ar
2 次電圧は低圧又は高圧であること

※1 ネットワーク方式により施設する場合は，解釈第 26 条第 4 項に準じて施設することができる

※2 海峡横断箇所，河川横断箇所，山岳地の傾斜が急な箇所又は谷越え箇所であって，人が容易に立ち入るおそれがない場所に施設する場合は，裸電線を使用することができる

●図 2・33 特別高圧配電用変圧器の施設方法

問題㉓ ✓ ✓ ✓ H28　A-3（類 H21　A-6）

次の文章は，高圧の機械器具（これに附属する高圧電線であってケーブル以外のものを含む）の施設（発電所又は変電所，開閉所若しくはこれらに準ずる場所に施設する場合を除く）の工事例である．その内容として，「電気設備技術基準の解釈」に基づき，不適切なものを次の (1)～(5) のうちから一つ選べ．

(1) 機械器具を屋内であって，取扱者以外の者が出入りできないように措置した場所に施設した．

(2) 工場等の構内において，人が触れるおそれがないように，機械器具の周囲に適当なさく，へい等を設けた．

(3) 工場等の構内以外の場所において，機械器具に充電部が露出している部分があるので，簡易接触防護措置を施して機械器具を施設した．

(4) 機械器具に附属する高圧電線にケーブルを使用し，機械器具を人が触れるおそれがないように地表上 5 m の高さに施設した．

(5) 充電部分が露出しない機械器具を温度上昇により，又は故障の際に，その近傍の大地との間に生じる電位差により，人若しくは家畜又は他の工作物に危険のおそれがないように施設した．

解説 解釈第 21 条（高圧の機械器具の施設）からの出題である．本節第 2 項（1）参照．

簡易接触防護措置を施して施設できるのは，**充電部分を露出しない高圧の機械器具の場合である．**

解答 ▶ (3)

問題24　H25　A-5（類H15　A-9）

次の文章は，「電気設備技術基準の解釈」における，アークを生じる器具の施設に関する記述である．

高圧用又は特別高圧用の開閉器，遮断器又は避雷器その他これらに類する器具（以下「開閉器等」という）であって，動作時にアークを生じるものは，次のいずれかにより施設すること．

a. 耐火性のものでアークを生じる部分を囲むことにより，木製の壁又は天井その他の［（ア）］から隔離すること．

b. 木製の壁又は天井その他の［（ア）］との離隔距離を，下表に規定する値以上とすること．

開閉器等の使用電圧の区分		離隔距離
高圧		［（イ）］m
特別高圧	35 000 V 以下	［（ウ）］m（動作時に生じるアークの方向及び長さを火災が発生するおそれがないように制限した場合にあっては，［（イ）］m）
	35 000 V 超過	［（ウ）］m

上記の記述中の空白箇所（ア），（イ）及び（ウ）に当てはまる組合せとして，正しいものを次の（1）～（5）のうちから一つ選べ．

	（ア）	（イ）	（ウ）
(1)	可燃性のもの	0.5	1
(2)	造営物	0.5	1
(3)	可燃性のもの	1	2
(4)	造営物	1	2
(5)	造営物	2	3

解釈第23条（アークを生じる器具の施設）からの出題である．本節第3項参照．

解答 ▶ (3)

過電流遮断器の施設

［★］

本節では，過電流に対する保護に関する規定を学習する．

電技では，過電流からの電線及び電気機械器具の保護対策について，次のように規定している．

第 14 条（過電流からの電線及び電気機械器具の保護対策）

電路の必要な箇所には，過電流による過熱焼損から電線及び電気機械器具を保護し，かつ，火災の発生を防止できるよう，過電流遮断器を施設しなければならない．

過電流遮断器とは，電路に過電流を生じたときに自動的に電路を遮断する装置をいい，過電流とは，短絡電流及び過負荷電流を意味している．解釈では，電路に施設する過電流遮断器の性能などを，次のように規定している．

1 低圧電路の過電流遮断器の性能など（解釈第 33 条）

低圧電路に施設する過電流遮断器は，(2) ヒューズ，(3) 配線用遮断器及び (4) 過負荷保護装置と短絡保護専用遮断器又は短絡保護専用ヒューズを組み合わせた装置が該当する．

(1) 共通事項（解釈第 33 条）

低圧電路に施設する過電流遮断器は，これを施設する箇所を通過する**短絡電流を遮断する能力を有するもの**でなければならない．

(2) ヒューズ（解釈第 33 条）

過電流遮断器として低圧電路に施設するヒューズ（電気用品安全法の適用を受けるもの，配電用遮断器と組み合わせて 1 つの過電流遮断器として使用するもの及び（4）に規定するものを除く）は，次に適合するものでなければならない．

① **定格電流の 1.1 倍の電流**に耐えること

② 図 2･34 の定格電流の区分に応じ，**定格電流の 1.6 倍及び 2 倍の電流**を通じた場合において，それぞれ T_2 及び T_1 の時間内に溶断すること

③ 非包装ヒューズは，原則として，**つめ付ヒューズ**であること

定格電流の区分	T_2	T_1
30A 以下	60 分以下	2 分以下
30A を超え 60A 以下	60 〃	4 〃
60A 〃 100A 〃	120 〃	6 〃
100A 〃 200A 〃	120 〃	8 〃
200A 〃 400A 〃	180 〃	10 〃
400A 〃 600A 〃	240 〃	12 〃
600A を超えるもの	240 〃	20 〃

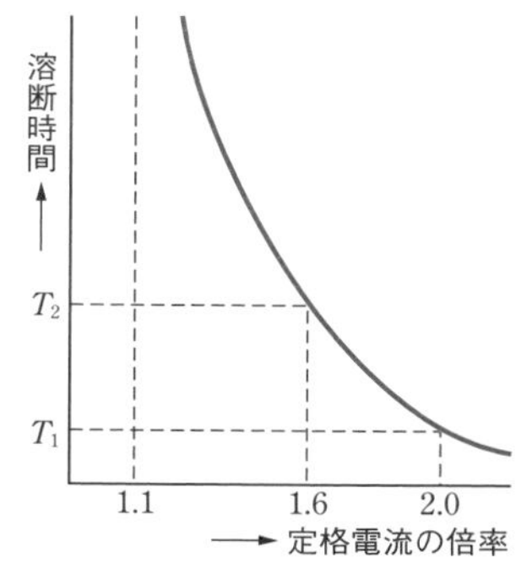

●図 2・34　低圧電路に施設するヒューズの溶断特性

(3) 配線用遮断器（解釈第 33 条）

過電流遮断器として低圧電路に施設する配線用遮断器（電気用品安全法の適用を受けるもの及び（4）に規定するものを除く）は，次に適合するものでなければならない．

① **定格電流の 1 倍の電流**で自動的に動作しないこと

② 図 2･35 の定格電流の区分に応じ，**定格電流の 1.25 倍及び 2 倍の電流**を

定格電流の区分	T_2	T_1
30A 以下	60 分以下	2 分以下
30A を超え 50A 以下	60 〃	4 〃
50A 〃 100A 〃	120 〃	6 〃
100A 〃 225A 〃	120 〃	8 〃
225A 〃 400A 〃	120 〃	10 〃
400A 〃 600A 〃	120 〃	12 〃
600A 〃 800A 〃	120 〃	14 〃
800A 〃 1000A 〃	120 〃	16 〃
1000A 〃 1200A 〃	120 〃	18 〃
1200A 〃 1600A 〃	120 〃	20 〃
1600A 〃 2000A 〃	120 〃	22 〃
2000A を超えるもの	120 〃	24 〃

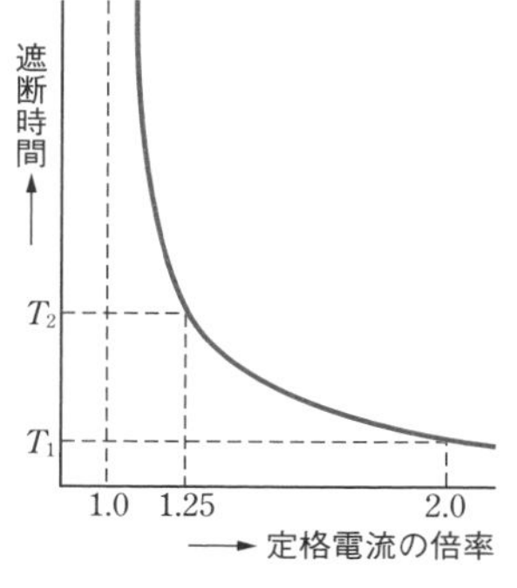

●図 2・35　低圧電路に施設する配線用遮断器の遮断特性

通じた場合において，それぞれ T_2 及び T_1 の時間内に自動的に動作すること

4 過負荷保護装置と短絡保護専用遮断器又は短絡保護用ヒューズを組み合わせた装置（解釈第 33 条）

過電流遮断器として低圧電路に施設する過負荷保護装置と短絡保護専用遮断器又は短絡保護専用ヒューズを組み合わせた装置※は，低圧の電動機のみに至る分岐回路に使用することが認められている．また，次に適合するものでなければならない．

※過負荷保護に電磁開閉器（過負荷保護装置），短絡保護に配線用遮断器（短絡保護専用遮断器）又はヒューズ（短絡保護専用ヒューズ）の組合せとすることが多い

① 過負荷保護装置と短絡保護専用遮断器又は短絡保護専用ヒューズは，**専用の 1 つの箱の中に収めること**

② 過負荷保護装置は，次に適合するものであること

- 電動機が焼損するおそれがある過電流を生じた場合に，自動的に遮断すること
- 電気用品安全法の適用を受ける電磁開閉器又は日本産業規格 JIS C 8201-4-1（2010）に適合するものであること

③ 短絡保護専用遮断器は，次に適合するものであること

- 過負荷保護装置が短絡電流によって焼損する前に，当該短絡電流を遮断する能力を有すること
- 定格電流の 1 倍の電流で自動的に動作しないこと
- 整定電流は，定格電流の 13 倍以下であること
- 整定電流の 1.2 倍の電流で 0.2 秒以内に自動的に動作すること

④ 短絡保護専用ヒューズは，次に適合するものであること

- 過負荷保護装置が短絡電流によって焼損する前に，当該短絡電流を遮断する能力を有すること
- 短絡保護専用ヒューズの定格電流は，過負荷保護装置の整定電流の値（その値が短絡保護専用ヒューズの標準定格に該当しない場合は，その値の直近上位の標準定格）以下であること
- 定格電流の 1.3 倍の電流に耐えること
- 整定電流の 10 倍の電流で 20 秒以内に溶断すること

参考　低圧電路のカスケード遮断方式

経済的又は技術的な理由により，大電流領域の過電流を遮断する遮断器と小電流領域の過電流を遮断する遮断器を設け，2 個の遮断器の組合せにより過電流遮断を行う方式，すなわち，カスケード遮断方式を採用する場合があるが，これは性能上，「これを施設する箇所を通過する短絡電流を遮断する能力」を有しているため，規定に適合しているものとして認められている．しかし，図 2･36 に示す ② と ③ の遮断器のように異なる地点におけるカスケード遮断方式は「これを施設する箇所を通過する」の条件に適合しないため，一般的には認められていないが，③ の遮断器が配線用遮断器の場合で，同図に示す条件に適合する場合のみに限り認められている．なお，同図の ③ と ④ のように同一分電盤などにおけるカスケード遮断方式は，「これを施設する箇所を通過する」の条件に適合するため，認められている．

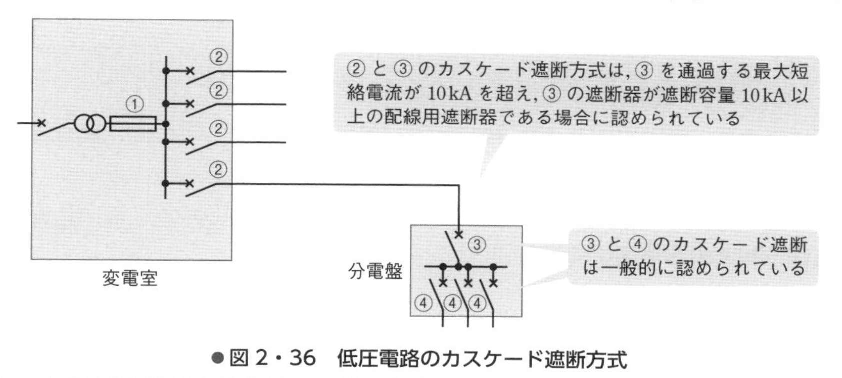

●図 2・36　低圧電路のカスケード遮断方式

2　高圧電路の過電流遮断器の性能など（解釈第 34 条）

高圧電路に施設する過電流遮断器は，ヒューズ及び過電流リレーによって動作する遮断器が該当する．

(1) 共通事項（解釈第 34 条）

・電路に短絡を生じたときに作動する過電流遮断器は，これを施設する箇所を通過する**短絡電流を遮断する能力を有すること**

・上記の作動に伴い，**その開閉状態を表示する装置を有すること**（ただし，その開閉状態を容易に確認できるものは除く）

(2) 包装ヒューズ（解釈第 34 条）

過電流遮断器として高圧電路に施設する包装ヒューズ※（ヒューズ以外の過電流遮断器と組み合わせて 1 つの過電流遮断器として使用するものを除く）は，次のいずれかのものでなければならない．

※ 3 kV 級・6 kV 級の電力ヒューズなど

・**定格電流の 1.3 倍の電流に耐え**，かつ，**2 倍の電流で 120 分以内に溶断するもの**

・日本産業規格 JIS C 4604（2017）に適合する高圧限流ヒューズであること

(3) 非包装ヒューズ（解釈第 34 条）

過電流遮断器として高圧電路に施設する非包装ヒューズ※は，**定格電流の 1.25 倍の電流に耐え**，かつ，**2 倍の電流で 2 分以内に溶断するもの**でなければならない．

※プライマリーカットアウト内に施設して使用されるヒューズなど

3　過電流遮断器の施設の禁止（解釈第 35 条）

過電流遮断器は，原則として，以下の箇所に施設してはならない（図 2･37）．

① 接地線※1

② B 種接地工事を低圧側の中性点に施し難いときに低圧側の 1 端子に施した低圧電線路の接地側電線※1

③ 多線式電路の中性線※2

※1　過電流遮断器が動作した場合に接地の意味がなくなるため，原則として，施設してはならない．ただし，抵抗器・リアクトルなどを使用して接地工事を施す場合において，過電流遮断器の動作により当該接地線が非接地状態にならないときは，施設することが認められている

※2　多線式電路（例えば単相 3 線式の回路）の中性線の過電流遮断器のみが単独に動作した場合，接続されている負荷の偏りにより異常電圧が発生するおそれがあるため，原則として，施設してはならない．ただし，多線式電路の中性線に施設した過電流遮断器が動作した場合において，各極が同時に遮断されるときは，施設することが認められている

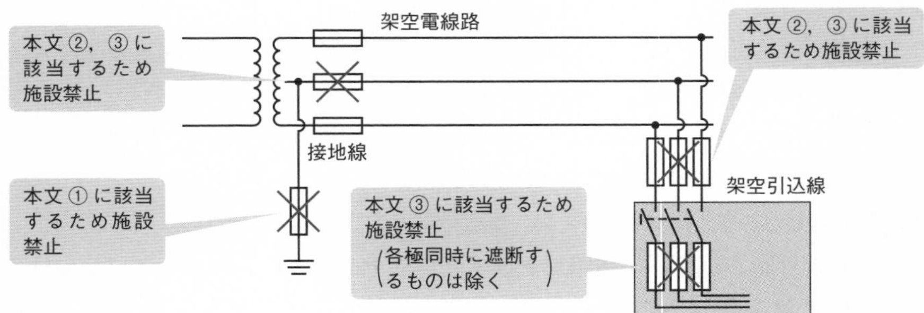

●図 2・37　過電流遮断器の施設禁止箇所

問題25　H13　A-1

「電気設備技術基準」では，過電流からの電線及び電気機械器具の保護対策について，次のように規定している．

（ア）の必要な箇所には，過電流による（イ）から電線及び電気機械器具を保護し，かつ，（ウ）の発生を防止できるよう，過電流遮断器を施設しなければならない．

上記の記述中の空白箇所（ア），（イ）及び（ウ）に記入する語句として，正しいものを組み合わせたのは次のうちどれか．

	（ア）	（イ）	（ウ）
(1)	幹線	過熱焼損	感電事故
(2)	配線	温度上昇	感電事故
(3)	電路	電磁力	変形
(4)	配線	温度上昇	火災
(5)	電路	過熱焼損	火災

電技第 14 条（過電流からの電線及び電気機械器具の保護対策）からの出題である．本節電技参照．

解答 ▶ (5)

問題26　H21　A-5

次の文章は，「電気設備技術基準の解釈」に基づく，低圧電路に使用する配線用遮断器の規格に関する記述の一部である．

過電流遮断器として低圧電路に使用する定格電流 30 A 以下の配線用遮断器（電気用品安全法の適用を受けるもの及び電動機の過負荷保護装置と短絡保護専用遮断器又は短絡保護専用ヒューズを組み合わせた装置を除く）は，次の各号に適合するものであること．

一　定格電流の（ア）倍の電流で自動的に動作しないこと．

二　定格電流の（イ）倍の電流を通じた場合において 60 分以内に，また 2 倍の電流を通じた場合に（ウ）分以内に自動的に動作すること．

上記の記述中の空白箇所（ア），（イ）及び（ウ）に当てはまる数値として，正しいものを組み合わせたのは次のうちどれか．

	（ア）	（イ）	（ウ）		（ア）	（イ）	（ウ）
(1)	1	1.6	2	(4)	1.1	1.25	3
(2)	1.1	1.6	4	(5)	1	2	2
(3)	1	1.25	2				

解釈第 33 条（低圧電路に施設する過電流遮断器の性能等）からの出題である．本節第 1 項（3）参照．

解答 ▶ (3)

問題27 H25 A-6

次の文章は，「電気設備技術基準の解釈」に基づく，高圧又は特別高圧の電路に施設する過電流遮断器に関する記述の一部である．

a. 電路に （ア） を生じたときに作動するものにあっては，これを施設する箇所を通過する （ア） 電流を遮断する能力を有すること．

b. その作動に伴いその （イ） 状態を表示する装置を有すること．ただし，その （イ） 状態を容易に確認できるものは，この限りでない．

c. 過電流遮断器として高圧電路に施設する包装ヒューズ（ヒューズ以外の過電流遮断器と組み合わせて 1 の過電流遮断器として使用するものを除く）は，定格電流の （ウ） 倍の電流に耐え，かつ，2 倍の電流で （エ） 分以内に溶断するものであること．

d. 過電流遮断器として高圧電路に施設する非包装ヒューズは，定格電流の （オ） 倍の電流に耐え，かつ，2 倍の電流で 2 分以内に溶断するものであること．

上記の記述中の空白箇所（ア），（イ），（ウ），（エ）及び（オ）に当てはまる組合せとして，正しいものを次の (1)～(5) のうちから一つ選べ．

	（ア）	（イ）	（ウ）	（エ）	（オ）
(1)	短絡	異常	1.5	90	1.5
(2)	過負荷	開閉	1.3	150	1.5
(3)	短絡	開閉	1.3	120	1.25
(4)	過負荷	異常	1.5	150	1.25
(5)	過負荷	開閉	1.3	120	1.5

解釈第 34 条（高圧又は特別高圧の電路に施設する過電流遮断器の性能等）からの出題である．本節第 2 項参照．

解答 ▶ (3)

地絡遮断装置の施設

［★］

本節では，地絡に対する保護に関する規定を学習する．

電技では，地絡に対する保護対策について，次のように規定している．

第 15 条 （地絡に対する保護対策）

電路には，地絡が生じた場合に，電線若しくは電気機械器具の損傷，感電又は火災のおそれがないよう，地絡遮断器の施設その他の適切な措置を講じなければならない．ただし，電気機械器具を乾燥した場所に施設する等地絡による危険のおそれがない場合は，この限りでない．

解釈では，地絡に対する具体的な保護対策を，次のように規定している．

1 低圧電路の地絡遮断装置の施設（解釈第 36 条）

(1) 機械器具に電気を供給する電路（解釈第 36 条）

金属製外箱を有する**使用電圧が 60 V を超える低圧の機械器具に接続する電路**には，電路に地絡を生じたときに自動的に電路を遮断する装置（地絡遮断装置）を施設しなければならない．ただし，**図 2･38 に示す条件**のいずれかに該当する場合は，**地絡遮断装置の施設を省略できる．**

(2) 使用電圧 300 V 超の電路（解釈第 36 条）

高圧又は特別高圧の電路と変圧器によって結合される**使用電圧が 300 V を超える低圧の電路**には，電路に地絡を生じたときに自動的に電路を遮断する装置（地絡遮断装置）を図 2･39 に示すように施設しなければならない．ただし，当該低圧電路が，以下に示す条件のいずれかに該当する場合は，地絡遮断装置の施設を省略できる．

- 発電所，蓄電所又は変電所若しくはこれに準ずる場所にある電路
- 電気炉，電気ボイラー又は電解槽で大地から絶縁することが技術上困難なものに電気を供給する専用の電路

2 高圧･特別高圧電路の地絡遮断装置の施設（解釈第 36 条）

高圧又は特別高圧の電路には，表 2･23 の左欄に掲げる箇所又はこれに近接する箇所に，同表右欄に掲げる電路に地絡を生じたときに自動的に電路を遮断する

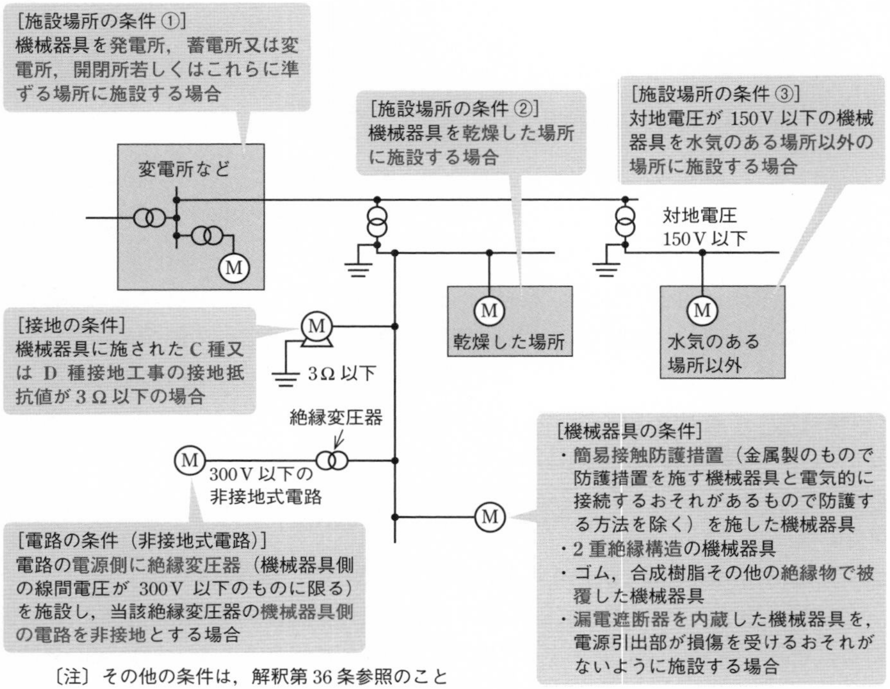

[施設場所の条件 ①]
機械器具を発電所，蓄電所又は変電所，開閉所若しくはこれらに準ずる場所に施設する場合

[施設場所の条件 ②]
機械器具を乾燥した場所に施設する場合

[施設場所の条件 ③]
対地電圧が 150 V 以下の機械器具を水気のある場所以外の場所に施設する場合

変電所など

対地電圧
150 V 以下

M

乾燥した場所

水気のある
場所以外

[接地の条件]
機械器具に施された C 種又は D 種接地工事の接地抵抗値が 3 Ω 以下の場合

3 Ω 以下

絶縁変圧器

300 V 以下の
非接地式電路

[電路の条件（非接地式電路）]
電路の電源側に絶縁変圧器（機械器具側の線間電圧が 300 V 以下のものに限る）を施設し，当該絶縁変圧器の機械器具側の電路を非接地とする場合

[機械器具の条件]
・簡易接触防護措置（金属製のもので防護措置を施す機械器具と電気的に接続するおそれがあるもので防護する方法を除く）を施した機械器具
・2 重絶縁構造の機械器具
・ゴム，合成樹脂その他の絶縁物で被覆した機械器具
・漏電遮断器を内蔵した機械器具を，電源引出部が損傷を受けるおそれがないように施設する場合

〔注〕その他の条件は，解釈第 36 条参照のこと

●図 2・38 地絡遮断装置の施設を省略できる条件

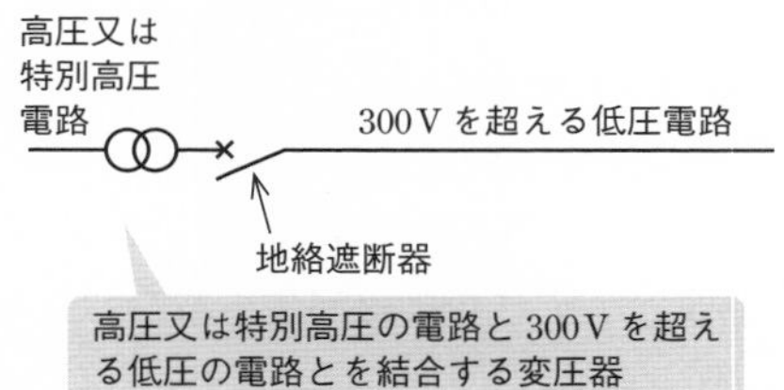

●図 2・39 使用電圧 300 V 超の電路の地絡遮断装置の施設

装置（地絡遮断装置）を施設しなければならない（図 2・40）.

ただし，表 2・24 に示す条件に該当する場合は，地絡遮断装置の施設を省略できる.

●表 2・23 地絡遮断装置を施設する箇所（高圧・特別高圧電路の場合）

地絡遮断装置を施設する箇所	電路
① 発電所，蓄電所又は変電所若しくはこれに準ずる場所の引出口	発電所，蓄電所又は変電所若しくはこれに準ずる場所から引出される電路
② 他の者から供給を受ける受電点	他の者から供給を受ける受電点の負荷側の電路
③ 配電用変圧器(単巻変圧器を除く)の施設箇所	配電用変圧器の負荷側の電路

（備考）引出口とは，常時又は事故時において，発電所，蓄電所又は変電所若しくはこれに準ずる場所から電線路へ電流が流出する場所をいう

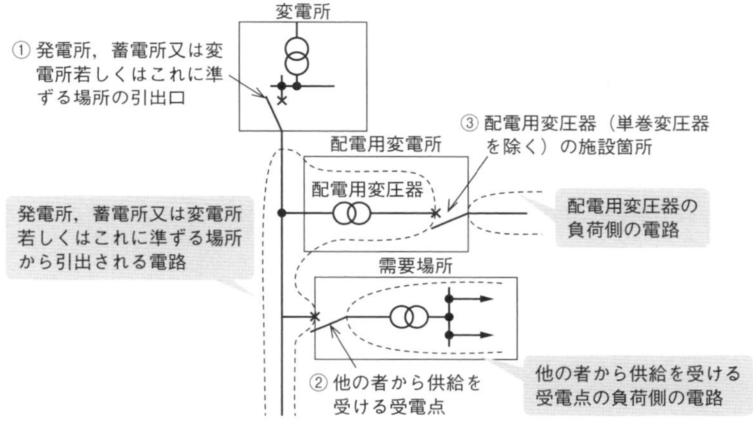

●図 2・40 地絡遮断装置を施設する箇所（高圧・特別高圧電路の場合）

●表 2・24 地絡遮断装置の施設を省略できる条件（高圧・特別高圧電路の場合）

地絡遮断装置を施設する箇所	地絡遮断装置を省略できる条件
① 発電所，蓄電所又は変電所若しくはこれに準ずる場所の引出口	発電所，蓄電所又は変電所相互間の電線路が，いずれか一方の発電所，蓄電所又は変電所の**母線の延長とみなされる場合**で，計器用変成器を母線に施設することなどにより，当該電線路に地絡を生じた場合に**電源側の電路を遮断する装置を施設する場合**
② 他の者から供給を受ける受電点	他の者から供給を受ける電気を**すべてその受電点に属する受電場所において変成し，又は使用する場合**
③ 配電用変圧器（単巻変圧器を除く）の施設箇所	配電用変圧器の負荷側に地絡を生じた場合に，当該配電用変圧器の施設箇所の**電源側の発電所，蓄電所又は変電所で当該電路を遮断する装置を施設する場合**

3 非常用などの機械器具に電気を供給する電路の地絡遮断装置の施設（解釈第36条）

低圧・高圧電路で非常用照明装置，非常用昇降機，誘導灯又は鉄道用信号装置その他，その停止が公共の安全の確保に支障を生じるおそれのある機械器具に電気を供給するものには，電路に地絡を生じたときにこれを技術員駐在所に警報する装置を施設する場合は，地絡遮断装置の施設を省略できる．

問題28 H28 B-11

「電気設備技術基準の解釈」に基づく地絡遮断装置の施設に関する記述について，次の（a）及び（b）の問に答えよ．

(a) 金属製外箱を有する使用電圧が60Vを超える低圧の機械器具に接続する電路には，電路に地絡を生じたときに自動的に電路を遮断する装置を原則として施設しなければならないが，この装置を施設しなくてもよい場合として，誤っているものを次の（1）～（5）のうちから一つ選べ．

(1) 機械器具に施されたC種接地工事又はD種接地工事の接地抵抗値が3Ω以下の場合

(2) 電路の系統電源側に絶縁変圧器（機械器具側の線間電圧が300V以下のものに限る）を施設するとともに，当該絶縁変圧器の機械器具側の電路を非接地とする場合

(3) 機械器具内に電気用品安全法の適用を受ける過電流遮断器を取り付け，かつ，電源引出部が損傷を受けるおそれがないように施設する場合

(4) 機械器具に簡易接触防護措置（金属製のものであって，防護措置を施す機械器具と電気的に接続するおそれがあるもので防護する方法を除く）を施す場合

(5) 機械器具を乾燥した場所に施設する場合

(b) 高圧又は特別高圧の電路には，下表の左欄に掲げる箇所又はこれに近接する箇所に，同表中欄に掲げる電路に地絡を生じたときに自動的に電路を遮断する装置を施設すること．ただし，同表右欄に掲げる場合はこの限りでない．

表内の下線部（ア）から（ウ）のうち，誤っているものを次の（1）～（5）のうちから一つ選べ．

地絡遮断装置を施設する箇所	電　路	地絡遮断装置を施設しなくても良い場合
発電所，蓄電所又は変電所若しくはこれに準ずる場所の引出口	発電所，蓄電所又は変電所若しくはこれに準ずる場所から引き出される電路	発電所，蓄電所又は変電所相互間の電線路が，いずれか一方の発電所，蓄電所又は変電所の母線の延長とみなされるものである場合において，計器用変成器を母線に施設すること等により，当該電線路に地絡を生じた場合に電源側（ア）の電路を遮断する装置を施設するとき
他の者から供給を受ける受電点	受電点の負荷側の電路	他の者から供給を受ける電気を全てその受電点に属する受電場所において変成し，又は使用する場合
配電用変圧器（単巻変圧器を除く）の施設箇所	配電用変圧器の負荷側の電路	配電用変圧器の電源側（イ）に地絡を生じた場合に，当該配電用変圧器の施設箇所の電源側（ウ）の発電所，蓄電所又は変電所で当該電路を遮断する装置を施設するとき

上記表において，引出口とは，常時又は事故時において，発電所又は変電所若しくはこれに準ずる場所から電線路へ電流が流出する場所をいう．

(1)（ア）のみ　(2)（イ）のみ　(3)（ウ）のみ

(4)（ア）と（イ）の両方　(5)（イ）と（ウ）の両方

(a) 解釈第 36 条（地絡遮断装置の施設）第 1 項からの出題である．本節第 1 項（1）参照．

(3) において，地絡遮断装置を省略できるのは，電気用品安全法の適用を受ける「**漏電遮断器」を施設した場合**であり，問題では「過電流遮断器」となっているので誤りである．

(b) 解釈第 36 条（地絡遮断装置の施設）第 4 項からの出題である．本節第 2 項参照．

（イ）において，地絡遮断装置を省略できるのは，配電用変圧器の「**負荷側に地絡を生じた場合**」に，電源側の発電所，蓄電所又は変電所で当該電路を遮断する装置を施設した場合であり，問題では配電用変圧器の「電源側に地絡を生じた場合」となっているので誤りである．

解答 ▶ (a)-(3)，(b)-(2)

避雷器の施設

［★★］

本節では，避雷器などの施設に関する規定を学習する．

電技では，避雷器などの施設について，次のように規定している．

第 49 条　（高圧及び特別高圧の電路の避雷器等の施設）

雷電圧による電路に施設する電気設備の損壊を防止できるよう，当該電路中次の各号に掲げる箇所又はこれに近接する箇所には，避雷器の施設その他の適切な措置を講じなければならない．ただし，雷電圧による当該電気設備の損壊のおそれがない場合は，この限りでない．

一　発電所，蓄電所又は変電所若しくはこれに準ずる場所の架空電線引込口及び引出口

二　架空電線路に接続する配電用変圧器であって，過電流遮断器の設置等の保安上の保護対策が施されているものの高圧側及び特別高圧側

三　高圧又は特別高圧の架空電線路から供給を受ける需要場所の引込口

解釈では，避雷器などの施設について，次のように規定している．

1　避雷器の施設（解釈第 37 条）

(1) 避雷器の施設が必要な箇所（解釈第 37 条）

高圧及び特別高圧の電路中，次に示す箇所又はこれに近接する箇所には，避雷器を施設しなければならない（図 2･41）．

① **発電所，蓄電所又は変電所**若しくはこれに準ずる場所の**架空電線の引込口（需要場所の引込口を除く）及び引出口**

② **35 kV 以下の特別高圧架空電線路**に接続する**特別高圧配電用変圧器**（2-6 節第 4 項）**の高圧側及び特別高圧側**

③ **高圧架空電線路**から電気の供給を受ける**受電電力が 500 kW 以上の需要場所の引込口**

④ **特別高圧架空電線路**から電気の供給を受ける**需要場所の引込口**

(2) 避雷器の接地工事（解釈第 37 条）

高圧及び特別高圧の電路に施設する避雷器には，**A 種接地工事**を施さなければならない．ただし，高圧架空電線路に施設する避雷器（本節第 1 項（1）の規

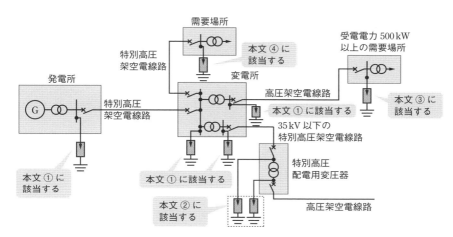

●図 2・41　避雷器の施設が必要な箇所

定により施設する避雷器を除く）の A 種接地工事を日本電気技術規格委員会規格 JESC E2018（2015）（後述）により施設する場合は，接地抵抗値を解釈第 17 条第 1 項 1 号の規定（10Ω 以下であること）によらないことができる.

2　避雷器の施設の省略（解釈第 37 条）

次に示すいずれかの条件に該当する場合は，避雷器の施設を省略できる.

① 本節第 1 項（1）の箇所に直接接続する**電線が短い場合**

② 使用電圧が 60kV を超える特別高圧電路において，同一の母線に常時接続されている架空電線路の数が，回線数が 7 以下の場合は 5 以上，回線数が 8 以上の場合は 4 以上のとき（ただし，同一支持物に 2 回線以上の架空電線が施設されているときは，架空電線路の数は 1 として計算する）

参考　**日本電気技術規格委員会規格 JESC E2018（2015）**

高圧架空電線路に施設する避雷器（本節第 1 項（1）の規定により施設する避雷器を除く）の A 種接地工事は，次のいずれかにより施設することができる.

① 避雷器（B 種接地工事が施された変圧器に近接して施設する場合を除く）の接地工事の接地線が専用である場合は，避雷器の接地抵抗値を 30Ω 以下とすることができる

② 避雷器を B 種接地工事が施された変圧器に近接して施設する場合において，避雷器の接地工事の接地極を変圧器の B 種接地工事の接地極から 1m 以上離して施設する場合は，避雷器の接地抵抗値を 30Ω 以下とすることができる

③ 避雷器を B 種接地工事が施された変圧器に近接して施設する場合において，避雷器の接地工事の接地線と変圧器の B 種接地工事の接地線を変圧器に近接した箇所で接続

し，かつ，避雷器を中心とする半径 300 m の地域内に当該変圧器に接続する B 種接地工事が施された低圧架空電線の 1 箇所以上に接地工事を施す場合は，避雷器の接地抵抗値を 65Ω 以下とすることができる（ただし，合成接地抵抗値は 20Ω 以下であること）（図 2･42（a））

④　避雷器の接地工事の接地線と低圧架空電線を接続し，かつ，避雷器を中心とする半径 300 m の地域内に低圧架空電線の 1 箇所以上に接地工事を施す場合は，避雷器の接地工事の接地抵抗値を 65Ω 以下とすることができる（ただし，合成接地抵抗値は 16Ω 以下であること）（図 2･42（b））

⑤　④により施設した避雷器の接地工事の地域内に他の避雷器を施設する場合は，この避雷器の接地線を④の低圧架空電線に接続することができる

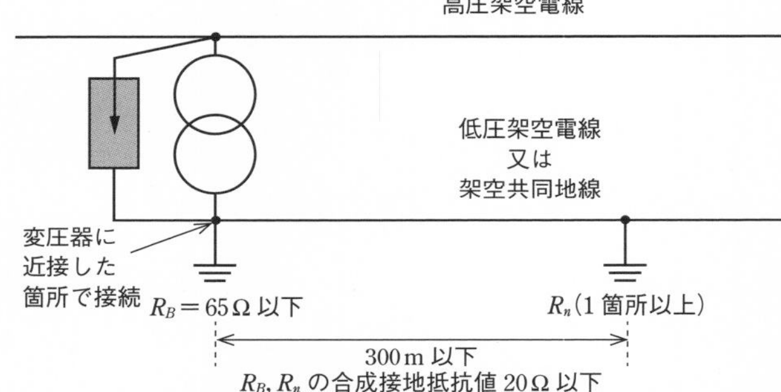

（a）避雷器の接地線と変圧器の B 種接地工事の接地線を接続する場合

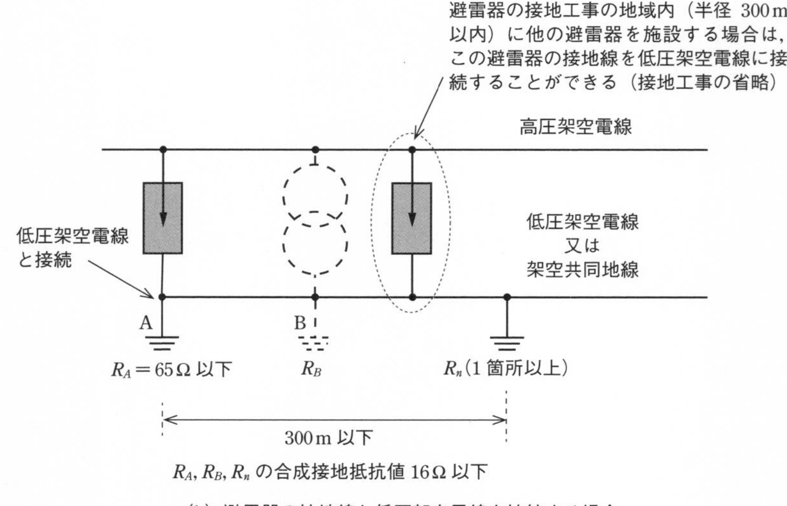

（b）避雷器の接地線と低圧架空電線を接続する場合

●図 2・42　高圧架空電線路に施設する避雷器の接地工事

問題29 H27 A-4

次の文章は，「電気設備技術基準」における高圧及び特別高圧の電路の避雷器等の施設についての記述である．

雷電圧による電路に施設する電気設備の損壊を防止できるよう，当該電路中次の各号に掲げる箇所又はこれに近接する箇所には，避雷器の施設その他の適切な措置を講じなければならない．ただし，雷電圧による当該電気設備の損壊のおそれがない場合は，この限りでない．

a. 発電所，蓄電所又は［（ア）］若しくはこれに準ずる場所の架空電線引込口及び引出口

b. 架空電線路に接続する［（イ）］であって，［（ウ）］の設置等の保安上の保護対策が施されているものの高圧側及び特別高圧側

c. 高圧又は特別高圧の架空電線路から［（エ）］を受ける［（オ）］の引込口

上記の記述中の空白箇所（ア），（イ），（ウ），（エ）及び（オ）に当てはまる組合せとして，正しいものを次の（1）～（5）のうちから一つ選べ．

	（ア）	（イ）	（ウ）	（エ）	（オ）
（1）	開閉所	配電用変圧器	開閉器	引込み	需要設備
（2）	変電所	配電用変圧器	過電流遮断器	供給	需要場所
（3）	変電所	配電用変圧器	開閉器	供給	需要設備
（4）	受電所	受電用設備	過電流遮断器	引込み	使用場所
（5）	開閉所	受電用設備	過電圧継電器	供給	需要場所

解説 電技第 49 条（高圧及び特別高圧の電路の避雷器等の施設）からの出題である．本節電技参照．

解答 ▶ (2)

問題30　R3　A-4（類 H13　A-4，類 H22　A-5）

「電気設備技術基準の解釈」に基づく高圧及び特別高圧の電路に施設する避雷器に関する記述として，誤っているものを次の(1)～(5)のうちから一つ選べ．ただし，いずれの場合も掲げる箇所に直接接続する電線は短くないものとする．

(1) 発電所，蓄電所又は変電所若しくはこれに準ずる場所では，架空電線の引込口（需要場所の引込口を除く．）又はこれに近接する箇所には避雷器を施設しなければならない．

(2) 発電所，蓄電所又は変電所若しくはこれに準ずる場所では，架空電線の引出口又はこれに近接する箇所には避雷器を施設することを要しない．

(3) 高圧架空電線路から電気の供給を受ける受電電力が 50 kW の需要場所の引込口又はこれに近接する箇所には避雷器を施設することを要しない．

(4) 高圧架空電線路から電気の供給を受ける受電電力が 500 kW の需要場所の引込口又はこれに近接する箇所には避雷器を施設しなければならない．

(5) 使用電圧が 60 000 V 以下の特別高圧架空電線路から電気の供給を受ける需要場所の引込口又はこれに近接する箇所には避雷器を施設しなければならない．

解説　解釈第 37 条（避雷器等の施設）からの出題である．本節第 1 項（1）参照．

（2）発電所，蓄電所又は変電所若しくはこれに準ずる場所の架空電線の引出口には，避雷器を施設しなければならないので誤りである．

解答 ▶ (2)

電気的・磁気的障害の防止

［★★★］

本節では，電気設備の電気的・磁気的障害の防止に関する規定を学習する．

電技では，電気設備の電気的・磁気的障害の防止について，次のように規定している．

第 16 条（電気設備の電気的，磁気的障害の防止）

電気設備は，他の電気設備その他の物件の機能に電気的又は磁気的な障害を与えないように施設しなければならない．

第 17 条（高周波利用設備への障害の防止）

高周波利用設備（電路を高周波電流の伝送路として利用するものに限る．以下この条において同じ．）は，他の高周波利用設備の機能に継続的かつ重大な障害を及ぼすおそれがないように施設しなければならない．

1 人体への危害などの防止（電技第27条・27条の2）

架空電線路は，静電誘導・電磁誘導作用により人体に危害を及ぼすおそれがないように施設しなければならない．電技では，次のように規定している．

第 27 条（架空電線路からの静電誘導作用又は電磁誘導作用による感電の防止）

特別高圧の架空電線路は，通常の使用状態において，静電誘導作用により人による感知のおそれがないよう，地表上 1m における電界強度が 3kV/m 以下になるように施設しなければならない．ただし，田畑，山林その他の人の往来が少ない場所において，人体に危害を及ぼすおそれがないように施設する場合は，この限りでない．

2　特別高圧の架空電線路は，電磁誘導作用により弱電流電線路（電力保安通信設備を除く．）を通じて人体に危害を及ぼすおそれがないように施設しなければならない．

3　電力保安通信設備は，架空電線路からの静電誘導作用又は電磁誘導作用により人体に危害を及ぼすおそれがないように施設しなければならない．

また，電気機械器具などは，電磁誘導作用により**人の健康に影響を及ぼすおそれがない**ように施設しなければならない．電技では，次のように規定している．

第 27 条の 2（電気機械器具等からの電磁誘導作用による人の健康影響の防止）

変圧器，開閉器その他これらに類するもの又は電線路を発電所，蓄電所，変電所，開閉所及び需要場所以外の場所に施設するに当たっては，通常の使用状態において，当該電気機械器具等からの電磁誘導作用により人の健康に影響を及ぼすおそれがないよう，当該電気機械器具等のそれぞれの付近において，人によって占められる空間に相当する空間の磁束密度の平均値が，商用周波数において 200 μT 以下になるように施設しなければならない．ただし，田畑，山林その他の人の往来が少ない場所において，人体に危害を及ぼすおそれがないように施設する場合は，この限りでない．

2　変電所又は開閉所は，通常の使用状態において，当該施設からの電磁誘導作用により人の健康に影響を及ぼすおそれがないよう，当該施設の付近において，人によって占められる空間に相当する空間の磁束密度の平均値が，商用周波数において 200 μT 以下になるように施設しなければならない．ただし，田畑，山林その他の人の往来が少ない場所において，人体に危害を及ぼすおそれがないように施設する場合は，この限りでない．

2　通信障害などの防止（電技第 42・43 条，解釈第 51・52）

電技では，架空電線路などによる無線への電波障害や架空弱電流電線路への誘導障害の防止などについて，次のように規定している．

第 42 条（通信障害の防止）

電線路又は電車線路は，無線設備の機能に継続的かつ重大な障害を及ぼす電波を発生するおそれがないように施設しなければならない．

2　電線路又は電車線路は，弱電流電線路に対し，誘導作用により通信上の障害を及ぼさないように施設しなければならない．ただし，弱電流電線路の管理者の承諾を得た場合は，この限りでない．

第 43 条　（地球磁気観測所等に対する障害の防止）

直流の電線路，電車線路及び帰線は，地球磁気観測所又は地球電気観測所に対して観測上の障害を及ぼさないように施設しなければならない．

(1) 電波障害の防止（解釈第 51 条）

架空電線路は，無線設備の機能に継続的かつ重大な障害を及ぼす電波を発生するおそれがある場合には，これを防止するように施設しなければならない．なお，低圧又は高圧の架空電線路から発生する電波の測定方法と許容限度は，図 2･43 のように規定されている．

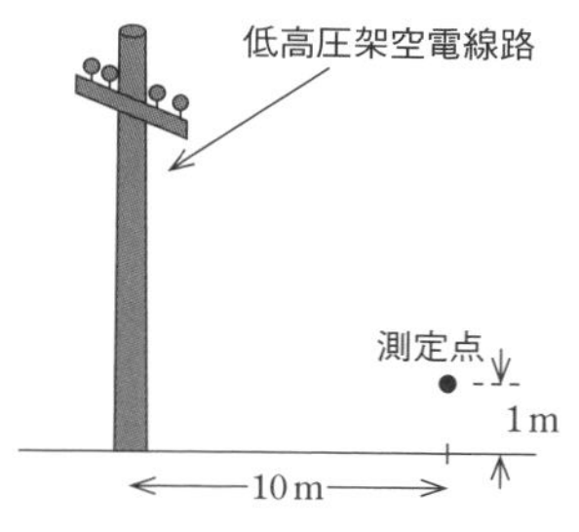

［測定方法］

・架空電線の直下から架空電線路と直角の方向に 10 m 離れた地点において，妨害波測定器のわく型空中線の中心を地表上 1 m に保ち，かつ，雑音電波の電界強度が最大となる方向に空中線を調整して測定すること

・測定回数は，数時間の間隔をおいて 2 回以上とすること

・1 回の測定は，連続して 10 分間以上行うこと

［許容限度］

各回測定値の最大値の平均値が，526.5 kHz から 1 606.5 kHz までの周波数帯において準せん頭値で 36.5 dB 以下であること

●図 2・43　低高圧架空電線路から発生する電波の測定方法と許容限度

(2) 低高圧架空電線路の架空弱電流電線路への誘導障害の防止（解釈第 52 条）

低高圧架空電線路を架空弱電流電線路に**並行して施設する場合**は，誘導作用により通信上の障害を及ぼさないように，次のように施設しなければならない．

① 架空電線と架空弱電流電線との**離隔距離は 2 m 以上**とすること（図 2･44）

② ① により施設しても通信上の障害を及ぼすおそれがあるときは，次に示す対策のうち 1 つ以上を施すこと

- 架空電線と架空弱電流電線との**離隔距離を増加すること**
- 架空電線路が交流架空電線路である場合は，架空電線を適当な距離で**ねん架すること**
- 架空電線と架空弱電流電線との間に引張強さ 5.26 kN 以上の金属線又は直径 4 mm 以上の硬銅線を **2 条以上施設**し，これに **D 種接地工事を施すこと**[※1]（図 2･45）

※1　接地した金属線を介在させることで静電誘導を低減し，又電磁誘導に対しても接地点を適当に設けることにより，その低減の効果を大きくすることができることを示している

- 架空電線路が中性点接地式高圧架空電線路である場合は，地絡電流を制限するか，又は 2 箇所以上の接地箇所がある場合において，その接地箇所を変更するなどの方法[※2]を講じること

※2　中性点の抵抗器の抵抗値を増やすなどの方法によって地絡電流を極力少なくする，又

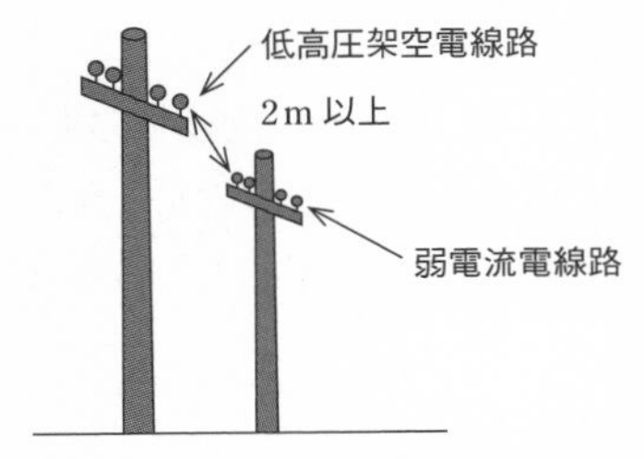

●図 2・44　低高圧架空電線と架空弱電流電線との離隔距離

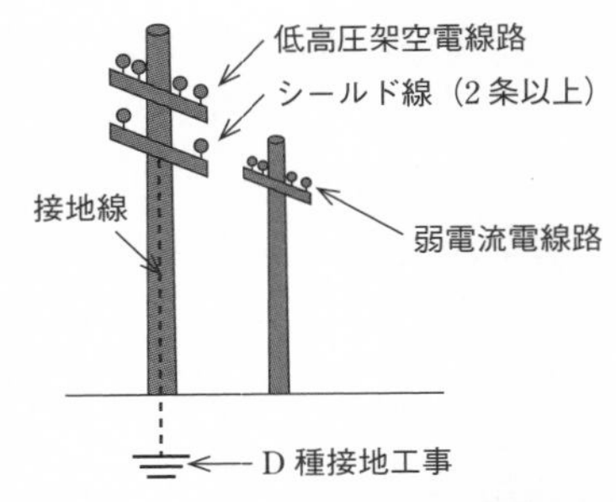

●図 2・45　シールド線による誘導障害の防止

は 2 箇所以上の接地箇所がある場合は，低高圧架空電線路と架空弱電流電線路の並行区間に流れる地絡電流が少なくなるように接地箇所を変更するなどの方法を示している

ただし，次のいずれかに該当する場合は，上記 ① 及び ② の規定によらないことができる.

・低圧又は高圧の架空電線がケーブルである場合
・架空弱電流電線が通信用ケーブルである場合
・架空弱電流電線路の管理者の承諾を得た場合

また，**中性点接地式高圧架空電線路**は，架空弱電流電線路と並行しない場合であっても，大地に流れる電流の**電磁誘導作用**により通信上の障害を及ぼすおそれがある※3 ときは，必要に応じて適当な対策（上記 ② に掲げる対策のうち 1 つ以上）を施すよう規定されている.

※ 3　故障時には大きな地絡電流が流れ，正常時でも第 3 高調波により大地に電流が流れて，架空弱電流電線路に対して電磁誘導作用による通信上の障害を及ぼすおそれがあることを示している

3　特別高圧架空電線路の架空弱電流電線路への誘導障害の防止（解釈第 52 条）

特別高圧架空電線路は，弱電流電線路に対して電磁誘導作用により通信上の障害を及ぼすおそれがないように施設しなければならない.

また，架空電話線路に対して，通常の使用状態において，静電誘導作用により通信上の障害を及ぼさないように，次のように施設しなければならない.

① 使用電圧が 60 kV 以下の場合は，電話線路のこう長 12 km ごとに誘導電流が 2 μA を超えないようにすること
② 使用電圧が 60 kV を超える場合は，電話線路のこう長 40 km ごとに誘導電流が 3 μA を超えないようにすること

ただし，架空電話線が通信用ケーブルである場合，又は架空電話線路の管理者の承諾を得た場合は，上記 ① 及び ② の規定によらないことができる．なお，誘導電流の具体的な計算方法は，解釈第 52 条第 5 項 3 号で規定されている．

3 電気使用場所の電気設備による障害の防止（電技第 67 条，解釈第 155 条）

電技では，電気使用場所に施設する電気機械器具の高周波電流などによる無線設備への障害の防止について，次のように規定している．

第 67 条（電気機械器具又は接触電線による無線設備への障害の防止）

電気使用場所に施設する電気機械器具又は接触電線は，電波，高周波電流等が発生することにより，無線設備の機能に継続的かつ重大な障害を及ぼすおそれがないように施設しなければならない．

また，電気機械器具が無線設備の機能に継続的かつ重大な障害を及ぼす高周波電流を発生するおそれがある場合には，これを防止するため，具体的な対策を解釈第 155 条に規定している．

問題31　R2　A-4

次の文章は，「電気設備技術基準」に基づく架空電線路からの静電誘導作用又は電磁誘導作用による感電の防止に関する記述である．

a. 特別高圧の架空電線路は，（ア）誘導作用により弱電流電線路（電力保安通信設備を除く.）を通じて（イ）に危害を及ぼすおそれがないように施設しなければならない.

b. 特別高圧の架空電線路は，通常の使用状態において，（ウ）誘導作用により人による感知のおそれがないよう，地表上 1 m における電界強度が（エ）kV/m 以下になるように施設しなければならない. ただし，田畑，山林その他の人の往来が少ない場所において，（イ）に危害を及ぼすおそれがないように施設する場合は，この限りでない.

上記の記述中の空白箇所（ア）～（エ）に当てはまる組合せとして，正しいものを次の（1）～（5）のうちから一つ選べ.

	（ア）	（イ）	（ウ）	（エ）
（1）	電磁	人体	静電	3
（2）	静電	人体	電磁	3
（3）	静電	人体	電磁	5

(4)	静電	取扱者	電磁	5
(5)	電磁	取扱者	静電	3

解説 電技第 27 条（架空電線路からの静電誘導作用又は電磁誘導作用による感電の防止）からの出題である．本節第 1 項参照．

解答 ▶ (1)

問題32 R3 A-3

次の文章は，「電気設備技術基準」の電気機械器具等からの電磁誘導作用による人の健康影響の防止における記述の一部である．

変圧器，開閉器その他これらに類するもの又は電線路を発電所，蓄電所，変電所，開閉所及び需要場所以外の場所に施設する場合に当たっては，通常の使用状態において，当該電気機械器具等からの電磁誘導作用により人の健康に影響を及ぼすおそれがないよう，当該電気機械器具等のそれぞれの付近において，人によって占められる空間に相当する空間の [(ア)] の平均値が，[(イ)] において [(ウ)] 以下になるように施設しなければならない．ただし，田畑，山林その他の人の [(エ)] 場所において，人体に危害を及ぼすおそれがないように施設する場合は，この限りでない．

上記の記述中の空白箇所（ア）～（エ）に当てはまる組合せとして，正しいものを次の (1)～(5) のうちから一つ選べ．

	(ア)	(イ)	(ウ)	(エ)
(1)	磁束密度	全周波数	200 μT	居住しない
(2)	磁界の強さ	商用周波数	100 A/m	往来が少ない
(3)	磁束密度	商用周波数	100 μT	居住しない
(4)	磁束密度	商用周波数	200 μT	往来が少ない
(5)	磁界の強さ	全周波数	200 A/m	往来が少ない

解説 電技第 27 条の 2（電気機械器具等からの電磁誘導作用による人の健康影響の防止）からの出題である．本節第 1 項参照．

解答 ▶ (4)

問題33　H27　A-3

次の文章は，「電気設備技術基準」における，電気機械器具等からの電磁誘導作用による影響の防止に関する記述の一部である．

変電所又は開閉所は，通常の使用状態において，当該施設からの電磁誘導作用により［（ア）］の［（イ）］に影響を及ぼすおそれがないよう，当該施設の付近において，［（ア）］によって占められる空間に相当する空間の［（ウ）］の平均値が，商用周波数において［（エ）］以下になるように施設しなければならない．

上記の記述中の空白箇所（ア），（イ），（ウ）及び（エ）に当てはまる組合せとして，正しいものを次の(1)～(5)のうちから一つ選べ．

	（ア）	（イ）	（ウ）	（エ）
(1)	通信設備	機能	磁界の強さ	200 A/m
(2)	人	健康	磁界の強さ	100 A/m
(3)	無線設備	機能	磁界の強さ	100 A/m
(4)	人	健康	磁束密度	200 μT
(5)	通信設備	機能	磁束密度	200 μT

解説　電技第 27 条の 2（電気機械器具等からの電磁誘導作用による人の健康影響の防止）からの出題である．本節第 1 項参照．

解答 ▶ (4)

問題34　H29　A-8

次の文章は，「電気設備技術基準の解釈」における架空弱電流電線路への誘導作用による通信障害の防止に関する記述の一部である．

1. 低圧又は高圧の架空電線路（き電線路を除く）と架空弱電流電線路とが［（ア）］する場合は，誘導作用により通信上の障害を及ぼさないように，次により施設すること．
   a. 架空電線と架空弱電流電線との離隔距離は，［（イ）］以上とすること．
   b. 上記 a の規定により施設してもなお架空弱電流電線路に対して誘導作用により通信上の障害を及ぼすおそれがあるときは，更に次に掲げるものその他の対策のうち 1 つ以上を施すこと．
      ① 架空電線と架空弱電流電線との離隔距離を増加すること．
      ② 架空電線路が交流架空電線路である場合は，架空電線を適当な距離で［（ウ）］すること．

③ 架空電線と架空弱電流電線との間に，引張強さ 5.26 kN 以上の金属線又は直径 4 mm 以上の硬銅線を 2 条以上施設し，これに （エ） 接地工事を施すこと．

④ 架空電線路が中性点接地式高圧架空電線路である場合は，地絡電流を制限するか，又は 2 以上の接地箇所がある場合において，その接地箇所を変更する等の方法を講じること．

2. 次のいずれかに該当する場合は，上記 1. の規定によらないことができる．
 a. 低圧又は高圧の架空電線がケーブルである場合
 b. 架空弱電流電線が，通信用ケーブルである場合
 c. 架空弱電流電線路の管理者の承諾を得た場合

3. 中性点接地式高圧架空電線路は，架空弱電流電線路と （ア） しない場合においても，大地に流れる電流の （オ） 作用により通信上の障害を及ぼすおそれがあるときは，上記 1 の b の ① から ④ までに掲げるものその他の対策のうち 1 つ以上を施すこと．

上記の記述中の空白箇所（ア），（イ），（ウ），（エ）及び（オ）に当てはまる組合せとして，正しいものを次の（1）～（5）のうちから一つ選べ．

	（ア）	（イ）	（ウ）	（エ）	（オ）
(1)	並行	3 m	遮へい	D 種	電磁誘導
(2)	接近又は交差	2 m	遮へい	A 種	静電誘導
(3)	並行	2 m	ねん架	D 種	電磁誘導
(4)	接近又は交差	3 m	ねん架	A 種	電磁誘導
(5)	並行	3 m	ねん架	A 種	静電誘導

解釈第 52 条（架空弱電流線路への誘導作用による通信障害の防止）第 1 ～ 3 項からの出題である．本節第 2 項（2）参照．

解答 ▶ (3)

発変電所の施設

［★★★］

本節では，発変電所の施設に関する規定を学習する．

1 発変電所などの立入の防止（電技第23条，解釈第38条）

電技では，発変電所などへの取扱者以外の者の立入の防止について，次のように規定している．

第23条（発電所等への取扱者以外の者の立入の防止）

高圧又は特別高圧の電気機械器具，母線等を施設する発電所，蓄電所又は変電所，開閉所若しくはこれらに準ずる場所には，取扱者以外の者に電気機械器具，母線等が危険である旨を表示するとともに，当該者が容易に構内に立ち入るおそれがないように適切な措置を講じなければならない．

2 （2-17節参照）

(1) 屋外の発変電所などの施設方法（解釈第38条）

屋外に施設する発変電所などは，図2·46に示す方法により**構内に取扱者以外の者が立ち入らないような措置**を講じなければならない．ただし，土地の状況により人が立ち入るおそれがない箇所は，この限りでない．

① **さく・へいなどを設けること**

② 特別高圧の機械器具などを施設する場合は，①のさく・へいなどの高さ（h）と，さく・へいなどから充電部分までの距離（d）との和は，**表2·25に規定する値以上とすること**

●表2・25　特別高圧の機械器具の充電部分までの距離

充電部分の使用電圧の区分	さく・へいなどの高さ（h）と，さく・へいなどから充電部分までの距離（d）との和
35kV以下	**5m**
35kVを超え160kV以下	**6m**
160kV超過	(6+c) m

（備考）cは，使用電圧と160kVの差を10kVで除した値（小数点以下を切り上げる）に0.12を乗じたもの

③ 出入口に**立入りを禁止する旨を表示すること**

④　出入口に**施錠装置を施設して施錠する**など，取扱者以外の者の出入りを制限する措置を講じること

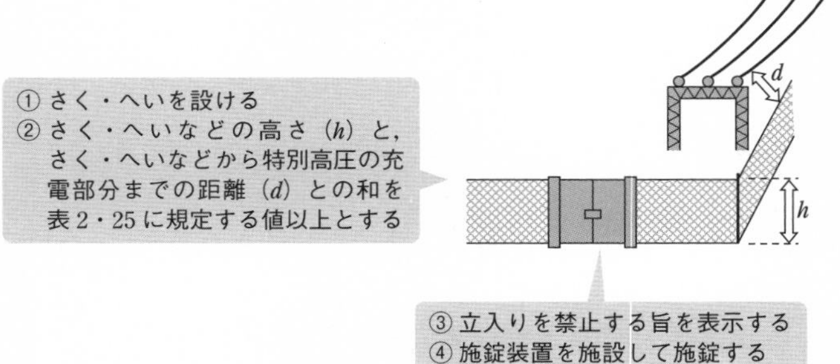
① さく・へいを設ける
② さく・へいなどの高さ（h）と，さく・へいなどから特別高圧の充電部分までの距離（d）との和を表 2・25 に規定する値以上とする
d
h
③ 立入りを禁止する旨を表示する
④ 施錠装置を施設して施錠する

●図 2・46　屋外の発変電所などの施設方法

(2) 屋内の発変電所などの施設方法（解釈第 38 条）

屋内に施設する発変電所などは，図 2·47 に示す方法により**構内に取扱者以外の者が立ち入らないような措置**を講じなければならない．ただし，(1) の規定により施設したさく・へいの内部は，この限りでない．

①　**堅ろうな壁を設けること**，又はさく・へいなどを設け，さく・へいなどの高さ（h）と，さく・へいなどから充電部分までの距離（d）の和を，表 2·25 に規定する値以上とすること

②　出入口に**立入りを禁止する旨を表示すること**

③　出入口に**施錠装置を施設して施錠する**など，取扱者以外の者の出入りを制限する措置を講じること

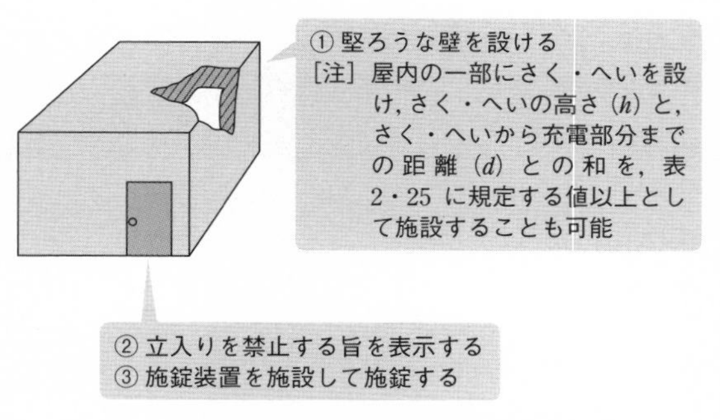
① 堅ろうな壁を設ける
[注] 屋内の一部にさく・へいを設け，さく・へいの高さ（h）と，さく・へいから充電部分までの距離（d）との和を，表 2・25 に規定する値以上として施設することも可能
② 立入りを禁止する旨を表示する
③ 施錠装置を施設して施錠する

●図 2・47　屋内の発変電所などの施設方法

3 (1) 及び (2) 以外の施設方法（解釈第 38 条）

（a） 工場などの構内の発変電所などの施設方法

工場などの構内に施設する発変電所などは，(1) 及び (2) の規定によらず，以下の方法により施設することができる．ただし，(1) の規定により施設したさく・へいの内部は，この限りでない．

① 構内境界全般にさく・へいなどを施設し，一般公衆が立ち入らないように施設すること

② 危険である旨の表示をすること

③ 高圧又は特別高圧の機械器具などを，表 2･26 に示すいずれかの方法により施設すること

●表 2・26　高圧又は特別高圧の機械器具などの施設方法（工場などの構内の発変電所など）

高圧の機械器具など	特別高圧の機械器具など
・屋内で，かつ，取扱者以外の者が出入りできないように措置した場所に施設すること ・機械器具に附属する高圧電線にケーブル又は引下げ用高圧絶縁電線を使用し，機械器具を人が触れるおそれがないように地表上 4.5 m（市街地外では 4 m）以上の高さに施設すること ・機械器具をコンクリート製の箱又は D 種接地工事を施した金属製の箱に収め，かつ，充電部分が露出しないように施設すること ・機械器具を充電部分が露出しないように施設し，かつ，簡易接触防護措置を施すこと	・屋内で，かつ，取扱者以外の者が出入りできないように措置した場所に施設すること ・機械器具を地表上 5 m 以上の高さに施設し，充電部分の地表上の高さを表 2･25 に規定する値以上とし，かつ，人が触れるおそれがないように施設すること ・機械器具を絶縁された箱又は A 種接地工事を施した金属製の箱に収め，かつ，充電部分が露出しないように施設すること ・機械器具を充電部分が露出しないように施設し，かつ，簡易接触防護措置を施すこと ・解釈第 108 条に規定する特別高圧架空電線路に接続する機械器具を，解釈第 21 条の規定に準じて施設すること

（b） その他

発電所などは (1) 及び (2) の規定によらず，以下の方法により施設することができる．

① 危険である旨の表示をすること

② 高圧又は特別高圧の機械器具相互を接続する電線で，取扱者以外の者が立ち入る場所に施設するものは，電線路の規定（解釈第 3 章（第 49 ～ 133 条））に準じて施設すること

③ 高圧又は特別高圧の機械器具などを，表 2･27 に示すいずれかの方法により施設すること

●表 2・27　高圧又は特別高圧の機械器具などの施設方法（その他）

高圧の機械器具など	特別高圧の機械器具など
・機械器具をコンクリート製の箱又はD種接地工事を施した金属製の箱に収め，かつ，充電部分が露出しないように施設し，箱を施錠すること ・機械器具を充電部分が露出しないように施設し，かつ，簡易接触防護措置を施すこと	・機械器具を絶縁された箱又はA種接地工事を施した金属製の箱に収め，かつ，充電部分が露出しないように施設し，箱を施錠すること ・機械器具を充電部分が露出しないように施設し，かつ，簡易接触防護措置を施すこと

2　ガス絶縁機器の危険の防止（電技第 33 条）

電技では，発変電所などに施設するガス絶縁機器の危険の防止について，次のように規定している．

第 33 条（ガス絶縁機器等の危険の防止）

発電所，蓄電所又は変電所，開閉所若しくはこれらに準ずる場所に施設するガス絶縁機器（充電部分が圧縮絶縁ガスにより絶縁された電気機械器具をいう．以下同じ．）及び開閉器又は遮断器に使用する圧縮空気装置は，次の各号により施設しなければならない．

一　圧力を受ける部分の材料及び構造は，最高使用圧力に対して十分に耐え，かつ，安全なものであること

二　圧縮空気装置の空気タンクは，耐食性を有すること

三　圧力が上昇する場合において，当該圧力が最高使用圧力に到達する以前に当該圧力を低下させる機能を有すること

四　圧縮空気装置は，主空気タンクの圧力が低下した場合に圧力を自動的に回復させる機能を有すること

五　異常な圧力を早期に検知できる機能を有すること

六　ガス絶縁機器に使用する絶縁ガスは，可燃性，腐食性及び有毒性のないものであること

3　発電機などの保護装置（電技第18・44条，解釈第42～45条）

電技では，発変電設備などの保護装置について，次のように規定している．

第18条（電気設備による供給支障の防止）

高圧又は特別高圧の電気設備は，その損壊により一般送配電事業者又は配電事業者の電気の供給に著しい支障を及ぼさないように施設しなければならない．

2　高圧又は特別高圧の電気設備は，その電気設備が一般送配電事業又は配電事業の用に供される場合にあっては，その電気設備の損壊によりその一般送配電事業又は配電事業に係る電気の供給に著しい支障を生じないように施設しなければならない．

第44条　（発変電設備等の損傷による供給支障の防止）

発電機，燃料電池又は常用電源として用いる蓄電池には，当該電気機械器具を著しく損壊するおそれがあり，又は一般送配電事業若しくは配電事業に係る電気の供給に著しい支障を及ぼすおそれがある異常が当該電気機械器具に生じた場合に自動的にこれを電路から遮断する装置を施設しなければならない．

2　特別高圧の変圧器又は調相設備には，当該電気機械器具を著しく損壊するおそれがあり，又は一般送配電事業若しくは配電事業に係る電気の供給に著しい支障を及ぼすおそれがある異常が当該電気機械器具に生じた場合に自動的にこれを電路から遮断する装置の施設その他の適切な措置を講じなければならない．

(1) 発電機の保護装置（解釈第42条）

発電機には，次に示す場合に発電機を自動的に電路から遮断する装置を施設しなければならない．

① 発電機に**過電流**を生じた場合

② 容量が500kV・A以上の発電機を駆動する**水車の圧油装置の油圧**又は電動式ガイドベーン制御装置，電動式ニードル制御装置若しくは電動式デフレクタ制御装置の**電源電圧が著しく低下**した場合

③ 容量が100kV・A以上の発電機を駆動する**風車の圧油装置の油圧**，**圧縮空気装置の空気圧**又は電動式ブレード制御装置の**電源電圧が著しく低下**した場合

④ 容量が 2000kV·A 以上の**水車発電機のスラスト軸受の温度が著しく上昇**した場合

⑤ 容量が 10000kV·A 以上の発電機の**内部に故障**を生じた場合

⑥ 定格出力が 10000kW を超える**蒸気タービンのスラスト軸受が著しく摩耗**し，又は**その温度が著しく上昇**した場合

(2) 燃料電池などの保護装置（解釈第 45 条）

燃料電池には，次の場合に燃料電池を自動的に電路から遮断し，燃料電池内の燃料ガスの供給を自動的に遮断するとともに，原則として燃料電池内の燃料ガスを自動的に排除する装置を施設しなければならない．

① 燃料電池に**過電流**が生じた場合

② 発電電圧に異常低下が生じた場合，又は**燃料ガス出口における酸素濃度**若しくは**空気出口における燃料ガス濃度が著しく上昇**した場合

③ 燃料電池の**温度が著しく上昇**した場合

(3) 蓄電池の保護装置（解釈第 44 条）

発電所，蓄電所又は変電所若しくはこれに準ずる場所に施設する蓄電池には，次の場合に自動的にこれを電路から遮断する装置を施設しなければならない．

① 蓄電池に**過電圧**が生じた場合

② 蓄電池に**過電流**が生じた場合

③ **制御装置に異常**が生じた場合

④ 内部温度が高温のものにあっては，**断熱容器の内部温度が著しく上昇**した場合

(4) 特別高圧の変圧器の保護装置（解釈第 43 条）

特別高圧の変圧器には，表 2·28 に示す保護装置を施設しなければならない．

●表 2・28 特別高圧の変圧器の保護装置

変圧器のバンク容量	動作条件	装置の種類
5000kV·A 以上 10000kV·A 未満	変圧器内部故障	自動遮断装置又は警報装置
10000kV·A 以上	同上	自動遮断装置

(5) 特別高圧の調相設備の保護装置（解釈第 43 条）

特別高圧の調相設備には，表 2·29 に規定する保護装置を施設しなければならない．

●表 2・29　特別高圧の調相設備の保護装置

調相設備の種類	バンク容量	自動的に電路から遮断する装置
電力用コンデンサ 分路リアクトル	500 kvar を超え 15 000 kvar 未満	内部に故障を生じた場合に動作する装置又は過電流を生じた場合に動作する装置
	15 000 kvar 以上	内部に故障を生じた場合に動作する装置及び過電流を生じた場合に動作する装置又は過電圧を生じた場合に動作する装置
調　相　機	15 000 kV･A 以上	内部に故障を生じた場合に動作する装置

4　発電機の機械的強度（電技第 45 条）

電技では，発電機などの機械的強度について，次のように規定している．

第 45 条（発電機等の機械的強度）

発電機，変圧器，調相設備並びに母線及びこれを支持するがいしは，短絡電流により生ずる機械的衝撃に耐えるものでなければならない．

2　水車又は風車に接続する発電機の回転する部分は，負荷を遮断した場合に起こる速度に対し，蒸気タービン，ガスタービン又は内燃機関に接続する発電機の回転する部分は，非常調速装置及びその他の非常停止装置が動作して達する速度に対し，耐えるものでなければならない．

3　（省略）

5　常時監視をしない発変電所（電技第 46 条，解釈第 47 条の 2・第 48 条）

電技では，発変電所の監視制御について，次のように定めている．

第 46 条（常時監視をしない発電所等の施設）

異常が生じた場合に人体に危害を及ぼし，若しくは物件に損傷を与えるおそれがないよう，異常の状態に応じた制御が必要となる発電所，又は一般送配電事業に係る電気の供給に著しい支障を及ぼすおそれがないよう，異常を早期に発見する必要のある発電所であって，発電所の運転に必要な知識及び技能を有する者が当該発電所又はこれと同一の構内において常時監視をしないものは，施設してはならない．

2　前項に掲げる発電所以外の発電所，蓄電所又は変電所（これに準ずる場所であって，10 万 V を超える特別高圧の電気を変成するためのものを

含む．以下この条において同じ．）であって，発電所，蓄電所又は変電所の運転に必要な知識及び技能を有する者が当該発電所若しくはこれと同一の構内，蓄電所又は変電所において常時監視をしない発電所，蓄電所又は変電所は，非常用予備電源を除き，異常が生じた場合に安全かつ確実に停止することができるような措置を講じなければならない．

つまり，電技第 46 条第 1 項において，常時監視する発電所の要件を，第 2 項において，常時監視しない発変電所の要件を，それぞれ規定している．また，解釈では，後者（常時監視しない発変電所）の具体的な要件について，次のように規定している．

(1) 発電所の監視制御方式（解釈第 47 条の2）

電技第 46 条第 2 項に規定する発電所は，発電所の種類や出力などに応じ，表 2･30 に定める監視制御方式のいずれかの措置を講じなければならない．

① 「随時巡回方式」は，技術員が，**適当な間隔をおいて発電所を巡回し，運転状態の監視**を行うものであること．

●表 2・30　発電所の監視制御方式

発電所の種類	監視制御方式		
	随時巡回方式	随時監視制御方式	遠隔常時監視制御方式
水力発電所	○（2 000 kW 未満）	○	○
風力発電所	○	○	○
太陽電池発電所	○	○	○
燃料電池発電所	○	○	○
地熱発電所		○	○
内燃力発電所（移動用発電設備を除く）	○（1 000 kW 未満）	○	○
ガスタービン発電所	○（10 000 kW 未満）	○（10 000 kW 未満）	○（10 000 kW 未満）
内燃力とその廃熱を回収するボイラーによる汽力を原動力とする発電所		○（2 000 kW 未満）	
移動用発電設備	○（880 kW 以下）		

② 「随時監視制御方式」は，技術員が，**必要に応じて発電所に出向き，運転状態の監視又は制御**その他必要な措置を行うものであること

③ 「遠隔常時監視制御方式」は，技術員が，**制御所に常時駐在し，運転状態の監視及び制御**を遠隔で行うものであること.

なお，「技術員」とは，設備の運転又は管理に必要な知識及び技能を有する者をいう.

(2) 変電所の監視制御方式（解釈第 48 条）

電技第 46 条第 2 項に規定する変電所は，変電所に施設する変圧器の使用電圧に応じ，表 2･31 に定める監視制御方式のいずれかの措置を講じなければならない.

① 「簡易監視制御方式」は，技術員が**必要に応じて変電所へ出向いて**，変電所の監視及び機器の操作を行うものであること.

② 「断続監視制御方式」は，技術員が**当該変電所**又はこれから 300 m 以内にある**技術員駐在所に常時駐在し，断続的に変電所へ出向いて**，変電所の監視及び機器の操作を行うものであること.

③ 「遠隔断続監視制御方式」は，技術員が**変電制御所**（当該変電所を遠隔監視制御する場所をいう．以下この条において同じ.）又はこれから 300 m 以内にある**技術員駐在所に常時駐在し，断続的に変電制御所へ出向いて**変電所の監視及び機器の操作を行うものであること.

④ 「遠隔常時監視制御方式」は，技術員が**変電制御所に常時駐在**し，変電所の監視及び機器の操作を行うものであること.

●表 2・31　変電所の監視制御方式

変電所に施設する変圧器の使用電圧の区分	監視制御方式			
	簡易監視制御方式	断続監視制御方式	遠隔断続監視制御方式	遠隔常時監視制御方式
100 kV 以下	○	○	○	○
100 kV を超え 170 kV 以下		○	○	○
170 kV 超過				○

問題35 ✓ ✓ ✓ H30　A-6

次の文章は，「電気設備技術基準の解釈」に基づく発電所等への取扱者以外の者の立入の防止に関する記述である．

高圧又は特別高圧の機械器具及び母線等（以下，「機械器具等」という．）を屋外に施設する発電所又は変電所，開閉所若しくはこれらに準ずる場所は，次により構内に取扱者以外の者が立ち入らないような措置を講じること．ただし，土地の状況により人が立ち入るおそれがない箇所については，この限りでない．

a. さく，へい等を設けること．

b. 特別高圧の機械器具等を施設する場合は，上記 a のさく，へい等の高さと，さく，へい等から充電部分までの距離との和は，表に規定する値以上とすること．

充電部分の使用電圧の区分	さく，へい等の高さと，さく，へい等から充電部分までの距離との和
35 000 V 以下	（ア） m
35 000 V を超え 160 000 V 以下	（イ） m

c. 出入口に立入りを （ウ） する旨を表示すること．

d. 出入口に （エ） 装置を施設して （エ） する等，取扱者以外の者の出入りを制限する措置を講じること．

上記の記述中の空白箇所（ア），（イ），（ウ）及び（エ）に当てはまる組合せとして，正しいものを次の (1) ～ (5) のうちから一つ選べ．

	（ア）	（イ）	（ウ）	（エ）
(1)	5	6	禁止	施錠
(2)	5	6	禁止	監視
(3)	4	5	確認	施錠
(4)	4	5	禁止	施錠
(5)	4	5	確認	監視

解説　解釈第 38 条（発電所等への取扱者以外の者の立入の防止）からの出題である．本節第 1 項（1）参照．

解答 ▶ (1)

問題36　H29　A-4

次の文章は，「電気設備技術基準」におけるガス絶縁機器等の危険の防止に関する記述である．

発電所，蓄電所又は変電所，開閉所若しくはこれらに準ずる場所に施設するガス絶縁機器（充電部分が圧縮絶縁ガスにより絶縁された電気機械器具をいう．以下同じ.）及び開閉器又は遮断器に使用する圧縮空気装置は，次により施設しなければならない．

a. 圧力を受ける部分の材料及び構造は，最高使用圧力に対して十分に耐え，かつ，（ア）であること．

b. 圧縮空気装置の空気タンクは，耐食性を有すること．

c. 圧力が上昇する場合において，当該圧力が最高使用圧力に到達する以前に当該圧力を（イ）させる機能を有すること．

d. 圧縮空気装置は，主空気タンクの圧力が低下した場合に圧力を自動的に回復させる機能を有すること．

e. 異常な圧力を早期に（ウ）できる機能を有すること．

f. ガス絶縁機器に使用する絶縁ガスは，可燃性，腐食性及び（エ）性のないものであること．

上記の記述中の空白箇所（ア），（イ），（ウ）及び（エ）に当てはまる組合せとして，正しいものを次の(1)～(5)のうちから一つ選べ．

	（ア）	（イ）	（ウ）	（エ）
(1)	安全なもの	低下	検知	有毒
(2)	安全なもの	低下	減圧	爆発
(3)	耐火性のもの	抑制	検知	爆発
(4)	耐火性のもの	抑制	減圧	爆発
(5)	耐火性のもの	低下	検知	有毒

解説　電技第33条（ガス絶縁機器等の危険の防止）からの出題である．本節第2項参照．

解答 ▶ (1)

問題37 ✓ ✓ ✓ R3 A-5（類 H20 A-10）

次の文章は，「電気設備技術基準の解釈」における発電機の保護装置に関する記述である．

発電機には，次に掲げる場合に，発電機を自動的に電路から遮断する装置を施設すること．

a. 発電機に （ア） を生じた場合

b. 容量が 500 kV·A 以上の発電機を駆動する （イ） の圧油装置の油圧又は電動式ガイドベーン制御装置，電動式ニードル制御装置若しくは電動式デフレクタ制御装置の電源電圧が著しく （ウ） した場合

c. 容量が 100 kV·A 以上の発電機を駆動する （エ） の圧油装置の油圧，圧縮空気装置の空気圧又は電動式ブレード制御装置の電源電圧が著しく （ウ） した場合

d. 容量が 2 000 kV·A 以上の （イ） 発電機のスラスト軸受の温度が著しく上昇した場合

e. 容量が 10 000 kV·A 以上の発電機の （オ） に故障を生じた場合

f. 定格出力が 10 000 kW を超える蒸気タービンにあっては，そのスラスト軸受が著しく摩耗し，又はその温度が著しく上昇した場合

上記の記述中の空白箇所（ア）～（オ）に当てはまる組合せとして，正しいものを次の(1)～(5)のうちから一つ選べ．

	（ア）	（イ）	（ウ）	（エ）	（オ）
(1)	過電圧	水車	上昇	風車	外部
(2)	過電圧	風車	上昇	水車	内部
(3)	過電流	水車	低下	風車	内部
(4)	過電流	風車	低下	水車	外部
(5)	過電流	水車	低下	風車	外部

解説 解釈第 42 条（発電機の保護装置）からの出題である．本節第 3 項（1）参照．

解答 ▶ (3)

Chapter 2

問題38　H28　A-5

次の文章は，「電気設備技術基準の解釈」における蓄電池の保護装置に関する記述である．

発電所又は変電所若しくはこれに準ずる場所に施設する蓄電池（常用電源の停電時又は電圧低下発生時の非常用予備電源として用いるものを除く.）には，次の各号に掲げる場合に，自動的にこれを電路から遮断する装置を施設すること．

a. 蓄電池に［（ア）］が生じた場合

b. 蓄電池に［（イ）］が生じた場合

c. ［（ウ）］装置に異常が生じた場合

d. 内部温度が高温のものにあっては，断熱容器の内部温度が著しく上昇した場合

上記の記述中の空白箇所（ア），（イ）及び（ウ）に当てはまる組合せとして，正しいものを次の（1）～（5）のうちから一つ選べ．

	（ア）	（イ）	（ウ）
(1)	過電圧	過電流	制御
(2)	過電圧	地絡	充電
(3)	短絡	過電流	制御
(4)	地絡	過電流	制御
(5)	短絡	地絡	充電

解釈第44条（蓄電池の保護装置）からの出題である．本節第3項（3）参照．

解答 ▶（1）

問題39 ✓✓✓ H19　A-6（類 H14　A-3）

次の文章は，「電気設備技術基準」に基づく発電機等の機械的強度に関する記述の一部である．

a. 発電機，変圧器，調相設備並びに母線及びこれを支持するがいしは，（ア）により生ずる機械的衝撃に耐えるものでなければならない．

b. 水車又は風車に接続する発電機の回転する部分は，（イ）した場合に起こる速度に対し，耐えるものでなければならない．

c. 蒸気タービン，ガスタービン又は内燃機関に接続する発電機の回転する部分は，（ウ）及びその他の非常停止装置が動作して達する速度に対し，耐えるものでなければならない．

上記の記述中の空白箇所（ア），（イ）及び（ウ）に当てはまる語句として，正しいものを組み合わせたのは次のうちどれか．

	（ア）	（イ）	（ウ）
(1)	異常電圧	負荷を遮断	非常調速装置
(2)	短絡電流	負荷を遮断	非常調速装置
(3)	異常電圧	制御装置が故障	加速装置
(4)	短絡電流	負荷を遮断	加速装置
(5)	短絡電流	制御装置が故障	非常調速装置

解説 電技第45条（発電機等の機械的強度）からの出題である．本節第4項参照．

解答 ▶ (2)

問題40 ✓✓✓ H23　A-5（類 H16　A-2）

次の文章は，「電気設備技術基準」における，常時監視をしない発電所等の施設に関する記述の一部である．

a. 異常が生じた場合に人体に危害を及ぼし，若しくは物件に損傷を与えるおそれがないよう，異常の状態に応じた［（ア）］が必要となる発電所，又は一般送配電事業に係る電気の供給に著しい支障を及ぼすおそれがないよう，異常を早期に発見する必要のある発電所であって，発電所の運転に必要な［（イ）］を有する者が当該発電所又は［（ウ）］において常時監視をしないものは，施設してはならない．

b. 上記 a に掲げる発電所以外の発電所，蓄電所又は変電所（これに準ずる場所であって，100 000 V を超える特別高圧の電気を変成するためのものを含む．以下同じ．）であって，発電所，蓄電所又は変電所の運転に必要な［（イ）］を有する者が当該発電所若しくは［（ウ）］，蓄電所又は変電所において常時監視をしない発電所，蓄電所又は変電所は，非常用予備電源を除き，異常が生じた場合に安全かつ確実に［（エ）］することができるような措置を講じなければならない．

上記の記述中の空白箇所（ア），（イ），（ウ）及び（エ）に当てはまる組合せとして，正しいものを次の (1) ～ (5) のうちから一つ選べ．

	（ア）	（イ）	（ウ）	（エ）
(1)	制御	経験	これと同一の構内	機能
(2)	制御	知識及び技能	これと同一の構内	停止
(3)	保護	知識及び技能	隣接の施設	停止
(4)	制御	知識	隣接の施設	機能
(5)	保護	経験及び技能	これと同一の構内	停止

電技第 46 条（常時監視をしない発電所等の施設）からの出題である．本節第 5 項参照．

解答 ▶ (2)

問題41　R1　A-7（類 H27　A-6）

「電気設備技術基準の解釈」に基づく常時監視をしない発電所の施設に関する記述として，誤っているものを次の（1）～（5）のうちから一つ選べ．

(1) 随時巡回方式の技術員は，適当な間隔において発電所を巡回し，運転状態の監視を行う．

(2) 遠隔常時監視制御方式の技術員は，制御所に常時駐在し，発電所の運転状態の監視及び制御を遠隔で行う．

(3) 水力発電所に随時巡回方式を採用する場合に，発電所の出力を 3000 kW とした．

(4) 風力発電所に随時巡回方式を採用する場合に，発電所の出力に制限はない．

(5) 太陽電池発電所に遠隔常時監視制御方式を採用する場合に，発電所の出力に制限はない．

解釈第 47 条の 2（常時監視をしない発電所の施設）からの出題である．本節第 5 項（1）参照．

（3）水力発電所に随時巡回方式を採用する場合は，**発電所の出力は 2000 kW 未満**でなければならないので，誤りである．

解答 ▶（3）

風圧荷重と電線・支線の張力の計算

[★★★]

本節では，風圧荷重と電線・支線にかかる張力に関する規定を学習する．

1 風圧荷重（解釈第58条）

(1) 風圧荷重の種類（解釈第58条）

風圧荷重（架空電線路の構成材に加わる風圧による荷重）は，**甲種風圧荷重**，**乙種風圧荷重**，**丙種風圧荷重**，**着雪時風圧荷重**の4種類がある．なお，風速は，気象庁が「地上気象観測指針」において定める10分間平均風速とする．

●表2・32　風圧荷重の種類

風圧荷重の種類	計算方法
甲種風圧荷重	表2･33に規定する構成材の垂直投影面積（図2･48（a））に加わる圧力を基礎として計算したもの（又は風速40 m/s以上を想定した風洞実験に基づく値より計算したもの）
乙種風圧荷重	架渉線の周囲に**厚さ6 mm，比重0.9の氷雪が付着した状態**（図2･48（b））に対し，**甲種風圧荷重の0.5倍**を基礎として計算したもの
丙種風圧荷重	**甲種風圧荷重の0.5倍**を基礎として計算したもの
着雪時風圧荷重	架渉線の周囲に比重0.6の雪が同心円状に付着した状態に対し，甲種風圧荷重の0.3倍を基礎として計算したもの

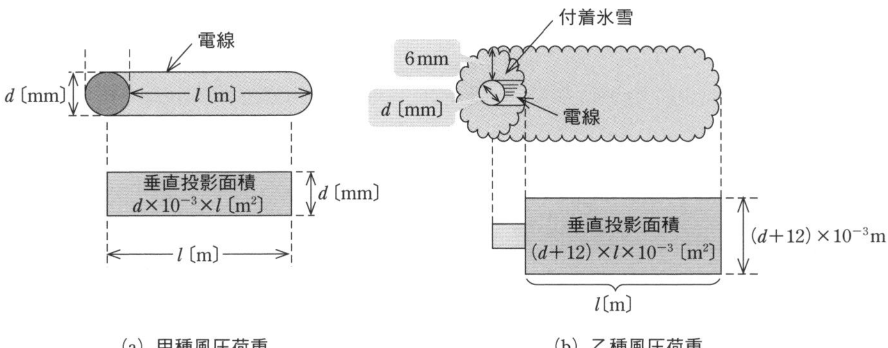

●図2・48　垂直投影面積

●表 2・33　甲種風圧荷重

<table>
<tr><th colspan="4">風圧を受けるものの区分</th><th>構成材の垂直投影面積 1m² に加わる風圧〔Pa〕</th></tr>
<tr><td rowspan="12">支持物</td><td colspan="3">木柱</td><td>780</td></tr>
<tr><td colspan="2" rowspan="2">鉄筋コンクリート柱</td><td>丸形のもの</td><td>780</td></tr>
<tr><td>その他のもの</td><td>1180</td></tr>
<tr><td rowspan="5">鉄　柱</td><td colspan="2">丸形のもの</td><td>780</td></tr>
<tr><td colspan="2">三角形又はひし形のもの</td><td>1860</td></tr>
<tr><td colspan="2">鋼管により構成される四角形のもの</td><td>1470</td></tr>
<tr><td rowspan="2">その他のもの</td><td>腹材が前後面で重なる場合</td><td>2160</td></tr>
<tr><td>その他の場合</td><td>2350</td></tr>
<tr><td rowspan="4">鉄　塔</td><td rowspan="2">単柱</td><td>丸形のもの</td><td>780</td></tr>
<tr><td>六角形又は八角形のもの</td><td>1470</td></tr>
<tr><td colspan="2">鋼管により構成されるもの（単柱を除く）</td><td>1670</td></tr>
<tr><td colspan="2">その他のもの（腕金類を含む）</td><td>2840</td></tr>
<tr><td rowspan="2">架渉線</td><td colspan="3">多導体（構成する電線が 2 条ごとに水平に配列され，かつ，当該電線相互間の距離が電線の外径の 20 倍以下のものに限る）を構成する電線</td><td>880</td></tr>
<tr><td colspan="3">その他のもの</td><td>980</td></tr>
<tr><td colspan="4">がいし装置（特別高圧電線路用のものに限る）</td><td>1370</td></tr>
<tr><td colspan="3" rowspan="2">腕金類（木柱，鉄筋コンクリート柱及び鉄柱（丸形のものに限る）に取り付けるもので，特別高圧電線路用のものに限る）</td><td>単一材として使用する場合</td><td>1570</td></tr>
<tr><td>その他の場合</td><td>2160</td></tr>
</table>

(2) 風圧荷重の適用区分（解釈第 58 条）

風圧荷重の適用区分は，表 2･34 のとおりとなる．ただし，異常着雪時想定荷重※の計算は，同表にかかわらず着雪時風圧荷重を適用する．

※　降雪の多い地域における着雪を考慮した荷重

●表 2・34　風圧荷重の適用区分

<table>
<tr><th colspan="2">地方の区分</th><th>高温季</th><th>低温季</th></tr>
<tr><td colspan="2">氷雪の多い地方以外の地方</td><td rowspan="3">甲種風圧荷重</td><td>丙種風圧荷重</td></tr>
<tr><td rowspan="2">氷雪の多い地方</td><td>海岸地その他の低温季に最大風圧を生じる地方</td><td>甲種風圧荷重又は乙種風圧荷重のいずれか大きいもの</td></tr>
<tr><td>上記以外の地方</td><td>乙種風圧荷重</td></tr>
</table>

ただし，人家が多く連なっている場所に施設される架空電線路の構成材のうち，次に掲げるものの風圧荷重は，表 2･34 に示す甲種風圧荷重又は乙種風圧荷重に代えて，丙種風圧荷重を適用することができる．

・低圧又は高圧の架空電線路の支持物及び架渉線

・使用電圧が 35 kV 以下の特別高圧架空電線路で電線に特別高圧絶縁電線又はケーブルを使用するものの支持物，架渉線並びに特別高圧架空電線を支持するがいし装置及び腕金類

2 電線の張力と安全率（電技第 6 条，解釈第 66 条）

電技では，電線の断線の防止について，次のように規定している．

第 6 条（電線等の断線の防止）

電線，支線，架空地線，弱電流電線等（弱電流電線及び光ファイバケーブルをいう．以下同じ．）その他の電気設備の保安のために施設する線は，通常の使用状態において断線のおそれがないように施設しなければならない．

(1) 電線の張力

図 2･49 のように電線の支持点の高さが同じとき，電線のたるみは中央で最大となる．

1 m 当たりの電線荷重が W〔N/m〕，径間が S〔m〕，電線のたるみが D〔m〕のとき，電線の水平張力（≒ 支持点の最大張力）T〔N〕は

$$T = \frac{WS^2}{8D}\ \text{〔N〕}$$

で表される．この式からもわかるように，電線の水平張力 T は，電線のたるみ D と反比例の関係にある．

なお，1 m 当たりの電線荷重の W〔N/m〕は，図 2･50 のように電線の風圧荷

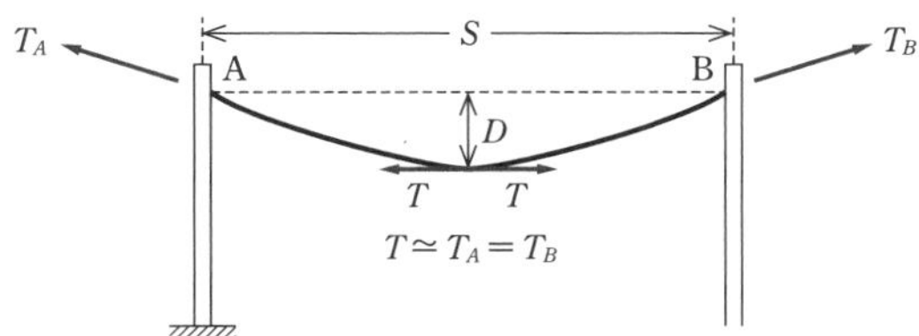

●図 2・49 電線の水平張力とたるみ

重 W_w〔N/m〕と電線の自重 W_g〔N/m〕を合成したものとなる．

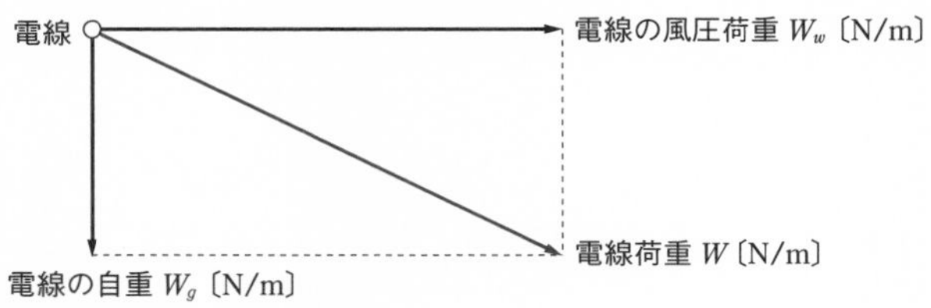

●図 2・50　電線荷重

(2) 電線の安全率（解釈第 66 条）

電線の安全率は，次式のように定義され，硬銅線又は耐熱銅合金線では **2.2 以上**，その他の電線では **2.5 以上**と規定されている．

$$\text{電線の安全率} = \frac{\text{電線の引張強さ（破壊荷重）}}{\text{電線の許容引張荷重}}$$

また，低圧又は高圧架空電線路に使用する電線（ケーブルは除く）の水平張力 T〔N〕は，**電線の許容引張荷重以下**となるように施設しなければならない．

電線の水平張力＜電線の許容引張荷重

$$\left(\text{電線の許容引張荷重} = \frac{\text{電線の引張強さ（破壊荷重）}}{\text{電線の安全率}}\right)$$

問題42　H30　B-11

人家が多く連なっている場所以外の場所であって，氷雪の多い地方のうち，海岸その他の低温季に最大風圧を生じる地方に設置されている公称断面積 60 mm²，仕上り外径 15 mm の 6600 V 屋外用ポリエチレン絶縁電線（6600 V OE）を使用した高圧架空電線路がある．この電線路の電線の風圧荷重について「電気設備技術基準の解釈」に基づき，次の (a) 及び (b) の問に答えよ．

ただし，電線に対する甲種風圧荷重は 980 Pa，乙種風圧荷重の計算で用いる氷雪の厚さは 6 mm とする．

(a) 低温季において電線 1 条，長さ 1 m 当たりに加わる風圧荷重の値〔N〕として，最も近いものを次の (1)～(5) のうちから一つ選べ．

(1) 10.3　　(2) 13.2　　(3) 14.7　　(4) 20.6　　(5) 26.5

(b) 低温季に適用される風圧荷重が乙種風圧荷重となる電線の仕上り外径の値〔mm〕として，最も大きいものを次の (1)～(5) のうちから一つ選べ．

(1) 10　　(2) 12　　(3) 15　　(4) 18　　(5) 21

解釈第 58 条（架空電線路の強度検討に用いる荷重）からの出題である．本節第 1 項参照．

（a）氷雪の多い地方のうち，海岸地その他の低温季に最大風圧を生じる地方は

高温季……**甲種風圧荷重**

低温季……**甲種風圧荷重又は乙種風圧荷重のいずれか大きいもの**

となっている．

甲種風圧荷重の計算に用いる電線路の垂直投影面積 S（解図 1）は

$$S = 15 \times 10^{-3} \times 1 = 15 \times 10^{-3}\ \mathrm{m^2}$$

甲種風圧荷重は，垂直投影面積 $1\ \mathrm{m^2}$ 当たり 980 Pa（$= \mathrm{N/m^2}$）であるから

$$980\ \mathrm{N/m^2} \times 15 \times 10^{-3}\ \mathrm{m^2} = 14.7\ \mathrm{N}$$

乙種風圧荷重の計算に用いる氷雪が付着した状態の電線路の垂直投影面積 S（解図 2）は

$$S = (15 + 6 \times 2) \times 10^{-3} \times 1 = 27 \times 10^{-3}\ \mathrm{m^2}$$

乙種風圧荷重は，垂直投影面積 $1\ \mathrm{m^2}$ 当たり 490 Pa（$= \mathrm{N/m^2}$）であるから

$$490\ \mathrm{N/m^2} \times 27 \times 10^{-3}\ \mathrm{m^2} = 13.23\ \mathrm{N}$$

低温季に適用される風圧荷重は，**甲種風圧荷重又は乙種風圧荷重のいずれか大きいもの**と定義されているので，低温季に適用される風圧荷重は，甲種風圧荷重の **14.7 N** となる．

（b）電線の仕上り外径の値が d〔mm〕のとき，甲種風圧荷重及び乙種風圧荷重の計算に用いる垂直投影面積は，解図 3 であるから

$$\text{甲種風圧荷重} = 980\ \mathrm{N/m^2} \times d \times 10^{-3} \times 1\ \mathrm{m^2} = 980 \times d \times 10^{-3}\ \mathrm{N}$$

$$\text{乙種風圧荷重} = 490\ \mathrm{N/m^2} \times (d + 6 \times 2) \times 10^{-3} \times 1\ \mathrm{m^2} = 490 \times (d + 12) \times 10^{-3}\ \mathrm{N}$$

低温季に適用される風圧荷重が，乙種風圧荷重となる条件は

$$\text{甲種風圧荷重} \leqq \text{乙種風圧荷重}$$

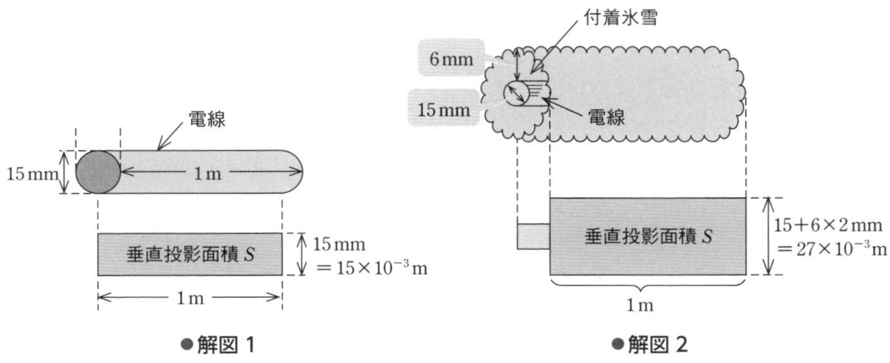

●解図 1　　●解図 2

なので

$$980\times d\times 10^{-3}\leqq 490\times(d+12)\times 10^{-3}$$

$$2d\leqq d+12$$

$$d\leqq \mathbf{12\,mm}$$

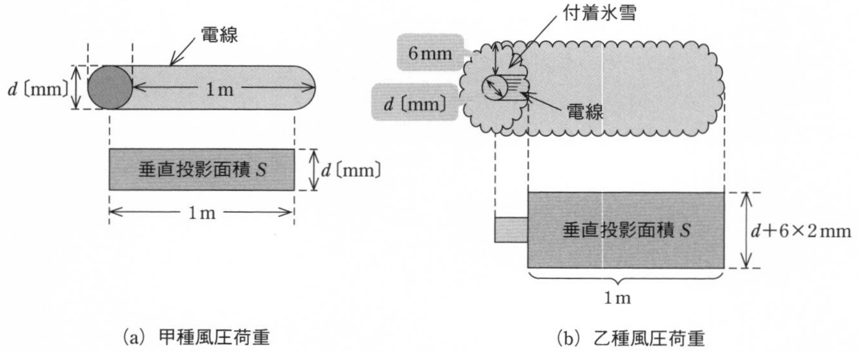

●解図 3

解答 ▶ (a)-(3)，(b)-(2)

問題43 ✓ ✓ ✓ H26　B-11（類 H22　B-13，H17　B-11，H15　B-11）

鋼心アルミより線（ACSR）を使用する 6600 V 高圧架空電線路がある．この電線路の電線の風圧荷重について「電気設備技術基準の解釈」に基づき，次の (a) 及び (b) の問に答えよ．

なお，下記の条件に基づくものとする．

① 氷雪が多く，海岸地その他の低温季に最大風圧を生じる地方で，人家が多く連なっている場所以外の場所とする．

② 電線構造は図のとおりであり，各素線，鋼線ともにすべてが同じ直径とする．

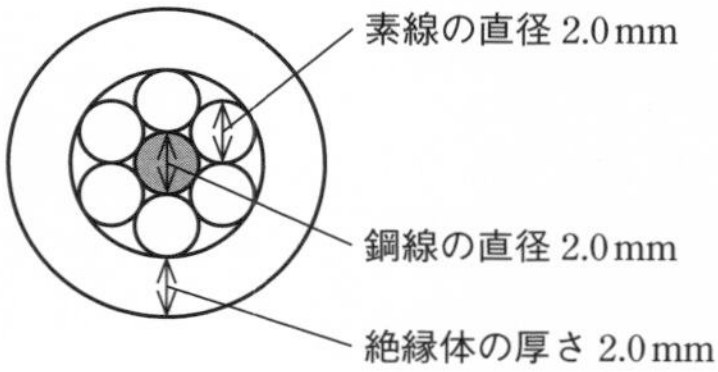

③ 電線被覆の絶縁体の厚さは一様とする．

④ 甲種風圧荷重は 980 Pa，乙種風圧荷重の計算に使う氷雪の厚さは 6 mm とする．

(a) 高温季において適用する風圧荷重（電線 1 条，長さ 1 m 当たり）の値〔N〕として，最も近いものを次の (1) ～ (5) のうちから一つ選べ

(1) 4.9　(2) 5.9　(3) 7.9　(4) 9.8　(5) 21.6

(b) 低温季において適用する風圧荷重（電線 1 条，長さ 1 m 当たり）の値〔N〕として，最も近いものを次の (1)～(5) のうちから一つ選べ

(1) 4.9　(2) 8.9　(3) 10.8　(4) 17.7　(5) 21.6

解釈第 58 条（架空電線路の強度検討に用いる荷重）からの出題である．本節第 1 項参照．

氷雪の多い地方のうち，海岸地その他の低温季に最大風圧を生じる地方は，

高温季……**甲種風圧荷重**

低温季……**甲種風圧荷重又は乙種風圧荷重のいずれか大きいもの**

となっている．

(a) 電線路の断面図を解図 1 に示す．電線路の幅 d は

$$d = 2\,\text{mm} + 2\,\text{mm} \times 2 + 2\,\text{mm} \times 2 = 10\,\text{mm} = 10 \times 10^{-3}\,\text{m}$$

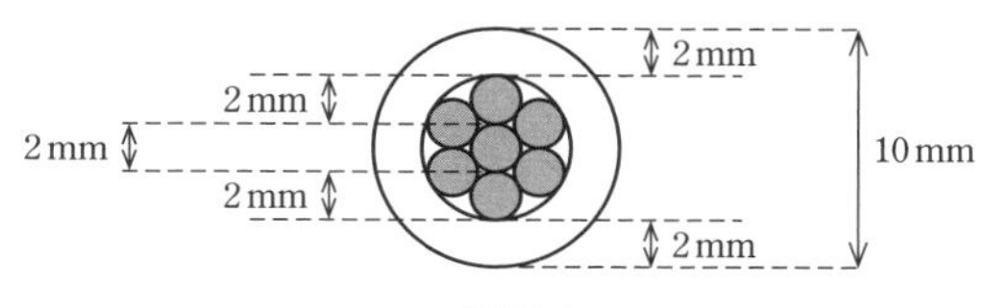

●解図 1

電線路の垂直投影面積 S（解図 2）は

$$S = 10 \times 10^{-3} \times 1 = 10 \times 10^{-3}\,\text{m}^2$$

●解図 2

甲種風圧荷重は，垂直投影面積 1 m² 当たり 980 Pa（= N/m²）であるから

$$980\,\text{N/m}^2 \times 10 \times 10^{-3}\,\text{m}^2 = \mathbf{9.8\,N}$$

(b) 厚さ 6 mm の氷雪が付着した状態の断面図を解図 3 に示す．電線路の幅 d は

$$d = 10\,\text{mm} + 6\,\text{mm} \times 2 = 22\,\text{mm} = 22 \times 10^{-3}\,\text{m}$$

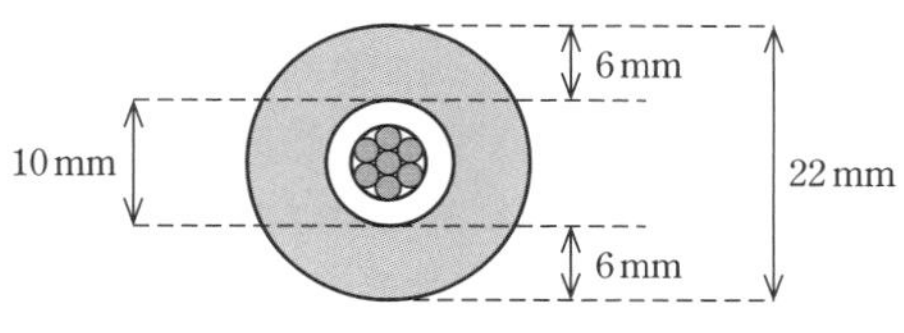

●解図 3

氷雪が付着した状態の電線路の垂直投影面積 S（解図 4）は

$$S = 22 \times 10^{-3} \times 1 = 22 \times 10^{-3}\,\mathrm{m}^2$$

22×10^{-3}m　垂直投影面積 S〔m^2〕　1 m

●解図 4

乙種風圧荷重は，垂直投影面積 1 m^2 当たり 490 Pa（$= \mathrm{N/m^2}$）であるから

$$490\,\mathrm{N/m^2} \times 22 \times 10^{-3}\,\mathrm{m^2} = 10.78 \fallingdotseq \mathbf{10.8\,N}$$

甲種風圧荷重は（a）より 9.8 N であり，乙種風圧荷重のほうが大きいので，10.8 N を適用する．

解答 ▶ (a) - (4)，(b) - (3)

問題44　☑ ☑ ☑　H27　B-11（類 H20　B-11）

図のように既設の高圧架空電線路から，電線に硬銅より線を使用した電線路を高低差なく径間 40 m 延長することにした．

新設支持物に A 種鉄筋コンクリート柱を使用し，引留支持物とするため支線を電線路の延長方向 10 m の地点に図のように設ける．電線と支線の支持物への取付け高さはともに 10 m であるとき，次の（a）及び（b）の問に答えよ．

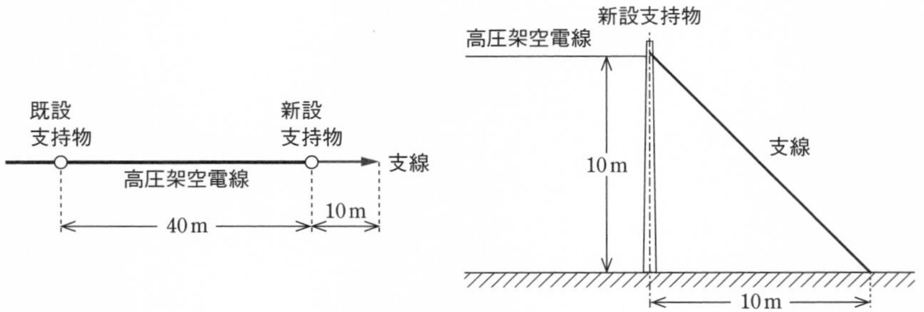

(a) 電線の水平張力を 13 kN として，その張力を支線で全て支えるものとする．支線の安全率を 1.5 としたとき，支線に要求される引張強さの最小の値〔kN〕として，最も近いものを次の（1）～（5）のうちから一つ選べ．

(1) 6.5　　(2) 10.7　　(3) 19.5　　(4) 27.6　　(5) 40.5

(b) 電線の引張強さを 28.6 kN，電線の重量と風圧荷重との合成荷重を 18 N/m とし，高圧架空電線の引張強さに対する安全率を 2.2 としたとき，この延長

した電線の弛度（たるみ）の値〔m〕は，いくら以上としなければならないか．最も近いものを次の（1）～（5）のうちから一つ選べ．

（1）0.14　（2）0.28　（3）0.49　（4）0.94　（5）1.97

解釈第 66 条（低高圧架空電線の引張強さに対する安全率）からの出題である．本節第 2 項参照．

（a）支線に生じる引張荷重 T_s〔kN〕と電線の水平張力 T〔kN〕の関係（解図）は

$$T : T_s = 10 : 10\sqrt{2} = 1 : \sqrt{2}$$

$$\therefore \quad T_s = \sqrt{2} \times T$$

ここで，電線の水平張力 T は，13 kN なので

$$T_s = \sqrt{2} \times 13 = 13\sqrt{2}\ \text{kN}$$

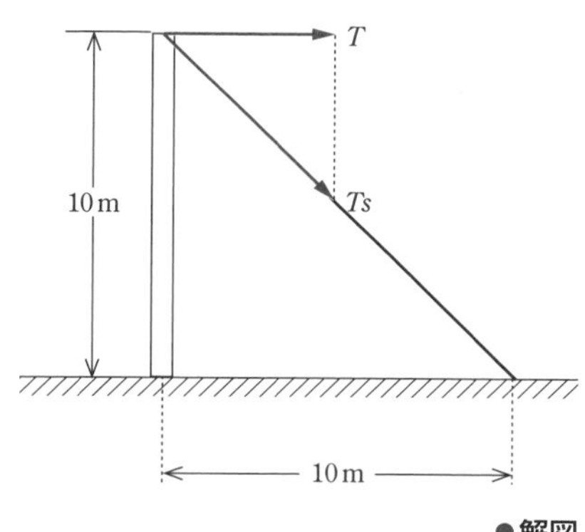

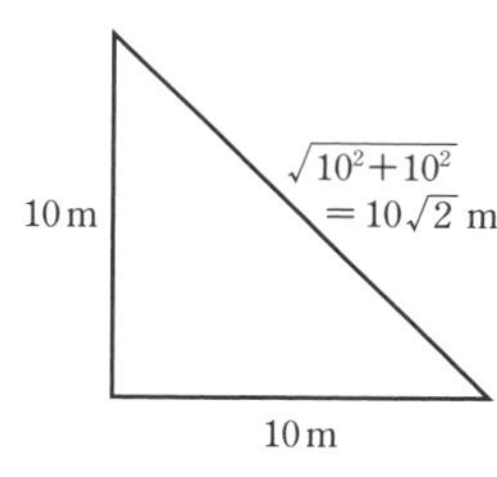

●解図

支線に要求される引張り強さの最小の値は，支線の安全率が 1.5 なので

$$13\sqrt{2} \times 1.5 = 27.58 \fallingdotseq \mathbf{27.6\ kN}$$

（b）電線の引張り強さが 28.6kN，安全率が 2.2 であるから，電線の許容引張荷重 T〔kN〕は

$$T = \frac{28.6}{2.2} = 13\ \text{kN}$$

径間 $S = 40$ m，1 m 当たりの電線荷重 $W = 18$ N/m，電線の水平荷重 $T = 13$ kN を電線のたるみ D〔m〕を求める式に代入すると

$$D = \frac{WS^2}{8T} = \frac{18 \times 40^2}{8 \times 13 \times 10^3} = 0.277 \fallingdotseq \mathbf{0.28\ m}$$

解答 ▶ (a)-(4)，(b)-(2)

問題45　R3　B-11（類 H21　B-12，H16　B-11）

図のように既設の高圧架空電線路から，高圧架空電線を高低差なく径間 30 m 延長することにした．

新設支持物に A 種鉄筋コンクリート柱を使用し，引留支持物とするため支線を電線路の延長方向 4 m の地点に図のように設ける．電線と支線の支持物への取付け高さはともに 8 m であるとき，次の (a) 及び (b) の問に答えよ．

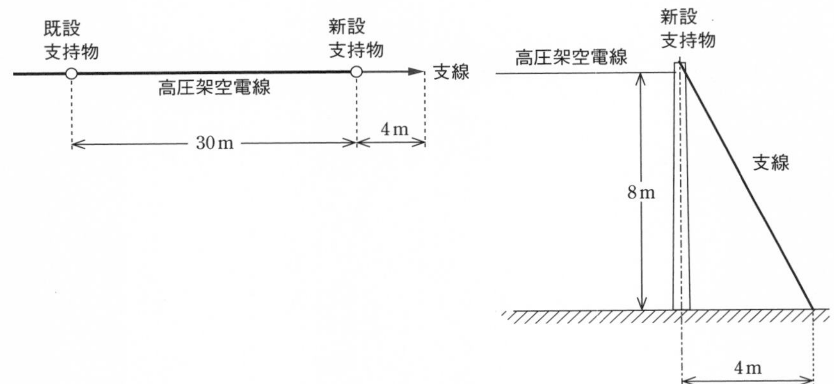

(a) 電線の水平張力が 15 kN であり，その張力を支線で全て支えるものとしたとき，支線に生じる引張荷重の値〔kN〕として，最も近いものを次の (1)～(5) のうちから一つ選べ．

(1) 7　(2) 15　(3) 30　(4) 34　(5) 67

(b) 支線の安全率を 1.5 とした場合，支線の最少素線条数として，最も近いものを次の (1)～(5) のうちから一つ選べ．ただし，支線の素線には，直径 2.9 mm の亜鉛めっき鋼より線（引張強さ 1.23 kN/mm^2）を使用し，素線のより合わせによる引張荷重の減少係数は無視するものとする．

(1) 3　(2) 5　(3) 7　(4) 9　(5) 19

(a) 支線に生じる引張荷重 T_s〔kN〕と電線の水平張力 T〔kN〕の関係（解図 1）は

$$T : T_s = 4 : 4\sqrt{5} = 1 : \sqrt{5}$$

$$\therefore \quad T_s = \sqrt{5} \times T$$

ここで，電線の水平張力 T は，15 kN なので

$$T_s = \sqrt{5} \times 15 = 33.54 \fallingdotseq \mathbf{34\,kN}$$

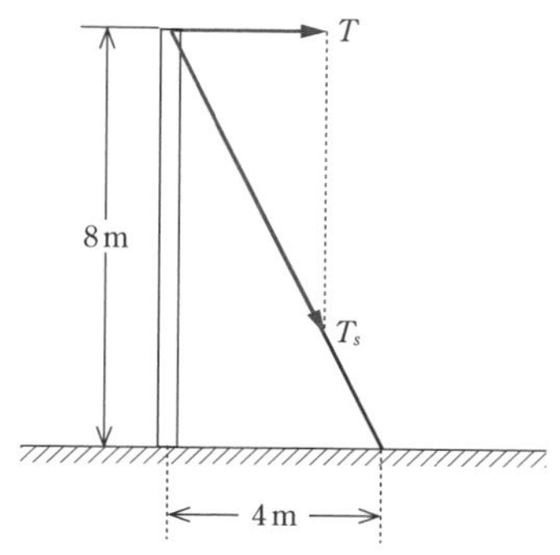

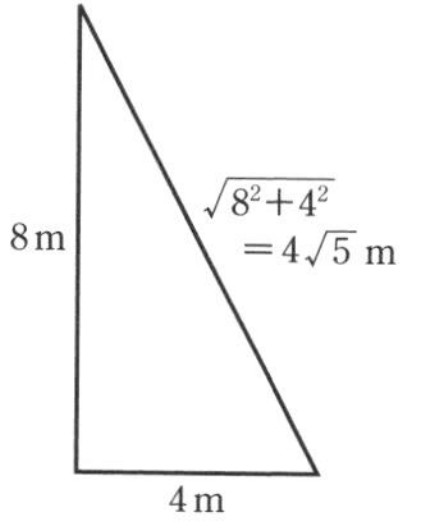

●解図 1

（b）支線の素線１条の引張強さ T_1〔kN〕は，断面積を乗じて

$$T_1 = 1.23 \times \pi \times \left(\frac{2.9}{2}\right)^2 \fallingdotseq 8.12\,\text{kN}$$

支線に生じる引張荷重 T_s〔kN〕は，**支線の許容引張荷重以下**となるように施設しなければならないので

$$T_s < \text{支線の許容引張荷重} \quad \rightarrow \quad T_s < \frac{\text{支線の引張強さ（破壊荷重）}}{\text{支線の安全率}}$$

$$\left(\begin{array}{l} \text{支線の安全率} = \dfrac{\text{支線の引張強さ（破壊荷重）}}{\text{支線の許容引張荷重}} \\ \therefore \ \text{支線の許容引張荷重} = \dfrac{\text{支線の引張強さ（破壊荷重）}}{\text{支線の安全率}} \end{array}\right)$$

支線の安全率が 1.5 となっていることから，必要な素線の条数 n は

$$33.54 < \frac{8.12 \times n}{1.5} \quad \rightarrow \quad n > \frac{33.54 \times 1.5}{8.12} \fallingdotseq 6.2$$

となり，素線の条数は整数であることから，解図２に示すように **7 条**が用いられる．

●解図 2

解答 ▶ (a) - (4)，(b) - (3)

支持物と支線の施設

[★★]

本節では，支持物と支線の施設に関する規定を学習する.

1 支持物の昇塔防止（電技第 24 条，解釈第 53 条）

電技では，支持物の昇塔防止について，次のように規定している.

第 24 条（架空電線路の支持物の昇塔防止）

架空電線路の支持物には，感電のおそれがないよう，取扱者以外の者が容易に昇塔できないように適切な措置を講じなければならない.

解釈では，架空電線路の支持物に取扱者が昇降に使用する足場金具などを施設する場合は，**地表上 1.8 m 以上**に施設しなければならないと規定している．ただし，次のいずれかに該当する場合は除かれる.

① 足場金具などが**内部に格納できる構造**である場合

② 支持物に**昇塔防止のための装置**を施設する場合

③ 支持物の周囲に取扱者以外の者が立ち入らないように，**さく・へいなど**を施設する場合

④ 支持物を山地などで**人が容易に立ち入るおそれがない場所**に施設する場合

2 支持物の倒壊の防止（電技第 32 条，解釈第 59·60 条）

電技では，支持物の倒壊の防止について，次のように規定している.

第 32 条（支持物の倒壊の防止）

架空電線路又は架空電車線路の支持物の材料及び構造（支線を施設する場合は，当該支線に係るものを含む.）は，その支持物が支持する電線等による引張荷重，10 分間平均で風速 40 m/秒の風圧荷重及び当該設置場所において通常想定される地理的条件，気象の変化，振動，衝撃その他の外部環境の影響を考慮し，倒壊のおそれがないよう，安全なものでなければならない．ただし，人家が多く連なっている場所に施設する架空電線路にあっては，その施設場所を考慮して施設する場合は，10 分間平均で風速 40 m/秒の風圧荷重の 1/2 の風圧荷重を考慮して施設することができる.

2　架空電線路の支持物は，構造上安全なものとすること等により連鎖的に倒壊のおそれがないように施設しなければならない．

(1) 支持物の強度（解釈第 59 条）

低圧又は高圧架空電線路の支持物は，表 2･35 に示す荷重に耐える強度を有していなければならない．

●表 2・35　低高圧架空電線路の支持物が耐えるべき荷重

<table>
<tr><th colspan="3">支持物</th><th>低　圧</th><th>高　圧</th></tr>
<tr><td colspan="3">木　柱</td><td colspan="2">風圧荷重に安全率 2.0 を乗じた荷重</td></tr>
<tr><td rowspan="3">A 種柱</td><td colspan="2">鉄　柱</td><td rowspan="6">風圧荷重</td><td rowspan="2">風圧荷重及び垂直荷重</td></tr>
<tr><td rowspan="2">鉄　筋
コンクリート柱</td><td>複合鉄筋
コンクリート柱</td></tr>
<tr><td>その他</td><td>風圧荷重</td></tr>
<tr><td rowspan="2">B 種柱</td><td colspan="2">鉄　柱</td><td rowspan="3">常時想定荷重</td></tr>
<tr><td colspan="2">鉄筋コンクリート柱</td></tr>
<tr><td colspan="3">鉄　塔</td></tr>
</table>

(2) 支持物の基礎の強度（解釈第 59・60 条）

木柱，A 種鉄柱及び A 種鉄筋コンクリート柱は，表 2･36 に示す根入れで施設することで基礎の強度計算を省略することが認められている．ただし，木柱，A 種鉄柱及び A 種鉄筋コンクリート柱（設計荷重 6.87 kN 以下，全長 16 m 以下の場合に限る）を水田その他地盤が軟弱な箇所に施設する場合は，特に堅ろうな根かせを施さなければならない．

一方で，B 種鉄柱，B 種鉄筋コンクリート柱及び鉄塔は，表 2･35 に示す当該支持物が耐えるべき荷重が加わった状態において，**基礎の安全率は 2 以上**（鉄塔における異常時想定荷重※1 又は異常着雪時想定荷重※2 については 1.33 以上）でなければならない．

※1　架渉線の切断を考慮する場合の荷重
※2　降雪の多い地域における着雪を考慮した荷重

●表 2・36　支持物の根入れ

支持物		全　長	根入れ
木　柱		15 m 以下	全長の 1/6 以上
		15 m 超過	2.5 m 以上
A 種柱	鉄　柱	15 m 以下	全長の 1/6 以上
		15 m 超過 16 m 以下	2.5 m 以上
	鉄筋 コンクリート柱	※1	

※1　A 種鉄筋コンクリート柱の根入れ

設計荷重	全長	根入れ
6.87 kN 以下	15 m 以下	全長の 1/6 以上
	15 m 超過 16 m 以下	2.5 m 以上
	16 m 超過 20 m 以下	2.8 m 以上
6.87 kN 超過 9.81 kN 以下	14 m 以上 15 m 以下	全長の 1/6 に 0.3 m を加えた値以上
	15 m 超過 20 m 以下	2.8 m 以上
9.81 kN 超過 14.72 kN 以下	14 m 以上 15 m 以下	全長の 1/6 に 0.5 m を加えた値以上
	15 m 超過 18 m 以下	3 m 以上
	18 m 超過 20 m 以下	3.2 m 以上

3　支線の施設（解釈第 59・61・62 条）

(1) 支持物の強度分担（解釈第 59 条）

鉄塔は，支線を用いてその強度を分担させてはならない．

一方で，木柱，鉄柱及び鉄筋コンクリート柱は，支線を用いてその強度を分担させることが認められているが，当該支持物が耐えるべき風圧荷重の 1/2 以上の風圧荷重に耐える強度を有していなければならない．

(2) 支線の必要箇所（解釈第 62 条）

木柱，A 種鉄柱及び A 種鉄筋コンクリート柱は，表 2・35 に示したように架渉線の不平衡張力を見込んでいない．そのため，高圧架空電線路において，**図 2・51 に示すような不平衡張力が見込まれる箇所**には，その不平衡張力に耐える支線を施設しなければならない．

径間の差により生じる不平衡張力による水平力に耐える支線を，電線路に平行な方向の両側に設ける

支線　支線

(a) 両側の径間の差が大きい場合

想定最大張力により生じる水平横分力に耐える支線を設ける

支線

5° を超える角度

(b) 電線路の水平角度が5度を超える箇所

想定最大張力に等しい不平衡張力による水平力に耐える支線を電線路の方向に設ける

支線

(c) 電線路の引留箇所

●図 2・51　木柱・A 種鉄柱・A 種鉄筋コンクリート柱における支線の必要箇所

(3) 支線の施設方法（解釈第 61 条）

低圧又は高圧架空電線路の支持物に施設する支線は，図 2･52 に示すように施設しなければならない．

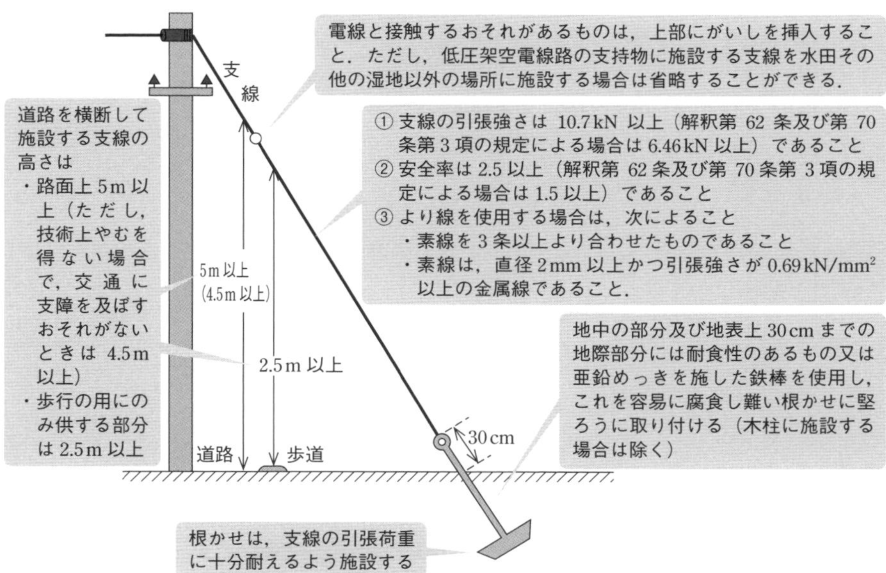

支線
電線と接触するおそれがあるものは，上部にがいしを挿入すること．ただし，低圧架空電線路の支持物に施設する支線を水田その他の湿地以外の場所に施設する場合は省略することができる．
道路を横断して施設する支線の高さは
・路面上 5m 以上（ただし，技術上やむを得ない場合で，交通に支障を及ぼすおそれがないときは 4.5m 以上）
・歩行の用にのみ供する部分は 2.5m 以上
① 支線の引張強さは 10.7kN 以上（解釈第 62 条及び第 70 条第 3 項の規定による場合は 6.46kN 以上）であること
② 安全率は 2.5 以上（解釈第 62 条及び第 70 条第 3 項の規定による場合は 1.5 以上）であること
③ より線を使用する場合は，次によること
・素線を 3 条以上より合わせたものであること
・素線は，直径 2mm 以上かつ引張強さが 0.69kN/mm² 以上の金属線であること．
5m 以上
(4.5m 以上)
2.5m 以上
道路
歩道
30cm
地中の部分及び地表上 30cm までの地際部分には耐食性のあるもの又は亜鉛めっきを施した鉄棒を使用し，これを容易に腐食し難い根かせに堅ろうに取り付ける（木柱に施設する場合は除く）
根かせは，支線の引張荷重に十分耐えるよう施設する

●図 2・52　低高圧架空電線の支線の施設方法

問題46 ☑ ☑ ☑　H30　A-7（類 H24　A-7）

次の文章は，「電気設備技術基準の解釈」における架空電線路の支持物の昇塔防止に関する記述である．

架空電線路の支持物に取扱者が昇降に使用する足場金具等を施設する場合は，地表上 （ア） m 以上に施設すること．ただし，次のいずれかに該当する場合はこの限りでない．

a. 足場金具等が （イ） できる構造である場合

b. 支持物に昇塔防止のための装置を施設する場合

c. 支持物の周囲に取扱者以外の者が立ち入らないように，さく，へい等を施設する場合

d. 支持物を山地等であって人が （ウ） 立ち入るおそれがない場所に施設する場合

上記の記述中の空白箇所（ア），（イ）及び（ウ）に当てはまる組合せとして，正しいものを次の (1)～(5) のうちから一つ選べ．

	（ア）	（イ）	（ウ）
(1)	2.0	内部に格納	頻繁に
(2)	2.0	取り外し	頻繁に
(3)	2.0	内部に格納	容易に
(4)	1.8	取り外し	頻繁に
(5)	1.8	内部に格納	容易に

解釈第 53 条（架空電線路の支持物の昇塔防止）からの出題である．本節第 1 項参照．

解答 ▶ (5)

問題47　H31　A-4（類 H16　A-4）

次の文章は，「電気設備技術基準」に基づく支持物の倒壊の防止に関する記述の一部である．

架空電線路又は架空電車線路の支持物の材料及び構造（支線を施設する場合は，当該支線に係るものを含む．）は，その支持物が支持する電線等による［（ア）］，10 分間平均で風速［（イ）］m/s の風圧荷重及び当該設置場所において通常想定される地理的条件，［（ウ）］の変化，振動，衝撃その他の外部環境の影響を考慮し，倒壊のおそれがないよう，安全なものでなければならない．ただし，人家が多く連なっている場所に施設する架空電線路にあっては，その施設場所を考慮して施設する場合は，10 分間平均で風速［（イ）］m/s の風圧荷重の［（エ）］の風圧荷重を考慮して施設することができる．

上記の記述中の空白箇所（ア），（イ），（ウ）及び（エ）に当てはまる組合せとして，正しいものを次の (1)～(5) のうちから一つ選べ．

	（ア）	（イ）	（ウ）	（エ）
(1)	引張荷重	60	温度	3 分の 2
(2)	重量荷重	60	気象	3 分の 2
(3)	引張荷重	40	気象	2 分の 1
(4)	重量荷重	60	温度	2 分の 1
(5)	重量荷重	40	気象	2 分の 1

電技第 32 条（支持物の倒壊の防止）からの出題である．本節第 2 項参照．

解答 ▶ (3)

架空電線の施設

[★★★]

本節では，低圧又は高圧架空電線の施設に関する規定を学習する．

1 電線による感電などの防止（電技第 4・6・20・21 条，解釈第 63・65 条）

電技では，低高圧架空電線による断線及び感電の防止について，次のように規定している．

第 4 条（電気設備における感電，火災等の防止）

電気設備は，感電，火災その他人体に危害を及ぼし，又は物件に損傷を与えるおそれがないように施設しなければならない．

第 6 条（電線等の断線の防止）

電線，支線，架空地線，弱電流電線等（弱電流電線及び光ファイバケーブルをいう．以下同じ．）その他の電気設備の保安のために施設する線は，通常の使用状態において断線のおそれがないように施設しなければならない．

第 20 条（電線路等の感電又は火災の防止）

電線路又は電車線路は，施設場所の状況及び電圧に応じ，感電又は火災のおそれがないように施設しなければならない．

第 21 条（架空電線及び地中電線の感電の防止）

低圧又は高圧の架空電線には，感電のおそれがないよう，使用電圧に応じた絶縁性能を有する絶縁電線又はケーブルを使用しなければならない．ただし，通常予見される使用形態を考慮し，感電のおそれがない場合は，この限りでない．

2（2-17 節参照）

(1) 電線の種類（解釈第 65 条）

低圧又は高圧架空電線に使用する電線の種類は，使用電圧に応じ，表 2・37 に規定するものでなければならない．

●表 2・37 低高圧架空電線路の電線の種類

使用電圧の区分		電線の種類
低　圧	300 V 以下	絶縁電線，多心型電線又はケーブル
	300 V 超過	絶縁電線（引込用ビニル絶縁電線及び引込用ポリエチレン絶縁電線を除く）又はケーブル
高　圧		高圧絶縁電線，特別高圧絶縁電線又はケーブル

ただし，次のいずれかに該当する場合は，裸電線を使用することができる．

・低圧架空電線を B 種接地工事の施された中性線又は接地側電線として施設する場合

・高圧架空電線を海峡横断箇所，河川横断箇所，山岳地の傾斜が急な箇所又は谷越え箇所で，人が容易に立ち入るおそれがない場所に施設する場合

(2) 電線の強さ（解釈第 65 条）

低圧又は高圧架空電線に使用する電線（ケーブルは除く）の太さ又は引張強さは，表 2・38 に規定する値以上でなければならない．

●表 2・38 低高圧架空電線路の電線の太さ又は引張強さ

使用電圧の区分	施設場所の区分	電線の種類		電線の太さ又は引張強さ
300 V 以下	すべて	絶縁電線	硬銅線	直径 2.6 mm
			その他	引張強さ 2.3 kN
		絶縁電線以外	硬銅線	直径 3.2 mm
			その他	引張強さ 3.44 kN
300 V 超過	市街地	硬銅線		直径 5 mm
		その他		引張強さ 8.01 kN
	市街地外	硬銅線		直径 4 mm
		その他		引張強さ 5.26 kN

なお，ケーブルは，ちょう架用線にちょう架して施設するため，ケーブル自体の太さ又は引張り強さは，特に規制していない（具体的な施工方法は，本節第 2 項参照）．

(3) 径間の制限（解釈第 63 条）

低圧又は高圧架空電線の径間は，表 2・39 に示す値以下としなければならない．

●表 2・39　低高圧架空電線路の最大径間　〔m〕

	低　圧	高　圧	
	一　般	一　般	長径間工事
木柱，A 種鉄柱，A 種鉄筋コンクリート柱	制限なし	150	300
B 種鉄柱，B 種鉄筋コンクリート柱		250	500
鉄　塔		600	制限なし

2　架空ケーブルの施設方法（解釈第 67 条）

低圧又は高圧架空電線にケーブルを使用し，ケーブルをハンガーによりちょう架用線に支持する方法により施設する場合は，図 2･53 に示すように施設しなければならない．

① 高圧架空電線にケーブルを使用する場合，**ハンガーの間隔は 50 cm 以下**であること

② ちょう架用線は，**引張強さ 5.93 kN 以上のもの**又は**断面積 22 mm² 以上の亜鉛めっき鉄より線**であること

③ ちょう架用線及びケーブルの被覆に使用する金属体には，**D 種接地工事**を施すこと

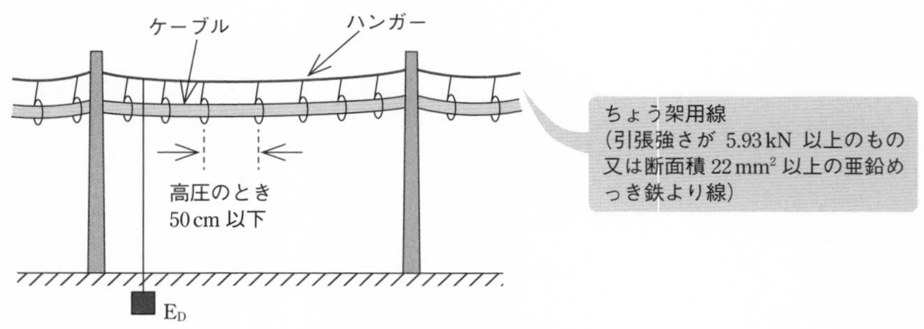

●図 2・53　架空ケーブルの施設方法

3　架空電線の高さ（電技第 25 条，解釈第 68 条）

電技では，低高圧架空電線の高さについて，次のように規定している．

第 25 条（架空電線等の高さ）

架空電線，架空電力保安通信線及び架空電車線は，接触又は誘導作用による感電のおそれがなく，かつ，交通に支障を及ぼすおそれがない高さに施設しなければならない．

2　支線は，交通に支障を及ぼすおそれがない高さに施設しなければならない．

解釈では，低圧又は高圧架空電線の高さを，表 2・40 及び図 2・54 に示す値以上でなければならないと規定している．

また，低圧又は高圧架空電線を水面上に施設する場合は，電線の水面上の高さを船舶の航行などに危険を及ぼさないように保持し，高圧架空電線を氷雪の多い

●表 2・40　低高圧架空電線の高さ

区　分	基　準	低圧架空電線	高圧架空電線
道路[※1] を横断する場合	路面上	**6 m**	
鉄道又は軌道を横断する場合	レール面上	**5.5 m**	
横断歩道橋の上に施設する場合	横断歩道橋の路面上	**3 m**	**3.5 m**
上記以外	地表上	**5 m** （ただし，4 m の特例[※2] あり）	**5 m**

※1　車両の往来がまれであるもの及び歩行の用にのみ供される部分を除く

※2　低圧架空電線を道路以外の場所に施設する場合と屋外照明用であって絶縁電線又はケーブルを使用した対地電圧 150 V 以下のものを交通に支障のないように施設する場合

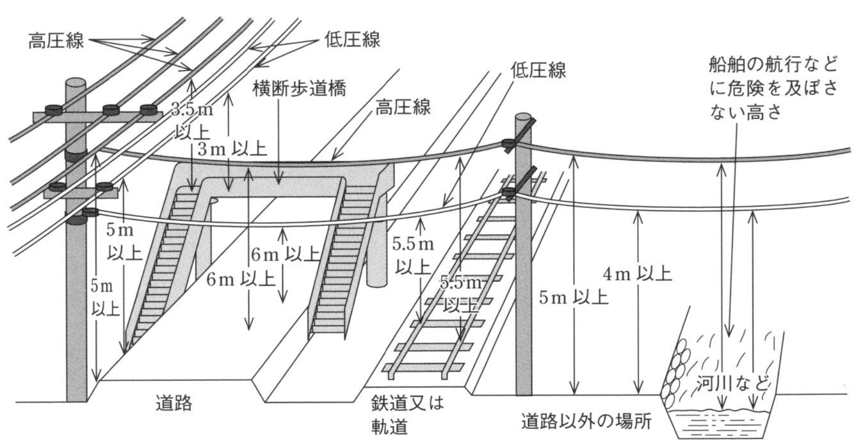

●図 2・54　低高圧架空電線の高さ

地方に施設する場合は，電線の積雪上の高さを人又は車両の通行などに危険を及ぼさないように保持しなければならない．

4 他の工作物との離隔距離（電技第29条，解釈第71～79条）

電技では，低圧又は高圧架空電線による他の工作物への危険の防止について，次のように規定している．

第29条（電線による他の工作物等への危険の防止）

電線路の電線又は電車線等は，他の工作物又は植物と接近し，又は交さする場合には，他の工作物又は植物を損傷するおそれがなく，かつ，接触，断線等によって生じる感電又は火災のおそれがないように施設しなければならない．

解釈では，低圧又は高圧架空電線と他の工作物との離隔距離について，原則として表2･41に示す値以上でなければならないと規定している．

●表2・41　他の工作物との離隔距離

［単位：m］

		建造物※2			道路・横断歩道橋・鉄道・軌道※4	索道	電車線			架空弱電流電線路		アンテナ	他の低高圧架空電線路					他の工作物※6		植物※7
													低圧架空電線		高圧架空電線					
		上部造営材の上方	その他※3	下方接近			低圧の電車線	高圧の電車線	低高圧の電車線の支持物	架空弱電流電線※5	架空弱電流電線路の支持物		右以外※1	高圧・特別高圧絶縁電線・ケーブル	高圧・特別高圧絶縁電線	ケーブル	他の低高圧架空電線路の支持物	上部造営材の上方	その他	
低圧	下記以外※1	2	1.2 (0.8)	0.6	3 (1)	0.6	0.6	1.2	0.3	0.6 (0.3)	0.3	0.6	**0.6**	**0.3**	**0.8**	**0.4**	0.3	2	0.6	α
	高圧・特別高圧絶縁電線・ケーブル	1	0.4	0.3		0.3	0.3			0.3 (0.15)		0.3	**0.3**					1	0.3	
高圧	高圧・特別高圧絶縁電線	2	1.2 (0.8)	0.8	3 (1.2)	0.8	0.8	0.8	0.6	0.8	0.6	0.8	**0.8**	**0.8**	**0.8**	**0.4**	0.6	2	0.8	α
	ケーブル	1	0.4	0.4		0.4	0.4	0.4	0.3	0.4	0.3	0.4	**0.4**	**0.4**	**0.4**		0.3	1	0.4	

※1　高圧絶縁電線又は特別高圧絶縁電線以外の絶縁電線，多心型電線

※2　人が居住若しくは勤務し，又は頻繁に出入り若しくは来集する造営物

※3　（　）内は，人が建造物の外へ手を伸ばす，又は身を乗り出すことなどができない部分の離隔距離

※4　（　）内は，水平離隔距離
※5　（　）内は，架空弱電流電線路の管理者の承諾を得た場合において，架空弱電流電線が絶縁電線と同等以上の絶縁効力のあるもの又は通信用ケーブルであるときの離隔距離
※6　建造物，道路・横断歩道橋・鉄道・軌道，索道，電車線，架空弱電流電線路，アンテナ，他の低高圧架空電線路以外の工作物
※7　**平時吹いている風などにより接触しないように施設すること**

5　高圧保安工事（解釈第 70 条）

高圧架空電線が，建造物，道路・横断歩道橋・鉄道・軌道，索道，電車線，架空弱電流電線路，アンテナ，他の低高圧架空電線路及び他の工作物と**接近状態（2-1 節第 3 項（2）参照）又は上方に交差して施設する場合**は，高圧架空電線路の電線の断線，支持物の倒壊などにより高圧架空電線が当該工作物に接触して高電圧が加わる危険があるため，高圧架空電線路を一般の工事方法よりも強化した**高圧保安工事**により施設しなければならない.

（高圧保安工事）

① 電線はケーブルである場合を除き，**引張強さ 8.01 kN 以上のもの**又は**直径 5 mm 以上の硬銅線**であること

② **木柱の風圧荷重**に対する**安全率は 2.0 以上**であること

③ **径間は，表 2･42 に示す値以下**とすること（ただし，電線に**引張強さ 14.51 kN 以上のもの**又は**断面積 38 mm² 以上の硬銅より線**を使用する場合で，支持物に B 種鉄筋コンクリート柱，B 種鉄柱又は鉄塔を使用するときは除かれる）

④ 高圧架空電線路の支持物で直線路が連続している箇所において，連鎖的に倒壊するおそれがある場合は，必要に応じ，16 基以下ごとに，支線を電線路に平行な方向にその両側に設け，また，5 基以下ごとに支線を電線路と直角の方向にその両側に設けること（ただし，技術上困難であるときは除かれる）

●表 2・42　高圧保安工事の最大径間

支持物の種類	径　間
木柱，A 種鉄筋コンクリート柱又は A 種鉄柱	**100 m**
B 種鉄筋コンクリート柱又は B 種鉄柱	**150 m**
鉄　塔	**400 m**

なお，解釈では低圧保安工事も規定されているが，適用箇所がきわめて限定されるため，説明を省略する．

6 併架と共架（電技第28条，解釈第80・81条）

電技では，低圧又は高圧架空電線の混触の防止について，次のように規定している．

第28条（電線の混触の防止）

電線路の電線，電力保安通信線又は電車線等は，他の電線又は弱電流電線等と接近し，若しくは交さする場合又は同一支持物に施設する場合には，他の電線又は弱電流電線等を損傷するおそれがなく，かつ，接触，断線等によって生じる混触による感電又は火災のおそれがないように施設しなければならない．

低圧架空電線と高圧架空電線を同一支持物に施設する場合を**併架（解釈第80条）**，低圧架空電線又は高圧架空電線と架空弱電流電線を同一支持物に施設する場合を**共架（解釈第81条）**といい，原則として図2･55に示すように施設しなければならない．

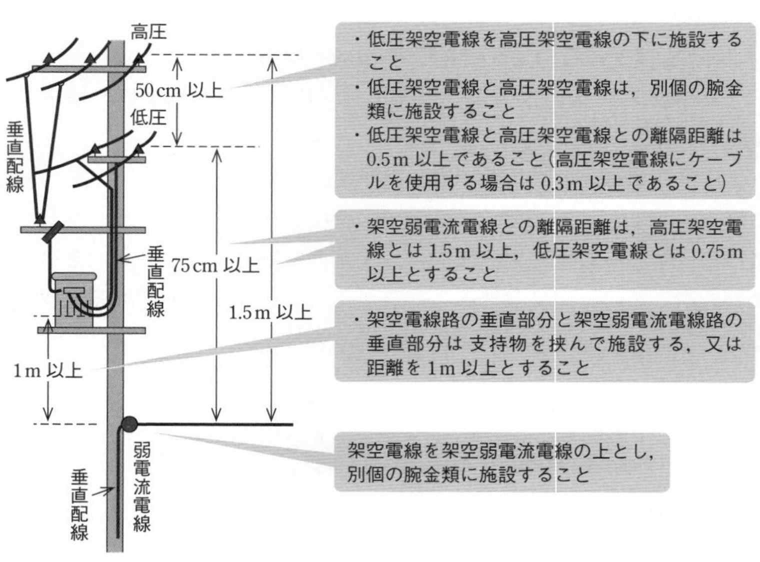

●図2・55　併架・共架の施設方法

問題48 ✓✓✓ H13 A-5

次の文章は，「電気設備技術基準の解釈」に基づく架空電線路の施設に関する記述である．

高圧架空電線にケーブルを使用する場合は，原則として，次の各号等により施設すること．

1. ケーブルは，ケーブルをちょう架する金属線（以下「ちょう架用線」という）にハンガーにより施設すること．この場合，そのハンガーの間隔は［（ア）］cm 以下として施設すること．
2. ケーブルの支持にちょう架用線を使用する場合は，引張強さが 5.93 kN 以上のもの又は断面積［（イ）］mm^2 以上の［（ウ）］であること．
3. ちょう架用線及びケーブルの被覆に使用する金属体には，［（エ）］接地工事を施すこと．

上記の記述中の空白箇所（ア），（イ），（ウ）及び（エ）に記入する語句又は数値として，適切なものを組み合わせたのは次のうちどれか．

	（ア）	（イ）	（ウ）	（エ）
(1)	30	22	鋼心アルミより線	D 種
(2)	30	38	亜鉛めっき鉄より線	A 種
(3)	50	22	亜鉛めっき鉄より線	D 種
(4)	50	38	鋼心アルミより線	A 種
(5)	60	22	アルミめっき鋼線	C 種

解説 解釈第 67 条（低高圧架空電線路の架空ケーブルによる施設）からの出題である．本節第 2 項参照．

解答 ▶ (3)

問題49 ✓✓✓ H17 A-4

次の文章は，「電気設備技術基準」に基づく電気供給のための電気設備の施設に関する記述の一部である．

架空電線，架空電力保安通信線及び架空電車線は，［（ア）］又は誘導作用による［（イ）］のおそれがなく，かつ，［（ウ）］に支障を及ぼすおそれがない高さに施設しなければならない．

上記の記述中の空白箇所（ア），（イ）及び（ウ）に記入する語句として，正しいものを組み合わせたのは次のうちどれか．

	（ア）	（イ）	（ウ）
(1)	接触	感電	交通

(2)	通電	電波障害	造営物
(3)	接触	電波障害	交通
(4)	通電	感電	建造物
(5)	接触	感電	建造物

解説 電技第 25 条（架空電線等の高さ）第 1 項からの出題である．本節第 3 項参照．

解答 ▶ (1)

問題50 H27 A-7

次の文章は，低高圧架空電線の高さ及び建造物等との離隔距離に関する記述である．その記述内容として，「電気設備技術基準の解釈」に基づき，不適切なものを次の (1)～(5) のうちから一つ選べ．

(1) 高圧架空電線を車両の往来が多い道路の路面上 7 m の高さに施設した．

(2) 低圧架空電線にケーブルを使用し，車両の往来が多い道路の路面上 5 m の高さに施設した．

(3) 建造物の屋根（上部造営材）から 1.2 m 上方に低圧架空電線を施設するために，電線にケーブルを使用した．

(4) 高圧架空電線の水面上の高さは，船舶の航行等に危険を及ぼさないようにした．

(5) 高圧架空電線を，平時吹いている風等により，植物に接触しないように施設した．

解説 (1) (2) 及び (4) は，解釈第 68 条（低高圧架空電線の高さ）からの出題である．本節第 3 項参照．

(3) は，解釈第 71 条（低高圧架空電線と建造物との接近）からの出題である．本節第 4 項参照．

(5) は，解釈第 79 条（低高圧架空電線と植物との接近）からの出題である．本節第 4 項参照．

(1)　○　低圧架空電線及び高圧架空電線を道路（車両の往来がまれであるもの及び歩行の用にのみ供される部分を除く）を横断して施設する場合は，**路面上 6 m 以上の高さ**にしなければならない．

(2)　×　(1) より，**低圧の場合も 6 m 以上**にしなければならない．

(3)　○　低圧架空電線（ケーブル）を建造物の屋根（上部造営材）の上方に施設する場合は，**離隔距離は 1 m 以上**としなければならない．

(4)　○　高圧架空電線を水面上に施設する場合は，**船舶の航行などに危険を及ぼさないように**しなければならない．

（5）◯　高圧架空電線は，平時吹いている風などにより，**植物に接触しないように施設**しなければならない．

解答 ▶（2）

問題51　R1　A-8

次のa～fの文章は低高圧架空電線の施設に関する記述である．

これらの文章の内容について，「電気設備技術基準の解釈」に基づき，適切なものと不適切なものの組合せとして，正しいものを次の（1）～（5）のうちから一つ選べ．

a．車両の往来が頻繁な道路を横断する低圧架空電線の高さは，路面上6m以上の高さを保持するよう施設しなければならない．

b．車両の往来が頻繁な道路を横断する高圧架空電線の高さは，路面上6m以上の高さを保持するよう施設しなければならない．

c．横断歩道橋の上に低圧架空電線を施設する場合，電線の高さは当該歩道橋の路面上3m以上の高さを保持するよう施設しなければならない．

d．横断歩道橋の上に高圧架空電線を施設する場合，電線の高さは当該歩道橋の路面上3m以上の高さを保持するよう施設しなければならない．

e．高圧架空電線をケーブルで施設するとき，他の低圧架空電線と接近又は交差する場合，相互の離隔距離は0.3m以上を保持するよう施設しなければならない．

f．高圧架空電線をケーブルで施設するとき，他の高圧架空電線と接近又は交差する場合，相互の離隔距離は0.3m以上を保持するよう施設しなければならない．

	a	b	c	d	e	f
（1）	不適切	不適切	適切	不適切	適切	適切
（2）	不適切	不適切	適切	適切	適切	不適切
（3）	適切	適切	不適切	不適切	適切	不適切
（4）	適切	不適切	適切	適切	不適切	不適切
（5）	適切	適切	適切	不適切	不適切	不適切

a～dは，解釈第68条（低高圧架空電線の高さ）からの出題である．本節第3項参照．

e～fは，解釈第74条（低高圧架空電線と他の低高圧架空電線路との接近又は交差）からの出題である．本節第4項参照．

aは，「適切」．道路（車両の往来がまれであるもの及び歩行の用にのみ供される部分を除く）を横断する場合は，**路面上 6 m 以上の高さ**に施設しなければならない．

b は，a と同様に「適切」．

c は，「適切」．低圧架空電線を横断歩道橋の上に施設する場合は，**横断歩道橋の路面上 3 m 以上の高さ**に施設しなければならない．

d は，「不適切」．高圧架空電線を横断歩道橋の上に施設する場合は，**横断歩道橋の路面上 3.5 m 以上の高さ**に施設しなければならない．

e は，「不適切」．高圧架空電線をケーブルで施設する場合は，他の低圧架空電線路と接近又は交差する場合の**離隔距離は 0.4 m 以上**と規定されている．

f は，「不適切」．高圧架空電線をケーブルで施設する場合は，他の高圧架空電線路と接近又は交差する場合の**離隔距離は 0.4 m 以上**と規定されている．

解答 ▶ (5)

問題52　R3　A-6（類 H24　A-8，H19　A-8）

次の文章は，「電気設備技術基準の解釈」に基づく高圧架空電線に適用される高圧保安工事及び連鎖倒壊防止に関する記述である．

a. 電線はケーブルである場合を除き，引張強さ［（ア）］kN 以上のもの又は直径［（イ）］mm 以上の硬銅線であること．

b. 木柱の風圧荷重に対する安全率は，2.0 以上であること．

c. 支持物に木柱，A 種鉄筋コンクリート柱又は A 種鉄柱を使用する場合の径間は［（ウ）］m 以下であること．また，支持物に B 種鉄筋コンクリート柱又は B 種鉄柱を使用する場合の径間は［（エ）］m 以下であること（電線に引張強さ 14.51 kN 以上のもの又は断面積 38 mm^2 以上の硬鋼より線を使用する場合を除く）．

d. 支持物で直線路が連続している箇所において，連鎖的に倒壊するおそれがある場合は，技術上困難であるときを除き，必要に応じ，16 基以下ごとに，支線を電線路に平行な方向にその両側に設け，また，5 基以下ごとに支線を電線路と直角の方向にその両側に設けること．

上記の記述中の空白箇所（ア）～（エ）に当てはまる組合せとして，正しいものを次の (1)～(5) のうちから一つ選べ．

	(ア)	(イ)	(ウ)	(エ)
(1)	8.01	4	100	150
(2)	8.01	5	100	150
(3)	8.01	4	150	250
(4)	5.26	4	150	250
(5)	5.26	5	100	150

解説　解釈第 70 条（低圧保安工事，高圧保安工事及び連鎖倒壊防止）からの出題である．本節第 5 項参照．

解答 ▶ (2)

問題53　H14　A-5

次の文章は，「電気設備技術基準」に基づく電線の混触の防止に関する記述である．

電線路の電線，電力保安通信線又は［（ア）］等は，他の電線又は［（イ）］と接近し，若しくは交さする場合又は同一支持物に［（ウ）］する場合には，他の電線又は［（イ）］を損傷するおそれがなく，かつ，［（エ）］，断線等によって生じる混触による感電又は火災のおそれがないように施設しなければならない．

上記の記述中の空白箇所（ア），（イ），（ウ）及び（エ）に記入する語句として，正しいものを組み合わせたのは次のうちどれか．

	（ア）	（イ）	（ウ）	（エ）
(1)	電車線	弱電流電線等	施設	接触
(2)	架空地線	き電線	添架	短絡
(3)	架空地線	電話線	共架	振動
(4)	き電線	弱電流電線等	施設	接触
(5)	電車線	き電線	添架	振動

解説　電技第 28 条（電線の混触の防止）からの出題である．本節第 6 項参照．

解答 ▶ (1)

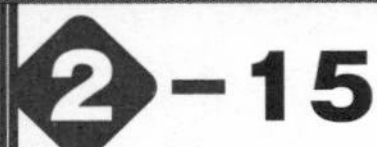

2-15 屋側・屋上電線路と特殊場所の電線路の施設

[★]

本節では，屋側・屋上電線路及び特殊場所の電線路の施設に関する規定を学習する．

1 屋側電線路（解釈第 110・111 条）

(1) 低圧屋側電線路（解釈第 110 条）

低圧屋側電線路は，① がいし引き工事，② 合成樹脂管工事，③ 金属管工事，④ バスダクト工事又は ⑤ ケーブル工事により施設しなければならない．

① がいし引き工事は，図 2･56 に示すように展開した場所に施設し，簡易接触防護措置を施すこと（最近はあまり適用されないので，規定の詳細な説明は省略）

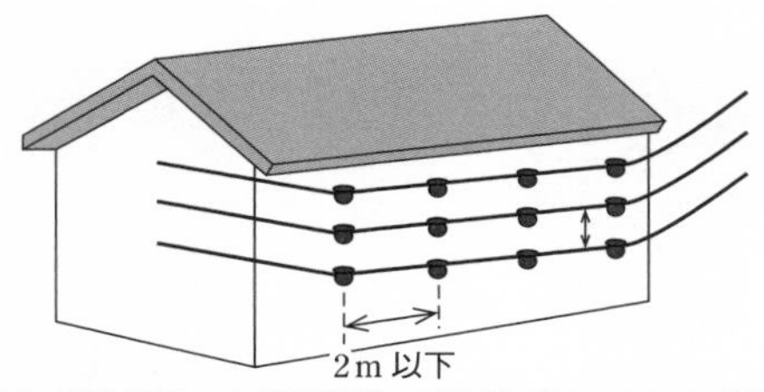

(a) 引込用ビニル絶縁電線，引込用ポリエチレン絶縁電線及び屋外用ビニル絶縁電線以外の絶縁電線を使用する場合

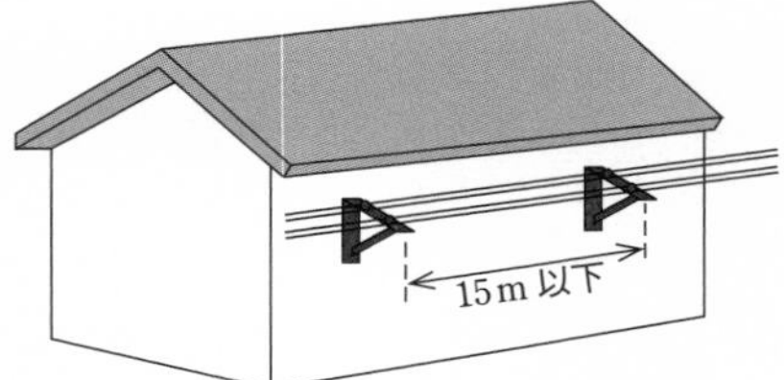

(b) 屋外用ビニル絶縁電線を使用する場合

●図 2・56　低圧屋側電線路（がいし引き工事）

② 合成樹脂管工事は，屋内配線の当該工事に準じて施設すること（2-20 節第 2 項（2）参照）

③ 金属管工事は，木造以外の造営物に屋内配線の当該工事に準じて施設すること（2-20 節第 2 項（3）参照）

④ バスダクト工事は，木造以外の造営物において，展開した場所又は点検できる隠ぺい場所に屋内配線の当該工事に準じて施設すること（屋外用のバスダクトでダクト内部に水が浸入してたまらないものを使用すること）（2-20 節第 2 項（7）参照）

⑤　ケーブル工事は，次のいずれかにより施設すること（ただし，鉛被ケーブル，アルミ被ケーブル又は MI ケーブルを使用する場合は，木造以外の造営物に限る）

・ケーブルを造営材に沿わせて施設する場合は，屋内配線の当該工事に準じて施設すること（2-20 節第 2 項（8）参照）

・ケーブルをちょう架用線にちょう架して施設する場合は，2-14 節第 2 項に準じて施設するとともに，造営材に接触しないように施設すること

(2) 高圧屋側電線路（解釈第 111 条）

高圧屋側電線路は，次により施設しなければならない．

・**展開した場所**に施設すること

・解釈第 145 条第 2 項の規定に準じて施設すること

・電線は，**ケーブル**であること

・ケーブルには，**接触防護措置**を施すこと

・ケーブルを造営材の側面又は下面に沿って取り付ける場合は，ケーブルの**支持点間の距離を 2 m 以下**（垂直に取り付ける場合は **6 m 以下**）とし，かつ，その被覆を損傷しないように取り付けること

・ケーブルをちょう架用線にちょう架して施設する場合は，2-14 節第 2 項に準じて施設するとともに，造営材に接触しないように施設すること

・管その他のケーブルを収める防護装置の金属製部分，金属製の電線接続箱及びケーブルの被覆に使用する金属体には，これらのものの防食措置を施した部分及び大地との間の電気抵抗値が 10Ω 以下である部分を除き，**A 種接地工事**（接触防護措置を施す場合は **D 種接地工事**）を施すこと

2　屋上電線路（解釈第 113・114 条）

(1) 低圧屋上電線路（解釈第 113 条）

低圧屋上電線路は，① 絶縁電線，② ケーブル，又は ③ バスダクトを用いて施設しなければならない．

①　絶縁電線を用いる場合は，次により施設すること

・展開した場所に危険のおそれがないように施設すること

・電線は，引張強さ 2.30 kN 以上のもの又は直径 2.6 mm 以上の硬銅線であること

・電線は，造営材に堅ろうに取り付けた支持柱又は支持台に絶縁性，難燃性

及び耐水性のあるがいしを用いて支持し，かつ，その支持点間の距離は15m以下であること

・電線と造営材との離隔距離は2m以上（電線が高圧・特別高圧絶縁電線である場合は1m以上）であること

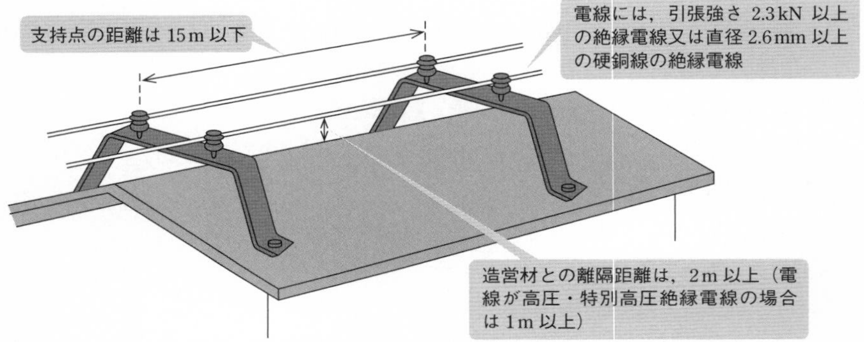
支持点の距離は15m以下
電線には，引張強さ 2.3kN 以上の絶縁電線又は直径2.6mm以上の硬銅線の絶縁電線
造営材との離隔距離は，2m以上（電線が高圧・特別高圧絶縁電線の場合は1m以上）

●図2・57　低圧屋上電線路（絶縁電線をがいしで固定する方法）

② ケーブルを用いる場合は，次のいずれかにより施設すること

・ケーブルを展開した場所において，2-14節第2項に準じて施設するほか，造営材に堅ろうに取り付けた支持柱又は支持台により支持し，造営材との離隔距離を1m以上として施設すること

・ケーブルを造営材に堅ろうに取り付けた堅ろうな管又はトラフに収め，かつ，トラフには取扱者以外の者が容易に開けることができないような構造を有する鉄製又は鉄筋コンクリート製その他の堅ろうなふたを設けるほか，屋内配線のケーブル工事に準じて施設すること（2-20節第2項（8）参照）

・ケーブルを造営材に堅ろうに取り付けたラックに施設し，かつ，ケーブルに簡易接触防護措置を施すほか，屋内配線のケーブル工事に準じて施設すること（2-20節第2項（8）参照）

③ バスダクトを用いる場合は，次により施設すること

・日本電気技術規格委員会が承認した規格であるJESC E6001（2011）「バスダクト工事による低圧屋上電線路の施設」に規定する要件によること

・屋内配線のバスダクト工事に準じて施設すること（2-20節第2項（7）参照）

(2) 高圧屋上電線路（解釈第 114 条）

高圧屋上電線路は，電線には**ケーブルを使用**し，次のいずれかにより施設しなければならない．

- ケーブルを**展開した場所**において，2-14 節第 2 項に準じて施設するほか，造営材に堅ろうに取り付けた支持柱又は支持台により支持し，**造営材との離隔距離を 1.2 m 以上**として施設すること
- ケーブルを造営材に堅ろうに取り付けた堅ろうな管又はトラフに収め，かつ，トラフには取扱者以外の者が容易に開けることができないような構造を有する鉄製又は鉄筋コンクリート製その他の堅ろうなふたを設けるほか，管その他のケーブルを収める防護装置の金属製部分，金属製の電線接続箱及びケーブルの被覆に使用する金属体には，これらのものの防食措置を施した部分及び大地との間の電気抵抗値が 10Ω 以下である部分を除き，**A 種接地工事**（接触防護措置を施す場合は **D 種接地工事**）を施すこと

3　特殊場所の電線路（電技第 37･39 条，解釈第 126～133 条）

電技では，危険な施設の禁止について，次のように規定している．

第 37 条（屋内電線路等の施設の禁止）

屋内を貫通して施設する電線路，屋側に施設する電線路，屋上に施設する電線路又は地上に施設する電線路は，当該電線路より電気の供給を受ける者以外の者の構内に施設してはならない．ただし，特別の事情があり，かつ，当該電線路を施設する造営物（地上に施設する電線路にあっては，その土地）の所有者又は占有者の承諾を得た場合は，この限りでない．

第 39 条（電線路のがけへの施設の禁止）

電線路は，がけに施設してはならない．ただし，その電線が建造物の上に施設する場合，道路，鉄道，軌道，索道，架空弱電流電線等，架空電線又は電車線と交さして施設する場合及び水平距離でこれらのもの（道路を除く）と接近して施設する場合以外の場合であって，特別の事情がある場合は，この限りでない．

解釈では，がけなどの特殊場所の電線路の具体的な施設方法について，解釈第 126 条（トンネル内電線路の施設），第 127 条（水上電線路及び水底電線路の施設），第 128 条（地上に施設する電線路），第 129 条（橋に施設する電線路），第

130 条（電線路専用橋等に施設する電線路），第 131 条（がけに施設する電線路），第 132 条（屋内に施設する電線路）及び第 133 条（臨時電線路の施設）に規定している．

問題54 H26 A-9

次の文章は，「電気設備技術基準の解釈」における，高圧屋側電線路を施設する場合の記述の一部である．

高圧屋側電線路は，次により施設すること．

a. （ア） 場所に施設すること．

b. 電線は，（イ） であること．

c. （イ） には，接触防護措置を施すこと．

d. （イ） を造営材の側面又は下面に沿って取り付ける場合は，（イ） の支持点間の距離を （ウ） m（垂直に取り付ける場合は，（エ） m）以下とし，かつ，その被覆を損傷しないように取り付けること．

上記の記述中の空白箇所（ア），（イ），（ウ）及び（エ）に当てはまる組合せとして，正しいものを次の（1）～（5）のうちから一つ選べ．

	（ア）	（イ）	（ウ）	（エ）
（1）	点検できる隠蔽	ケーブル	1.5	5
（2）	展開した	ケーブル	2	6
（3）	展開した	絶縁電線	2.5	6
（4）	点検できる隠蔽	絶縁電線	1.5	4
（5）	展開した	ケーブル	2	10

解釈第 111 条（高圧屋側電線路の施設）からの出題である．本節第 1 項（2）参照．

解答 ▶（2）

問題55　　H17　A-5

　次の文章は，「電気設備技術基準」に基づく電線路のがけへの施設の禁止に関する記述である．

　電線路は，がけに施設してはならない．ただし，その電線が［（ア）］の上に施設する場合，道路，鉄道，軌道，索道，架空弱電流電線等，架空電線又は［（イ）］と交さして施設する場合及び［（ウ）］でこれらのもの（道路を除く）と［（エ）］して施設する場合以外の場合であって，特別な事情がある場合は，この限りでない．

　上記の記述中の空白箇所（ア），（イ），（ウ）及び（エ）に記入する語句として，正しいものを組み合わせたのは次のうちどれか．

	（ア）	（イ）	（ウ）	（エ）
(1)	建造物	電車線	水平距離	接近
(2)	造営材	通信線	水平距離	接近
(3)	建造物	通信線	垂直距離	隔離
(4)	造営材	電車線	水平距離	隔離
(5)	造営材	電車線	垂直距離	接近

電技第 39 条（電線路のがけへの施設の禁止）からの出題である．本節第 3 項参照．

解答 ▶ (1)

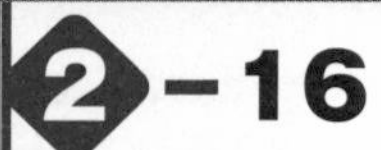

架空引込線の施設

［★］

本節では，架空引込線（2-1 節第 2 項（2）参照）の施設に関する規定を学習する．

1 低圧架空引込線（解釈第 116 条）

(1) 電線の種類と強さ（解釈第 116 条）

・電線は，**絶縁電線又はケーブル**であること

・電線（ケーブルを除く）は，**引張強さ 2.30 kN 以上のもの**又は**直径 2.6 mm 以上の硬銅線**であること（ただし，**径間が 15 m 以下の場合**に限り，**引張強さ 1.38 kN 以上のもの**又は**直径 2 mm 以上の硬銅線**を使用することができる）

(2) 架空引込線の高さ（解釈第 116 条）

解釈では，低圧架空引込線の高さを，表 2･43 に示す値以上でなければならないと規定している．

●表 2・43　低圧架空引込線の高さ

区　分	基　準	高さ※2
道路※1 を横断する場合	路面上	**5 m** **(3 m)**
鉄道又は軌道を横断する場合	レール面上	**5.5 m**
横断歩道橋の上に施設する場合	横断歩道橋の路面上	**3 m**
上記以外の場合	地表上	**4 m** **(2.5 m)**

※1　歩行の用にのみ供される部分を除く

※2　（　）内は，技術上やむを得ない場合において交通に支障のないときの高さ

(3) 他の工作物との離隔距離（解釈第 116 条）

解釈では，低圧架空引込線と他の工作物との離隔距離について，原則として低圧架空電線と他の工作物との離隔距離（2-14 節第 4 項）に準じて施設しなければならないと規定しているが，次のような緩和規定がある．

・低圧架空引込線を直接引き込んだ造営物との離隔距離は，危険のおそれがない場合に限り，2-14 節第 4 項の規定によらないことができる．

・低圧架空引込線を直接引き込んだ造営物以外の工作物（道路・横断歩道橋・鉄道・軌道，索道，電車線及び他の架空電線路を除く）との離隔距離は，技術上やむを得ない場合で，かつ，危険のおそれがないように施設する場合は，表 2·44 により施設することができる．

●表 2・44　他の工作物との離隔距離の緩和規定

区分	低圧引込線の電線の種類	離隔距離
造営物の上部造営材の上方	高圧・特別高圧絶縁電線又はケーブル	0.5 m
	屋外用ビニル絶縁電線以外の低圧絶縁電線	1 m
	その他	2 m
その他	高圧・特別高圧絶縁電線又はケーブル	0.15 m
	その他	0.3 m

(4) 低圧連接引込線（解釈第 116 条）

低圧連接引込線は，上記（1）～(3）に準じて施設するほかに，図 2·58 に示すように施設しなければならない．

・引込線から分岐する点から 100 m を超える地域にわたらないこと
・幅 5 m を超える道路を横断しないこと
・屋内を通過しないこと

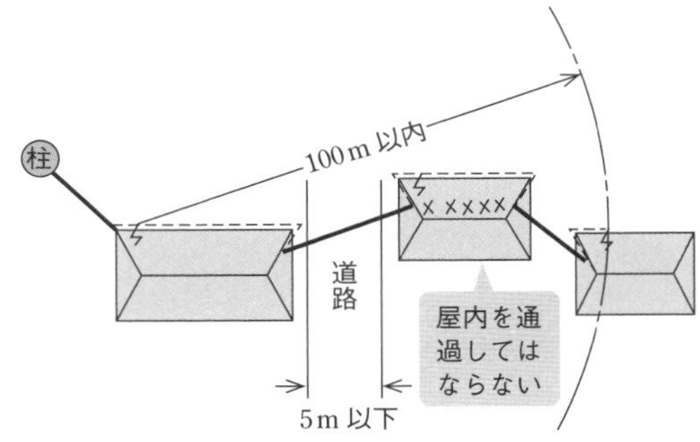

●図 2・58　低圧連接引込線の施設方法

2　高圧架空引込線（解釈第 117 条）

(1) 電線の種類と強さ（解釈第 117 条）

・電線は，**高圧・特別高圧絶縁電線**，**引下げ用高圧絶縁電線又はケーブル**であること
・高圧・特別高圧絶縁電線は，**引張強さ 8.01 kN 以上のもの**又は**直径 5 mm 以上の硬銅線**であること

(2) 架空引込線の高さ（解釈第 117 条）

解釈では，高圧架空引込線の高さについて，原則として高圧架空電線の高さ（2–14 節第 3 項）に準じて施設しなければならないと規定しているが，次に適合する場合は，**地表上 3.5 m 以上**とすることができる．

・次の場合以外であること
　○道路を横断する場合
　○鉄道又は軌道を横断する場合
　○横断歩道橋の上に施設する場合

・電線がケーブル以外のものであるときは，その電線の下方に**危険である旨の表示**をすること

(3) 他の工作物との離隔距離（解釈第 117 条）

解釈では，高圧架空引込線と他の工作物との離隔距離について，原則として高圧架空電線と他の工作物との離隔距離（2–14 節第 4 項）に準じて施設しなければならないと規定しているが，次のような緩和規定がある．

・高圧架空引込線を直接引き込んだ造営物との離隔距離は，危険のおそれがない場合に限り，2–14 節第 4 項の規定によらないことができる．

問題56　☑☑☑　H23　A-7（類 H16　A-9）

次の文章は，「電気設備技術基準の解釈」における，低圧架空引込線の施設に関する記述の一部である．

a. 電線は，ケーブルである場合を除き，引張強さ［（ア）］kN 以上のもの又は直径 2.6 mm 以上の硬銅線とする．ただし，径間が［（イ）］m 以下の場合に限り，引張強さ 1.38 kN 以上のもの又は直径 2 mm 以上の硬銅線を使用することができる．

b. 電線の高さは，次によること．

① 道路（車道と歩道の区別がある道路にあっては，車道）を横断する場合は，路面上［（ウ）］m（技術上やむを得ない場合において交通に支障のないときは［（エ）］m）以上

② 鉄道又は軌道を横断する場合は，レール面上［（オ）］m 以上

上記の記述中の空白箇所（ア），（イ），（ウ），（エ）及び（オ）に当てはまる組合せとして，正しいものを次の (1)～(5) のうちから一つ選べ．

	(ア)	(イ)	(ウ)	(エ)	(オ)
(1)	2.30	20	5	4	5.5
(2)	2.00	15	4	3	5

(3)	2.30	15	5	3	5.5
(4)	2.35	15	5	4	6
(5)	2.00	20	4	3	5

解説 解釈第116条（低圧架空引込線等の施設）からの出題である．本節第1項参照．

解答 ▶ (3)

問題57 H28 A-7

次の文章は，「電気設備技術基準の解釈」に基づく高圧架空引込線の施設に関する記述の一部である．

a. 電線は，次のいずれかのものであること．

① 引張強さ 8.01 kN 以上のもの又は直径 (ア) mm 以上の硬銅線を使用する，高圧絶縁電線又は特別高圧絶縁電線

② (イ) 用高圧絶縁電線

③ ケーブル

b. 電線が絶縁電線である場合は，がいし引き工事により施設すること．

c. 電線の高さは，「低高圧架空電線の高さ」の規定に準じること．ただし，次に適合する場合は，地表上 (ウ) m 以上とすることができる．

① 次の場合以外であること．

・道路を横断する場合

・鉄道又は軌道を横断する場合

・横断歩道橋の上に施設する場合

② 電線がケーブル以外のものであるときは，その電線の (エ) に危険である旨の表示をすること．

上記の記述中の空白箇所（ア），（イ），（ウ）及び（エ）に当てはまる組合せとして，正しいものを次の(1)～(5)のうちから一つ選べ．

	(ア)	(イ)	(ウ)	(エ)
(1)	5	引下げ	2.5	下方
(2)	4	引下げ	3.5	近傍
(3)	4	引上げ	2.5	近傍
(4)	5	引上げ	5	下方
(5)	5	引下げ	3.5	下方

解説 解釈第117条（高圧架空引込線等の施設）からの出題である．本節第2項参照．

解答 ▶ (5)

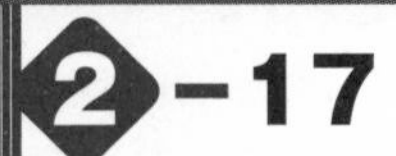

地中電線路の施設

[★★★]

本節では，地中電線路の施設に関する規定を学習する.

1 地中電線路の施設方法（電技第21·47条，解釈第120条）

電技では，地中電線の感電の防止及び地中電線路の保護について，次のように規定している.

第21条 （架空電線及び地中電線の感電の防止）

1 （2-14節参照）

2 地中電線（地中電線路の電線をいう．以下同じ.）には，感電のおそれがないよう，使用電圧に応じた絶縁性能を有するケーブルを使用しなければならない.

第47条（地中電線路の保護）

地中電線路は，車両その他の重量物による圧力に耐え，かつ，当該地中電線路を埋設している旨の表示等により掘削工事からの影響を受けないように施設しなければならない.

2 地中電線路のうちその内部で作業が可能なものには，防火措置を講じなければならない.

解釈では，地中電線路は，電線にケーブルを使用し，**管路式**※1，**暗きょ式**※2又は**直接埋設式**により施設しなければならないと規定している.

※1 電線共同溝（C.C.BOX）方式を含む

※2 キャブ（電力，通信などのケーブルを収納するために道路下に設けるふた掛け式のU字構造物）によるものを含む

(1) 管路式（図2·59）（解釈第120条）

① 電線を収める**管路**は，これに加わる車両その他の重量物の圧力に耐えるものであること

② 高圧又は特別高圧の地中電線路には，おおむね**2mの間隔**※1で**物件の名称，管理者名及び電圧**（需要場所に施設する場合は，電圧のみ）を表示すること※2

※1 他人が立ち入らない場所又は当該電線路の位置が十分に認知できる場合は，2mを超えても良い

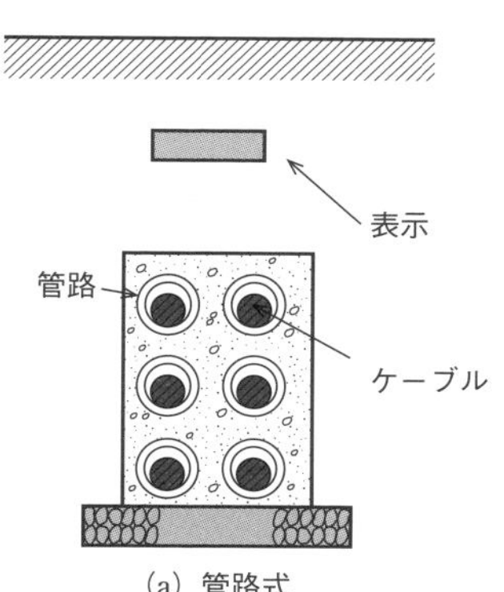

(a) 管路式

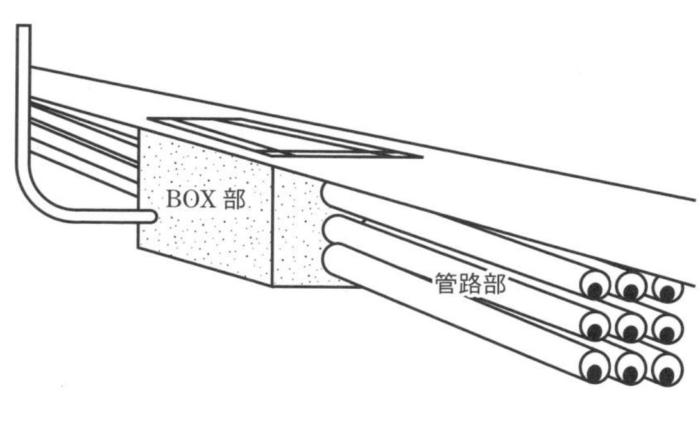

(b) 電線共同溝（C.C.BOX）方式

●図 2・59　管路式

※2　需要場所に施設する高圧地中電線路で，その長さが 15 m 以下のものは，これを省略しても良い

(2) 暗きょ式（図 2・60）（解釈第 120 条）

① **暗きょ**は，車両その他の重量物の圧力に耐えるものであること

② 次のいずれかにより，**防火措置**を施すこと

・地中電線に**耐燃措置**を施すこと

・暗きょ内に**自動消火設備**を施設すること

(3) 直接埋設式（図 2・61）（解釈第 120 条）

① 地中電線の埋設深さは，車両その他の重量物の圧力を受けるおそれがある場所においては **1.2 m 以上**，その他の場所においては **0.6 m 以上**であること

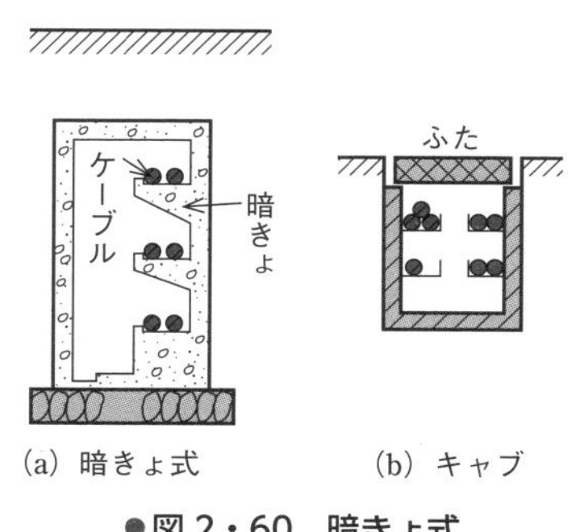

(a) 暗きょ式　(b) キャブ

●図 2・60　暗きょ式

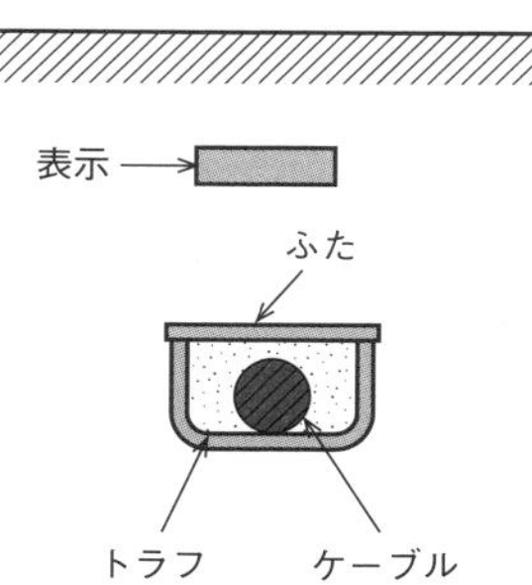

●図 2・61　直接埋設式

② 地中電線を，**堅ろうなトラフ**その他の防護物に収めるなど，地中電線を衝撃から防護すること

③ 管路式と同様に，おおむね **2 m の間隔で物件の名称，管理者名及び電圧**（需要場所に施設する場合は，電圧のみ）を表示すること

2 地中箱の施設方法（電技第 23 条，解釈第 121 条）

電技では，地中電線の感電の防止及び地中電線路の保護について，次のように規定している．

第 23 条　（発電所等への取扱者以外の者の立入の防止）

1（2-11 節参照）

2　地中電線路に施設する地中箱は，取扱者以外の者が容易に立ち入るおそれがないように施設しなければならない．

地中箱（マンホール，ハンドホールなど）は，地中電線路を管路式により施設する場合に管路の途中又は末端に設けるもので，ケーブルの引入れ，引抜き，ケーブルの接続などを行うための地表面下に設ける箱であって，図 2･62 に示すように施設しなければならない．

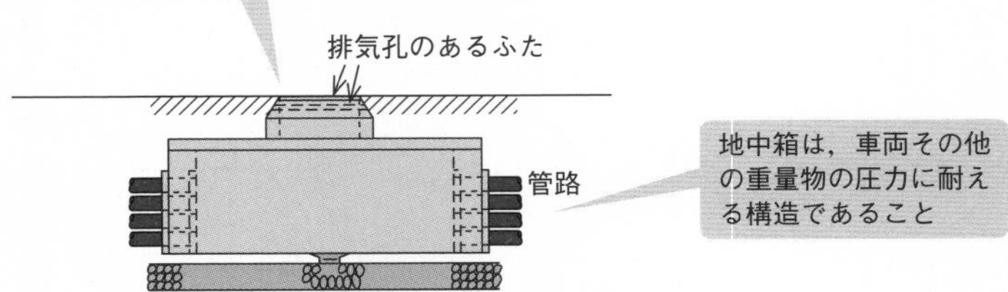
・地中箱のふたは，取扱者以外の者が容易に開けることができないように施設すること
・爆発性又は燃焼性のガスが侵入し，爆発又は燃焼するおそれがある場所に設ける地中箱で，その大きさが $1m^3$ 以上のものには，通風装置その他ガスを放散させるための適当な装置を設けること
排気孔のあるふた
管路
地中箱は，車両その他の重量物の圧力に耐える構造であること

●図 2・62　地中箱の施設方法

3 他の埋設物との離隔距離（電技第 30 条，解釈第 125 条）

電技では，地中電線による他の埋設物への危険の防止について，次のように規定している．

第 30 条 （地中電線等による他の電線及び工作物への危険の防止）

地中電線，屋側電線及びトンネル内電線その他の工作物に固定して施設する電線は，他の電線，弱電流電線等又は管（他の電線等という．以下この条において同じ.）と接近し，又は交さする場合には，故障時のアーク放電により他の電線等を損傷するおそれがないように施設しなければならない．ただし，感電又は火災のおそれがない場合であって，他の電線等の管理者の承諾を得た場合は，この限りでない．

(1) 地中電線相互の離隔距離（解釈第 125 条）

地中電線が相互に接近又は交差する場合は，地中電線の事故時のアーク放電によって他の地中電線に損傷を与えないように，地中電線相互の離隔距離（ただし，地中箱内は除く）は，次に示す値でなければならない（図 2･63 参照）．

① 低圧地中電線と高圧地中電線との離隔距離は，**0.15 m 以上**

② 低圧又は高圧地中電線と特別高圧地中電線との離隔距離は，**0.3 m 以上**

③ 暗きょ内に施設し，かつ，解釈第 120 条第 3 項 2 号イに規定する耐燃措置を施した使用電圧が 170 kV 未満の地中電線相互の離隔距離は，0.1 m 以上

●図 2・63 地中電線相互の離隔距離

ただし，次に該当する場合は，上に示す値以下の離隔距離で施設することができる．

① **それぞれの地中電線**が，次のいずれかに該当するものである場合
- **自消性のある難燃性**※1,2 **の被覆**を有すること
- 堅ろうな**自消性のある難燃性**※1,2 **の管**に収められていること

② **いずれかの地中電線**が，次のいずれかに該当するものである場合
- **不燃性**※3 **の被覆**を有すること
- 堅ろうな**不燃性**※3 **の管**に収められていること

③ 地中電線相互の間に堅ろうな**耐火性**※4 **の隔壁**を設ける場合

※1 「難燃性」とは，炎を当てても燃え広がらない性質

※2 「自消性のある難燃性」とは，難燃性であって，炎を取り去った後自然に消える性質
※3 「不燃性」とは，難燃性のうち，炎を当てても燃えない性質
※4 「耐火性」とは，不燃性のうち，炎により加熱された状態においても著しく変形又は破壊しない性質

2 地中電線と他の埋設物との離隔距離（解釈第125条）

地中電線が他の埋設物と接近又は交差する場合は，他の埋設物との離隔距離は，表2･45に示す値以上でなければならない．

●表2・45 地中電線と他の埋設物との離隔距離

	低圧地中電線 高圧地中電線	特別高圧 地中電線
地中弱電流電線	0.3 m	0.6 m
ガス管等※1	−	1 m
水道管等※2	−	0.3 m

※1 ガス管，石油パイプその他の可燃性若しくは有毒性の流体を内包する管
※2 水道管その他のガス管等以外の管

ただし，次に該当する場合は，表2･45に示す値以下の離隔距離で施設することができる．

① 地中電線と他の埋設物との間に堅ろうな耐火性の隔壁を設ける場合
② 地中電線を堅ろうな不燃性の管又は自消性のある難燃性の管に収める場合
③ 水道管等が不燃性の管又は不燃性の被覆を有する管である場合

問題58 H22 A-7

次の文章は，「電気設備技術基準の解釈」における，地中電線路の施設に関する記述の一部である．

a. 地中電線路を暗きょ式により施設する場合は，暗きょにはこれに加わる車両その他の重量物の圧力に耐えるものを使用し，かつ，地中電線に （ア） を施し，又は暗きょ内に （イ） を施設すること．

b. 地中電線路を直接埋設式により施設する場合は，地中電線は車両その他の重量物の圧力を受けるおそれがある場所においては （ウ） 以上，その他の場所においては （エ） 以上の土冠で施設すること．ただし，使用

するケーブルの種類，施設条件等を考慮し，これに加わる圧力に耐えるように施設する場合はこの限りでない．

上記の記述中の空白箇所（ア），（イ），（ウ）及び（エ）に当てはまる語句又は数値として，正しいものを組み合わせたのは次のうちどれか．

	（ア）	（イ）	（ウ）	（エ）
(1)	堅ろうな覆い	換気装置	60 cm	30 cm
(2)	耐燃措置	自動消火設備	1.2 m	60 cm
(3)	耐熱措置	換気装置	1.2 m	30 cm
(4)	耐燃措置	換気装置	1.2 m	60 cm
(5)	堅ろうな覆い	自動消火設備	60 cm	30 cm

解釈第 120 条（地中電線路の施設）からの出題である．本節第 1 項（2）（3）参照．

解答 ▶ (2)

問題59　R2　A-5（類 H25　A-7）

「電気設備技術基準の解釈」に基づく地中電線路の施設に関する記述として，誤っているものを次の（1）～（5）のうちから一つ選べ．

(1) 地中電線路を管路式により施設する際，電線を収める管は，これに加わる車両その他の重量物の圧力に耐えるものとした．

(2) 高圧地中電線路を公道の下に管路式により施設する際，地中電線路の物件の名称，管理者名及び許容電流を 2 m の間隔で表示した．

(3) 地中電線路を暗きょ式により施設する際，暗きょは，車両その他の重量物の圧力に耐えるものとした．

(4) 地中電線路を暗きょ式により施設する際，地中電線に耐燃措置を施した．

(5) 地中電線路を直接埋設式により施設する際，車両の圧力を受けるおそれがある場所であるため，地中電線の埋設深さを 1.5 m とし，堅ろうなトラフに収めた．

解説　解釈第 120 条（地中電線路の施設）からの出題である．本節第 1 項参照．

高圧又は特別高圧の地中電線路を管路式又は直接埋設式で施設する場合は，おおむね **2 m の間隔**で**物件の名称，管理者名及び電圧**（需要場所に施設する場合は，電圧のみ）を表示しなければならない．(2) は「許容電流を表示した」となっているため，誤りである．

解答 ▶ (2)

問題60 H30 A-3（類 H18 A-3，H17 A-8）

次の文章は，「電気設備技術基準」における（地中電線等による他の電線及び工作物への危険の防止）及び（地中電線路の保護）に関する記述である．

a. 地中電線，屋側電線及びトンネル内電線その他の工作物に固定して施設する電線は，他の電線，弱電流電線等又は管（以下，「他の電線等」という.）と （ア） し，又は交さする場合には，故障時の （イ） により他の電線等を損傷するおそれがないように施設しなければならない．ただし，感電又は火災のおそれがない場合であって， （ウ） 場合は，この限りでない．

b. 地中電線路は，車両その他の重量物による圧力に耐え，かつ，当該地中電線路を埋設している旨の表示等により掘削工事からの影響を受けないように施設しなければならない．

c. 地中電線路のうちその内部で作業が可能なものには， （エ） を講じなければならない．

上記の記述中の空白箇所（ア），（イ），（ウ）及び（エ）に当てはまる組合せとして，正しいものを次の（1）～（5）のうちから一つ選べ．

	（ア）	（イ）	（ウ）	（エ）
（1）	接触	短絡電流	取扱者以外の者が容易に触れることがない	防火措置
（2）	接近	アーク放電	他の電線等の管理者の承諾を得た	防火措置
（3）	接近	アーク放電	他の電線等の管理者の承諾を得た	感電防止措置
（4）	接触	短絡電流	他の電線等の管理者の承諾を得た	防火措置
（5）	接近	短絡電流	取扱者以外の者が容易に触れることがない	感電防止措置

解説 a は，電技第 30 条（地中電線等による他の電線及び工作物への危険の防止）からの出題である．本節第 3 項参照．

b と c は，電技第 47 条（地中電線路の保護）からの出題である．本節第 1 項参照．

解答 ▶ (2)

問題61　H28　A-8（類 H14　A-8）

次の文章は，「電気設備技術基準の解釈」における地中電線と他の地中電線等との接近又は交差に関する記述の一部である．

低圧地中電線と高圧地中電線とが接近又は交差する場合，又は低圧若しくは高圧の地中電線と特別高圧地中電線とが接近又は交差する場合は，次の各号のいずれかによること．ただし，地中箱内についてはこの限りでない．

a. 地中電線相互の離隔距離が，次に規定する値以上であること．

① 低圧地中電線と高圧地中電線との離隔距離は，［（ア）］m

② 低圧又は高圧の地中電線と特別高圧地中電線との離隔距離は，［（イ）］m

b. 地中電線相互の間に堅ろうな［（ウ）］の隔壁を設けること．

c. ［（エ）］の地中電線が，次のいずれかに該当するものであること．

① 不燃性の被覆を有すること．

② 堅ろうな不燃性の管に収められていること．

d. ［（オ）］の地中電線が，次のいずれかに該当するものであること．

① 自消性のある難燃性の被覆を有すること．

② 堅ろうな自消性のある難燃性の管に収められていること．

上記の記述中の空白箇所（ア），（イ），（ウ），（エ）及び（オ）に当てはまる組合せとして，正しいものを次の（1）～（5）のうちから一つ選べ．

	（ア）	（イ）	（ウ）	（エ）	（オ）
(1)	0.15	0.3	耐火性	いずれか	それぞれ
(2)	0.15	0.3	耐火性	それぞれ	いずれか
(3)	0.1	0.2	耐圧性	いずれか	それぞれ
(4)	0.1	0.2	耐圧性	それぞれ	いずれか
(5)	0.1	0.3	耐火性	いずれか	それぞれ

解釈第 125 条（地中電線と他の地中電線等との接近又は交差）からの出題である．本節第 3 項 (1) 参照．

解答 ▶ (1)

電気使用場所の施設

［★★★］

本節では，電気使用場所における配線及び電気機械器具の施設に関する規定を学習する．

1 対地電圧の制限（解釈第 143 条）

住宅は，誰もが安心して生活できるよう，危険度の高いものは極力施設することを避ける必要がある．そのため，住宅の屋内電路の**対地電圧は 150 V 以下**でなければならないと規定されている．

ただし，次の（1）～（5）に該当する場合は，**対地電圧を 300 V 以下（太陽電池モジュール，燃料電池発電設備又は常用電源として用いる蓄電池では 450 V 以下）**とすることができる．

(1) 定格消費電力が 2 kW 以上の電気機械器具※及びこれに電気を供給する屋内配線（解釈第 143 条）

※　住宅で使われる三相 200 V の冷暖房機器（エアコン）や温水器などの電気機械器具

① 電気機械器具の使用電圧及びこれに電気を供給する屋内配線の**対地電圧は 300 V 以下**であること

② 屋内配線は，当該電気機械器具のみに電気を供給するものであること

③ 屋内配線には，**簡易接触防護措置**を施すこと

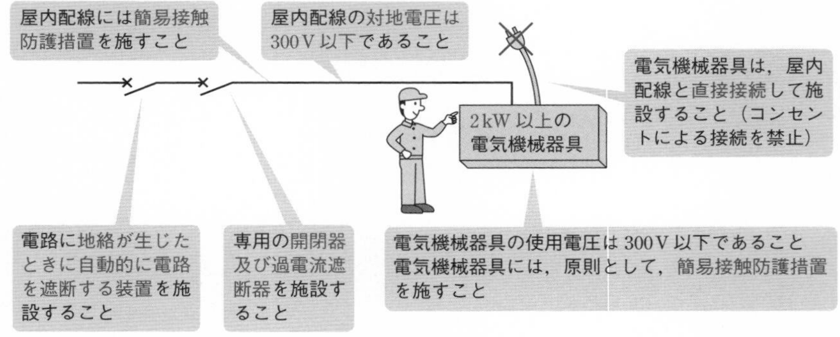

●図 2・64　2 kW 以上の電気機械器具に電気を供給する屋内配線の施設方法

④　電気機械器具には，原則として**簡易接触防護措置**を施すこと

⑤　電気機械器具は，屋内配線と**直接接続**して施設すること

⑥　電気機械器具に電気を供給する電路には，専用の**開閉器及び過電流遮断器**を施設すること（ただし，過電流遮断器が開閉機能を有するものである場合は，過電流遮断器のみとすることができる）

⑦　電気機械器具に電気を供給する電路には，原則として，電路に**地絡が生じたときに自動的に電路を遮断する装置**を施設すること

2　当該住宅以外の場所に電気を供給するための屋内配線※（解釈第143条）

※　住宅と営業用の店舗などが同一建造物内にある場合（又は隣接する場合）で，住宅用の使用電圧100Vの引込線とは別に営業用の使用電圧200Vの引込線を設ける場合に，住宅を通過して営業用の負荷設備に電気を供給する屋内配線

①　屋内配線の**対地電圧は300V以下**であること

②　**人が触れるおそれがない隠ぺい場所**に合成樹脂管工事，金属管工事又はケーブル工事により施設すること

3　太陽電池モジュールに接続する負荷側の屋内配線※（解釈第143条）

※　太陽電池モジュールからインバータに至る電路

①　屋内配線の**対地電圧は直流450V以下**であること

②　原則として，電路に**地絡が生じたときに自動的に電路を遮断する装置**を施設すること

③　次のいずれかにより屋内配線を施設すること

・**人が触れるおそれのない隠ぺい場所**に合成樹脂管工事，金属管工事又はケーブル工事により施設すること

・**ケーブル工事**により施設し，電線に**接触防護措置**を施すこと

4　燃料電池発電設備又は常用電源として用いる蓄電池に接続する負荷側の屋内配線※（解釈第143条）

※　燃料電池発電設備又は蓄電池からインバータに至る電路

①　屋内配線の**対地電圧は直流450V以下**であること．

②　原則として，電路に**地絡が生じたときに自動的に電路を遮断する装置**を施設すること．

③　次のいずれかにより屋内配線を施設すること

・**人が触れるおそれのない隠ぺい場所**に合成樹脂管工事，金属管工事又はケーブル工事により施設すること

・**ケーブル工事**により施設し，電線に**接触防護措置**を施すこと

④ 直流電路を構成する燃料電池発電設備又は蓄電池は，当該直流電路に接続される**個々の燃料電池発電設備又は蓄電池の出力がそれぞれ 10 kW 未満**であること

(5) 住宅以外の場所※1 の屋内に施設する家庭用電気機械器具に電気を供給する屋内電路（解釈第 143 条）

※1 旅館，ホテル，喫茶店，事務所，工場など（左記のような場所では三相 200 V の電気機械器具が使われることが多い）

① 次のいずれかにより施設すること

・上記（1）の②～⑤に準じて施設すること

・**簡易接触防護措置**を施すこと（ただし，取扱者※2 以外の者が立ち入らない場所は，この限りでない）

※2 取扱者とは，旅館，ホテル，事務所，工場などの従業員でその取扱いを許されているものを言う

2 配線による感電などの防止（電技第 56・57・61 条）

電技では，配線※による感電又は火災の防止及び配線の使用電線について，次のように規定している．

※ 電気使用場所において施設する電線（電気機械器具内の電線及び電線路の電線を除く）をいう（2-1 節第 2 項電技参照）．

第 56 条（配線の感電又は火災の防止）

配線は，施設場所の状況及び電圧に応じ，感電又は火災のおそれがないように施設しなければならない．

2，3（2-22 節参照）

第 57 条（配線の使用電線）

配線の使用電線（裸電線及び特別高圧で使用する接触電線を除く）には，感電又は火災のおそれがないよう，施設場所の状況及び電圧に応じ，使用上十分な強度及び絶縁性能を有するものでなければならない．

2 配線には，裸電線を使用してはならない．ただし，施設場所の状況及び電圧に応じ，使用上十分な強度を有し，かつ，絶縁性がないことを考慮して，配線が感電又は火災のおそれがないように施設する場合は，この限

りでない.
3　(2-22 節参照)

第 61 条（非常用予備電源の施設）
常用電源の停電時に使用する非常用予備電源（需要場所に施設するものに限る.）は，需要場所以外の場所に施設する電路であって，常用電源側のものと電気的に接続しないように施設しなければならない.

なお，電技第 61 条は，配電線故障などによる停電時に復旧作業中の作業員が，非常用予備電源からの逆充電により感電することを防止するための規定である.

3　電気機械器具による感電などの防止（電技第 59 条，解釈第 150～152 条）

電技では，電気使用場所に施設する電気機械器具による感電又は火災の防止について，次のように規定している.

第 59 条（電気使用場所に施設する電気機械器具の感電，火災等の防止）
電気使用場所に施設する電気機械器具は，充電部の露出がなく，かつ，人体に危害を及ぼし，又は火災が発生するおそれがある発熱がないように施設しなければならない．ただし，電気機械器具を使用するために充電部の露出又は発熱体の施設が必要不可欠である場合であって，感電その他人体に危害を及ぼし，又は火災が発生するおそれがないように施設する場合は，この限りでない.
2　(省略)

解釈では，電気機械器具の具体的な施設方法を次のように規定している.

(1) 配線器具の施設方法（解釈第 150 条）

低圧用の配線器具は，次のように施設しなければならない.

① **充電部分が露出しない**ように施設すること（ただし，取扱者以外の者が出入りできないように措置した場所に施設する場合は除く）

② 湿気の多い場所又は水気のある場所に施設する場合は，防湿装置を施すこと

③ 配線器具に電線を接続する場合は，**ねじ止めその他これと同等以上**の効力のある方法により，堅ろうに，かつ，**電気的に完全に接続する**とともに，**接続点に張力が加わらない**ようにすること

④　屋外において電気機械器具に施設する開閉器，接続器，点滅器その他の器具は，**損傷を受けるおそれがある場合**には，これに堅ろうな**防護装置**を施すこと

また，低圧用の非包装ヒューズは，不燃性のもので製作した箱又は内面すべてに不燃性のものを張った箱の内部に施設しなければならない（ただし，使用電圧が300V以下の低圧配線において，電気用品安全法の適用を受ける器具などに収めて施設する場合は除く）

(2) 電気機械器具の施設方法（解釈第151条）

電気機械器具（配線器具を除く）は，次のように施設しなければならない．

①　原則として，充電部分が露出しないように施設すること

②　通電部分に人が立ち入る電気機械器具は施設しないこと（ただし，電気浴器は除く）

③　屋外に施設する電気機械器具（管灯回路の配線を除く）内の配線のうち，人が接触するおそれ又は損傷を受けるおそれがある部分は，金属管工事又はケーブル工事により施設すること

④　電気機械器具に電線を接続する場合は，ねじ止めその他これと同等以上の効力のある方法により，堅ろうに，かつ，電気的に完全に接続するとともに，接続点に張力が加わらないようにすること

(3) 電熱装置の施設方法（解釈第152条）

電熱装置は，次のように施設しなければならない．

①　原則として，発熱体を機械器具の内部に安全に施設できる構造のものであること

②　電熱装置に接続する電線は，熱のため電線の被覆を損傷しないように施設すること

4　異常時の保護対策（電技第63～66条，解釈第153条）

電技では，電気使用場所における異常時の保護対策について，次のように規定している．

第63条（過電流からの低圧幹線等の保護措置）

低圧の幹線，低圧の幹線から分岐して電気機械器具に至る低圧の電路及び引込口から低圧の幹線を経ないで電気機械器具に至る低圧の電路（以下この条において「幹線等」という．）には，適切な箇所に開閉器を施設す

るとともに，過電流が生じた場合に当該幹線等を保護できるよう，過電流遮断器を施設しなければならない．ただし，当該幹線等における短絡事故により過電流が生じるおそれがない場合は，この限りでない．
2　交通信号灯，出退表示灯その他のその損傷により公共の安全の確保に支障を及ぼすおそれがあるものに電気を供給する電路には，過電流による過熱焼損からそれらの電線及び電気機械器具を保護できるよう，過電流遮断器を施設しなければならない．

第 64 条（地絡に対する保護措置）
　ロードヒーティング等の電熱装置，プール用水中照明灯その他の一般公衆の立ち入るおそれがある場所又は絶縁体に損傷を与えるおそれがある場所に施設するものに電気を供給する電路には，地絡が生じた場合に，感電又は火災のおそれがないよう，地絡遮断器の施設その他の適切な措置を講じなければならない．

第 65 条（電動機の過負荷保護）
　屋内に施設する電動機（出力が 0.2 kW 以下のものを除く．この条において同じ．）には，過電流による当該電動機の焼損により火災が発生するおそれがないよう，過電流遮断器の施設その他の適切な措置を講じなければならない．ただし，電動機の構造上又は負荷の性質上電動機を焼損するおそれがある過電流が生じるおそれがない場合は，この限りでない．

第 66 条（異常時における高圧の移動電線及び接触電線における電路の遮断）
　高圧の移動電線又は接触電線（電車線を除く．以下同じ．）に電気を供給する電路には，過電流が生じた場合に，当該高圧の移動電線又は接触電線を保護できるよう，過電流遮断器を施設しなければならない．
2　前項の電路には，地絡が生じた場合に，感電又は火災のおそれがないよう，地絡遮断器の施設その他の適切な措置を講じなければならない．

　また，解釈では，具体的な電動機の過負荷保護対策について，次のように規定している．

(1) 電動機の過負荷保護（解釈第 153 条）

屋内に施設する電動機には，電動機が焼損するおそれがある過電流を生じた場合に**自動的にこれを阻止**し，又は**これを警報する装置**を設けなければならない．ただし，次のいずれかに該当する場合は，省略することができる．

① 電動機を運転中，常時，**取扱者が監視できる位置**に施設する場合

② 電動機の構造上又は負荷の性質上，その電動機の巻線に当該電動機を焼損する過電流を生じるおそれがない場合

③ 電動機が単相のものであって，その電源側電路に施設する**過電流遮断器の定格電流が 15 A（配線用遮断器は 20 A）以下**の場合

④ **電動機の出力が 0.2 kW 以下**の場合

5 引込口開閉器の制限（解釈第 147 条）

低圧屋内電路には，引込口に近い箇所で容易に開閉することができる箇所に**開閉器**を施設しなければならない．ただし，次のいずれかに該当する場合は，省略することができる．

① 低圧屋内電路の使用電圧が 300 V 以下で，他の屋内電路（定格電流が 15 A 以下の過電流遮断器又は定格電流が 15 A を超え 20 A 以下の配線用遮断器で保護されているものに限る．）に接続する長さ 15 m 以下の電路から電気の供給を受ける場合※1

※1 母屋の屋内配線を経てこれと離れた箇所の物置小屋などに電気を供給する場合は，物置小屋などの引込口に開閉器を施設しなくてもよい場合があるので，これを規定している．

② 低圧屋内電路に接続する電源側の電路（当該電路に架空部分又は屋上部分がある場合は，これらより負荷側にある部分に限る※2）に，当該低圧屋内電路に専用の開閉器を，これと同一の構内で容易に開閉することができる箇所に施設する場合※3

※2 電気室などから別の建造物までが架空電線路や屋上電線路などである場合は，雷の侵入などが生じるおそれがあるため，別の建造物の屋内電路と，架空電線路や屋上電線路などとは必要に応じ分離できるようにしておく必要がある．このため，別の建造物の引込口に開閉器を省略することができない．

※3 工場などの構内の発電所又は電気室などに各々専用の開閉器を設け，別の建造物内にある負荷側の電路をこれらの専用の開閉器で操作する場合や爆発又は燃焼しやすい危険な物質を取り扱う場所で開閉器をその別の建造物内に設けることが好ましくない場合など，別の建造物内の引込口に開閉器を施設しなくてもよい場合があるので，これを規定している．

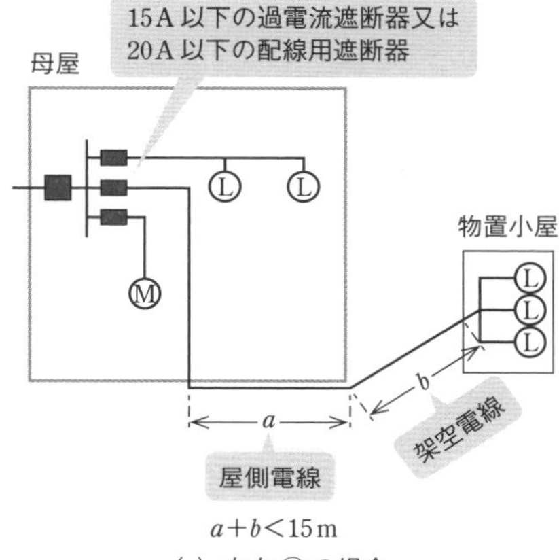

(a) 本文 ① の場合

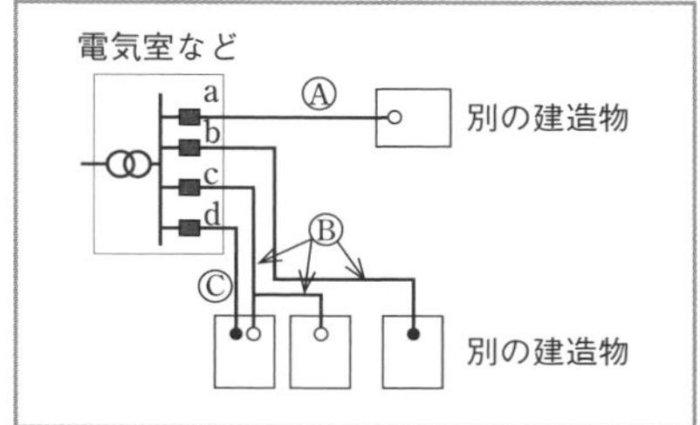

●：省略できる引込開閉器
○：省略できない引込開閉器
Ⓐ：架空電線路
Ⓑ：パイプスタンドに施設した線路
Ⓒ：地中電線路
a 回路は架空電線があるため
c 回路は電源側電路の開閉器が専用でないため
｝省略できない

(b) 本文 ② の場合

●図 2・65　引込口開閉器の省略

問題62　✓✓✓　H25　A-8（類 H23　A-4，H18　A-7，H13　A-7）

次の文章は，「電気設備技術基準の解釈」に基づく，住宅の屋内電路の対地電圧の制限に関する記述の一部である．

住宅の屋内電路（電気機械器具内の電路を除く．）の対地電圧は，150 V 以下であること．ただし，定格消費電力が［（ア）］kW 以上の電気機械器具及びこれに電気を供給する屋内配線を次により施設する場合は，この限りでない．

a．屋内配線は，当該電気機械器具のみに電気を供給するものであること．

b．電気機械器具の使用電圧及びこれに電気を供給する屋内配線の対地電圧は，［（イ）］V 以下であること．

c．屋内配線には，簡易接触防護措置を施すこと．

d．電気機械器具には，簡易接触防護措置を施すこと．

e．電気機械器具は，屋内配線と［（ウ）］して施設すること．

f．電気機械器具に電気を供給する電路には，専用の［（エ）］及び過電流遮断器を施設すること．

g．電気機械器具に電気を供給する電路には，電路に地絡が生じたときに自動的に電路を遮断する装置を施設すること．

上記の記述中の空白箇所（ア），（イ），（ウ）及び（エ）に当てはまる組合せとして，正しいものを次の（1）～（5）のうちから一つ選べ．

	（ア）	（イ）	（ウ）	（エ）
（1）	5	450	直接接続	漏電遮断機
（2）	2	300	直接接続	開閉器
（3）	2	450	分岐接続	漏電遮断機
（4）	3	300	直接接続	開閉器
（5）	5	450	分岐接続	漏電遮断機

解釈第 143 条（電路の対地電圧の制限）からの出題である．本節第 1 項（1）参照．

解答 ▶（2）

問題63 R3 A-8

「電気設備技術基準の解釈」に基づく住宅及び住宅以外の場所の屋内電路（電気機械器具内の電路を除く．以下同じ）の対地電圧の制限に関する記述として，誤っているものを次の（1）～（5）のうちから一つ選べ．

（1）住宅の屋内電路の対地電圧を 150 V 以下とすること．

（2）住宅と店舗，事務所，工場等が同一建造物内にある場合であって，当該住宅以外の場所に電気を供給するための屋内配線を人が触れるおそれがない隠ぺい場所に金属管工事により施設し，その対地電圧を 400 V 以下とすること．

（3）住宅に設置する太陽電池モジュールに接続する負荷側の屋内配線を次により施設し，その対地電圧を直流 450 V 以下とすること．
- ・電路に地絡が生じたときに自動的に電路を遮断する装置を施設する．
- ・ケーブル工事により施設し，電線に接触防護措置を施す．

（4）住宅に常用電源として用いる蓄電池に接続する負荷側の屋内配線を次により施設し，その対地電圧を直流 450 V 以下とすること．
- ・直流電路に接続される個々の蓄電池の出力がそれぞれ 10 kW 未満である．
- ・電路に地絡が生じたときに自動的に電路を遮断する装置を施設する．
- ・人が触れるおそれのない隠ぺい場所に合成樹脂管工事により施設する．

（5）住宅以外の場所の屋内に施設する家庭用電気機械器具に電気を供給する屋内電路の対地電圧を，家庭用電気機械器具並びにこれに電気を供給する屋内配線及びこれに施設する配線器具に簡易接触防護措置を施す場合（取扱者以外の者が立ち入らない場所を除く．），300 V 以下とすること．

解説 解釈第143条（電路の対地電圧の制限）からの出題である．本節第1項参照．
（2）の当該住宅以外の場所に電気を供給するための**屋内配線の対地電圧は300V以下**でなければならないので，誤りである．

解答 ▶ (2)

問題64 ✓ ✓ ✓ H18 A-4

次の文章は，「電気設備技術基準」に基づく非常用予備電源の施設に関する記述である．

常用電源の［（ア）］に使用する非常用予備電源（［（イ）］に施設するものに限る）は，［（イ）］以外の場所に施設する電路であって，常用電源側のものと［（ウ）］に接続しないように施設しなければならない．

上記の記述中の空白箇所（ア），（イ）及び（ウ）に当てはまる語句として，正しいものを組み合わせたのは次のうちどれか．

	（ア）	（イ）	（ウ）
(1)	停電時	発電所	電気的
(2)	過負荷時	発電所	機械的
(3)	停電時	需要場所	電気的
(4)	過負荷時	発電所	電気的
(5)	遮断時	需要場所	機械的

解説 電技第61条（非常用予備電源の施設）からの出題である．本節第2項参照．

解答 ▶ (3)

問題65 ✓ ✓ ✓ H17 A-6

次の文章は，「電気設備技術基準」に基づく電気使用場所に施設する電気機械器具に関する記述である．

電気使用場所に施設する電気機械器具は，充電部の［（ア）］がなく，かつ，［（イ）］に危害を及ぼし，又は［（ウ）］が発生するおそれがある発熱がないように施設しなければならない．ただし，電気機械器具を使用するために充電部の［（ア）］又は発熱体の施設が必要不可欠である場合であって，［（エ）］その他［（イ）］に危害を及ぼし，又は［（ウ）］が発生するおそれがないように施設する場合は，この限りでない．

上記の記述中の空白箇所（ア），（イ），（ウ）及び（エ）に記入する語句として，正しいものを組み合わせたのは次のうちどれか．

	(ア)	(イ)	(ウ)	(エ)
(1)	露出	公衆	障害	漏電
(2)	露出	人体	火災	感電
(3)	露出	取扱者	火災	感電
(4)	混触	人体	障害	漏電
(5)	混触	取扱者	障害	放電

解説　電技第 59 条（電気使用場所に施設する電気機械器具の感電，火災等の防止）からの出題である．本節第 3 項参照．

解答 ▶ (2)

問題66　R2　A-9

次の文章は，「電気設備技術基準の解釈」における配線器具の施設に関する記述の一部である．

低圧用の配線器具は，次により施設すること．

a. （ア） ように施設すること．ただし，取扱者以外の者が出入りできないように措置した場所に施設する場合は，この限りでない．

b. 湿気の多い場所又は水気のある場所に施設する場合は，防湿装置を施すこと．

c. 配線器具に電線を接続する場合は，ねじ止めその他これと同等以上の効力のある方法により，堅ろうに，かつ，電気的に完全に接続するとともに，接続点に （イ） が加わらないようにすること．

d. 屋外において電気機械器具に施設する開閉器，接続器，点滅器その他の器具は， （ウ） おそれがある場合には，これに堅ろうな防護装置を施すこと．

上記の記述中の空白箇所（ア）～（ウ）に当てはまる組合せとして，正しいものを次の（1）～（5）のうちから一つ選べ．

	(ア)	(イ)	(ウ)
(1)	充電部分が露出しない	張力	感電の
(2)	取扱者以外の者が容易に開けることができない	異常電圧	損傷を受ける
(3)	取扱者以外の者が容易に開けることができない	張力	感電の
(4)	取扱者以外の者が容易に開けることができない	異常電圧	感電の
(5)	充電部分が露出しない	張力	損傷を受ける

 解釈第 150 条（配線器具の施設）からの出題である．本節第 3 項（1）参照．

解答 ▶ (5)

問題67 H30 A-4

次の文章は，電気使用場所における異常時の保護対策の工事例である．その内容として，「電気設備技術基準」に基づき，不適切なものを次の (1) ～ (5) のうちから一つ選べ．

(1) 低圧の幹線から分岐して電気機械器具に至る低圧の電路において，適切な箇所に開閉器を施設したが，当該電路における短絡事故により過電流が生じるおそれがないので，過電流遮断器を施設しなかった．

(2) 出退表示灯の損傷が公共の安全の確保に支障を及ぼすおそれがある場合，その出退表示灯に電気を供給する電路に，過電流遮断器を施設しなかった．

(3) 屋内に施設する出力 100 W の電動機に，過電流遮断器を施設しなかった．

(4) プール用水中照明灯に電気を供給する電路に，地絡が生じた場合に，感電又は火災のおそれがないよう，地絡遮断器を施設した．

(5) 高圧の移動電線に電気を供給する電路に，地絡が生じた場合に，感電又は火災のおそれがないよう，地絡遮断器を施設した．

解説 （1）と（2）は電技第 63 条（過電流からの低圧幹線等の保護措置），（3）は電技第 65 条（電動機の過負荷保護），（4）は電技第 64 条（地絡に対する保護措置），（5）は電技第 66 条（異常時における高圧の移動電線及び接触電線における電路の遮断）からの出題である．本節第 4 項参照．

（1）は，電技第 63 条第 1 項より「**当該電路における短絡事故により過電流が生じるおそれがない場合**には，過電流遮断器の施設を省略することができる」ので，正しい．

（2）は，電技第 63 条第 2 項より「**交通信号灯，出退表示灯など**に電気を供給する電路には，**過電流遮断器を施設しなければならない**」ので，誤りである．

（3）は，電技第 65 条より「**屋内に施設する出力が 0.2 kW 以下の電動機**には，過電流遮断器の施設を省略することができる」ので，正しい．

（4）は，電技第 64 条より「**ロードヒーティングなどの電熱装置やプール用水中照明灯など**に電気を供給する電路には，**地絡遮断器を施設しなければならない**」ので，正しい．

（5）は，電技第 66 条より「**高圧の移動電線又は接触電線**に電気を供給する電路には，**過電流遮断器と地絡遮断器を施設しなければならない**」ので，正しい．

解答 ▶ (2)

問題68　　H30　A-8

次の文章は，「電気設備技術基準の解釈」に基づく電動機の過負荷保護装置の施設に関する記述である．

屋内に施設する電動機には，電動機が焼損するおそれがある過電流を生じた場合に［（ア）］これを阻止し，又はこれを警報する装置を設けること．ただし，次のいずれかに該当する場合はこの限りでない．

a. 電動機を運転中，常時，［（イ）］が監視できる位置に施設する場合
b. 電動機の構造上又は負荷の性質上，その電動機の巻線に当該電動機を焼損する過電流を生じるおそれがない場合
c. 電動機が単相のものであって，その電源側電路に施設する配線用遮断器の定格電流が［（ウ）］A 以下の場合
d. 電動機の出力が［（エ）］kW 以下の場合

上記の記述中の空白箇所（ア），（イ），（ウ）及び（エ）に当てはまる組合せとして，正しいものを次の（1）～（5）のうちから一つ選べ．

	（ア）	（イ）	（ウ）	（エ）
(1)	自動的に	取扱者	20	0.2
(2)	遅滞なく	取扱者	20	2
(3)	自動的に	取扱者	30	0.2
(4)	遅滞なく	電気係員	30	2
(5)	自動的に	電気係員	30	0.2

解釈第 153 条（電動機の過負荷保護装置の施設）からの出題である．本節第 4 項（1）参照．

解答 ▶（1）

低圧幹線とその計算

［★★★］

本節では，低圧幹線の施設に関する規定を学習する．

1 低圧配線の許容電流（解釈第146条）

低圧配線に使用する電線の許容電流は，解釈第146条第2項に定められているが，周囲温度や同一管路内に収める電線数により，補正計算する必要がある．

(1) 許容電流補正係数（解釈第146条）

許容電流補正係数は，**周囲の温度が高いほど放熱が阻害される**ことを考慮して，絶縁体の材料及び施設場所の区分に応じて，表2·49のように定められている．ただし，**周囲温度が30℃以下の場合は，$\theta=30$として計算する**こととされているので，注意が必要である．

●表2・49　許容電流補正係数の計算式

絶縁体の材料及び施設場所の区分	許容電流補正係数の計算式
ビニル混合物（耐熱性を有するものを除く）及び天然ゴム混合物	$\sqrt{\dfrac{60-\theta}{30}}$
ビニル混合物（耐熱性を有するものに限る），ポリエチレン混合物（架橋したものを除く）及びスチレンブタジエンゴム混合物	$\sqrt{\dfrac{75-\theta}{30}}$
エチレンプロピレンゴム混合物	$\sqrt{\dfrac{80-\theta}{30}}$
ポリエチレン混合物（架橋したものに限る）	$\sqrt{\dfrac{90-\theta}{30}}$

［注］θは，周囲温度（単位：℃）．ただし，30℃以下の場合は30とする．

(2) 電流減少係数（解釈第146条）

電流減少係数は，電線を合成樹脂管，金属管，金属可とう電線管又は金属線ぴに収めて使用する場合に適用し，**同一管路内に収める電線数が多いほど放熱が阻害される**ことを考慮して，表2·50のように定められている．

(3) 電線の許容電流（解釈第146条）

低圧配線に使用する絶縁電線の許容電流は，(1)により計算した許容電流補正係数と(2)の電流減少係数を乗じた値となる．

●表 2・50　電流減少係数

同一管路内の電線数	電流減少係数
3 以下	0.70
4	0.63
5 又は 6	0.56
7 以上 15 以下	0.49
16 以上 40 以下	0.43
41 以上 60 以下	0.39
61 以上	0.34

2　低圧幹線の施設方法（解釈第 148 条）

1　低圧幹線に要求される許容電流（解釈第 148 条）

低圧幹線に接続する負荷のうち，電動機などの定格電流の合計が ΣI_M，他の電気使用機械器具の定格電流の合計が ΣI_H の場合，低圧幹線に使用する電線の許容電流（I_A）は，以下の条件を満たすものでなければならない（図 2・66）.

（a）　$\Sigma I_M \leqq \Sigma I_H$ の場合

当該低圧幹線に接続する電気使用機械器具の定格電流の合計値以上であること.

$\Sigma I_M \leqq \Sigma I_H$ の場合　　$I_A \geqq \Sigma I_M + \Sigma I_H$

（b）　$\Sigma I_M > \Sigma I_H$ の場合

①　電動機などの定格電流の合計が 50 A 以下の場合は，その定格電流の合計

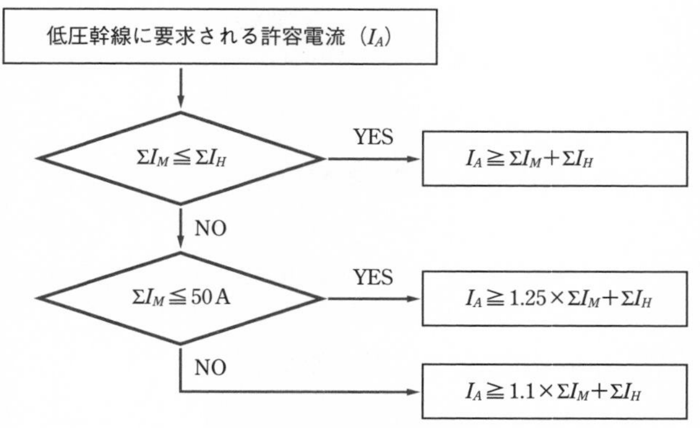

●図 2・66　低圧幹線に要求される許容電流の求め方

の 1.25 倍に他の電気使用機械器具の定格電流の合計を加えた値以上であること．

$\Sigma I_M > \Sigma I_H$ かつ $\Sigma I_M \leqq 50$ A の場合　　$I_A \geqq 1.25 \times \Sigma I_M + \Sigma I_H$

② 電動機などの定格電流の合計が 50 A を超える場合は，その定格電流の合計の 1.1 倍に他の電気使用機械器具の定格電流の合計を加えた値以上であること．

$\Sigma I_M > \Sigma I_H$ かつ $\Sigma I_M > 50$ A の場合　　$I_A \geqq 1.1 \times \Sigma I_M + \Sigma I_H$

Chapter 2

(2) 過電流遮断器の定格電流（解釈第 148 条）

低圧幹線に接続する負荷のうち，電動機などの定格電流の合計が ΣI_M，他の電気使用機械器具の定格電流の合計が ΣI_H，当該低圧幹線の許容電流が I_A の場合，過電流遮断器の定格電流（I_B）は，以下の条件を満たすものでなければならない（図 2･67）．

（a） 電動機などが接続されていない場合

当該低圧幹線の許容電流以下であること　　$I_B \leqq I_A$

（b） 電動機などが接続される場合

① **$3 \times \Sigma I_M + \Sigma I_H$ と ② $2.5 \times I_A$ の小さい方以下であること．**

①<② の場合　$I_B \leqq 3 \times \Sigma I_M + \Sigma I_H$

①≧② の場合　$I_B \leqq 2.5 \times I_A$

なお，(b) において，当該低圧幹線の許容電流が 100 A を超える場合，① 又は ② の値が過電流遮断器の標準定格に該当しないときは，① 又は ② の値の**直近上位の標準定格**であること．

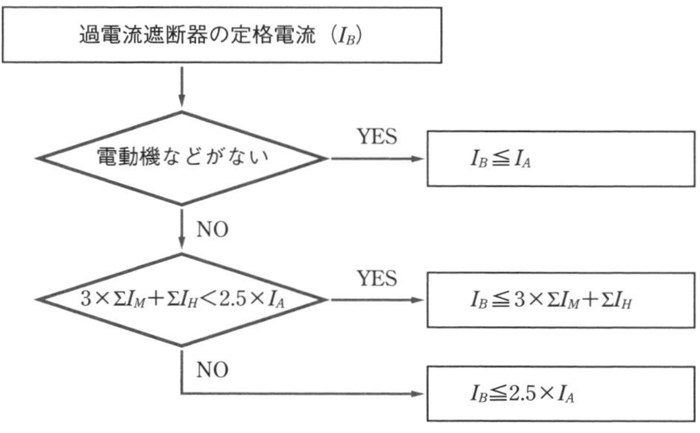

●図 2・67　過電流遮断器の定格電流の求め方

3 過電流遮断器の省略（解釈第 148 条）

低圧幹線の電源側電路には，当該低圧幹線を保護する過電流遮断器を施設しなければならない．ただし，次のいずれかに該当する場合は，省略することができる（図 2･68）.

① 低圧幹線の許容電流（I_A）が，当該低圧幹線の電源側に接続する他の低圧幹線を保護する**過電流遮断器の定格電流（I_B）の 55％以上**である場合

② 過電流遮断器に直接接続する低圧幹線又は ① に掲げる低圧幹線に接続する長さ **8 m 以下の低圧幹線**で，当該低圧幹線の許容電流（I_A）が，当該低圧幹線の電源側に接続する他の低圧幹線を保護する**過電流遮断器の定格電流（I_B）の 35％以上**である場合

③ 過電流遮断器に直接接続する低圧幹線又は ① 若しくは ② に掲げる低圧幹線に接続する長さ **3 m 以下の低圧幹線**で，当該低圧幹線の負荷側に他の低圧幹線を接続しない場合

④ 低圧幹線に電気を供給する電源が**太陽電池のみ**で，**当該低圧幹線の許容電流が当該低圧幹線を通過する最大短絡電流以上**である場合

また，対地電圧が 150 V 以下の低圧屋内電路の接地側電線以外の電線に施設した過電流遮断器が動作した場合において，各極が同時に遮断されるときは，当該電路の接地側電線に過電流遮断器を省略することができる．

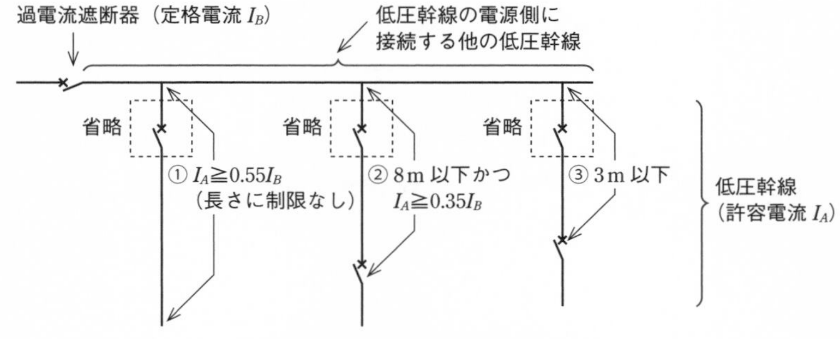

●図 2・68　過電流遮断器の省略

問題69 H27 B-12（類 H29 B-11，H16 A-10）

周囲温度が 25℃ の場所において，単相 3 線式（100/200 V）の定格電流が 30 A の負荷に電気を供給する低圧屋内配線 A と，単相 2 線式（200 V）の定格電流が 30 A の負荷に電気を供給する低圧屋内配線 B がある．いずれの負荷にも，電動機又はこれに類する起動電流が大きい電気機械器具は含まないものとする．二つの低圧屋内配線は，金属管工事により絶縁電線を同一管内に収めて施設されていて，同配管内に接地線は含まない．低圧屋内配線 A と低圧屋内配線 B の負荷は力率 100％ であり，かつ，低圧屋内配線 A の電圧相の電流値は平衡しているものとする．また，低圧屋内配線 A 及び低圧屋内配線 B に使用する絶縁電線の絶縁体は，耐熱性を有しないビニル混合物であるものとする．

「電気設備技術基準の解釈」に基づき，この絶縁電線の周囲温度による許容電流補正係数 k_1 の計算式は下式とする．また，絶縁電線を金属管に収めて使用する場合の電流減少係数 k_2 は表によるものとして，次の（a）及び（b）の問に答えよ．

$$k_1 = \sqrt{\frac{60-\theta}{30}}$$

この式において，θ は，周囲温度（単位：℃）とし，周囲温度が 30℃ 以下の場合は $\theta = 30$ とする．

同一管内の電線数	電流減少係数 k_2
3 以下	0.70
4	0.63
5 又は 6	0.56

この表において，中性線，接地線及び制御回路用の電線は同一管に収める電線数に算入しないものとする．

（a）周囲温度による許容電流補正係数 k_1 の値と，金属管に収めて使用する場合の電流減少係数 k_2 の値の組合せとして，最も近いものを次の（1）～（5）のうちから一つ選べ．

	k_1	k_2
（1）	1.00	0.56
（2）	1.00	0.63
（3）	1.08	0.56
（4）	1.08	0.63
（5）	1.08	0.70

(b) 低圧屋内配線 A に用いる絶縁電線に要求される許容電流 I_A と低圧屋内配線 B に用いる絶縁電線に要求される許容電流 I_B のそれぞれの最小値〔A〕の組合せとして，最も近いものを次の (1)～(5) のうちから一つ選べ．

	I_A	I_B
(1)	22.0	44.1
(2)	23.8	47.6
(3)	47.6	47.6
(4)	24.8	49.6
(5)	49.6	49.6

解説　解釈第 146 条（低圧配線に使用する電線）からの出題である．本節第 1 項参照．

(a) 許容電流補正係数は，周囲温度が 30℃ 以下の場合は，$\theta=30$ として計算することとされているので，k_1 は

$$k_1=\sqrt{\frac{60-\theta}{30}}=\sqrt{\frac{60-30}{30}}=\mathbf{1.00}$$

次に中性線と接地線は同一管路内に収める電線数に算入しないので，同一管路内の電線数は，解図 1 の ① と ②，解図 2 の ③ と ④ の合計 4 本となり，電流減少係数 k_2 は **0.63** である．

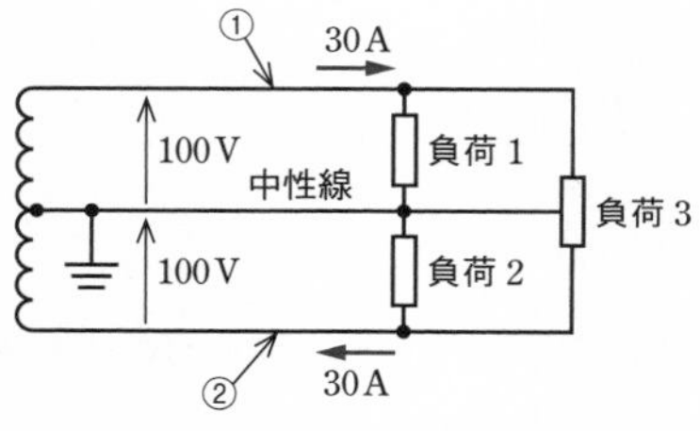

●解図 1　低圧屋内配線 A

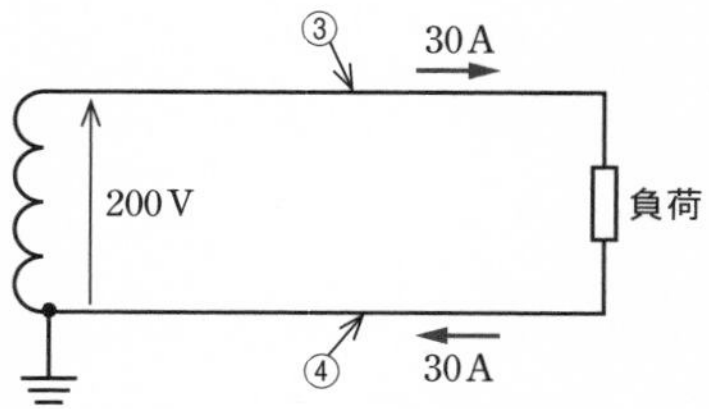

●解図 2　低圧屋内配線 B

(b) 解図 1 の ① と ② の電流は，それぞれ 30 A であるので，低圧屋内線 A に用いる絶縁電線は，許容電流補正係数 k_1 と電流減少係数 k_2 で補正計算した許容電流値が 30 A 以上である必要がある．したがって，低圧屋内線 A に用いる絶縁電線に要求される許容電流 I_A は

$$I_A\times k_1\times k_2>30\,\mathrm{A}$$

$$I_A>\frac{30}{k_1\times k_2}=\frac{30}{1.00\times 0.63}=47.619\fallingdotseq\mathbf{47.6\,A}$$

同様に解図 2 の ③ と ④ の電流は，それぞれ 30 A であるので，低圧屋内線 B に用い

る絶縁電線に要求される許容電流 I_B は

$$I_B \times k_1 \times k_2 > 30\,\text{A}$$

$$I_B > \frac{30}{k_1 \times k_2} = \frac{30}{1.00 \times 0.63} = 47.619 \fallingdotseq \mathbf{47.6\,A}$$

解答 ▶ (a)-(2), (b)-(3)

問題70 R1 B-11（類 H24 A-9, H19 A-9）

電気使用場所の低圧幹線の施設について，次の (a) 及び (b) の問に答えよ．

(a) 次の表は，一つの低圧幹線によって電気を供給される電動機又はこれに類する起動電流が大きい電気機械器具（以下この問において「電動機等」という．）の定格電流の合計値 I_M〔A〕と，他の電気使用機械器具の定格電流の合計値 I_H〔A〕を示したものである．また，「電気設備技術基準の解釈」に基づき，当該低圧幹線に用いる電線に必要な許容電流は，同表に示す I_C の値〔A〕以上でなければならない．ただし，需要率，力率等による修正はしないものとする．

I_M〔A〕	I_H〔A〕	I_M+I_H〔A〕	I_C〔A〕
47	49	96	96
48	48	96	(ア)
49	47	96	(イ)
50	46	96	(ウ)
51	45	96	102

上記の表中の空白箇所（ア），（イ）及び（ウ）に当てはまる組合せとして，正しいものを次の (1)～(5) のうちから一つ選べ．

	(ア)	(イ)	(ウ)
(1)	96	109	101
(2)	96	108	109
(3)	96	109	109
(4)	108	108	109
(5)	108	109	101

(b) 次の表は，「電気設備技術基準の解釈」に基づき，低圧幹線に電動機等が接続される場合における電動機等の定格電流の合計値 I_M〔A〕と，他の電気使用機械器具の定格電流の合計値 I_H〔A〕と，これらに電気を供給する一つの低圧幹線に用いる電線の許容電流 I_C'〔A〕と，当該低圧幹線を保護する過電流遮断器の定格電流の最大値 I_B〔A〕を示したものである．ただし，需

要率，力率等による修正はしないものとする．

I_M〔A〕	I_H〔A〕	I_C'〔A〕	I_B〔A〕
60	20	88	（エ）
70	10	88	（オ）
80	0	88	（カ）

上記の表中の空白箇所（エ），（オ）及び（カ）に当てはまる組合せとして，正しいものを次の (1)～(5) のうちから一つ選べ．

	（エ）	（オ）	（カ）
(1)	200	200	220
(2)	200	220	220
(3)	200	220	240
(4)	220	220	240
(5)	220	200	240

解説　解釈第 148 条（低圧幹線の施設）からの出題である．本節第 2 項参照．

(a) 低圧幹線に用いる電線に必要な許容電流 I_A について

（ア）は，$I_M \leqq I_H$ なので

$I_A \geqq I_M + I_H = 48 + 48 = \mathbf{96\,A}$

（イ）は，$I_M > I_H$ かつ $I_M \leqq 50$ なので

$I_A \geqq 1.25 \times I_M + I_H = 1.25 \times 49 + 47 = 108.25\,\mathrm{A}$

$\therefore$　$I_A \geqq \mathbf{109\,A}$

（ウ）は，$I_M > I_H$ かつ $I_M \leqq 50$ なので

$I_A \geqq 1.25 \times I_M + I_H = 1.25 \times 50 + 46 = 108.5\,\mathrm{A}$

$\therefore$　$I_A \geqq \mathbf{109\,A}$

(b) 過電流遮断器の定格電流の最大値 I_B について

（エ）は

$I_B \leqq 3 \times I_M + I_H = 3 \times 60 + 20 = 200\,\mathrm{A}$

$I_B \leqq 2.5 \times I_C' = 2.5 \times 88 = 220\,\mathrm{A}$

小さい方の $I_B \leqq \mathbf{200\,A}$

（オ）は，

$3 \times I_M + I_H = 3 \times 70 + 10 = 220\,\mathrm{A}$

$2.5 \times I_C' = 2.5 \times 88 = 220\,\mathrm{A}$

両者が同じ値なので，$I_B \leqq \mathbf{220\,A}$

（カ）は

$3\times I_M + I_H = 3\times 80 + 0 = 240\,\mathrm{A}$

$2.5\times I_c{}' = 2.5\times 88 = 220\,\mathrm{A}$

小さい方の $I_B \leqq \mathbf{220\,A}$

解答 ▶ (a) - (3)，(b) - (2)

問題71　H26　A-10（類 H14　A-10）

次の文章は，「電気設備技術基準の解釈」に基づき，電源供給用低圧幹線に電動機が接続される場合の過電流遮断器の定格電流及び電動機の過負荷と短絡電流の保護協調に関する記述である．

1. 低圧幹線を保護する過電流遮断器の定格電流は，次のいずれかによることができる．
   a. その幹線に接続される電動機の定格電流の合計の（ア）倍に，他の電気使用機械器具の定格電流の合計を加えた値以下であること．
   b. 上記 a の値が当該低圧幹線の許容電流を（イ）倍した値を超える場合は，その許容電流を（イ）倍した値以下であること．
   c. 当該低圧幹線の許容電流が 100 A を超える場合であって，上記 a 又は b の規定による値が過電流遮断器の標準定格に該当しないときは，上記 a 又は b の規定による値の（ウ）の標準定格であること．
2. 図は，電動機を電動機保護用遮断器（MCCB）と熱動継電器（サーマルリレー）付電磁開閉器を組み合わせて保護する場合の保護協調曲線の一例である．図中（エ）は電源配線の電線許容電流時間特性を表す曲線である．

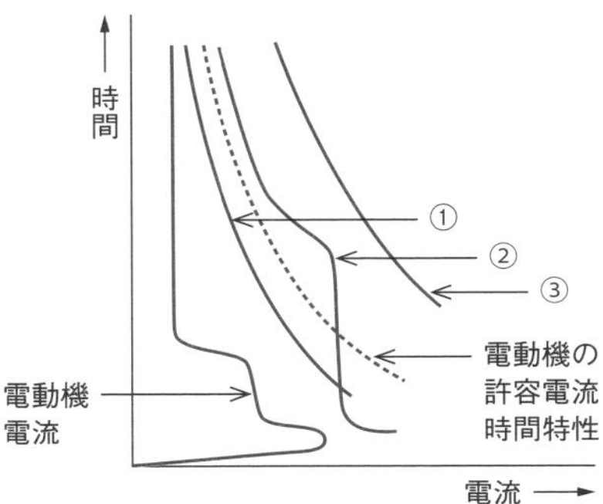

上記の記述中の空白箇所（ア），（イ），（ウ）及び（エ）に当てはまる組合せとして，正しいものを次の（1）～（5）のうちから一つ選べ．

	(ア)	(イ)	(ウ)	(エ)
(1)	3	2.5	直近上位	③
(2)	3	2	115％以下	②
(3)	2.5	1.5	直近上位	①
(4)	3	2.5	115％以下	③
(5)	2	2	直近上位	②

解説　1. は，解釈第 148 条（低圧幹線の施設）からの出題である．本節第 2 項（2）参照．

2. は，保護協調を図るためには，電動機の許容電流時間特性 ≦ 電源配線の電線許容電流時間特性の関係が，常に成り立たなければならない．そのため，問題図中の ③ が正しい．

解答 ▶（1）

Point　H14 の類題では，過電流に対する保護協調について，電動機の始動電流特性 ≦ 配線用遮断器の動作特性 ≦ 配線の許容電流の時間特性の関係が成り立つ必要があることを問う問題が出題されている（解図）．

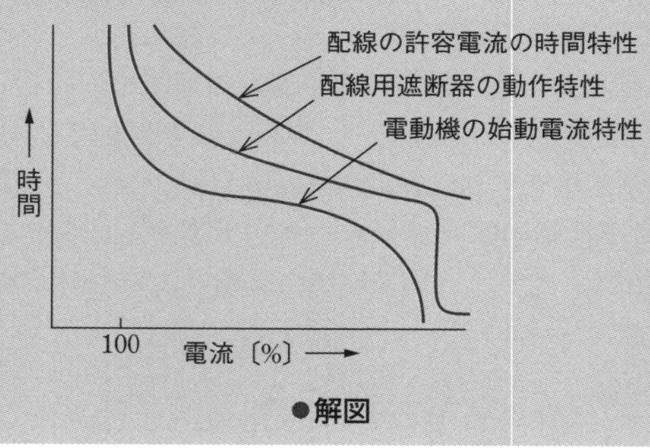

●解図

問題72　H29　A-7　（類 H22　A-6）

次の文章は，「電気設備技術基準の解釈」における低圧幹線の施設に関する記述の一部である．

低圧幹線の電源側電路には，当該低圧幹線を保護する過電流遮断器を施設すること．ただし，次のいずれかに該当する場合は，この限りでない．

a. 低圧幹線の許容電流が，当該低圧幹線の電源側に接続する他の低圧幹線を保護する過電流遮断器の定格電流の 55％ 以上である場合

b. 過電流遮断器に直接接続する低圧幹線又は上記 a に掲げる低圧幹線に接続する長さ （ア） m 以下の低圧幹線であって，当該低圧幹線の許容電流が，当該低圧幹線の電源側に接続する他の低圧幹線を保護する過電流遮断器の定格電流の 35％ 以上である場合

c. 過電流遮断器に直接接続する低圧幹線又は上記 a 若しくは上記 b に掲げる低圧幹線に接続する長さ （イ） m 以下の低圧幹線であって，当該低圧幹線の負荷側に他の低圧幹線を接続しない場合

d. 低圧幹線に電気を供給する電源が （ウ） のみであって，当該低圧幹線の許容電流が，当該低圧幹線を通過する （エ） 電流以上である場合

上記の記述中の空白箇所（ア），（イ），（ウ）及び（エ）に当てはまる組合せとして，正しいものを次の (1)～(5) のうちから一つ選べ．

	（ア）	（イ）	（ウ）	（エ）
(1)	10	5	太陽電池	最大短絡
(2)	8	5	太陽電池	定格出力
(3)	10	5	燃料電池	定格出力
(4)	8	3	太陽電池	最大短絡
(5)	8	3	燃料電池	定格出力

解釈第 148 条（低圧幹線の施設）からの出題である．本節第 3 項参照．

解答 ▶ (4)

低圧配線の施設

［★★］

本節では，低圧屋内配線の施設に関する規定を学習する．

1 工事の種類とその適用（解釈第 156 条）

低圧屋内配線の工事方法は，がいし引き工事，合成樹脂管工事，金属管工事，金属可とう電線管工事，金属線ぴ工事，金属ダクト工事，バスダクト工事，ケーブル工事，フロアダクト工事，セルラダクト工事，ライティングダクト工事，平形保護層工事の 12 種類があり，施設場所及び使用電圧の区分に応じて，表 2・51 に示すように適用しなければならない．

●表 2・51　低圧屋内配線工事の適用

施設場所の区分		使用電圧の区分	工事の種類											
			がいし引き工事	合成樹脂管工事	金属管工事	金属可とう電線管工事	金属線ぴ工事	金属ダクト工事	バスダクト工事	ケーブル工事	フロアダクト工事	セルラダクト工事	ライティングダクト工事	平形保護層工事
展開した場所	乾燥した場所	300 V 以下	○	○	○	○	○	○	○	○			○	
		300 V 超過	○	○	○	○		○	○	○				
	湿気の多い場所又は水気のある場所	300 V 以下	○	○	○	○			○	○				
		300 V 超過	○	○	○	○				○				
点検できる隠ぺい場所	乾燥した場所	300 V 以下	○	○	○	○	○	○	○	○		○	○	○
		300 V 超過	○	○	○	○		○	○	○				
	湿気の多い場所又は水気のある場所	—	○	○	○	○				○				
点検できない隠ぺい場所	乾燥した場所	300 V 以下		○	○	○				○	○	○		
		300 V 超過		○	○	○				○				
	湿気の多い場所又は水気のある場所	—		○	○	○				○				

（備考）○は，使用できることを示す．

参考　低圧屋外・屋側配線の工事方法（解釈第 166 条）

屋外配線又は屋側配線の工事方法は，がいし引き工事，合成樹脂管工事，金属管工事，金属可とう電線管工事，バスダクト工事及びケーブル工事の 6 種類があり，施設場所及び使用電圧の区分に応じて，表 2･52 に示すように適用しなければならない．

また，具体的な施工方法は，原則として，本節第 2 項（後述）を準用する．

●表 2・52　低圧屋外・屋側配線工事の適用

施設場所の区分	使用電圧の区分	工事の種類					
		がいし引き工事	合成樹脂管工事	金属管工事	金属可とう電線管工事	バスダクト工事	ケーブル工事
展開した場所	300 V 以下	○	○	○	○	○	○
	300 V 超過	○	○	○	○	○	○
点検できる隠ぺい場所	300 V 以下	○	○	○	○	○	○
	300 V 超過		○	○	○	○	○
点検できない隠ぺい場所	—		○	○	○		○

（備考）○は，使用できることを示す．

2　各種工事の施設方法（解釈第 157～165 条）

(1) がいし引き工事（解釈第 157 条）

(a)　特　徴

電線をがいしで支持して施設する工事で，経済的で工法も比較的簡単であるが，広い施設スペースが必要である（図 2･69）．

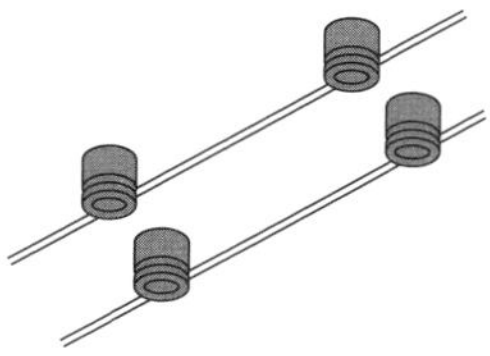

●図 2・69　がいし引き工事

(b)　電　線

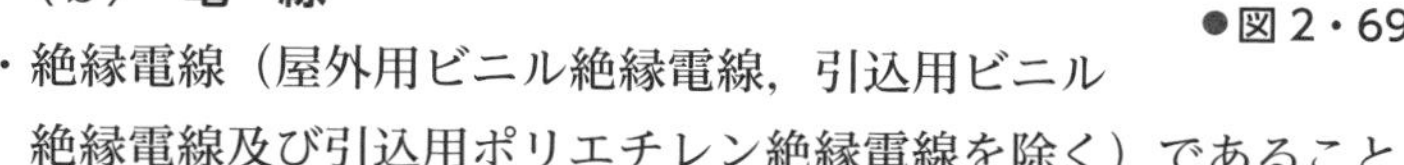

・絶縁電線（屋外用ビニル絶縁電線，引込用ビニル絶縁電線及び引込用ポリエチレン絶縁電線を除く）であること

(c)　施設方法

・電線相互の間隔は 6 cm 以上であること

・電線と造営材との離隔距離は，使用電圧が 300 V 以下の場合は 2.5 cm 以上，300 V を超える場合は 4.5 cm 以上（乾燥した場所に施設する場合は 2.5 cm 以上）であること

・電線の支持点間の距離は，電線を造営材の上面又は側面に沿って取り付ける場

合は 2 m 以下，それ以外の場合で使用電圧が 300 V を超えるものは 6 m 以下であること

- 使用電圧が 300 V 以下の場合は電線に簡易接触防護措置，300 V を超える場合は電線に接触防護措置を施すこと
- 電線が造営材を貫通する場合は，原則として，その貫通する部分の電線を電線ごとにそれぞれ別個の難燃性及び耐水性のある物で絶縁すること
- がいしは，絶縁性，難燃性及び耐水性のあるものであること

2 合成樹脂管工事（解釈第 158 条）

（a）特　徴

合成樹脂管の中に絶縁電線を引き入れて施設するもので，金属管工事より安価で，施工が容易であるほか，絶縁性がよく，耐薬品性に優れているなど多くの長所をもっているが，機械的衝撃力や熱に対しては金属管より弱いので，重量物の圧力又は著しい機械的衝撃力を受けるおそれがないように施設する必要がある（図 2･70）．

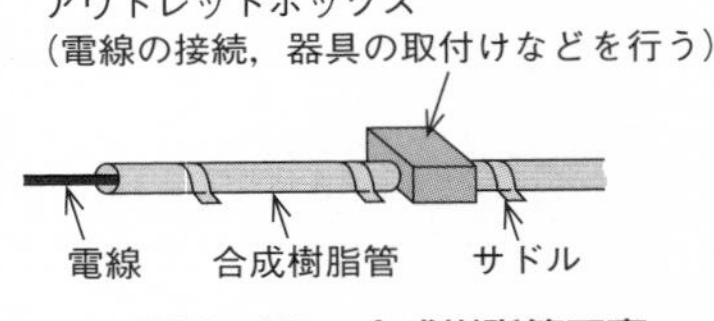

●図 2・70　合成樹脂管工事

（b）電　線

- 絶縁電線（屋外用ビニル絶縁電線を除く）であること
- より線又は直径 3.2 mm 以下（アルミ線は 4 mm 以下）の単線であること（ただし，短小な合成樹脂管に収めるものは除く）
- 合成樹脂管内では，**電線に接続点を設けない**こと

（c）合成樹脂管など

- 端口及び内面は，電線の被覆を損傷しないような滑らかなものであること
- **管**（合成樹脂製可とう管及び CD 管を除く）**の厚さは 2 mm 以上**であること．ただし，次に適合する場合は 2 mm 以下とすることができる．
  ①　使用電圧が 300 V 以下であること
  ②　展開した場所又は点検できる隠ぺい場所で，乾燥した場所に施設すること
  ③　**接触防護措置**を施すこと

（d）施設方法

- **管の支持点間の距離は 1.5 m 以下**とし，かつ，その支持点は，管端，管とボックスとの接続点及び管相互の接続点のそれぞれの近くの箇所に設けること
- 湿気の多い場所又は水気のある場所に施設する場合は，**防湿装置**を施すこと

3 金属管工事（解釈第159条）

（a） 特 徴

金属管の中に絶縁電線を引き入れて施設する工法で，機械的衝撃力にも強く，ビルや工場などの低圧配線に広く用いられている（図2･71）.

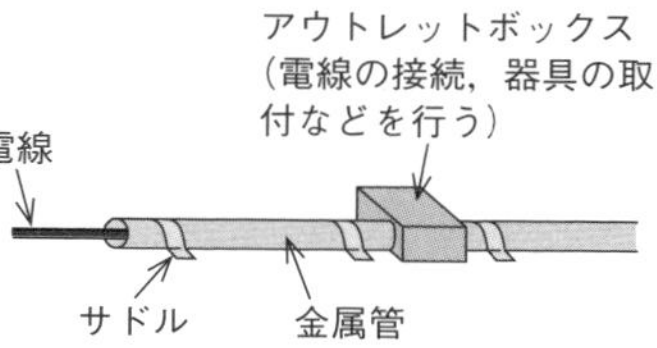

アウトレットボックス（電線の接続，器具の取付などを行う）
電線
サドル
金属管

●図2・71 金属管工事

（b） 電 線

・絶縁電線（屋外用ビニル絶縁電線を除く）であること
・より線又は直径3.2mm以下（アルミ線は4mm以下）の単線であること（ただし，短小な金属管に収めるものは除く）
・金属管内では，**電線に接続点を設けない**こと

（c） 金属管

・端口及び内面は，電線の被覆を損傷しないような滑らかなものであること
・**管の厚さ**は，次によること
　① **コンクリートに埋め込むものは1.2mm以上**
　② ①以外で継手のない長さ4m以下のものを，乾燥した展開した場所に施設する場合は0.5mm以上
　③ ①及び②以外は1mm以上

（d） 施設方法

・湿気の多い場所又は水気のある場所に施設する場合は，**防湿装置**を施すこと
・**使用電圧が300V以下の場合**は，**管にはD種接地工事**を施すこと．ただし，次のいずれかに該当する場合は省略できる.
　① **管の長さが4m以下**のものを乾燥した場所に施設する場合
　② 使用電圧が直流300V又は交流対地電圧150V以下の場合で，管の長さが8m以下のものに簡易接触防護措置を施すとき又は乾燥した場所に施設するとき
・使用電圧が300Vを超える場合は，管にはC種接地工事を施すこと（ただし，接触防護措置を施す場合はD種接地工事によることができる）

4 金属可とう電線管工事（解釈第160条）

（a） 特 徴

可とう電線管の中に絶縁電線を引き入れて施設する工法で，振動のある機器への配線の接続や，構造物の接合部分などのようにある程度のずれが予想される箇

所，又は複雑な曲がりのある箇所などの配線に用いられる．

（b）　電　線

・絶縁電線（屋外用ビニル絶縁電線を除く）であること
・より線又は直径 3.2 mm 以下（アルミ線は 4 mm 以下）の単心のものであること
・金属管内では，**電線に接続点を設けない**こと

（c）　**電線管など**

・内面は，電線の被覆を損傷しないような滑らかなものであること
・電線管は，2 種金属製可とう電線管であること．ただし，次に適合する場合は，1 種金属製可とう電線管を使用することができる
　①　展開した場所又は点検できる隠ぺい場所で乾燥した場所であること
　②　使用電圧が 300 V を超える場合は，電動機に接続する部分で可とう性を必要とする部分であること
　③　管の厚さは 0.8 mm 以上であること

（d）　**施設方法**

・2 種金属製可とう電線管を使用する場合に湿気の多い場所又は水気のある場所に施設するときは**防湿装置**を施すこと
・**使用電圧が 300 V 以下の場合**は，**電線管には D 種接地工事**を施すこと．ただし，**管の長さが 4 m 以下**のものを施設する場合は省略できる．
・使用電圧が 300 V を超える場合は，電線管には C 種接地工事を施すこと（ただし，接触防護措置を施す場合は，D 種接地工事によることができる）

5　金属線ぴ工事（解釈第 161 条）

（a）　特　徴

金属線ぴの中に絶縁電線を入れて施設するもので，屋内で美観を重視しないところの配線や，コンクリート建築で設計変更によるスイッチ，コンセントなどの位置変更の際，その引下部分などに用いられる（図 2･72）．

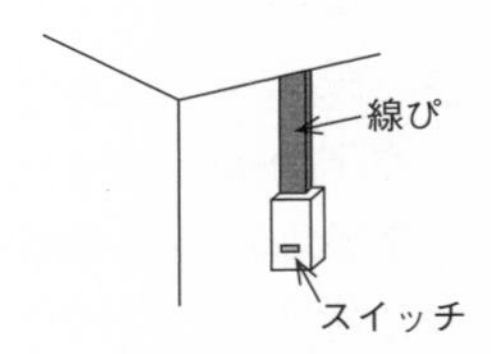

●図 2・72　金属線ぴ工事

（b）　電　線

・絶縁電線（屋外用ビニル絶縁電線を除く）であること
・線ぴ内では，原則として**電線に接続点を設けない**こと

（c）　**金属製線ぴなど**

・黄銅又は銅で堅ろうに製作し，内面を滑らかにしたものであること

・幅が 5 cm 以下，**厚さが 0.5 mm 以上**のものであること

（d）　**施設方法**

・**線ぴには D 種接地工事**を施すこと．ただし，次のいずれかに該当する場合は省略できる．

①　**線ぴの長さが 4 m 以下**のものを施設する場合

②　使用電圧が直流 300 V 又は交流対地電圧 150 V 以下の場合で，線ぴの長さが 8 m 以下のものに簡易接触防護措置を施すとき又は乾燥した場所に施設するとき

(6) 金属ダクト工事（解釈第 162 条）

（a）　**特　徴**

鉄板製ダクト内に多数の電線をまとめて配線する工法で，金属管工事などより経済的で体裁もよく配線の増設・変更などが比較的容易にできるため，工場やビルなどで電気室まわりの配線によく使用されている（図 2・73）．

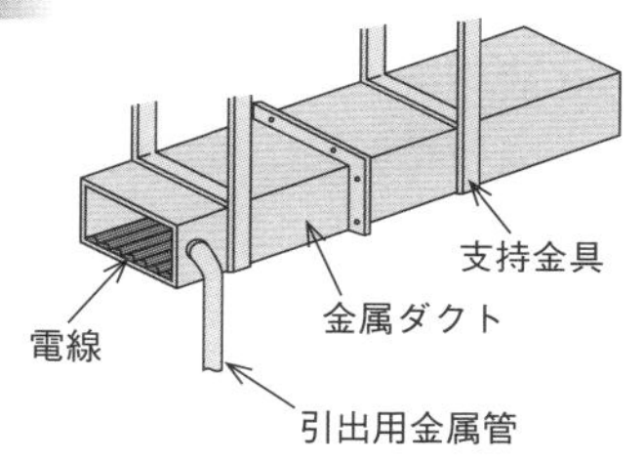

●図 2・73　金属ダクト工事

（b）　**電　線**

・絶縁電線（屋外用ビニル絶縁電線を除く）であること

・ダクト内では，**電線に接続点を設けない**こと（ただし，電線を分岐する場合に接続点が容易に点検できるときは，接続点を設けることができる）

・ダクトに収める電線の断面積の総和は，原則としてダクトの内部断面積の 20% 以下であること

（c）　**金属ダクト**

・幅が 5 cm を超え，かつ，**厚さが 1.2 mm 以上の鉄板**又はこれと同等以上の強さを有する金属製のものであること

・内面は，電線の被覆を損傷するような突起がないものであること

・内面及び外面は，さび止めのためにめっき又は塗装を施したものであること

（d）　**施設方法**

・**ダクトを造営材に取り付ける場合**は，**ダクトの支持点間の距離を 3 m 以下**（取扱者以外の者が出入りできないように措置した場所に垂直に取り付ける場合は 6 m 以下）とし，**堅ろうに取り付ける**こと

・ダクトのふたは，容易に外れないように施設すること
・ダクトの終端部は閉そくすること
・ダクトの内部にじんあいが侵入し難いようにすること
・ダクトは，水のたまるような低い部分を設けないように施設すること
・**使用電圧が 300V 以下の場合**は，**ダクトには D 種接地工事**を施すこと
・使用電圧が 300V を超える場合は，ダクトには C 種接地工事を施すこと（ただし，接触防護措置を施す場合は，D 種接地工事によることができる）

7 バスダクト工事（解釈第 163 条）

（a） 特　徴

帯状の導体をハウジング（エンクローザともいう）と呼ばれる金属製のダクトの中に収めた配線材料で

・電線容量を大きくすることができる．
・支持絶縁物の劣化が極めて少ないので信頼度が高い．
・配線が簡単なため保守などが容易である．
・施工が容易である．

などの特長を有している．工場などの大容量幹線などに広く使用されている（図 2･74）．

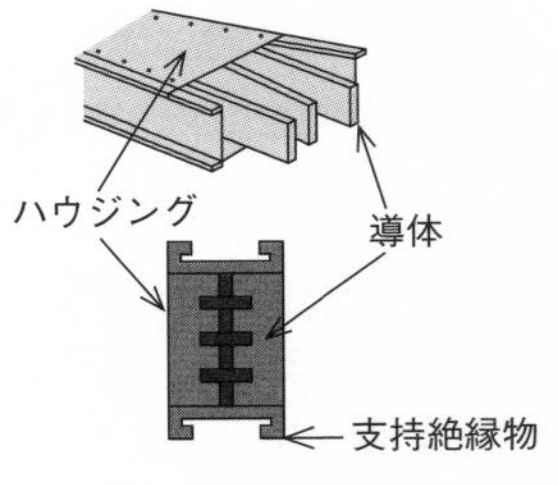

●図 2・74　バスダクト工事

（b） 電　線

・バスダクトであること

（c） 施設方法

・**ダクトを造営材に取り付ける場合**は，**ダクトの支持点間の距離を 3m 以下**（取扱者以外の者が出入りできないように措置した場所に垂直に取り付ける場合は 6m 以下）とし，**堅ろうに取り付ける**こと
・ダクト（換気型のものを除く）の終端部は，閉そくすること
・ダクト（換気型のものを除く）の内部にじんあいが侵入し難いようにすること
・湿気の多い場所又は水気のある場所に施設する場合は，屋外用バスダクトを使用し，バスダクト内部に水が浸入してたまらないようにすること
・**使用電圧が 300V 以下の場合**は，**ダクトには D 種接地工事**を施すこと
・使用電圧が 300V を超える場合は，ダクトには C 種接地工事を施すこと（ただし，接触防護措置を施す場合は D 種接地工事によることができる）

(8) ケーブル工事（解釈第 164 条）

（a） 特　徴

電線にケーブル又はキャブタイヤケーブルを使用する工事で，電線を造営材に直接取り付けることができ，工法が簡単で施設スペースも小さいなどの特長を有している．

（b） 電　線

・ケーブル，キャブタイヤケーブル（2 種※・3 種・4 種），クロロプレンキャブタイヤケーブル（2 種※・3 種・4 種），クロロスルホン化ポリエチレンキャブタイヤケーブル（2 種※・3 種・4 種），耐燃性エチレンゴムキャブタイヤケーブル（2 種※・3 種），ビニルキャブタイヤケーブル※，耐燃性ポリオレフィンキャブタイヤケーブル※であること

※使用電圧が 300 V 以下のものを展開した場所又は点検できる隠ぺい場所に施設する場合に限る

（c） 施設方法

・電線を造営材の下面又は側面に沿って取り付ける場合は，**電線の支持点間の距離をケーブルは 2 m 以下**（接触防護措置を施した場所に垂直に取り付ける場合は 6 m 以下），キャブタイヤケーブルは 1 m 以下とし，かつ，その被覆を損傷しないように取り付けること

・**使用電圧が 300 V 以下の場合**は，管その他の電線を収める防護装置の金属製部分，金属製の電線接続箱及び電線の被覆に使用する金属体には，**D 種接地工事**を施すこと．ただし，次のいずれかに該当する場合は，管その他の電線を収める防護装置の金属製部分については省略できる．

① 防護装置の**金属製部分の長さが 4 m 以下**のものを乾燥した場所に施設する場合

② 使用電圧が直流 300 V 又は交流対地電圧 150 V 以下の場合に，防護装置の金属製部分の長さが 8 m 以下のものに簡易接触防護措置を施すとき又は乾燥した場所に施設するとき

・使用電圧が 300 V を超える場合は，管その他の電線を収める防護装置の金属製部分，金属製の電線接続箱及び電線の被覆に使用する金属体には，C 種接地工事を施すこと（ただし，接触防護措置を施す場合は，D 種接地工事によることができる）

9 フロアダクト工事（解釈第 165 条）

（a） 特　徴

ビルディングなどの乾燥したコンクリート床内に配線取出口付きの金属ダクトを埋め込んで配線する工法で，広い室内のどの部分に機器を配置しても，機器に近い床面から電源や信号線などを取り出して接続することができる（図 2･75）．

特に，多数の人が机の上で電話や事務機器を使用するような場合，建設時に機器の種類，配置が決まっていない場合，機器の増設，部屋の模様替えが頻繁に行われる場合などに適するものである．

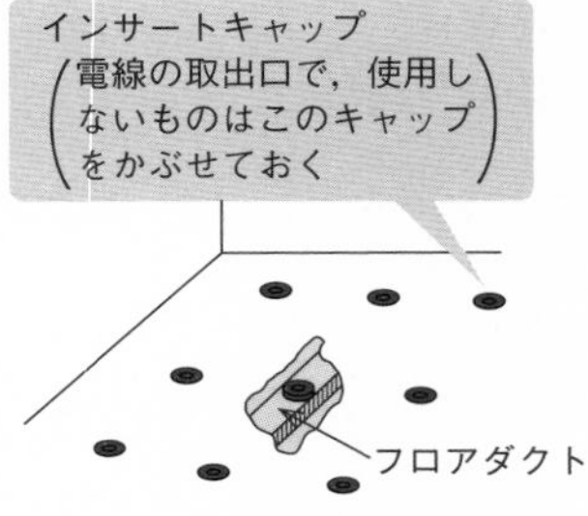

●図 2・75　フロアダクト工事

（b） 電　線

- 絶縁電線（屋外用ビニル絶縁電線を除く）であること
- より線又は直径 3.2 mm 以下（アルミ線は 4 mm 以下）の単線であること
- フロアダクト内では，**電線に接続点を設けない**こと（ただし，電線を分岐する場合に接続点が容易に点検できるときは，接続点を設けることができる）

（c） フロアダクトなど

- **厚さが 2 mm 以上の鋼板**で堅ろうに製作したものであること
- 亜鉛めっきを施したもの又はエナメルなどで被覆したものであること
- 端口及び内面は，電線の被覆を損傷しないような滑らかなものであること

（d） 施設方法

- 水のたまるような低い部分を設けないように施設すること
- ボックス及び引出口は，床面から突出しないように施設し，かつ，水が浸入しないように密封すること
- ダクトの終端部は，閉そくすること
- **ダクトには D 種接地工事**を施すこと

10 セルラダクト工事（解釈第 165 条）

（a） 特　徴

一般的には，大型の鉄骨建造物の床コンクリートの仮枠又は床構造材として使用される波形デッキプレートの溝を閉鎖して，これをセルラダクトとして使用する方式で，金属ダクト，フロアダクト又は金属管工事と組み合わせて使用する例が多い（図 2･76）．

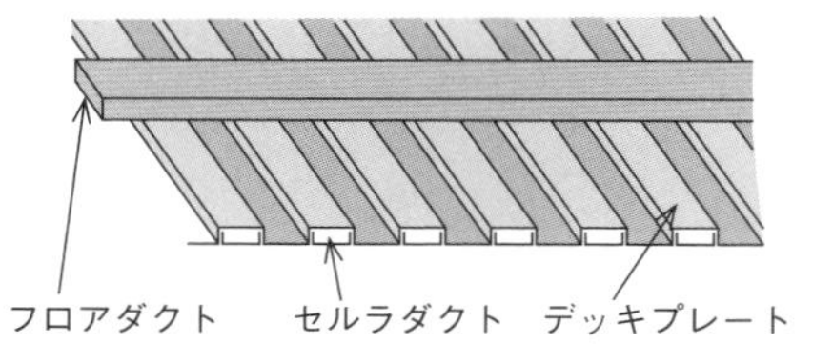

●図 2・76 セルラダクト工事

（b） 電 線

・絶縁電線（屋外用ビニル絶縁電線を除く）であること
・より線又は直径 3.2 mm 以下（アルミ線は 4 mm 以下）の単線であること
・セルラダクト内では，**電線に接続点を設けない**こと（ただし，電線を分岐する場合に接続点が容易に点検できるときは，接続点を設けることができる）

（c） セルラダクトなど

・ダクトの板厚は，ダクトの最大幅が 150 mm 以下のものは 1.2 mm 以上，150 mm を超え 200 mm 以下のものは 1.4 mm 以上，200 mm を超えるものは 1.6 mm 以上であること
・鋼板で製作したものであること
・端口及び内面は，電線の被覆を損傷しないような滑らかなものであること
・内面及び外面は，さび止めのためにめっき又は塗装を施したものであること

（d） 施設方法

・水のたまるような低い部分を設けないように施設すること
・引出口は，床面から突出しないように施設し，かつ，水が浸入しないように密封すること
・ダクトの終端部は，閉そくすること
・**ダクトには D 種接地工事を施すこと**

（11） ライティングダクト工事（解釈第 165 条）

（a） 特 徴

ダクト内に導体を施設し，ダクトの任意の箇所に器具取付け用のプラグを施設して，照明器具，小型機器を取り付けて使用するものである（図 2･77）.

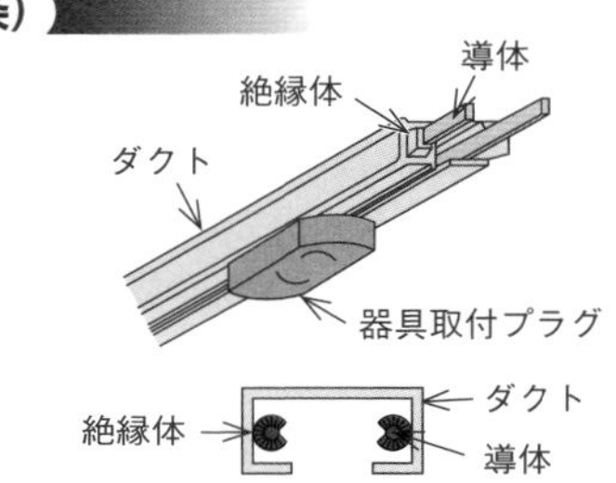

●図 2・77 ライティングダクト工事

器具取付口が任意に移動できるので，模様替えの頻繁な商店やデパート，間仕

切変更の多い事務所ビル，あるいは小型機器を多用する工場などで多く使用されている．

（b）　電　線

・ライティングダクトであること

（c）　施設方法

・ダクトは，**造営材に堅ろうに取り付ける**こと

・**ダクトの支持点間の距離は 2 m 以下**とすること

・ダクトの終端部は，閉そくすること

・ダクトの開口部は，**下に向けて施設する**こと（ただし，簡易接触防護措置を施し，かつ，ダクトの内部にじんあいが侵入し難いように施設する場合などは，横に向けて施設することができる）

・ダクトは，**造営材を貫通しない**こと

・**ダクトには D 種接地工事**を施すこと．ただし，次のいずれかに該当する場合は省略できる．

①　合成樹脂その他の絶縁物で金属製部分を被覆したダクトを使用する場合

②　対地電圧が 150 V 以下で，かつ，**ダクトの長さが 4 m 以下**の場合

・ダクトの導体に電気を供給する電路には，**当該電路に地絡を生じたときに自動的に電路を遮断する装置を施設する**こと（ただし，ダクトに簡易接触防護措置を施す場合は省略できる）

（12）平形保護層工事

（a）　特　徴

平形導体合成樹脂絶縁電線を平形保護層で覆って，床面・壁面などに施設する工事である（図 2･78）．

なお，住宅では，コンクリート直天井面及び石膏ボードなどの天井面・壁面，住宅以外の場所※では，床面及び壁面に施設できる．

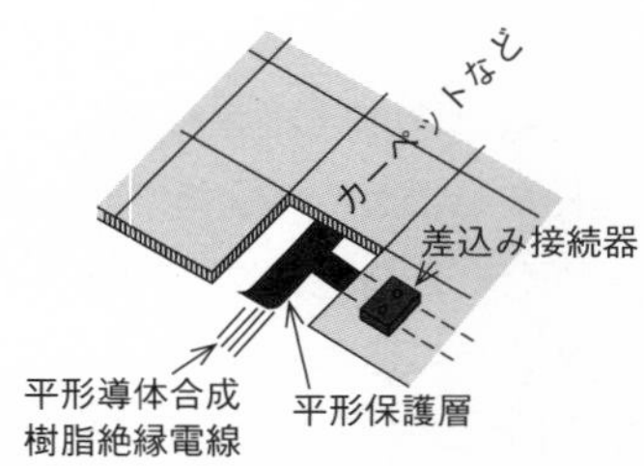

●図 2・78　平形保護層工事

※旅館などの宿泊室，小中学校・幼稚園などの教室，病院などの病室，フロアヒーティングなど発熱線を施設した床面，及び解釈第 175 ～ 178 条に規定する場所には施設できない

3 他の工作物との離隔距離（電技第62条，解釈第167条）

電技では，配線による他の配線又は工作物への危険の防止について，次のように規定している．

第62条（配線による他の配線等又は工作物への危険の防止）

配線は，他の配線，弱電流電線等と接近し，又は交さする場合は，混触による感電又は火災のおそれがないように施設しなければならない．

2　配線は，水道管，ガス管又はこれらに類するものと接近し，又は交さする場合は，放電によりこれらの工作物を損傷するおそれがなく，かつ，漏電又は放電によりこれらの工作物を介して感電又は火災のおそれがないように施設しなければならない．

解釈では，低圧配線と他の工作物（弱電流電線など又は水管，ガス管若しくはこれらに類するもの）との離隔距離について，次のように規定している．

・がいし引き工事により施設する低圧配線は，次のいずれかにより施設しなければならない．

　① 離隔距離は10 cm以上（電線が裸電線である場合は30 cm以上）とすること

　② 使用電圧が300 V以下の場合において，低圧配線と他の工作物との間に絶縁性の隔壁を堅ろうに取り付けること

　③ 使用電圧が300 V以下の場合において，低圧配線を十分な長さの難燃性及び耐水性のある堅ろうな絶縁管に収めて施設すること

・合成樹脂管工事，金属管工事，金属可とう電線管工事，金属線ぴ工事，金属ダクト工事，バスダクト工事，ケーブル工事，フロアダクト工事，セルラダクト工事，ライティングダクト工事又は平形保護層工事により施設する低圧配線は，原則として，**他の工作物と接触しない**ように施設しなければならない．

問題73　R2 A-6

次の文章は，「電気設備技術基準の解釈」に基づく低圧屋内配線の施設場所による工事の種類に関する記述である．

低圧屋内配線は，次の表に規定する工事のいずれかにより施設すること．ただし，ショウウィンドー又はショウケース内，粉じんの多い場所，可燃性ガス等の存在する場所，危険物等の存在する場所及び火薬庫内に低圧屋内配線を施設する場合を除く．

施設場所の区分		使用電圧の区分	工事の種類											
			がいし引き工事	合成樹脂管工事	金属管工事	金属可とう電線管工事	(ア)工事	(イ)工事	(ウ)工事	ケーブル工事	フロアダクト工事	セルラダクト工事	ライティングダクト工事	平形保護層工事
展開した場所	乾燥した場所	300V以下	○	○	○	○	○	○	○	○			○	
		300V超過	○	○	○	○		○	○	○				
	湿気の多い場所又は水気のある場所	300V以下	○	○	○	○			○	○				
		300V超過	○	○	○	○				○				
点検できる隠ぺい場所	乾燥した場所	300V以下	○	○	○	○	○	○	○	○		○	○	○
		300V超過	○	○	○	○		○	○	○				
	湿気の多い場所又は水気のある場所	—	○	○	○	○				○				
点検できない隠ぺい場所	乾燥した場所	300V以下		○	○	○				○	○	○		
		300V超過		○	○	○				○				
	湿気の多い場所又は水気のある場所	—		○	○	○				○				

備考：○は使用できることを示す．

上記の表の空白箇所（ア）～（ウ）に当てはまる組合せとして，正しいものを次の（1）～（5）のうちから一つ選べ．

	（ア）	（イ）	（ウ）
(1)	金属線ぴ	金属ダクト	バスダクト
(2)	金属線ぴ	バスダクト	金属ダクト
(3)	金属ダクト	金属線ぴ	バスダクト
(4)	金属ダクト	バスダクト	金属線ぴ
(5)	バスダクト	金属線ぴ	金属ダクト

解説　解釈第 156 条（低圧屋内配線の施設場所による工事の種類）からの出題である．本節第 1 項参照．

解答 ▶ (1)

問題74　H22　A-9

「電気設備技術基準の解釈」に基づく，金属管工事による低圧屋内配線に関する記述として，誤っているのは次のうちどれか．

(1) 絶縁電線相互を接続し，接続部分をその電線の絶縁物と同等以上の絶縁効力のあるもので十分被覆した上で，接続部分を金属管内に収めた．

(2) 使用電圧が 200 V で，施設場所が乾燥しており金属管の長さが 3 m であったので，管に施す D 種接地工事を省略した．

(3) コンクリートに埋め込む部分は，厚さ 1.2 mm の電線管を使用した．

(4) 電線は，600 V ビニル絶縁電線のより線を使用した．

(5) 湿気の多い場所に施設したので，金属管及びボックスその他の附属品に防湿装置を施した．

解説　解釈第 159 条（金属管工事）からの出題である．本節第 2 項（3）参照．

(1)「**金属管内では，電線に接続点を設けないこと**」としている．これは，接続点を設ければ，その部分における事故が比較的多くなることが考えられているからで，電線に接続点を設ける場合にはボックス内などで行う．

解答 ▶ (1)

問題75 H23 A-9

「電気設備技術基準の解釈」に基づく，ライティングダクト工事による低圧屋内配線の施設に関する記述として，正しいものを次の (1)～(5) のうちから一つ選べ．

(1) ダクトの支持点間の距離を 2 m 以下で施設した．

(2) 造営材を貫通してダクト相互を接続したため，貫通部の造営材には接触させず，ダクト相互及び電線相互は堅ろうに，かつ，電気的に完全に接続した．

(3) ダクトの開口部を上に向けたため，人が容易に触れるおそれのないようにし，ダクトの内部に塵埃（じんあい）が侵入し難いように施設した．

(4) 5 m のダクトを人が容易に触れるおそれがある場所に施設したため，ダクトには D 種接地工事を施し，電路に地絡を生じたときに自動的に電路を遮断する装置は施設しなかった．

(5) ダクトを固定せず使用するため，ダクトは電気用品安全法に適合した附属品でキャブタイヤケーブルに接続して，終端部は堅ろうに閉そくした．

解説 解釈第 165 条（特殊な低圧屋内配線工事）からの出題である．本節第 2 項(11) 参照．

(2) × ダクトは**造営材を貫通して施設してはならない**．

(3) × ダクトの**開口部は，下に向けて施設しなければならない**．

(4) × ダクトの**導体に電気を供給する電路**には，**当該電路に地絡を生じたときに自動的に電路を遮断する装置を施設しなければならない**．

(5) × ダクトは，**造営材に堅ろうに取り付けなければならない**．

解答 ▶ (1)

高圧・特別高圧配線の施設

［★］

本節では，高圧及び特別高圧配線の施設に関する規定を学習する．

1 高圧配線の施設方法（解釈第 168 条）

高圧屋内配線は，**がいし引き工事（乾燥した場所で展開した場所に限る）**又は**ケーブル工事**により施設しなければならない．

(1) 施設方法（解釈第 168 条）

（a） がいし引き工事（図 2･79）

・電線は，直径 2.6 mm の軟銅線と同等以上の強さ及び太さの高圧絶縁電線，特別高圧絶縁電線又は引下げ用高圧絶縁電線であること

・**電線の支持点間の距離は 6 m 以下**であること（ただし，電線を造営材の面に沿って取り付ける場合は **2 m 以下**とすること）

・電線相互の間隔は 8 cm 以上，電線と造営材との離隔距離は 5 cm 以上であること

・高圧屋内配線は，低圧屋内配線と容易に区別できるように施設すること

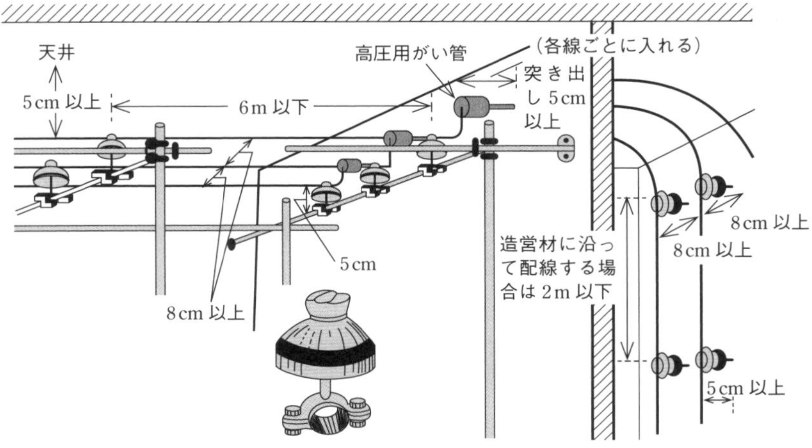

●図 2・79 がいし引き工事

・接触防護措置を施すこと
・電線が造営材を貫通する場合は，その貫通する部分の電線を電線ごとにそれぞれ別個の難燃性及び耐水性のある堅ろうな物で絶縁すること
・がいしは，絶縁性，難燃性及び耐水性のあるものであること

（b） ケーブル工事

・電線は，ケーブルであること（ただし，電線を建造物の電気配線用のパイプシャフト内に垂直につり下げて施設する場合は除く）
・電線を造営材の下面又は側面に沿って取り付ける場合は，**電線の支持点間の距離をケーブルは 2m 以下**（接触防護措置を施した場所に垂直に取り付ける場合は 6m 以下），キャブタイヤケーブルは 1m 以下とし，かつ，その被覆を損傷しないように取り付けること
・管その他のケーブルを収める防護装置の金属製部分，金属製の電線接続箱及びケーブルの被覆に使用する金属体には，**A 種接地工事**を施すこと（ただし，**接触防護措置を施す場合は，D 種接地工事**によることができる）

2 離隔距離（解釈第 168 条）

「高圧屋内配線」が，「他の屋内電線など※」と接近又は交差する場合は，次のいずれかにより施設しなければならない．

※他の高圧屋内配線・低圧屋内電線・管灯回路の配線・弱電流電線など，又は水管・ガス管若しくはこれらに類するもの

・「高圧屋内配線」と「他の屋内電線など」との離隔距離は 15cm 以上（「他の屋内電線など」が，がいし引き工事により施設する低圧屋内電線で裸電線である場合は 30cm 以上）であること
・高圧屋内配線をケーブル工事により施設する場合で，次のいずれかによるときは，上記の離隔距離を確保しなくてもよい

① 「高圧屋内配線」と「他の屋内電線など」との間に耐火性のある堅ろうな隔壁を設けること

② 「高圧屋内配線」を耐火性のある堅ろうな管に収めること

③ 「他の高圧屋内配線」の電線がケーブルであること

2 特別高圧配線の施設方法（解釈第 169 条）

特別高圧屋内配線は，電気集じん装置を施設する場合を除き，次のように施設しなければならない．

(1) 施設方法（解釈第 169 条）

・使用電圧は 100 kV 以下であること
・電線は，ケーブルであること
・ケーブルは，鉄製又は鉄筋コンクリート製の管，ダクトその他の堅ろうな防護装置に収めて施設すること
・管その他のケーブルを収める防護装置の金属製部分，金属製の電線接続箱及びケーブルの被覆に使用する金属体には，A 種接地工事を施すこと（ただし，接触防護措置を施す場合は，D 種接地工事によることができる）
・危険のおそれがないように施設すること

(2) 離隔距離（解釈第 169 条）

・「特別高圧屋内配線」と「低圧屋内電線，管灯回路の配線又は高圧屋内電線」との離隔距離は 60 cm 以上であること（ただし，相互の間に堅ろうな耐火性の隔壁を設ける場合は除く）
・「特別高圧屋内配線」と「弱電流電線など，又は水管，ガス管若しくはこれらに類するもの」とは，接触しないように施設すること

問題76　R-1　A-5

次の文章は，「電気設備技術基準の解釈」に基づく低圧配線及び高圧配線の施設に関する記述である.

a. ケーブル工事により施設する低圧配線が，弱電流電線又は水管，ガス管若しくはこれらに類するもの（以下，「水管等」という.）と接近し又は交差する場合は，低圧配線が弱電流電線又は水管等と［（ア）］施設すること.

b. 高圧屋内配線工事は，がいし引き工事（乾燥した場所であって［（イ）］した場所に限る.）又は［（ウ）］により施設すること.

上記の記述中の空白箇所（ア），（イ）及び（ウ）に当てはまる組合せとして，正しいものを次の (1)～(5) のうちから一つ選べ.

	（ア）	（イ）	（ウ）
(1)	接触しないように	隠ぺい	ケーブル工事
(2)	の離隔距離を 10 cm 以上となるように	展開	金属管工事
(3)	の離隔距離を 10 cm 以上となるように	隠ぺい	ケーブル工事
(4)	接触しないように	展開	ケーブル工事
(5)	接触しないように	隠ぺい	金属管工事

a は解釈第 167 条（低圧配線と弱電流電線等又は管との接近又は交差）からの出題である．2-20 節第 3 項参照．

b は解釈第 168 条（高圧配線の施設）からの出題である．本節第 1 項参照．

解答 ▶ (4)

問題77 H18 A-8

次の文章は，「電気設備技術基準の解釈」に基づく高圧屋内配線等の施設に関する記述の一部である．

がいし引き工事における電線の支持点間の距離は，（ア） m 以下であること．ただし，電線を造営材の面に沿って取り付ける場合は，（イ） m 以下とすること．

ケーブル工事においては，管その他のケーブルを収める防護装置の金属製部分，金属製の電線接続箱及びケーブルの被覆に使用する金属体には，（ウ） 接地工事を施すこと．ただし，人が触れるおそれがないように施設する場合は，（エ） 接地工事によることができる．

上記の記述中の空白箇所（ア），（イ），（ウ）及び（エ）に当てはまる語句又は数値として，正しいものを組み合わせたのは次のうちどれか．

	（ア）	（イ）	（ウ）	（エ）
(1)	3	1	A 種	C 種
(2)	3	1	A 種	D 種
(3)	3	2	B 種	D 種
(4)	6	2	A 種	D 種
(5)	6	2	B 種	C 種

解説

解釈第 168 条（高圧配線の施設）からの出題である．本節第 1 項参照．

解答 ▶ (4)

移動電線・接触電線の施設

[★★]

本節では，移動電線・接触電線の施設に関する規定を学習する．

電技では，移動電線・接触電線の施設について，次のように規定している．また，その具体的方法は，解釈で後述のように定めている．

第 56 条（配線の感電又は火災の防止）

1　（2-18 節参照）

2　移動電線を電気機械器具と接続する場合は，接続不良による感電又は火災のおそれがないように施設しなければならない．

3　特別高圧の移動電線は，第一項及び前項の規定にかかわらず，施設してはならない．ただし，充電部分に人が触れた場合に人体に危害を及ぼすおそれがなく，移動電線と接続することが必要不可欠な電気機械器具に接続するものは，この限りでない．

第 57 条（配線の使用電線）

1，2　（2-18 節参照）

3　特別高圧の配線には，接触電線を使用してはならない．

第 66 条（異常時における高圧の移動電線及び接触電線における電路の遮断）

高圧の移動電線又は接触電線（電車線を除く．以下同じ．）に電気を供給する電路には，過電流が生じた場合に，当該高圧の移動電線又は接触電線を保護できるよう，過電流遮断器を施設しなければならない．

2　前項の電路には，地絡が生じた場合に，感電又は火災のおそれがないよう，地絡遮断器の施設その他の適切な措置を講じなければならない．

1　移動電線の施設方法（解釈第 142・171 条）

移動電線とは，電気使用場所に施設する電線のうち，**造営物に固定しないもの**をいい，**電球線及び電気機械器具内の電線を除く**．（解釈第 142 条）

1 低圧の移動電線（解釈第 171 条）

（a） 電　線

原則として，外装又は絶縁体の材料がビニル又は耐燃性ポリオレフィンであるもの以外のコード又はキャブタイヤケーブルで，断面積は 0.75 mm^2 以上であること．

（b） 接続方法

・「低圧の移動電線」と「屋内配線」との接続には，**差込み接続器**その他これに類する器具を用いること（ただし，移動電線をちょう架用線にちょう架して施設する場合は除く）
・「低圧の移動電線」と「屋側配線又は屋外配線」との接続には，**差込み接続器**を用いること
・「低圧の移動電線」と「電気機械器具」との接続には，**差込み接続器**その他これに類する器具を用いること（ただし，簡易接触防護措置を施した端子にコードをねじ止めする場合は除く）

参考　① 外装又は絶縁体の材料がビニル及び耐燃性ポリオレフィンであるものを使用できる場合

「電気を熱として利用しない家庭用・業務用の電気機械器具」及び「電気を熱として利用するもののうち比較的温度の低い（移動電線を接続する部分の温度が 80℃ 以下で移動電線が接触するおそれのある部分の温度が 100℃ 以下のもの）保温用電熱器，電気温水器など」は，外装又は絶縁体の材料がビニル及び耐燃性ポリオレフィンであるものを使用することを認めている（図 2･80）．

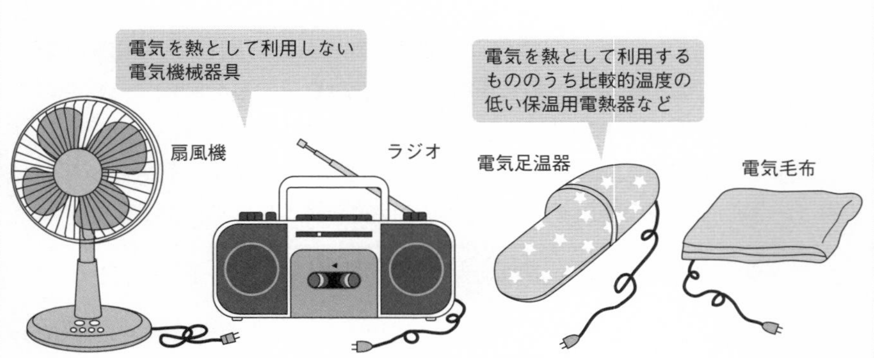

●図 2・80　外装又は絶縁体の材料がビニル及び耐燃性ポリオレフィンであるものを使用できる場合

② 断面積が 0.75 mm² 未満であるものを使用できる場合

移動電線の太さは断面積 0.75 mm² 以上のものを使用すべきであるが，電気ひげそり又は電気バリカンなどは頻繁に動かしながら使用するものであるから，これらに附属する移動電線には，一般のコードでは可とう性が十分でなく，素線が切断する場合が多いので，特に可とう性を主目的として作られた金糸コード※を使用することを認めている（図 2･81）．

※断面積が 0.0074 mm² 以上 0.009 mm² 以下の銅線を 10 mm につき 16 回以上の割合でより糸に一様に巻いたものを 18 本より合わせたものを心線とした可とう性の高いコード

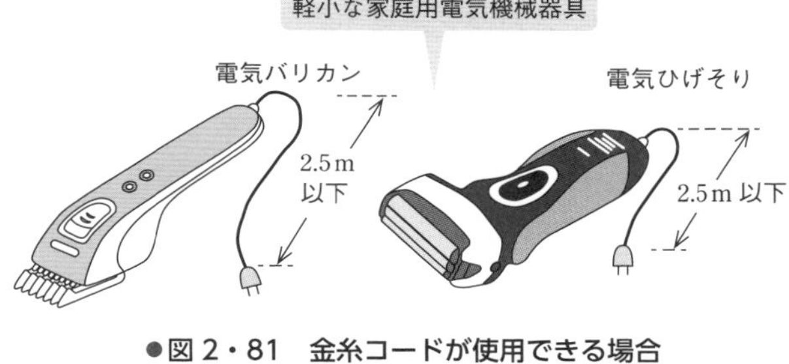

●図 2・81　金糸コードが使用できる場合

(2) 高圧の移動電線（解釈第 171 条）

高圧の移動電線は，次のように施設しなければならない（図 2･82）．

（a）電　線

高圧用の 3 種クロロプレンキャブタイヤケーブル又は 3 種クロロスルホン化ポリエチレンキャブタイヤケーブルであること

（b）接続方法

「高圧の移動電線」と「電気機械器具」とは，**ボルト締め**その他の方法により堅ろうに接続すること

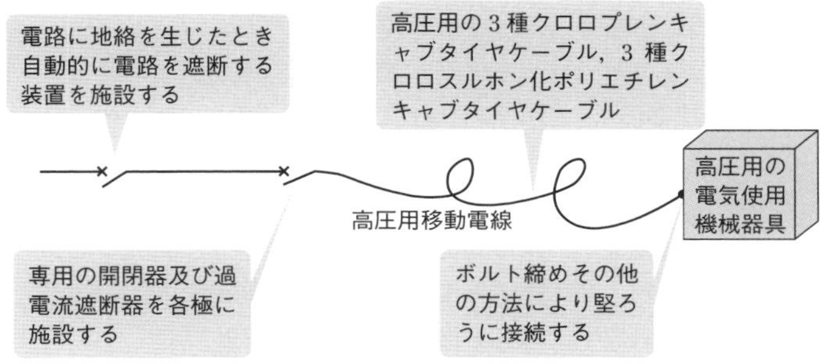

●図 2・82　高圧用の移動電線の施設

(c) 異常時の保護対策

高圧の移動電線に電気を供給する電路には，異常時に電路を遮断するために，次のような保護対策を行わなければならない．

・専用の開閉器及び過電流遮断器を各極（過電流遮断器で多線式電路の中性極を除く）に施設すること（ただし，過電流遮断器が開閉機能を有する場合は，過電流遮断器のみとすることができる）

・地絡を生じたときに自動的に電路を遮断する装置を施設すること

3 特別高圧の移動電線（解釈第171条）

特別高圧の移動電線は，原則として，**施設してはならない**（ただし，充電部分に人が触れた場合に人に危険を及ぼすおそれがない**電気集じん応用装置に附属するものを屋内に施設する場合は除く**）．

問題78 ☑☑☑ H28 A-4

次の文章は，「電気設備技術基準」及び「電気設備技術基準の解釈」に基づく移動電線の施設に関する記述である．

a. 移動電線を電気機械器具と接続する場合は，接続不良による感電又は （ア） のおそれがないように施設しなければならない．

b. 高圧の移動電線に電気を供給する電路には， （イ） が生じた場合に，当該高圧の移動電線を保護できるよう， （イ） 遮断器を施設しなければならない．

c. 高圧の移動電線と電気機械器具とは （ウ） その他の方法により堅ろうに接続すること．

d. 特別高圧の移動電線は，充電部分に人が触れた場合に人に危険を及ぼすおそれがない電気集じん応用装置に附属するものを （エ） に施設する場合を除き，施設しないこと．

上記の記述中の空白箇所（ア），（イ），（ウ）及び（エ）に当てはまる組合せとして，正しいものを次の(1)～(5)のうちから一つ選べ．

	（ア）	（イ）	（ウ）	（エ）
(1)	火災	地絡	差込み接続器使用	屋内
(2)	断線	過電流	ボルト締め	屋外
(3)	火災	過電流	ボルト締め	屋内
(4)	断線	地絡	差込み接続器使用	屋外
(5)	断線	過電流	差込み接続器使用	屋外

a は電技第 56 条（配線の感電又は火災の防止）からの出題である．本節電技参照．

b は電技第 66 条（異常時における高圧の移動電線及び接触電線における電路の遮断）からの出題である．本節電技参照．

c 及び d は解釈第 171 条（移動電線の施設）からの出題である．本節第 1 項参照．

解答 ▶ (3)

問題79 H25 A-3

次の文章は，「電気設備技術基準」における，電気使用場所での配線の使用電線に関する記述である．

a. 配線の使用電線（ (ア) 及び特別高圧で使用する (イ) を除く.）には，感電又は火災のおそれがないよう，施設場所の状況及び (ウ) に応じ，使用上十分な強度及び絶縁性能を有するものでなければならない.

b. 配線には， (ア) を使用してはならない．ただし，施設場所の状況及び (ウ) に応じ，使用上十分な強度を有し，かつ，絶縁性がないことを考慮して，配線が感電又は火災のおそれがないように施設する場合は，この限りでない.

c. 特別高圧の配線には， (イ) を使用してはならない.

上記の記述中の空白箇所（ア），（イ）及び（ウ）に当てはまる組合せとして，正しいものを次の (1)～(5) のうちから一つ選べ.

	(ア)	(イ)	(ウ)
(1)	接触電線	移動電線	施設方法
(2)	接触電線	裸電線	使用目的
(3)	接触電線	裸電線	電圧
(4)	裸電線	接触電線	使用目的
(5)	裸電線	接触電線	電圧

電技第 57 条（配線の使用電線）からの出題である．2-18 節第 2 項及び本節電技参照.

解答 ▶ (5)

問題80 ✓ ✓ ✓ H25 A-7（類 H22 A-4）

次の文章は，「電気設備技術基準の解釈」に基づく電気使用場所に施設する移動電線に関する記述である．

1. 移動電線とは，電気使用場所に施設する電線のうち，造営物に固定しないものをいい，[(ア)]及び電気使用機械器具内の電線は除かれる．
2. 屋内に施設する低圧の移動電線と電気使用機械器具との接続には，[(イ)]その他これに類する器具を用いること．ただし，人が容易に触れるおそれがないように施設した端子金物にコードをねじ止めする場合は，この限りでない．
3. 屋内に施設する高圧の移動電線と電気使用機械器具とは[(ウ)]その他の方法により堅ろうに接続すること．
4. [(エ)]の移動電線は，屋側又は屋外に施設しないこと．

上記の記述中の空白箇所（ア），（イ），（ウ）及び（エ）に記入する語句として，正しいものを組み合わせたのは次のうちどれか．

	(ア)	(イ)	(ウ)	(エ)
(1)	裸電線	さし込み接続器	ボルト締め	特別高圧
(2)	電球線	さし込み接続器	ボルト締め	特別高圧
(3)	電球線	ジョイントボックス	さし込み接続	特別高圧
(4)	巻線	ジョイントボックス	ボルト締め	高圧又は特別高圧
(5)	裸電線	ジョイントボックス	さし込み接続	高圧又は特別高圧

1 は解釈第 142 条（電気使用場所の施設及び小出力発電設備に係る用語の定義）からの出題である．本節第 1 項参照．

2 ～ 4 は解釈第 171 条（移動電線の施設）からの出題である．本節第 1 項参照．

解答 ▶ (2)

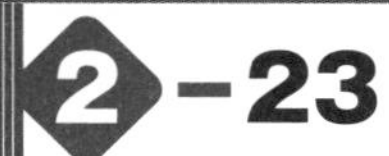

特殊場所の施設

［★★］

本節では，特殊場所の施設に関する規定を学習する．

電技では，特殊場所における施設について，次のように規定している．また，その具体的方法は，解釈で後述のように定めている．

第 68 条（粉じんにより絶縁性能等が劣化することによる危険のある場所における施設）

粉じんの多い場所に施設する電気設備は，粉じんによる当該電気設備の絶縁性能又は導電性能が劣化することに伴う感電又は火災のおそれがないように施設しなければならない．

第 69 条（可燃性のガス等により爆発する危険のある場所における施設の禁止）

次の各号に掲げる場所に施設する電気設備は，通常の使用状態において，当該電気設備が点火源となる爆発又は火災のおそれがないように施設しなければならない．

一　可燃性のガス又は引火性物質の蒸気が存在し，点火源の存在により爆発するおそれがある場所

二　粉じんが存在し，点火源の存在により爆発するおそれがある場所

三　火薬類が存在する場所

四　セルロイド，マッチ，石油類その他の燃えやすい危険な物質を製造し，又は貯蔵する場所

第 70 条（腐食性のガス等により絶縁性能等が劣化することによる危険のある場所における施設）

腐食性のガス又は溶液の発散する場所（酸類，アルカリ類，塩素酸カリ，さらし粉，染料若しくは人造肥料の製造工場，銅，亜鉛等の製錬所，電気分銅所，電気めっき工場，開放形蓄電池を設置した蓄電池室又はこれらに類する場所をいう）に施設する電気設備には，腐食性のガス又は溶液による当該電気設備の絶縁性能又は導電性能が劣化することに伴う感電又は火

災のおそれがないよう，予防措置を講じなければならない．

第 71 条（火薬庫内における電気設備の施設の禁止）

照明のための電気設備（開閉器及び過電流遮断器を除く）以外の電気設備は，第 69 条の規定にかかわらず，火薬庫内には，施設してはならない．ただし，容易に着火しないような措置が講じられている火薬類を保管する場所にあって，特別の事情がある場合は，この限りでない．

第 72 条（特別高圧の電気設備の施設の禁止）

特別高圧の電気設備は，第 68 条及び第 69 条の規定にかかわらず，第 68 条及び第 69 条各号に規定する場所には，施設してはならない．ただし，静電塗装装置，同期電動機，誘導電動機，同期発電機，誘導発電機又は石油の精製の用に供する設備に生ずる燃料油中の不純物を高電圧により帯電させ，燃料油と分離して，除去する装置及びこれらに電気を供給する電気設備（それぞれ可燃性のガス等に着火するおそれがないような措置が講じられたものに限る．）を施設するときは，この限りでない．

第 73 条（接触電線の危険場所への施設の禁止）

接触電線は，第 69 条の規定にかかわらず，同条各号に規定する場所には，施設してはならない．

2　接触電線は，第 68 条の規定にかかわらず，同条に規定する場所には，施設してはならない．ただし，展開した場所において，低圧の接触電線及びその周囲に粉じんが集積することを防止するための措置を講じ，かつ，綿，麻，絹その他の燃えやすい繊維の粉じんが存在する場所にあっては，低圧の接触電線と当該接触電線に接触する集電装置とが使用状態において離れ難いように施設する場合は，この限りでない．

3　高圧接触電線は，第 70 条の規定にかかわらず，同条に規定する場所には，施設してはならない．

1 危険場所の屋内配線など（解釈第 175～178 条）

危険場所における屋内配線などの工事方法は，合成樹脂管工事，金属管工事及びケーブル工事などがあり，危険場所の区分に応じて，表 2･53 に示すように適用しなければならない．

●表 2・53　危険場所における屋内配線工事の適用

	粉じんの多い場所		可燃性ガスなどの存在する場所	危険物などの存在する場所		火薬庫
	爆燃性	可燃性		石油など	火　薬	
合成樹脂管工事		○		○	○	
金属管工事	○	○	○	○	○	○
ケーブル工事	○	○	○	○	○	○

［注］○印の場所が，当該工事の施設できる場所を示す

(1) 合成樹脂管工事（解釈第 175・177 条）

合成樹脂管工事は，危険場所の区分に応じて，表 2･54 のように施設しなければならない．

●表 2・54　合成樹脂管工事の施設方法

	粉じんの多い場所（可燃性粉じんに限る）	危険物などの存在する場所	
		石油など	火　薬
合成樹脂管など	・**厚さ 2mm 未満の合成樹脂製電線管及び CD 管以外の合成樹脂管**を使用すること ・合成樹脂管及びボックスその他の附属品は，損傷を受けるおそれがないように施設すること		
ボックスその他の附属品及びプルボックスの施設	パッキンを用いる方法，すきまの奥行きを長くする方法，その他の方法により粉じんが内部に侵入し難いように施設すること	–	–
管と電気機械器具との接続	管の差込み深さを管の外径の 1.2 倍以上（接着剤を使用する場合は 0.8 倍以上）とし，かつ，差込み接続により堅ろうに接続すること	–	–
電動機に接続する部分で可とう性を必要とする部分の配線	粉じん防爆型フレキシブルフィッチングを使用すること	–	–

(2) 金属管工事（解釈第 175～178 条）

金属管工事は，危険場所の区分に応じて，表 2･55 のように施設しなければならない．

(3) ケーブル工事（解釈第 175～178 条）

ケーブル工事は，危険場所の区分に応じて，表 2･56 のように施設しなければならない．

●表 2・55　金属管工事の施設方法

<table>
<tr><th rowspan="2"></th><th colspan="2">粉じんの多い場所</th><th rowspan="2">可燃性ガスなどの存在する場所</th><th colspan="2">危険物などの存在する場所</th><th rowspan="2">火薬庫</th></tr>
<tr><th>爆燃性</th><th>可燃性</th><th>石油など</th><th>火　薬</th></tr>
<tr><td>金属管</td><td colspan="6">薄鋼電線管又はこれと同等以上の強度を有するものであること</td></tr>
<tr><td>ボックスその他の附属品及びプルボックスの施設</td><td colspan="2">パッキンを用いて粉じんが内部に侵入しないように施設すること※1</td><td>－</td><td>－</td><td>－</td><td>－</td></tr>
<tr><td>管相互及び管とボックスその他の附属品・プルボックス又は電気機械器具との接続</td><td colspan="3">5 山以上ねじ合わせて接続する方法，その他これと同等以上の効力のある方法により，堅ろうに接続すること※2</td><td>－</td><td>－</td><td>－</td></tr>
<tr><td>電動機に接続する部分で可とう性を必要とする部分の配線</td><td colspan="2">粉じん防爆型フレキシブルフィッチングを使用すること</td><td>耐圧防爆型フレキシブルフィッチング又は安全増防爆型フレキシブルフィッチングを使用すること</td><td>－</td><td>－</td><td>－</td></tr>
</table>

※1　可燃性粉じんの多い場所では，必ずしもパッキンを使う必要はなく，すきまの奥行きを長くする方法，その他の方法により粉じんが内部に侵入し難いように施設してもよい

※2　爆燃性粉じんの多い場所では，堅ろうに接続することに加え，内部に粉じんが侵入しないように接続しなければならない

●表 2・56　ケーブル工事の施設方法

<table>
<tr><th rowspan="2"></th><th colspan="2">粉じんの多い場所</th><th rowspan="2">可燃性ガスなどの存在する場所</th><th colspan="2">危険物などの存在する場所</th><th rowspan="2">火薬庫</th></tr>
<tr><th>爆燃性</th><th>可燃性</th><th>石油など</th><th>火　薬</th></tr>
<tr><td rowspan="2">電　線</td><td>キャブタイヤケーブル以外のケーブルであること※1</td><td>－</td><td>※1 と同じ</td><td>－</td><td>－</td><td>※1 と同じ</td></tr>
<tr><td colspan="6">がい装を有するケーブル又は MI ケーブルを使用する場合を除き，管その他の防護装置に収めて施設すること</td></tr>
<tr><td rowspan="2">電線を電気機械器具に引き込むとき</td><td colspan="3">引込口で電線が損傷するおそれがないようにすること※2</td><td colspan="2">－</td><td>※ 2 と同じ</td></tr>
<tr><td>パッキン又は充てん剤を用いて引込口より粉じんが内部に侵入しないようにすること</td><td>引込口より粉じんが内部に侵入し難いようにすること</td><td>－</td><td colspan="2">－</td><td>－</td></tr>
</table>

2　危険場所の電気機械器具の施設方法（解釈第 175～178 条）

電気機械器具は，危険場所の区分に応じて，表 2･57 のように施設しなければならない．

●表 2・57　電気機械器具の施設方法

	粉じんの多い場所		可燃性ガスなどの存在する場所	危険物などの存在する場所		火薬庫
	爆燃性	可燃性		石油など	火　薬	
電線と電気機械器具との接続	震動によりゆるまないように堅ろうに，かつ，電気的に完全に接続すること					
電気機械器具	電気機械器具防爆構造規格に適合する粉じん防爆特殊防じん構造のものであること	電気機械器具防爆構造規格に適合する粉じん防爆普通防じん構造のものであること	電気機械器具防爆構造規格に適合するものであること	–	全閉型のものであること※1	全閉型のものであること
その他	過電流が生じたときに粉じん又は可燃性ガスに着火するおそれがないように施設すること			危険物に着火するおそれがないように施設すること※2		–

※1　電熱器具以外の電気機械器具の場合
※2　通常の使用状態において火花若しくはアークを発し，又は温度が著しく上昇するおそれがある電気機械器具の場合

問題81　R3　A-7（類 H16　A-5）

次の文章は，「電気設備技術基準」における，特殊場所における施設制限に関する記述である．

a. 粉じんの多い場所に施設する電気設備は，粉じんによる当該電気設備の絶縁性能又は導電性能が劣化することに伴う［（ア）］又は火災のおそれがないように施設しなければならない．

b. 次に掲げる場所に施設する電気設備は，通常の使用状態において，当該電気設備が点火源となる爆発又は火災のおそれがないように施設しなければならない．

① 可燃性のガス又は［（イ）］が存在し，点火源の存在により爆発するおそれがある場所

② 粉じんが存在し，点火源の存在により爆発するおそれがある場所

③ 火薬類が存在する場所

④ セルロイド，マッチ，石油類その他の燃えやすい危険な物質を （ウ） し，又は貯蔵する場所

上記の記述中の空白箇所（ア）～（ウ）に当てはまる組合せとして，正しいものを次の（1）～（5）のうちから一つ選べ．

	（ア）	（イ）	（ウ）
(1)	短絡	腐食性のガス	保存
(2)	短絡	引火性物質の蒸気	保存
(3)	感電	腐食性のガス	製造
(4)	感電	引火性物質の蒸気	保存
(5)	感電	引火性物質の蒸気	製造

解説 a．は電技第 68 条（粉じんにより絶縁性能等が劣化することによる危険のある場所における施設），b．は電技第 69 条（可燃性のガス等により爆発する危険のある場所における施設の禁止）からの出題である．本節電技参照．

解答 ▶ (5)

問題82 ✓ ✓ ✓ H27 A-8

次の文章は，可燃性のガスが漏れ又は滞留し，電気設備が点火源となり爆発するおそれがある場所の屋内配線に関する工事例である．「電気設備技術基準の解釈」に基づき，不適切なものを次の（1）～（5）のうちから一つ選べ．

(1) 金属管工事により施設し，薄鋼電線管を使用した．
(2) 金属管工事により施設し，管相互及び管とボックスその他の附属品とを 5 山以上ねじ合わせて接続する方法により，堅ろうに接続した．
(3) ケーブル工事により施設し，キャブタイヤケーブルを使用した．
(4) ケーブル工事により施設し，MI ケーブルを使用した．
(5) 電線を電気機械器具に引き込むときは，引込口で電線が損傷するおそれがないようにした．

解説 解釈第 176 条（可燃性ガス等の存在する場所の施設）からの出題である．本節第 1 項参照．

ケーブル工事による場合の電線は，**キャブタイヤケーブル以外のケーブル**と定められているため，(3) は誤りである．

解答 ▶ (3)

特殊機器と小規模発電設備の施設

［★★］

本節では，特殊機器と小規模発電設備の施設に関する規定を学習する．

1 特殊機器の施設方法（解釈第181～199条）

(1) 小勢力回路など

（a） 小勢力回路（解釈第181条）

小勢力回路とは「電磁開閉器の操作回路又は呼鈴若しくは警報ベルなどに接続する電路で最大使用電圧が60V以下のもの（図2･83）」をいい，解釈では，具体的な施設方法を表2･58のように規定している．

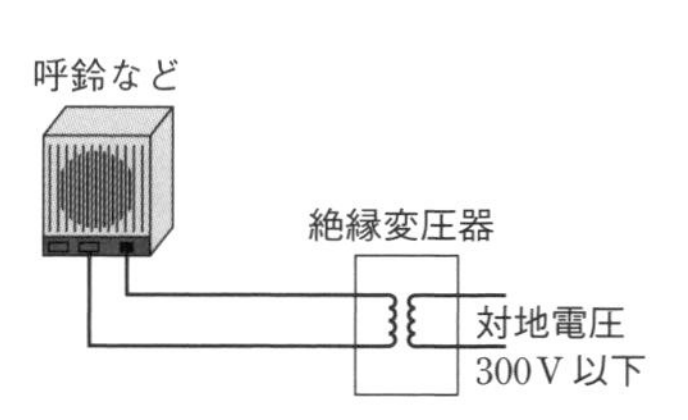

●図2・83　小勢力回路

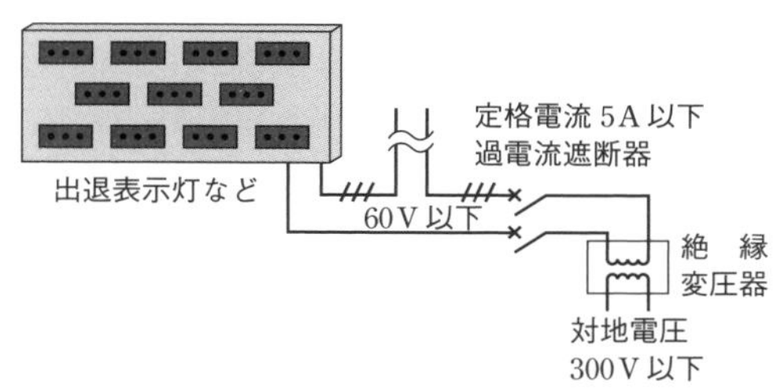

●図2・84　出退表示灯回路

（b） 出退表示灯回路（解釈第182条）

出退表示灯回路とは「出退表示灯その他これに類する装置に接続する電路で最大使用電圧が60V以下のもの（図2･84）」をいい，解釈では，具体的な施設方法を表2･58のように規定している．

(2) 交通信号灯（解釈第184条）

交通信号灯とは「交通信号灯回路（交通信号灯の制御装置から交通信号灯の電球までの電路）」のことをいい，解釈では，具体的な施設方法を表2･59のように規定している．

●表 2・58 小勢力回路と出退表示灯回路の施設方法（概要）

	小勢力回路※1（解釈第 181 条）	出退表示灯回路※2（解釈第 182 条）
使用電圧	・60V 以下であること ・絶縁変圧器を施設すること （1 次側：300V 以下（対地電圧） 2 次側：60V 以下）	・60V 以下であること ・絶縁変圧器を施設すること （1 次側：300V 以下（対地電圧） 2 次側：60V 以下）
保護装置		・過電流遮断器（定格電流 5A 以下）を各極に施設すること

※1　電路の使用が短時間の交流電気回路で，最大使用電圧が 60V 以下で電流も小さい回路については，危険度が低いため，一般の低圧電線とは別に特別に弱電流電線に近い施設方法を認めている

※2　ビルが大型になり，大人数を収容するようになると出退表示灯の 1 表示器に取り付けられる電灯の数が増加し，1 操作スイッチで点滅する灯数も多くなるため，操作スイッチから多数の表示器に至る配線が複雑（一般の屋内配線では施設が困難）となるため，一般の低圧配線の例外として規定している

●表 2・59 交通信号灯の施設方法（概要）

	交通信号灯※（解釈第 184 条）
使用電圧	・150V 以下であること
その他	・交通信号灯の制御装置の電源側には，原則として，専用の開閉器及び過電流遮断器を各極に施設すること

※　交通信号灯回路の配線は，屋外配線に該当するものであるが，その性格上一般の使用場所における屋外配線と同一とすることは適当ではないので，特殊施設として施設方法を規定している

3 水中照明灯（解釈第 187 条）

水中照明灯とは「水中又はこれに準ずる場所で人が触れるおそれのある場所に施設する照明灯」のことをいい，解釈では，具体的な施設方法を表 2･60 のように規定している．

●表 2・60 水中照明灯の施設方法（概要）

	水中照明灯※（解釈第 187 条）
使用電圧	**・150V 以下であること** **・絶縁変圧器を施設すること** **（1 次側：300V 以下 2 次側：150V 以下）**
保護装置	・原則として，開閉器及び過電流遮断器を各極に施設すること ・電路に地絡を生じたときに自動的に電路を遮断する装置を施設すること（使用電圧が 30V を超える場合に限る）
その他	・絶縁変圧器の 2 次側の電路は，**非接地であること** ・絶縁変圧器の 2 次側の配線は，**金属管工事によること**

※　「プールの水中に設置する照明灯」又は「噴水などで美観・装飾の目的で水中又は水辺に設置する照明灯」の施設方法を規定している．特に「プールの水中に設置する照明灯」は，人が最も感電事故を起こしやすく危険なものであるため，厳格な規制を設けている．

(4) 遊戯用電車（解釈第 189 条）

遊戯用電車とは「遊戯用電車（遊園地の構内などにおいて遊戯用のために施設するもの）内の電路及びこれに電気を供給するために使用する電気設備」のことをいい，解釈では，具体的な施設方法を表 2･61 のように規定している．

●表 2・61　遊戯用電車の施設方法（概要）

	遊戯用電車（解釈第 189 条）
使用電圧	・**直流 60 V 以下，交流 40 V 以下であること** ・使用電圧に電気を変成するための変圧器は，**絶縁変圧器であること** （1 次側：**300 V 以下** 2 次側：**直流 60 V 以下，交流 40 V 以下**）
保護装置	・専用の開閉器を施設すること

(5) アーク溶接装置（解釈第 190 条）

アーク溶接装置とは「可搬型の溶接電極を使用するアーク溶接装置」のことをいい，解釈では，具体的な施設方法を表 2･62 のように規定している．

●表 2・62　アーク溶接装置の施設方法（概要）

	アーク溶接装置（解釈第 190 条）
使用電圧	・溶接変圧器は，**絶縁変圧器であること**（1 次側：300 V 以下（対地電圧））
その他	・溶接変圧器の 1 次側の電路には，開閉器を施設すること

(6) 電気さく・電撃殺虫器（電技第 74･75 条，解釈第 192･193 条）

電技では，電気さく及び電撃殺虫器の施設について，次のように規定している．解釈では，具体的な施設方法を表 2･63 のように規定している．

第 74 条（電気さくの施設の禁止）

電気さく（屋外において裸電線を固定して施設したさくであって，その裸電線に充電して使用するものをいう）は，施設してはならない．ただし，田畑，牧場，その他これに類する場所において野獣の侵入又は家畜の脱出を防止するために施設する場合であって，絶縁性がないことを考慮し，感電又は火災のおそれがないように施設するときは，この限りでない．

第 75 条（電撃殺虫器，エックス線発生装置の施設場所の禁止）

電撃殺虫器又はエックス線発生装置は，第 68 条から第 70 条までに規定する場所には，施設してはならない．

●表 2・63 電気さくと電撃殺虫器の施設方法（概要）

	電気さく※1（解釈第 192 条）	電撃殺虫器※2（解釈第 193 条）
保護装置	・専用の開閉器を施設すること ・漏電遮断器を施設すること（使用電圧が **30 V を超える場合に限る**） ① 電流動作型のものであること ② 定格感度電流が **15 mA 以下**，動作時間が **0.1 秒以下**のものであること	・専用の開閉器を施設すること
その他	・人が見やすいように適当な間隔で**危険である旨の表示をすること**	・危険である旨の表示をすること

※1 電気さくとは「屋外において裸電線を固定して施設したさくで，その裸電線に充電して使用するものをいう」と定義しており，使用目的が「田畑，牧場，その他これに類する場所において野獣の侵入又は家畜の脱出を防止するため」に限定されている

※2 食品工場，ゴルフ場，果樹園など薬剤散布により害虫を防除できない場所に使用されるもので，その機能上，高電圧の露出した充電部分があることから，人又は家畜に対して，その施設が危険なものとならないように規定している

7 電熱装置（電技第 76 条，解釈第 195・196 条）

電技では，パイプラインなどの電熱装置の施設について，次のように規定している．具体的な施設方法は，解釈第 197 条（パイプライン等の電熱装置の施設）に規定している．

第 76 条（パイプライン等の電熱装置の施設の禁止）

パイプライン等（導管等により液体の輸送を行う施設の総体をいう）に施設する電熱装置は，第 68 条から第 70 条までに規定する場所には，施設してはならない．ただし，感電，爆発又は火災のおそれがないよう，適切な措置を講じた場合は，この限りでない．

また，解釈では，フロアヒーティングや電気温床などの電熱装置の具体的な施設方法を表 2·64 のように規定している．

●表 2・64　フロアヒーティングや電気温床などの電熱装置の施設方法（概要）

	フロアヒーティングなどの電熱装置※1（解釈第 195 条）	電気温床など※2（解釈第 196 条）
使用電圧	・300 V 以下（ただし，電熱ボード・電熱シートは 150 V 以下）（対地電圧）であること	・300 V 以下（対地電圧）であること
保護装置	・原則として，専用の開閉器及び過電流遮断器を各極に施設すること ・電路に地絡を生じたときに自動的に電路を遮断する装置を施設すること	・原則として，専用の開閉器及び過電流遮断器を各極に施設すること ・原則として，電路に地絡を生じたときに自動的に電路を遮断する装置を施設すること

※1　以下のような電熱装置の施設方法を規定している
- 発熱線を道路，横断歩道橋，駐車場又は造営物の造営材に固定して施設する場合（道路や屋外駐車場，横断歩道橋の路面の積雪又は氷結を防止するためのロードヒーティング，及び暖房のため発熱線を床などに埋め込むフロアヒーティング）
- 冬季におけるコンクリート打設時のコンクリートの養生期間中に温度が下がりすぎないよう保温するために発熱線（コンクリート養生線）を使用する場合
- 電熱ボード又は電熱シートを造営物の造営材に固定して施設する場合（電熱ボード又は電熱シートを室内の造営材に組み込んで暖房するスペースヒーティング，及び屋根の積雪又は氷結を防止するためのルーフヒーティング）
- 表皮電流加熱装置（小口径管の内部に発熱線を施設したもの）を施設する場合（道路，横断歩道橋又は屋外駐車場に限る）

※2　野菜・稲などの育苗，草花，果実などの栽培，又は養蚕，ふ卵，育すうなどの用途に用いられる電熱装置の施設方法を規定している

(8) 電気浴器など（電技第 77 条，解釈第 198 条）

電技では，電気浴器などの施設について，次のように規定している．解釈では，具体的な施設方法を表 2･65 のように規定している．

第 77 条（電気浴器，銀イオン殺菌装置の施設）

電気浴器（浴槽の両端に板状の電極を設け，その電極相互間に微弱な交流電圧を加えて入浴者に電気的刺激を与える装置をいう．）又は銀イオン殺菌装置（浴槽内に電極を収納したイオン発生器を設け，その電極相互間に微弱な直流電圧を加えて銀イオンを発生させ，これにより殺菌する装置をいう．）は，第 59 条の規定にかかわらず，感電による人体への危害又は火災のおそれがない場合に限り，施設することができる．

●表 2・65　電気浴器などの施設方法（概要）

	電気浴器など（解釈第 198 条）		
	電気浴器※1	銀イオン殺菌装置※2	昇温器※3
使用電圧	・電源は，電気用品安全法の適用を受ける電気浴器用電源装置（**2 次側の電圧は 10 V 以下**）であること	・電源は，電気用品安全法の適用を受ける電気浴器用電源装置であること	・300 V 以下であること ・絶縁変圧器を施設すること（2 次側：300 V 以下）
その他	・電気浴器用電源装置の金属製外箱及び電線を収める金属管には，D 種接地工事を施すこと	電気浴器用電源装置の金属製外箱及び電線を収める金属管には，D 種接地工事を施すこと	・絶縁変圧器の 1 次側の電路には，原則として開閉器及び過電流遮断器を各極に施設すること

※1　一般の公衆浴場で浴槽の両極に極板を設け，これに微弱な交流電圧を加えて入浴者に電気的刺激を与える設備の施設方法を規定している．この設備は，人体が湯の中にある状態なので感電事故発生の条件としては最も危険なため，本来ならば禁止すべき施設であるが，解釈第 198 条の規定により保安上十分な安全度の高い施設方法による場合に限り認められている．

※2　多人数が入浴する事業所・独身寮・社会福祉施設内の浴場，リハビリテーション病院のハーバートタンク・訓練用プールなどの用水などを殺菌する装置（銀イオン殺菌装置）の施設方法を規定している（図 2･85）．これも人体が湯（水）の中にある状態なので感電事故発生の条件としては最も危険であることから，本来ならば禁止すべき施設であるが，解釈第 198 条の規定により保安上十分に安全度の高い施設方法による場合に限り認められている．

※3　温泉地などにおいて温泉水の温度を上げるための電極式の温水器（電極式温泉昇温器）の施設方法を規定している（図 2･86）

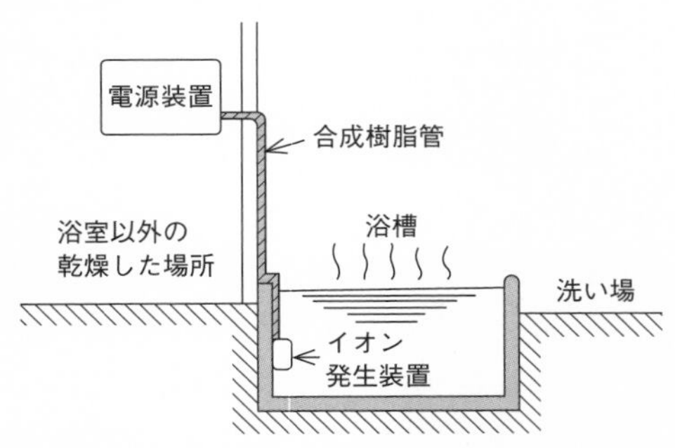

●図 2・85　銀イオン殺菌装置

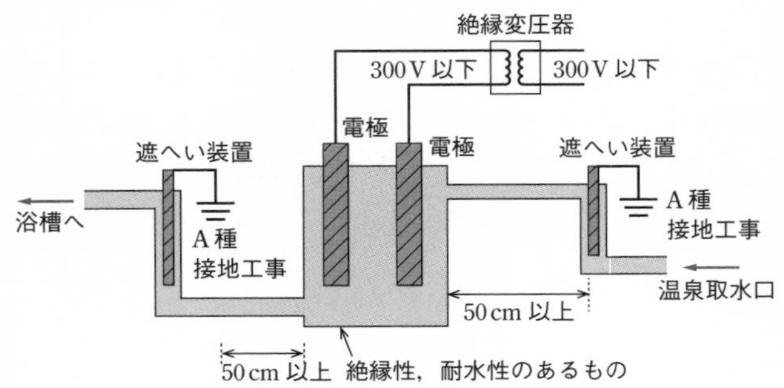

●図 2・86　電極式温泉昇温器

9 電気防食施設（電技第 78 条，解釈第 199 条）

電技では，電気防食施設の施設について，次のように規定している．解釈では，具体的な施設方法を表 2･66 のように規定している．

第 78 条（電気防食施設の施設）

電気防食施設は，他の工作物に電食作用による障害を及ぼすおそれがないように施設しなければならない．

●表 2・66　電気防食施設の施設方法（概要）

	電気防食施設※（解釈 第 199 条）
使用電圧	・直流 60 V 以下であること ・電気防食用電源装置の変圧器は，絶縁変圧器であること （1 次側：低圧 2 次側：直流 60 V 以下）
その他	・電気防食用電源装置の電源側には，原則として開閉器及び過電流遮断器を各極に設けること

※　地中又は水中に施設される金属体，又は地中及び水中以外の場所に施設する機械器具の金属製部分の腐食を防止するため，地中又は水中に施設する陽極と被防食体との間に電気防食用電源装置を使用して防食電流を通じる施設（金属面から流出する腐食電流と反対方向にこれを打ち消すだけの電流を人為的に継続して流し，腐食電流を消滅させる施設）の施設方法を規定している

10 電気自動車などから電気を供給するための設備など（解釈第 199 条の 2）

解釈では，電気自動車などから供給設備（電力変換装置，保護装置又は開閉器などの電気自動車などから電気を供給する際に必要な設備を収めた筐体など）を介して，一般用電気工作物に電気を供給する場合の具体的な施設方法を表 2･67 のように規定している．

●表 2・67　電気自動車などから電気を供給するための設備などの施設方法（概要）

	電気自動車などから電気を供給するための設備など（解釈第 199 条の 2）
使用電圧	・原則として，150 V 以下（対地電圧）であること
保護装置	・電路に過電流を生じたときに自動的に電路を遮断する装置を施設すること ・原則として，電路に地絡を生じたときに自動的に電路を遮断する装置を施設すること
その他	・電気自動車などの出力は **10 kW 未満**であること

●表 2・68　特殊機器の施設方法（概要のまとめ ①）

	小勢力回路（解釈第 181 条）	出退表示灯回路（解釈第 182 条）	交通信号灯（解釈第 184 条）	水中照明灯（解釈第 187 条）
使用電圧	・60V 以下であること ・絶縁変圧器を施設すること （1 次側：300V 以下（対地電圧） 2 次側：60V 以下）	・60V 以下であること ・絶縁変圧器を施設すること （1 次側：300V 以下（対地電圧） 2 次側：60V 以下）	・150V 以下であること	・**150V 以下であること** ・**絶縁変圧器を施設すること** （1 次側：**300V 以下** 2 次側：**150V 以下**）
保護装置		・過電流遮断器（定格電流 5A 以下）を各極に施設すること		・原則として，開閉器及び過電流遮断器を各極に施設すること ・電路に地絡を生じたときに自動的に電路を遮断する装置を施設すること（使用電圧が 30V を超える場合に限る）
その他			・交通信号灯の制御装置の電源側には，原則として，専用の開閉器及び過電流遮断器を各極に施設すること	・絶縁変圧器の 2 次側の電路は，**非接地であること** ・絶縁変圧器 2 次側の配線は，**金属管工事によること**

	遊戯用電車（解釈第 189 条）	アーク溶接装置（解釈第 190 条）	電気さく（解釈第 192 条）	電撃殺虫器（解釈第 193 条）
使用電圧	・**直流 60V 以下，交流 40V 以下であること** ・使用電圧に電気を変成するための変圧器は，**絶縁変圧器であること** （1 次側：**300V 以下** 2 次側：**直流 60V 以下** **交流 40V 以下**）	・溶接変圧器は，**絶縁変圧器であること** （1 次側：300V 以下（対地電圧））		
保護装置	・専用の開閉器を施設すること		・専用の開閉器を施設すること ・漏電遮断器を施設すること（使用電圧が **30V を超える場合に限る**） ① 電流動作型のものであること ② 定格感度電流が **15 mA 以下**，動作時間が **0.1 秒以下**のものであること	・専用の開閉器を施設すること
その他		・溶接変圧器の 1 次側の電路には，開閉器を施設すること	・人が見やすいように適当な間隔で**危険である旨の表示をすること**	・危険である旨の表示をすること

●表 2・68 特殊機器の施設方法（概要のまとめ ②）

	フロアヒーティングなどの電熱装置（解釈第 195 条）	電気温床など（解釈第 196 条）	電気防食施設（解釈第 199 条）	電気自動車等から電気を供給するための設備など（解釈第 199 条の 2）
使用電圧	・300 V 以下（ただし，電熱ボード・電熱シートは 150 V 以下）（対地電圧）であること	・300 V 以下（対地電圧）であること	・直流 60 V 以下であること ・電気防食用電源装置の変圧器は，絶縁変圧器であること （1 次側：低圧 2 次側：直流 60 V）	・原則として，150 V 以下（対地電圧）であること
保護装置	・原則として，専用の開閉器及び過電流遮断器を各極に施設すること ・電路に地絡を生じたときに自動的に電路を遮断する装置を施設すること	・原則として，専用の開閉器及び過電流遮断器を各極に施設すること ・原則として，電路に地絡を生じたときに自動的に電路を遮断する装置を施設すること		・電路に過電流を生じたときに自動的に電路を遮断する装置を施設すること ・原則として，電路に地絡を生じたときに自動的に電路を遮断する装置を施設すること
その他			・電気防食用電源装置の電源側には，原則として開閉器及び過電流遮断器を各極に設けること	・電気自動車などの出力は **10 kW 未満**であること

	電気浴器等（解釈第 198 条）		
	電気浴器	銀イオン殺菌装置	昇温器
使用電圧	・電源は，電気用品安全法の適用を受ける電気浴器用電源装置（**2 次側の電圧は 10 V 以下**）であること	・電源は，電気用品安全法の適用を受ける電気浴器用電源装置であること	・300 V 以下であること ・絶縁変圧器を施設すること（2 次側：300 V 以下）
その他	・電気浴器用電源装置の金属製外箱及び電線を収める金属管には，D 種接地工事を施すこと	・電気浴器用電源装置の金属製外箱及び電線を収める金属管には，D 種接地工事を施すこと	・絶縁変圧器の 1 次側の電路には，原則として開閉器及び過電流遮断器を各極に施設すること

2 小規模発電設備の施設方法（解釈第 200 条）

小規模（50 kW 未満）の太陽電池発電設備（太陽電池モジュール，電線及び開閉器その他の器具）は，次のように施設しなければならない．

① **充電部分が露出しない**ように施設すること

② 太陽電池モジュールに接続する負荷側の電路には，その接続点に近接して**開閉器**その他これに類する器具を施設すること

③ 太陽電池モジュールを並列に接続する電路には，その電路に短絡を生じた場合に電路を保護する**過電流遮断器**その他の器具を施設すること（ただし，当該電路が短絡電流に耐えるものである場合は除く）

④ 電線は，直径 1.6 mm の軟銅線又はこれと同等以上の強さ及び太さのもの

を使用し，**合成樹脂管工事，金属管工事，金属可とう電線管工事又はケーブル工事**により施設すること

⑤　太陽電池モジュール及び開閉器その他の器具に電線を接続する場合は，ねじ止めその他の方法により，堅ろうに，かつ，電気的に完全に接続するとともに，接続点に張力が加わらないようにすること

問題83　H23　A-8

次の a から c の文章は，特殊施設に電気を供給する変圧器等に関する記述である．「電気設備技術基準の解釈」に基づき，適切なものと不適切なものの組合せとして，正しいものを次の (1)～(5) のうちから一つ選べ．

a. 可搬型の溶接電極を使用するアーク溶接装置を施設するとき，溶接変圧器は，絶縁変圧器であること．また，被溶接材又はこれと電気的に接続される持具，定盤等の金属体には，D 種接地工事を施すこと．

b. プール用水中照明灯に電気を供給するためには，一次側電路の使用電圧及び二次側電路の使用電圧がそれぞれ 300 V 以下及び 150 V 以下の絶縁変圧器を使用し，絶縁変圧器の二次側配線は金属管工事により施設し，かつ，その絶縁変圧器の二次側電路を接地すること．

c. 遊戯用電車（遊園地，遊戯場等の構内において遊戯用のために施設するものをいう．）に電気を供給する電路の使用電圧に電気を変成するために使用する変圧器は，絶縁変圧器であること．

	a	b	c
(1)	不適切	適切	適切
(2)	適切	不適切	適切
(3)	不適切	適切	不適切
(4)	不適切	不適切	適切
(5)	適切	不適切	不適切

a は，解釈第 190 条（アーク溶接装置の施設）からの出題である．本節第 1 項（5）参照．

b は，解釈第 187 条（水中照明灯の施設）からの出題である．本節第 1 項（3）参照．

c は，解釈第 189 条（遊戯用電車の施設）からの出題である．本節第 1 項（4）参照．

プール用水中照明灯に電気を供給する電路には**絶縁変圧器を施設し，その二次側電路は非接地**でなければならない．b は「絶縁変圧器の二次側電路を接地する」とあるので誤りである．

解答 ▶ (2)

問題84　H28　A-9

次の文章は，「電気設備技術基準」における電気さくの施設の禁止に関する記述である．

電気さく（屋外において裸電線を固定して施設したさくであって，その裸電線に充電して使用するものをいう）は，施設してはならない．ただし，田畑，牧場，その他これに類する場所において野獣の侵入又は家畜の脱出を防止するために施設する場合であって，絶縁性がないことを考慮し，（ア）のおそれがないように施設するときは，この限りでない．

次の文章は，「電気設備技術基準の解釈」における電気さくの施設に関する記述である．

電気さくは，次の a から f に適合するものを除き施設しないこと．

a. 田畑，牧場，その他これに類する場所において野獣の侵入又は家畜の脱出を防止するために施設するものであること．

b. 電気さくを施設した場所には，人が見やすいように適当な間隔で（イ）である旨の表示をすること．

c. 電気さくは，次のいずれかに適合する電気さく用電源装置から電気の供給を受けるものであること．

① 電気用品安全法の適用を受ける電気さく用電源装置

② 感電により人に危険を及ぼすおそれのないように出力電流が制限される電気さく用電源装置であって，次のいずれかから電気の供給を受けるもの

・電気用品安全法の適用を受ける直流電源装置

・蓄電池，太陽電池その他これらに類する直流の電源

d. 電気さく用電源装置（直流電源装置を介して電気の供給を受けるものにあっては，直流電源装置）が使用電圧（ウ）V 以上の電源から電気の供給を受けるものである場合において，人が容易に立ち入る場所に電気さくを施設するときは，当該電気さくに電気を供給する電路には次に適合する漏電遮断器を施設すること．

① 電流動作型のものであること．

② 定格感度電流が（エ）mA 以下，動作時間が 0.1 秒以下のものであること．

e. 電気さくに電気を供給する電路には，容易に開閉できる箇所に専用の開閉器を施設すること．

f. 電気さく用電源装置のうち，衝撃電流を繰り返して発生するものは，その装置及びこれに接続する電路において発生する電波又は高周波電流が無線

設備の機能に継続的かつ重大な障害を与えるおそれがある場所には，施設しないこと．

上記の記述中の空白箇所（ア），（イ），（ウ）及び（エ）に当てはまる組合せとして，正しいものを次の(1)～(5)のうちから一つ選べ．

	（ア）	（イ）	（ウ）	（エ）
(1)	感電又は火災	危険	100	15
(2)	感電又は火災	電気さく	30	10
(3)	損壊	電気さく	100	15
(4)	感電又は火災	危険	30	15
(5)	損壊	電気さく	100	10

電技第 74 条（電気さくの施設の禁止）及び解釈第 192 条（電気さくの施設）からの出題である．本節第 1 項（6）参照．

解答 ▶（4）

問題85　R2　A-8

次の文章は，「電気設備技術基準の解釈」に基づく特殊機器等の施設に関する記述である．

a. 遊戯用電車（遊園地の構内等において遊戯用のために施設するものであって，人や物を別の場所へ運送することを主な目的としないものをいう．）に電気を供給するために使用する変圧器は，絶縁変圧器であるとともに，その1次側の使用電圧は［（ア）］V以下であること．

b. 電気浴器の電源は，電気用品安全法の適用を受ける電気浴器用電源装置（内蔵されている電源変圧器の2次側電路の使用電圧が［（イ）］V以下のものに限る．）であること．

c. 電気自動車等（カタピラ及びそりを有する軽自動車，大型特殊自動車，小型特殊自動車並びに被牽引自動車を除く．）から供給設備（電力変換装置，保護装置等の電気自動車等から電気を供給する際に必要な設備を収めた筐体等をいう．）を介して，一般用電気工作物に電気を供給する場合，当該電気自動車等の出力は，［（ウ）］kW未満であること．

上記の記述中の空白箇所（ア）～（ウ）に当てはまる組合せとして，正しいものを次の（1）～（5）のうちから一つ選べ．

	（ア）	（イ）	（ウ）
（1）	300	10	10
（2）	150	5	10
（3）	300	5	20
（4）	150	10	10
（5）	300	10	20

解説　aは解釈第189条（遊戯用電車の施設）からの出題である．本節第1項（4）参照．

bは解釈第198条（電気浴器等の施設）からの出題である．本節第1項（8）参照．

cは解釈第199条の2（電気自動車等から電気を供給するための設備等の施設）からの出題である．本節第1項（10）参照．

解答 ▶ （1）

問題86　H21　A-8

次の文章は，「電気設備技術基準の解釈」に基づく，太陽電池発電所に施設する太陽電池モジュール等に関する記述の一部である．

a. ［（ア）］が露出しないように施設すること．

b. 太陽電池モジュールに接続する負荷側の電路（複数の太陽電池モジュールを施設した場合にあっては，その集合体に接続する負荷側の電路）には，その接続点に近接して［（イ）］その他これに類する器具（負荷電流を開閉できるものに限る）を施設すること．

c. 太陽電池モジュールを並列に接続する電路には，その電路に［（ウ）］を生じた場合に電路を保護する過電流遮断器その他の器具を施設すること．ただし，当該電路が［（ウ）］電流に耐えるものである場合は，この限りでない．

d. 電線を屋内に施設する場合にあっては，［（エ）］，金属管工事，金属可とう電線管工事又はケーブル工事により施設すること．

上記の記述中の空白箇所（ア），（イ），（ウ）及び（エ）に当てはまる語句として，正しいものを組み合わせたのは次のうちどれか．

	（ア）	（イ）	（ウ）	（エ）
(1)	充電部分	開閉器	短絡	合成樹脂管工事
(2)	充電部分	遮断器	過負荷	合成樹脂管工事
(3)	接続部分	遮断器	短絡	金属ダクト工事
(4)	充電部分	開閉器	短絡	金属ダクト工事
(5)	接続部分	開閉器	過負荷	合成樹脂管工事

解説　解釈第200条（小規模発電設備の施設）からの出題である．本節第2項参照．

解答 ▶ (1)

分散型電源の系統連系

[★★★]

本節では，分散型電源の系統連系に関する規定を学習する．

1 用語の定義（解釈第 220 条）

分散型電源の系統連系設備に係る用語は，次のように定義されている．

(1) 分散型電源（解釈第 220 条）

① 解列

電力系統から切り離すこと

② **逆潮流**

分散型電源設置者の構内から一般送配電事業者が運用する**電力系統側へ向かう有効電力の流れ**

③ **単独運転**

分散型電源を連系している電力系統が事故などによって**系統電源と切り離された状態**において，当該分散型電源が**発電を継続し，線路負荷に有効電力を供給している状態**

④ **逆充電**

分散型電源を連系している電力系統が事故などによって**系統電源と切り離された状態**において，分散型電源のみが連系している**電力系統を加圧し，かつ，当該電力系統へ有効電力を供給していない状態**

⑤ **自立運転**

分散型電源が，連系している電力系統から解列された状態において，**当該分散型電源設置者の構内負荷にのみ電力を供給している状態**

⑥ 線路無電圧確認装置

電線路の電圧の有無を確認するための装置

⑦ **転送遮断装置**

遮断器の遮断信号を通信回線で伝送し，別の構内に設置された遮断器を動作させる装置

⑧ **受動的方式**の単独運転検出装置

単独運転移行時に生じる**電圧位相又は周波数などの変化**により，単独運転状

態を検出する装置

⑨ **能動的方式**の単独運転検出装置

分散型電源の有効電力出力又は無効電力出力などに**平時から変動を与えて**おき，単独運転移行時に当該変動に起因して生じる周波数などの変化により，単独運転状態を検出する装置

(2) 地域独立系統（解釈第220条）

① **地域独立系統**

災害などによる長期停電時に隣接する一般送配電事業者，配電事業者又は特定送配電事業者が運用する電力系統から切り離した電力系統で，その系統に連系している発電設備など並びに**主電源設備及び従属電源設備で電気を供給すること**により運用されるもの

② 地域独立系統運用者

地域独立系統の電気の需給の調整を行う者

③ **主電源設備**

地域独立系統の**電圧及び周波数を維持する**目的で地域独立系統運用者が運用する発電設備又は電力貯蔵装置

④ **従属電源設備**

主電源設備の電気の供給を補う目的で地域独立系統運用者が運用する発電設備又は電力貯蔵装置

⑤ 地域独立運転

主電源設備のみが，又は主電源設備及び従属電源設備が地域独立系統の電源となり当該系統にのみ電気を供給している状態

2 系統連系用保護装置（解釈第227・229条）

(1) 低圧連系時の系統連系用保護装置（解釈第227条）

低圧の電力系統に分散型電源を連系する場合は，**異常時に分散型電源を自動的に解列するための装置**を施設しなければならない．

① 保護リレーなどにより**次に掲げる異常を検出**し，分散型電源を自動的に解列すること

・分散型電源の異常又は故障

・連系している電力系統の**短絡事故・地絡事故**又は**高低圧混触事故**

・分散型電源の**単独運転**又は**逆充電**

② 一般送配電事業者又は配電事業者が運用する電力系統において再閉路が行われる場合は，**当該再閉路時に分散型電源が当該電力系統から解列されていること**

③ 「逆変換装置を用いて連系する場合」において，「逆潮流ありの場合」は，表 2･69 に規定する保護リレーなどを**受電点その他異常の検出が可能な場所**に設置すること

●表 2・69　低圧連系時の系統連系用保護装置（逆変換装置・逆潮流あり）

検出する異常	種　類	補足事項
発電電圧異常上昇	**過電圧リレー**	※1
発電電圧異常低下	**不足電圧リレー**	※1
系統側短絡事故	**不足電圧リレー**	※2
系統側地絡事故・高低圧混触事故（間接）	**単独運転検出装置**	※3
単独運転又は逆充電	**単独運転検出装置**	
	周波数上昇リレー	
	周波数低下リレー	

※1　分散型電源自体の保護用に設置するリレーにより検出し，保護できる場合は省略できる
※2　発電電圧異常低下検出用の不足電圧リレーにより検出し，保護できる場合は省略できる
※3　受動的方式及び能動的方式のそれぞれ 1 方式以上を含むものであること，系統側地絡事故・高低圧混触事故（間接）については，単独運転検出用の受動的方式などにより保護すること

2 高圧連系時の系統連系用保護装置（解釈第 229 条）

（a） 保護リレーなどの種類

高圧の電力系統に分散型電源を連系する場合は，異常時に分散型電源を自動的に解列するための装置を施設しなければならない．

① 保護リレーなどにより**次に掲げる異常を検出**し，分散型電源を自動的に解列すること

・分散型電源の異常又は故障
・連系している電力系統の**短絡事故**又は**地絡事故**
・分散型電源の**単独運転**

② 一般送配電事業者又は配電事業者が運用する電力系統において再閉路が行われる場合は，**当該再閉路時に分散型電源が当該電力系統から解列されていること**

③ 「逆変換装置を用いて連系する場合」において，「逆潮流ありの場合」は，

表 2･70 に規定する保護リレーなどを**受電点その他異常の検出が可能な場所**に設置すること

●表 2・70　高圧連系時の系統連系用保護装置（逆変換装置・逆潮流あり）

検出する異常	種類	補足事項
発電電圧異常上昇	**過電圧リレー**	※1
発電電圧異常低下	**不足電圧リレー**	※1
系統側短絡事故	**不足電圧リレー**	※2
系統側地絡事故	地絡過電圧リレー	※3
単独運転	**周波数上昇リレー**	※4
	周波数低下リレー	
	転送遮断装置又は単独運転検出装置	※5・6

※1　分散型電源自体の保護用に設置するリレーにより検出し，保護できる場合は省略できる
※2　発電電圧異常低下検出用の不足電圧リレーにより検出し，保護できる場合は省略できる
※3　構内低圧線に連系する場合で分散型電源の出力が受電電力に比べて極めて小さく，単独運転検出装置などにより高速に単独運転を検出し，分散型電源を停止又は解列する場合又は地絡方向継電装置付き高圧交流負荷開閉器から零相電圧を地絡過電圧リレーに取り込む場合は，省略できる
※4　専用線と連系する場合は，省略できる
※5　転送遮断装置は，分散型電源を連系している配電線の配電用変電所の遮断器の遮断信号を電力保安通信線又は電気通信事業者の専用回線で伝送し，分散型電源を解列することのできるものであること
※6　単独運転検出装置は，能動的方式を 1 方式以上含むもので，次のすべてを満たすものであること．なお，地域独立系統に連系する場合は，当該系統おいても単独運転検出ができるものであること．
(1) 系統のインピーダンスや負荷の状態などを考慮し，必要な時間内に確実に検出することができること
(2) 頻繁な不要解列を生じさせない検出感度であること
(3) 能動信号は，系統への影響が実態上問題とならないものであること

（b）　解列箇所

分散型電源は，次のいずれかで解列しなければならない．

- **受電用遮断器**
- 分散型電源の**出力端に設置する遮断器**又はこれと同等の機能を有する装置
- 分散型電源の**連絡用遮断器**

3　その他の系統連系要件（解釈第 221～226･228 条）

分散型電源の系統連系要件は，表 2･71 のように連系する系統ごとに規定されている．

●表 2・71 分散型電源の系統連系要件

	低圧	高圧	SNW※1	特別高圧
(1) 電話設備の施設 (解釈第 225 条)		○	○	○
(2) 低圧連系時の施設要件 (解釈第 226 条)	○			
(3) 高圧連系時の施設要件 (解釈第 228 条)		○		
(4) 直流流出防止変圧器の施設 (解釈第 221 条)	○	○	○	○
(5) 限流リアクトルなどの施設 (解釈第 222 条)	○※2	○	○	○
(6) 自動負荷制限の実施 (解釈第 223 条)		○	○	○
(7) 再閉路時の事故防止 (解釈第 224 条)		○		○

※1 スポットネットワーク受電方式
※2 逆変換装置を用いて連系する場合は除く

1 電話設備の施設（解釈第 225 条）

高圧又は特別高圧の電力系統に分散型電源を連系する場合（SNW で連系する場合を含む）は，「分散型電源設置者の技術員駐在所など」と「電力系統を運用する一般送配電事業者又は配電事業者の技術員駐在所など」との間に，次のいずれかの**電話設備を施設しなければならない**.

① 電力保安通信用電話設備
② 電気通信事業者の専用回線電話
③ 次のいずれにも適合する**一般加入電話又は携帯電話**など

・高圧又は 35 kV 以下の特別高圧で連系するもの（SNW で連系するものを含む）であること
・災害時などにおいて通信機能の障害により当該一般送配電事業者又は配電事業者と連絡が取れない場合には，当該一般送配電事業者又は配電事業者との連絡が取れるまでの間，分散型電源設置者において発電設備などの解列又は運転を停止すること
・次の性能を有すること

イ）分散型電源設置者側の交換機を介さずに直接技術員との通話が可能な方式（交換機を介する代表番号方式ではなく，直接技術員駐在所へつながる単番方式）であること

ロ）話中の場合に割り込みが可能な方式であること

ハ）**停電時においても通話可能なもの**であること

(2) 低圧連系時の施設要件（解釈第 226 条）

・**単相 3 線式の低圧の電力系統**に分散型電源を連系する場合に**負荷の不平衡**により中性線に最大電流が生じるおそれがあるときは，分散型電源を施設した構内の電路で負荷及び分散型電源の並列点よりも**系統側に 3 極に過電流引き外し素子を有する遮断器**を施設しなければならない．

・低圧の電力系統に逆変換装置を用いずに分散型電源を連系する場合は，**逆潮流を生じさせないこと**（ただし，逆変換装置を用いて分散型電源を連系する場合と同等の単独運転検出及び解列ができる場合は除く）

(3) 高圧連系時の施設要件（解釈第 228 条）

・高圧の電力系統に分散型電源を連系する場合は，分散型電源を連系する**配電用変電所の配電用変圧器**において，**逆向きの潮流を生じさせないこと**（ただし，当該配電用変電所に保護装置を施設するなどの方法により分散型電源と電力系統との協調をとることができる場合は除く）

(4) 直流流出防止変圧器の施設（解釈第 221 条）

逆変換装置を用いて分散型電源を電力系統に連系する場合は，逆変換装置から直流が電力系統へ流出することを防止するために，原則として受電点と逆変換装置との間に変圧器（単巻変圧器を除く）を施設しなければならない．

(5) 限流リアクトルなどの施設（解釈第 222 条）

分散型電源の連系により一般送配電事業者又は配電事業者が運用する電力系統の短絡容量が増加し，当該分散型電源設置者以外の者が設置する遮断器の遮断容量又は電線の瞬時許容電流などを上回るおそれがあるときは，分散型電源設置者において，限流リアクトルその他の短絡電流を制限する装置を施設しなければならない．（ただし，低圧の電力系統に逆変換装置を用いて分散型電源を連系する場合は除く）

(6) 自動負荷制限の実施（解釈第 223 条）

高圧又は特別高圧の電力系統に分散型電源を連系する場合（SNW で連系する場合を含む）は，分散型電源の脱落時などに連系している電線路などが過負荷に

なるおそれがあるときは，分散型電源設置者において，自動的に自身の構内負荷を制限する対策を行わなければならない．

〔7〕再閉路時の事故防止（解釈第 224 条）

高圧又は特別高圧の電力系統に分散型電源を連系する場合（SNW で連系する場合を除く）は，再閉路時の事故防止のために，原則として分散型電源を連系する変電所の引出口に線路無電圧確認装置を施設しなければならない．

問題87　☑☑☑　H27　A-9（類 R1　A-9，H23　A-6）

次の文章は，「電気設備技術基準の解釈」における，分散型電源の系統連系設備に係る用語の定義の一部である．

a.「解列」とは，［（ア）］から切り離すことをいう．

b.「逆潮流」とは，分散型電源設置者の構内から，一般送配電事業者が運用する［（ア）］側へ向かう［（イ）］の流れをいう．

c.「単独運転」とは，分散型電源を連系している［（ア）］が事故等によって系統電源と切り離された状態において，当該分散型電源が発電を継続し，線路負荷に［（イ）］を供給している状態をいう．

d.「［（ウ）］的方式の単独運転検出装置」とは，分散型電源の有効電力出力又は無効電力出力等に平時から変動を与えておき，単独運転移行時に当該変動に起因して生じる周波数等の変化により，単独運転状態を検出する装置をいう．

e.「［（エ）］的方式の単独運転検出装置」とは，単独運転移行時に生じる電圧位相又は周波数等の変化により，単独運転状態を検出する装置をいう．

上記の記述中の空白箇所（ア），（イ），（ウ）及び（エ）に当てはまる組合せとして，正しいものを次の（1）～（5）のうちから一つ選べ．

	（ア）	（イ）	（ウ）	（エ）
(1)	母線	皮相電力	能動	受動
(2)	電力系統	無効電力	能動	受動
(3)	電力系統	有効電力	能動	受動
(4)	電力系統	有効電力	受動	能動
(5)	母線	無効電力	受動	能動

解説　解釈第 220 条（分散型電源の系統連系設備に係る用語の定義）からの出題である．本節第 1 項参照．

解答 ▶（3）

問題88 ✓ ✓ ✓ H29 A-9（類 R1 A-9）

次の文章は，「電気設備技術基準の解釈」に基づく低圧連系時の系統連系用保護装置に関する記述である．

低圧の電力系統に分散型電源を連系する場合は，次により，異常時に分散型電源を自動的に［（ア）］するための装置を施設すること．

a. 次に掲げる異常を保護リレー等により検出し，分散型電源を自動的に［（ア）］すること．

① 分散型電源の異常又は故障

② 連系している電力系統の短絡事故，地絡事故又は高低圧混触事故

③ 分散型電源の［（イ）］又は逆充電

b. 一般送配電事業者が運用する電力系統において再閉路が行われる場合は，当該再閉路時に，分散型電源が当該電力系統から［（ア）］されていること．

c. 「逆変換装置を用いて連系する場合」において，「逆潮流有りの場合」の保護リレー等は，次によること．

表に規定する保護リレー等を受電点その他異常の検出が可能な場所に設置すること．

検出する異常	種　類	補足事項
発電電圧異常上昇	過電圧リレー	※1
発電電圧異常低下	［（ウ）］リレー	※1
系統側短絡事故	［（ウ）］リレー	※2
系統側地絡事故・高低圧混触事故（間接）	［（イ）］検出装置	※3
［（イ）］又は逆充電	［（イ）］検出装置	※3
	［（エ）］上昇リレー	
	［（エ）］低下リレー	

※1　分散型電源自体の保護用に設置するリレーにより検出し，保護できる場合は省略できる．
※2　発電電圧異常低下検出用の［（ウ）］リレーにより検出し，保護できる場合は省略できる．
※3　受動的方式及び能動的方式のそれぞれ 1 方式以上を含むものであること．系統側地絡事故・高低圧混触事故（間接）については，［（イ）］検出用の受動的方式等により保護すること．

上記の記述中の空白箇所（ア），（イ），（ウ）及び（エ）に当てはまる組合せとして，正しいものを次の (1)～(5) のうちから一つ選べ．

	（ア）	（イ）	（ウ）	（エ）
(1)	解列	単独運転	不足電力	周波数

(2)	遮断	自立運転	不足電圧	電力
(3)	解列	単独運転	不足電圧	周波数
(4)	遮断	単独運転	不足電圧	電力
(5)	解列	自立運転	不足電力	電力

解説　解釈第 227 条（低圧連系時の系統連系用保護装置）からの出題である．本節第 2 項（1）参照．

解答 ▶ (3)

問題89　R2　A-10（類 H30　A-9）

次の文章は，「電気設備技術基準の解釈」に基づく分散型電源の高圧連系時の系統連系用保護装置に関する記述である．

高圧の電力系統に分散型電源を連系する場合は，次により，異常時に分散型電源を自動的に解列するための装置を施設すること．

a. 次に掲げる異常を保護リレー等により検出し，分散型電源を自動的に解列すること．

① 分散型電源の異常又は故障

② 連系している電力系統の［（ア）］

③ 分散型電源の単独運転

b. ［（イ）］が運用する電力系統において再閉路が行われる場合は，当該再閉路時に，分散型電源が当該電力系統から解列されていること．

c.「逆変換装置を用いて連系する場合」において，「逆潮流有りの場合」の保護リレー等は，次によること．

表に規定する保護リレー等を受電点その他故障の検出が可能な場所に設置すること．

検出する異常	保護リレー等の種類
発電電圧異常上昇	過電圧リレー
発電電圧異常低下	不足電圧リレー
系統側短絡事故	不足電圧リレー
系統側地絡事故	［（ウ）］リレー
単独運転	周波数上昇リレー
	周波数低下リレー
	転送遮断装置又は単独運転検出装置

上記の記述中の空白箇所（ア）～（ウ）に当てはまる組合せとして，正しいものを次の（1）～（5）のうちから一つ選べ．

	（ア）	（イ）	（ウ）
(1)	短絡事故又は地絡事故	一般送配電事業者	欠相
(2)	短絡事故又は地絡事故	発電事業者	地絡過電圧
(3)	高低圧混触事故	一般送配電事業者	地絡過電圧
(4)	高低圧混触事故	発電事業者	欠相
(5)	短絡事故又は地絡事故	一般送配電事業者	地絡過電圧

解釈第 229 条（高圧連系時の系統連系用保護装置）からの出題である．本節第 2 項（2）参照．

解答 ▶（5）

問題90 ✓ ✓ ✓　R3　A-9（類 R1　A-9）

次の文章は，「電気設備技術基準の解釈」における分散型電源の低圧連系時及び高圧連系時の施設要件に関する記述である．

a．単相 3 線式の低圧の電力系統に分散型電源を連系する場合において，［（ア）］の不平衡により中性線に最大電流が生じるおそれがあるときは，分散型電源を施設した構内の電路であって，負荷及び分散型電源の並列点よりも［（イ）］に，3 極に過電流引き外し素子を有する遮断器を施設すること．

b．低圧の電力系統に逆変換装置を用いずに分散型電源を連系する場合は，［（ウ）］を生じさせないこと．

c．高圧の電力系統に分散型電源を連系する場合は，分散型電源を連系する配電用変電所の［（エ）］において，逆向きの潮流を生じさせないこと．ただし，当該配電用変電所に保護装置を施設する等の方法により分散型電源と電力系統との協調をとることができる場合は，この限りではない．

上記の記述中の空白箇所（ア）～（エ）に当てはまる組合せとして，正しいものを次の（1）～（5）のうちから一つ選べ．

	（ア）	（イ）	（ウ）	（エ）
（1）	負荷	系統側	逆潮流	配電用変圧器
（2）	負荷	負荷側	逆潮流	引出口
（3）	負荷	系統側	逆充電	配電用変圧器
（4）	電源	負荷側	逆充電	引出口
（5）	電源	系統側	逆潮流	配電用変圧器

解説　a 及び b は解釈第 226 条（低圧連系時の施設要件）からの出題である．本節第 3 項（2）参照．

c は解釈第 228 条（高圧連系時の施設要件）からの出題である．本節第 3 項（3）参照．

解答 ▶（1）

風力発電設備

［★］

本節では，風力発電設備の施設に関する規定を学習する．

発電用風力設備（風力を原動力として電気を発生するために施設する電気工作物）は，風車及びその支持物などの風力設備と発電機，昇圧変圧器，遮断器，電路などの電気設備から構成される．このうち，風力設備に関する技術基準は「発電用風力設備に関する技術基準を定める省令（風力技術基準）」，電気設備に関しては「電気設備に関する技術基準を定める省令（電技）」に規定されている．風力発電設備のうち，600 V 以下の電気を発電する出力 20 kW 未満のものは一般用電気工作物，それ以外のものは事業用電気工作物であり，風力技術基準は，その両方に適用される．

風力技術基準は全 8 条から構成されるが，そのうち第 4 条と第 5 条で風車の構造など，第 7 条で風車を支持する構造物について定められている．

1 風車の施設要件

風力技術基準では，風車に必要な施設要件を次のように規定している．

第 4 条（風車）

風車は，次の各号により施設しなければならない．

一　負荷を遮断したときの最大速度に対し，構造上安全であること．

二　風圧に対して構造上安全であること．

三　運転中に風車に損傷を与えるような振動がないように施設すること．

四　通常想定される最大風速においても取扱者の意図に反して風車が起動することのないように施設すること．

五　運転中に他の工作物，植物等に接触しないように施設すること．

一号の最大速度は，風速が強いために発電を止めるカットアウト風速での回転速度だけでなく，非常調速装置が作動し，無拘束状態により昇速した場合の最大回転速度を含んでおり，その場合にも安全な構造とすることが必要と規定している．

なお，非常調速装置とは，風車の運転中に定格の回転速度を著しく超えた過回転やその他の異常（発電機の内部故障など）が発生した場合に風車に作用する風力エネルギーを自動的に抑制し，風車を停止するための装置をいう．

二号は，現地の風条件により生じる風圧荷重のうち最大のものや風速及び風向の時間的変化による風圧にも耐える構造であることを規定している．通常想定される台風などの暴風時において，停電・故障など，風車の運転が制御できない際に，風車の受風面積が最大となる方向から受ける風圧にも耐えうる構造とすることが必要である．

三号は，風車の運転中に風車とその支持物が共振して風車の強度に影響を及ぼすような場合には，風車の回転部を自動的に停止する装置を施設するなどして，風車に損傷を与えるような振動を回避するような措置を講ずることを規定している．

四号は，風車が運転しうる最大速度を超えた状態において，風車が起動して運転状態にならないように規定したものである．

2　風車の安全措置

風力技術基準では，風車の安全な状態の確保について，次のように規定している．

第5条（風車の安全な状態の確保）

風車は，次の各号の場合に安全かつ自動的に停止するような措置を講じなければならない．

一　回転速度が著しく上昇した場合

二　風車の制御装置の機能が著しく低下した場合

2　発電用風力設備が一般用電気工作物又は小規模事業用電気工作物である場合には，前項の規定は，同項中「安全かつ自動的に停止するような措置」とあるのは「安全な状態を確保するような措置」と読み替えて適用するものとする．

3　最高部の地表からの高さが 20 m を超える発電用風力設備には，雷撃から風車を保護するような措置を講じなければならない．ただし，周囲の状況によって雷撃が風車を損傷するおそれがない場合においては，この限りでない．

風車の強度に影響を及ぼすおそれのある回転速度（非常調速装置が動作する回転速度）に達した場合，及び風車の制御装置の機能が著しく低下して風車の制御が不能となるおそれがある場合に，風車を安全かつ自動的に停止するような措置を講ずることを規定している．この場合，常用電源の停電時においても，非常用電源の保持などにより，風車を制御可能な状態に確保することが必要である．

第３項にある電撃から風車を保護する措置としては，ブレードへの電撃電流を安全に大地に流すための受雷部（レセプタ）の取付けや，避雷鉄塔の設置などがある．

3 風車を支持する工作物

風力技術基準では，風車を支持する工作物について，次のように規定している．

第７条（風車を支持する工作物）

風車を支持する工作物は，自重，積載荷重，積雪及び風圧並びに地震その他の振動及び衝撃に対して構造上安全でなければならない．

2　発電用風力設備が一般用電気工作物又は小規模事業用電気工作物である場合には，風車を支持する工作物に取扱者以外の者が容易に登ることができないように適切な措置を講じること．

風車を支持する工作物は，タワー，基礎及びタワーと基礎との定着部をいう．風車を支持する工作物は，重量が大きいブレードや発電機などが上部に積載されることを踏まえ，その自重や積載荷重，積雪荷重，風圧・土圧及び水圧による荷重のほか，風車の回転による共振などの運転による振動，当該設置場所において通常想定される地震やその他の自然の要因による振動及び衝撃に対して，構造上安全でなければならない．

問題91　☑☑☑　H20　A-6

次の文章は，「発電用風力設備に関する技術基準を定める省令」の風車に関する記述の一部である．

1. 負荷を遮断したときの最大速度に対し，［（ア）］であること．
2. 風圧に対して［（ア）］であること．
3. 運転中に風車に損傷を与えるような［（イ）］がないように施設すること．
4. 通常想定される最大風速においても取扱者の意図に反して風車が起動することのないように施設すること．
5. 運転中に他の工作物，植物等に［（ウ）］しないように施設すること．

上記の記述中の空白箇所（ア），（イ），及び（ウ）に当てはまる語句として正しいものを組み合わせたのは次のうちどれか．

	（ア）	（イ）	（ウ）
(1)	安定	変形	影響
(2)	構造上安全	変形	接触

(3)	安定	振動	影響
(4)	構造上安全	振動	接触
(5)	安定	変形	接触

風力技術基準第 4 条（風車）からの出題である．本節第 1 項参照．

解答 ▶ (4)

Chapter 2

問題92 ✓ ✓ ✓ H29 A-5（類 H16 A-6）

次の文章は，「発電用風力設備に関する技術基準を定める省令」に基づく風車の安全な状態の確保に関する記述である．

a. 風車（発電用風力設備が一般用電気工作物又は小規模事業用電気工作物 である場合を除く．以下 a において同じ）は，次の場合に安全かつ自動的に停止するような措置を講じなければならない．

① （ア） が著しく上昇した場合

② 風車の （イ） の機能が著しく低下した場合

b. 最高部の （ウ） からの高さが 20 m を超える発電用風力設備には， （エ） から風車を保護するような措置を講じなければならない．ただし，周囲の状況によって （エ） が風車を損傷するおそれがない場合においては，この限りでない．

上記の記述中の空白箇所（ア），（イ），（ウ）及び（エ）に当てはまる組合せとして，正しいものを次の (1)～(5) のうちから一つ選べ．

	(ア)	(イ)	(ウ)	(エ)
(1)	回転速度	制御装置	ロータ最低部	雷撃
(2)	発電電圧	圧油装置	地表	雷撃
(3)	発電電圧	制御装置	ロータ最低部	強風
(4)	回転速度	制御装置	地表	雷撃
(5)	回転速度	圧油装置	ロータ最低部	強風

風力技術基準第 5 条（風車の安全な状態の確保）からの出題である．本節第 2 項参照．

解答 ▶ (4)

問題93 ✓ ✓ ✓ H24　A-4

次の文章は，「発電用風力設備に関する技術基準を定める省令」における風車を支持する工作物に関する記述である．

a. 風車を支持する工作物は，自重，積載荷重，（ア）及び風圧並びに地震その他の振動及び（イ）に対して構造上安全でなければならない．

b. 発電用風力設備が一般用電気工作物又は小規模事業用電気工作物である場合には，風車を支持する工作物に取扱者以外の者が容易に（ウ）ことができないように適切な措置を講じること．

上記の記述中の空白箇所（ア），（イ）及び（ウ）に当てはまる組合せとして，正しいものを次の(1)～(5)のうちから一つ選べ．

	（ア）	（イ）	（ウ）
(1)	飛来物	衝撃	登る
(2)	積雪	腐食	接近する
(3)	飛来物	衝撃	接近する
(4)	積雪	衝撃	登る
(5)	飛来物	腐食	接近する

解説 風力技術基準第 7 条（風車を支持する工作物）からの出題である．本節第 3 項参照．

解答 ▶ (4)

練習問題

A 問題

■ 1 (H-28 A-6)

次の文章は，「電気設備技術基準の解釈」に基づく太陽電池モジュールの絶縁性能及び太陽電池発電所に施設する電線に関する記述の一部である．

a. 太陽電池モジュールは，最大使用電圧の （ア） 倍の直流電圧又は （イ） 倍の交流電圧（500 V 未満となる場合は，500 V）を充電部分と大地との間に連続して （ウ） 分間加えたとき，これに耐える性能を有すること．

b. 太陽電池発電所に施設する高圧の直流電路の電線（電気機械器具内の電線を除く．）として，取扱者以外の者が立ち入らないような措置を講じた場所において，太陽電池発電設備用直流ケーブルを使用する場合，使用電圧は直流 （エ） V 以下であること．

上記の記述中の空白箇所（ア），（イ），（ウ）及び（エ）に当てはまる組合せとして，正しいものを次の（1）～（5）のうちから一つ選べ．

	（ア）	（イ）	（ウ）	（エ）
(1)	1.5	1	1	1 000
(2)	1.5	1	10	1 500
(3)	2	1	10	1 000
(4)	2	1.5	10	1 000
(5)	2	1.5	1	1 500

■ 2 (H23 A-4)

「電気設備技術基準」及び「電気設備技術基準の解釈」に基づく，電線の接続に関する記述として，適切なものを次の（1）～（5）のうちから一つ選べ．

(1) 電線を接続する場合は，接続部分において電線の絶縁性能を低下させないように接続するほか，短絡による事故（裸電線を除く）及び通常の使用状態において異常な温度上昇のおそれがないように接続する．

(2) 裸電線と絶縁電線とを接続する場合に断線のおそれがないようにするには，電線に加わる張力が電線の引張強さに比べて著しく小さい場合を含め，電線の引張強さを 25 % 以上減少させないように接続する．

(3) 屋内に施設する低圧用の配線器具に電線を接続する場合は，ねじ止めその他これと同等以上の効力のある方法により，堅ろうに接続するか，又は電気的に完全に接続する．

(4) 低圧屋内配線を合成樹脂管工事又は金属管工事により施設する場合に，絶縁電線相互を管内で接続する必要が生じたときは，接続部分をその電線の絶縁物と同等以上の絶縁効力のあるもので十分被覆し，接続する．

(5) 住宅の屋内電路（電気機械器具内の電路を除く）に関し，定格消費電力が 2kW 以上の電気機械器具のみに三相 200V を使用するための屋内配線を施設する場合において，電気機械器具は，屋内配線と直接接続する．

■ 3 (R1　A-3)

「電気設備技術基準」の総則における記述の一部として，誤っているものを次の (1)～(5) のうちから一つ選べ．

(1) 電気設備は，感電，火災その他人体に危害を及ぼし，又は物件に損傷を与えるおそれがないように施設しなければならない．

(2) 電路は，大地から絶縁しなければならない．ただし，構造上やむを得ない場合であって通常予見される使用形態を考慮し危険のおそれがない場合，又は落雷による高電圧の侵入等の異常が発生した際の危険を回避するための接地その他の便宜上必要な措置を講ずる場合は，この限りでない．

(3) 電路に施設する電気機械器具は，通常の使用状態においてその電気機械器具に発生する熱に耐えるものでなければならない．

(4) 電気設備は，他の電気設備その他の物件の機能に電気的又は磁気的な障害を与えないように施設しなければならない．

(5) 高圧又は特別高圧の電気設備は，その損壊により一般送配電事業者の電気の供給に著しい支障を及ぼさないように施設しなければならない．

■ 4 (H15　A-4)

次の文章は，「電気設備技術基準」に基づく保安原則に関する記述である．

1. 電路に施設する電気機械器具は，［（ア）］状態においてその電気機械器具に発生する［（イ）］に耐えるものでなければならない．
2. 電気設備に［（ウ）］を施す場合は，電流が安全かつ確実に大地に通ずることができるようにしなければならない．

上記の記述中の空白箇所（ア），（イ）及び（ウ）に記入する語句として，正しいものを組み合わせたのは次のうちどれか．

	（ア）	（イ）	（ウ）
(1)	通常の使用	熱	接地
(2)	過負荷の	振動	耐雷対策
(3)	事故時の	電磁力	感電対策
(4)	通常の使用	振動	過電流保護対策
(5)	事故時の	熱	接地

■ 5 (H28　A-2)

次の文章は，「電気設備技術基準の解釈」に基づく電路に係る部分に接地工事を施す場合の，接地点に関する記述である．

a．電路の保護装置の確実な動作の確保，異常電圧の抑制又は対地電圧の低下を図るために必要な場合は，次の各号に掲げる場所に接地を施すことができる．

① 電路の中性点（ （ア） 電圧が 300 V 以下の電路において中性点に接地を施し難いときは，電路の一端子）

② 特別高圧の （イ） 電路

③ 燃料電池の電路又はこれに接続する （イ） 電路

b. 高圧電路又は特別高圧電路と低圧電路とを結合する変圧器には，次の各号によりB 種接地工事を施すこと．

① 低圧側の中性点

② 低圧電路の （ア） 電圧が 300 V 以下の場合において，接地工事を低圧側の中性点に施し難いときは，低圧側の 1 端子

c. 高圧計器用変成器の 2 次側電路には， （ウ） 接地工事を施すこと．

d. 電子機器に接続する （ア） 電圧が （エ） V 以下の電路，その他機能上必要な場所において，電路に接地を施すことにより，感電，火災その他の危険を生じることのない場合には，電路に接地を施すことができる．

上記の記述中の空白箇所（ア），（イ），（ウ）及び（エ）に当てはまる組合せとして，正しいものを次の（1）～（5）のうちから一つ選べ．

	（ア）	（イ）	（ウ）	（エ）
（1）	使用	直流	A 種	300
（2）	対地	交流	A 種	150
（3）	使用	直流	D 種	150
（4）	対地	交流	D 種	300
（5）	使用	交流	A 種	150

■ 6 （H24　A-10）

公称電圧 6 600 V の三相 3 線式中性点非接地方式の架空配電線路（電線はケーブル以外を使用）があり，そのこう長は 20 km である．この配電線路に接続される柱上変圧器の低圧電路側に施設される B 種接地工事の接地抵抗値〔Ω〕の上限として，「電気設備技術基準の解釈」に基づき，正しいものを次の（1）～（5）のうちから一つ選べ．

ただし，高圧電路と低圧電路の混触により低圧電路の対地電圧が 150 V を超えた場合に，1 秒以内に自動的に高圧電路を遮断する装置を施設しているものとする．

なお，高圧配電線路の 1 線地絡電流 I_g〔A〕は，次式によって求めるものとする．

$$I_g = 1 + \frac{\dfrac{V}{3}L - 100}{150} \text{〔A〕}$$

V は，配電線路の公称電圧を 1.1 で除した電圧〔kV〕

L は，同一母線に接続される架空配電線路の電線延長〔km〕

（1） 75　（2） 150　（3） 225　（4） 300　（5） 600

■7 (H22 A-5)

「電気設備技術基準の解釈」では，高圧及び特別高圧の電路中の所定の箇所又はこれに近接する箇所には避雷器を施設することとなっている．この所定の箇所に該当するのは次のうちどれか．

(1) 発電所又は変電所の特別高圧地中電線引込口及び引出口
(2) 高圧側が 6 kV 高圧架空電線路に接続される配電用変圧器の高圧側
(3) 特別高圧架空電線路から供給を受ける需要場所の引込口
(4) 特別高圧地中電線路から供給を受ける需要場所の引込口
(5) 高圧架空電線路から供給を受ける受電電力の容量が 300 kW の需要場所の引込口

■8 (H19 A-5)

次の文章は，「電気設備技術基準」に基づく発電所等への取扱者以外の者の立入の防止に関する記述である．

a. （ア） の電気機械器具，母線等を施設する発電所，蓄電所又は変電所，開閉所若しくはこれらに準ずる場所には，取扱者以外の者に電気機械器具，母線等が （イ） である旨を表示するとともに，当該者が容易に （ウ） に立ち入るおそれがないように適切な措置を講じなければならない．

b. 地中電線路に施設する （エ） は，取扱者以外の者が容易に立ち入るおそれがないように施設しなければならない．

上記の記述中の空白箇所（ア），（イ），（ウ）及び（エ）に当てはまる語句として，正しいものを組み合わせたのは次のうちどれか．

	（ア）	（イ）	（ウ）	（エ）
(1)	特別高圧	高電圧	構内	換気口
(2)	高圧	危険	区域内	地中箱
(3)	高圧又は特別高圧	高電圧	施設内	地中箱
(4)	特別高圧	充電中	区域内	換気口
(5)	高圧又は特別高圧	危険	構内	地中箱

■9 (H27 A-6)

次の文章は，「電気設備技術基準の解釈」に基づく，常時監視をしない発電所に関する記述の一部である．

a. 随時巡回方式は， （ア） が， （イ） 発電所を巡回し， （ウ） の監視を行うものであること．

b. 随時監視制御方式は， （ア） が， （エ） 発電所に出向き， （ウ） の監視又は制御その他必要な措置を行うものであること．

c. 遠隔常時監視制御方式は， （ア） が， （オ） に常時駐在し，発電所の （ウ） の監視及び制御を遠隔で行うものであること．

上記の記述中の空白箇所（ア），（イ），（ウ），（エ）及び（オ）に当てはまる組合せとして，正しいものを次の（1）～（5）のうちから一つ選べ．

	(ア)	(イ)	(ウ)	(エ)	(オ)
(1)	技術員	適当な間隔をおいて	運転状態	必要に応じて	制御所
(2)	技術員	必要に応じて	運転状態	適当な間隔をおいて	制御所
(3)	技術員	必要に応じて	計測装置	適当な間隔をおいて	駐在所
(4)	運転員	適当な間隔をおいて	計測装置	必要に応じて	駐在所
(5)	運転員	必要に応じて	計測装置	適当な間隔をおいて	制御所

■ **10** (H15 A-5)

次の文章は，「電気設備技術基準」に基づく架空電線の感電防止及び配線の使用電線に関する記述である．

1. 低圧又は高圧の架空電線には，感電のおそれがないよう，使用電圧に応じた［（ア）］を有する［（イ）］を使用しなければならない．ただし，通常予見される使用形態を考慮し，感電のおそれがない場合は，この限りでない．
2. 配線の使用電線（裸電線及び特別高圧で使用する接触電線を除く．）には，感電又は火災のおそれがないよう，施設場所の状況及び電圧に応じ，使用上十分な［（ウ）］及び［（ア）］を有するものでなければならない．

上記の記述中の空白箇所（ア），（イ）及び（ウ）に記入する語句として，正しいものを組み合わせたのは次のうちどれか．

	(ア)	(イ)	(ウ)
(1)	太さ	軟銅線又は硬銅線	強度
(2)	太さ	アルミ合金線又は銅合金線	強度
(3)	強度	アルミ合金線又は銅合金線	耐熱性
(4)	絶縁性能	絶縁電線又はケーブル	強度
(5)	絶縁性能	被覆電線又はケーブル	耐熱性

■ **11** (H22 A-6)

次の文章は，「電気設備技術基準の解釈」における，低圧屋内幹線の施設に関する記述の一部である．

低圧屋内幹線の電源側電路には，当該低圧屋内幹線を保護する過電流遮断器を施設すること．ただし，次のいずれかに該当する場合は，この限りでない．

a. 低圧屋内幹線の許容電流が当該低圧屋内幹線の電源側に接続する他の低圧屋内幹線を保護する過電流遮断器の定格電流の［（ア）］％以上である場合

b. 過電流遮断器に直接接続する低圧屋内幹線又は上記 a に掲げる低圧屋内幹線に接続する長さ［（イ）］m 以下の低圧屋内幹線であって，当該低圧屋内幹線の許容電流が当該低圧屋内幹線の電源側に接続する他の低圧屋内幹線を保護する過電流遮断器の定格電流の［（ウ）］％以上である場合

c. 過電流遮断器に直接接続する低圧屋内幹線又は上記 a 若しくは上記 b に掲げる低圧屋内幹線に接続する長さ［（エ）］m 以下の低圧屋内幹線であって，当該低圧屋内幹線の負荷側に他の低圧屋内幹線を接続しない場合

上記の記述中の空白箇所（ア），（イ），（ウ）及び（エ）に当てはまる数値として，正しいものを組み合わせたのは次のうちどれか.

	（ア）	（イ）	（ウ）	（エ）
(1)	50	7	33	3
(2)	50	6	33	4
(3)	55	8	35	3
(4)	55	8	35	4
(5)	55	7	35	5

■ 12 (R1 A-9)

「電気設備技術基準の解釈」に基づく分散型電源の系統連系設備に関する記述として，誤っているものを次の (1)～(5) のうちから一つ選べ.

(1) 逆潮流とは，分散型電源設置者の構内から，一般送配電事業者が運用する電力系統側へ向かう有効電力の流れをいう.

(2) 単独運転とは，分散型電源が，連系している電力系統から解列された状態において，当該分散型電源設置者の構内負荷にのみ電力を供給している状態のことをいう.

(3) 単相 3 線式の低圧の電力系統に分散型電源を連系する際，負荷の不平衡により中性線に最大電流が生じるおそれがあるため，分散型電源を施設した構内の電路において，負荷及び分散型電源の並列点よりも系統側の 3 極に過電流引き外し素子を有する遮断器を施設した.

(4) 低圧の電力系統に分散型電源を連系する際，異常時に分散型電源を自動的に解列するための装置を施設した.

(5) 高圧の電力系統に分散型電源を連系する際，分散型電源設置者の技術員駐在箇所と電力系統を運用する一般送配電事業者の事業所との間に，停電時においても通話可能なものであること等の一定の要件を満たした電話設備を施設した.

■ 13 (H30 A-9)

次の文章は，「電気設備技術基準の解釈」における分散型電源の高圧連系時の系統連系用保護装置に関する記述の一部である.

高圧の電力系統に分散型電源を連系する場合は，次の a～c により，異常時に分散型電源を自動的に解列するための装置を設置すること.

a. 次に掲げる異常を保護リレー等により検出し，分散型電源を自動的に解列すること.

(a) 分散型電源の異常又は故障

(b) 連系している電力系統の短絡事故又は地絡事故
(c) 分散型電源の［（ア）］

b. 一般送配電事業者が運用する電力系統において［（イ）］が行われる場合は，当該［（イ）］時に，分散型電源が当該電力系統から解列されていること．

c. 分散型電源の解列は，次によること．
(a) 次のいずれかで解列すること．
① 受電用遮断器
② 分散型電源の出力端に設置する遮断器又はこれと同等の機能を有する装置
③ 分散型電源の［（ウ）］用遮断器
④ 母線連絡用遮断器
(b) 複数の相に保護リレーを設置する場合は，いずれかの相で異常を検出した場合に解列すること．

上記の記述中の空白箇所（ア），（イ）及び（ウ）に当てはまる組合せとして，正しいものを次の（1）～（5）のうちから一つ選べ．

	（ア）	（イ）	（ウ）
(1)	単独運転	系統切り替え	連絡
(2)	過出力	再閉路	保護
(3)	単独運転	系統切り替え	保護
(4)	過出力	系統切り替え	連絡
(5)	単独運転	再閉路	連絡

B 問題

■ 1 (H24 B-11)

公称電圧 6600 V，周波数 50 Hz の三相 3 線式配電線路から受電する需要家の竣工時における自主検査で，高圧引込ケーブルの交流絶縁耐力試験を「電気設備技術基準の解釈」に基づき実施する場合，次の（a）及び（b）の問に答えよ．

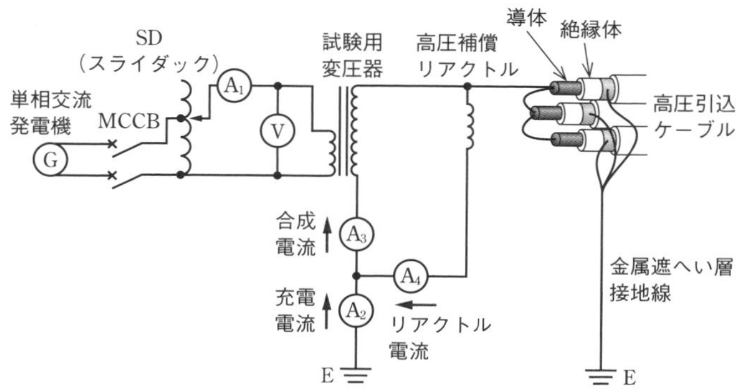

ただし，試験回路は図のとおりとし，この試験は 3 線一括で実施し，高圧引込ケーブル以外の電気工作物は接続されないものとし，各試験器の損失は無視する．

また，試験対象物である高圧引込ケーブル及び交流絶縁耐力試験に使用する試験器等の仕様は，次のとおりである．

○高圧引込ケーブルの仕様

ケーブルの種類	公称断面積	ケーブルのこう長	1 線の対地静電容量
6 600 V CVT	38 mm^2	150 m	0.22 μF/km

○試験で使用する機器の使用

試験機器の名称	定　格	台数〔台〕	備　考
試験用変圧器	入力電圧：0-130 V 出力電圧：0-13 kV 巻数比：1/100 30 分連続許容出力電流：400 mA，50 Hz	1	電流計付
高圧補償リアクトル	許容印可電圧：13 kV 印可電圧 13 kV, 50 Hz 使用時での電流 300 mA	1	電流計付
単相交流発電機	携帯用交流発電機　出力電圧 100 V，50 Hz	1	インバータ方式

(a) 交流絶縁耐力試験における試験電圧印加時，高圧引込ケーブルの 3 線一括の充電電流（電流計 Ⓐ₂ の読み）に最も近い電流値〔mA〕を次の (1) ～ (5) のうちから一つ選べ．

(1) 80　(2) 110　(3) 250　(4) 330　(5) 410

(b) この絶縁耐力試験で必要な電源容量として，単相交流発電機に求められる最小の容量〔kV･A〕に最も近い数値を次の (1) ～ (5) のうちから一つ選べ．

(1) 1.0　(2) 1.5　(3) 2.0　(4) 2.5　(5) 3.0

■ 2 (H22 B-12)

変圧器によって高圧電路に結合されている低圧電路に施設された使用電圧 100 V の金属製外箱を有する空調機がある．この変圧器の B 種接地抵抗値及びその低圧電路に施設された空調機の金属製外箱の D 種接地抵抗値に関して，次の (a) 及び (b) に答えよ．ただし，次の条件によるものとする．

(ア) 変圧器の高圧側の電路の 1 線地絡電流は 5 A で, B 種接地工事の接地抵抗値は「電気設備技術基準の解釈」で許容されている最高限度の 1/3 に維持されている．

(イ) 変圧器の高圧側の電路と低圧側の電路との混触時に低圧電路の対地電圧が 150 V を超えた場合に，0.8 秒で高圧電路を自動的に遮断する装置が設けられている．

(a) 変圧器の低圧側に施されたB種接地工事の接地抵抗値〔Ω〕の値として，最も近いのは次のうちどれか．

(1) 10　(2) 20　(3) 30　(4) 40　(5) 50

(b) 空調機に地絡事故が発生した場合，空調機の金属製外箱に触れた人体に流れる電流を10 mA以下としたい．このための空調機の金属製外箱に施すD種接地工事の接地抵抗値〔Ω〕の上限値として，最も近いのは次のうちどれか．ただし，人体の電気抵抗値は6 000 Ωとする．

(1) 10　(2) 15　(3) 20　(4) 30　(5) 60

■3 (H22 B-13)

氷雪の多い地方のうち，海岸地その他の低温季に最大風圧を生ずる地方以外の地方において，電線に断面積150 mm^2（19本/3.2 mm）の硬銅より線を使用する特別高圧架空電線路がある．この電線1条，長さ1 m当たりに加わる水平風圧荷重について，「電気設備技術基準の解釈」に基づき，次の(a)及び(b)に答えよ．

ただし，電線は図のようなより線構成とする．

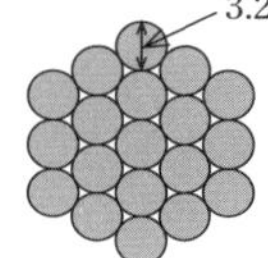

(a) 高温季における風圧荷重〔N〕の値として，最も近いのは次のうちどれか．

(1) 6.8　(2) 7.8　(3) 9.4　(4) 10.6　(5) 15.7

(b) 低温季における風圧荷重〔N〕の値として，最も近いのは次のうちどれか．

(1) 12.6　(2) 13.7　(3) 18.5　(4) 21.6　(5) 27.4

■4 (H21 B-12)

図のように，高圧架空電線路中で水平角度が60°の電線路となる部分の支持物（A種鉄筋コンクリート柱）に下記の条件で電気設備技術基準の解釈に適合する支線を設けるものとする．

高圧架空電線
60°
支持物
支線
120°
高圧架空電線

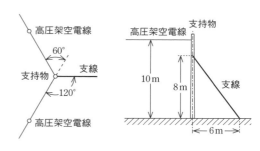

支持物
高圧架空電線
10 m
8 m
支線
6 m

（ア）高圧架空電線の取り付け高さを10 m，支線の支持物への取り付け高さを8 m，この支持物の地表面の中心点と支線の地表面までの距離を6 mとする．

（イ）高圧架空電線と支線の水平角度を120°，高圧架空電線の想定最大水平張力を9.8 kNとする．

（ウ）支線には亜鉛めっき鋼より線を用いる．その素線は，直径2.6 mm，引張強さ1.23 kN/mm^{2}である．素線のより合わせによる引張荷重の減少係数を0.92とし，支線の安全率を1.5とする．

このとき，次の(a)及び(b)に答えよ．

(a) 支線に働く想定最大荷重〔kN〕の値として，最も近いのは次のうちどれか．

(1) 10.2　(2) 12.3　(3) 20.4　(4) 24.5　(5) 40.1

(b) 支線の素線の最少の条数として，正しいのは次のうちどれか．

(1) 3　(2) 7　(3) 9　(4) 13　(5) 19

■5 (H29　B-11)

電気使用場所の配線に関し，次の (a) 及び (b) の問に答えよ．

(a) 次の文章は，「電気設備技術基準」における電気使用場所の配線に関する記述の一部である．

① 配線は，施設場所の (ア) 及び電圧に応じ，感電又は火災のおそれがないように施設しなければならない．

② 配線の使用電線（裸電線及び (イ) で使用する接触電線を除く.）には，感電又は火災のおそれがないよう，施設場所の (ア) 及び電圧に応じ，使用上十分な (ウ) 及び絶縁性能を有するものでなければならない．

③ 配線は，他の配線，弱電流電線等と接近し，又は (エ) する場合は， (オ) による感電又は火災のおそれがないように施設しなければならない．

上記の記述中の空白箇所（ア），（イ），（ウ），（エ）及び（オ）に当てはまる組合せとして，正しいものを次の (1)～(5) のうちから一つ選べ．

	(ア)	(イ)	(ウ)	(エ)	(オ)
(1)	状況	特別高圧	耐熱性	接触	混触
(2)	環境	高圧又は特別高圧	強度	交さ	混触
(3)	環境	特別高圧	強度	接触	電磁誘導
(4)	環境	高圧又は特別高圧	耐熱性	交さ	電磁誘導
(5)	状況	特別高圧	強度	交さ	混触

(b) 周囲温度が 50℃ の場所において，定格電圧 210 V の三相 3 線式で定格消費電力 15 kW の抵抗負荷に電気を供給する低圧屋内配線がある．金属管工事により絶縁電線を同一管内に収めて施設する場合に使用する電線（各相それぞれ 1 本とする.）の導体の公称断面積〔mm^2〕の最小値は，「電気設備技術基準の解釈」に基づけば，いくらとなるか．正しいものを次の (1)～(5) のうちから一つ選べ．ただし，使用する絶縁電線は，耐熱性を有する 600 V ビニル絶縁電線（軟銅より線）とし，表 1 の許容電流及び表 2 の電流減少係数を用いるとともに，この絶縁電線の周囲温度による許容電流補正係数の計算式は $\sqrt{\dfrac{75-\theta}{30}}$（$\theta$ は周囲温度で，単位は℃）を用いるものとする．

●表1

導体の公称断面積〔mm^2〕	許容電流〔A〕
3.5	37
5.5	49
8	61
14	88
22	115

●表2

同一管内の電線数	電流減少係数
3以下	0.70
4	0.63
5又は6	0.56

(1) 3.5　(2) 5.5　(3) 8　(4) 14　(5) 22

Chapter 3

電気施設管理

学習のポイント

電気施設管理とは，発電・変電・送電・配電設備の運転，管理に関するものである．

したがって，この科目は，電力の科目の応用問題であり，この科目としての独自の勉強方法はなく，上記電力の科目を十分理解していれば，すべて解答できるものである．しかし，問題の出題内容としては，それぞれに特徴を有しているため，過去の出題傾向を分析し，この科目に合った重点的な勉強も必要である．この科目は，計算問題が多く出題されており，これらの問題を解くためには，需要率，不等率，負荷率などの用語を十分理解し，電力ロス，特に変圧器の電力ロスの熟知，力率改善の理解，故障電流の計算などが大切であり，これらの事項は，練習問題などを通じて十分応用ができるまでに理解しておくことが必要である．その他としては，発電所の運用，出力計算がある．計算問題については応用力が大切であり，問題解答にあたって必要な基礎的事項は十分理解し，これらを縦横無尽に活用できることが必要である．

最近では，事故防止に関する問題が多く出題されている．内容は保護装置，点検，作業安全などであるが，高調波障害に関する問題も出題されてきている．最近の安全に対する社会的要求の厳しさを反映してのことと考えられる．

需要率・不等率・負荷率とその計算

［★★★］

電力を使用する需要家には種々の需要設備があるが，それらの電力需要は，時間帯，平日と休日，季節変化，設備の運用形態などによって大きく変動する．例えば，電灯や蓄熱システムなどは夜間に，工場の電動機などの設備は平日の昼間に主として使用され，暖房と冷房は季節によって使用状況が異なる．また，同じ工場の需要設備であっても常にすべての設備が運転されるわけでなく，個々の需要設備の使用時刻は異なっている．

こうしたことから，電力供給設備の容量は，需要設備の容量の 100％ ではなく何割かの容量を用意すればよい．このような需要設備の特性を表す係数として，需要率，不等率，負荷率がある．ここでは，**需要率**，**不等率**，**負荷率**についてその定義と計算方法について順に説明する．また，電験の法規科目では，需要率などを用いて必要な変圧器容量を計算する問題も出題されるため，その計算方法についても説明する．

1 需要率

需要家に設置された需要設備は，常にすべての設備が最大出力で運転されるわけではなく，個々の需要設備の使用状況は異なっている．そのため，需要家で実際に使用される最大需要電力は，全需要設備の設備容量の合計より小さくなるのが普通である．この**最大需要電力と設備容量の合計との割合**を百分率で表したものが需要率であり，式（3･1）で表される．

$$\textbf{需要率} = \frac{\text{最大需要電力〔kW〕}}{\text{設備容量の合計〔kW〕}} \times 100 \text{〔\%〕} \qquad (3 \cdot 1)$$

例として，図 3･1 のようにある変電所から供給される需要家 A, B, C の 3 軒の需要家について，式（3･1）を用いて全需要家合成及び各需要家の需要率の計算を行う．各需要家及び 3 軒合成の需要電力は，図 3･2 のとおりとする．

3 軒の需要家の設備容量の合計は，図 3･1 より

$$160 + 100 + 40 = 300 \text{kW}$$

である．また，変電所から見た 3 軒合成の最大需要電力は，図 3･2 より 200 kW である．よって，全需要家合成の需要率は

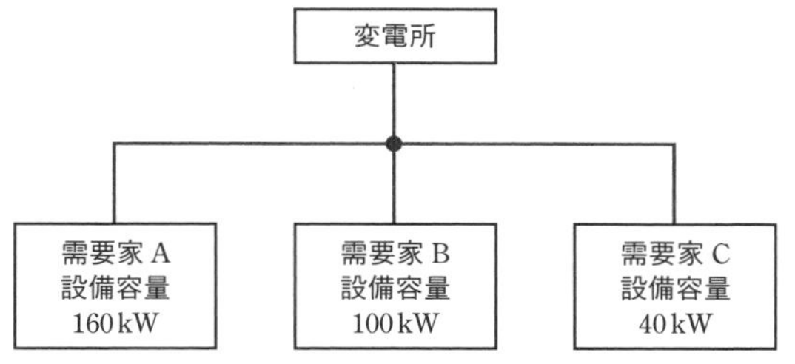

●図 3・1　需要家例

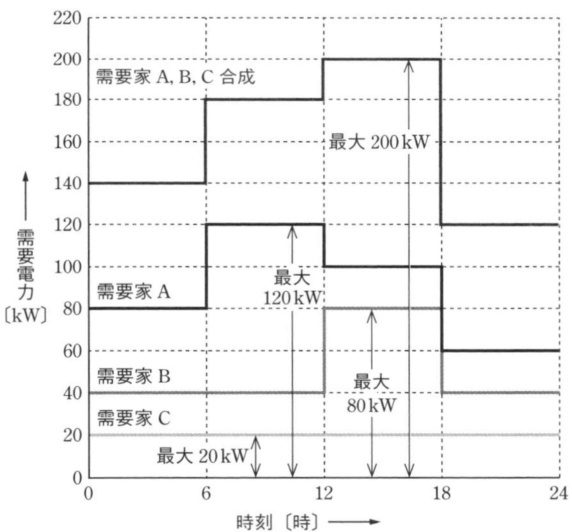

●図 3・2　需要家の需要電力例

$$\text{全需要家合成の需要率} = \frac{\text{最大需要電力}}{\text{設備容量の合計}} \times 100 = \frac{200}{300} \times 100 \fallingdotseq 66.7\,\%$$

と計算することができる．同様に各需要家の需要率も，それぞれの最大需要電力と設備容量から次のとおり計算できる．

$$\text{需要家 A の需要率} = \frac{120}{160} \times 100 = 75\,\%$$

$$\text{需要家 B の需要率} = \frac{80}{100} \times 100 = 80\,\%$$

$$\text{需要家 C の需要率} = \frac{20}{40} \times 100 = 50\,\%$$

2 不等率

需要家に設置された需要設備は，1日の中で夜間の電灯と昼間の工場機器などのように個々の最大需要電力の発生時刻が異なっており，需要家の最大需用電力の発生時刻とも必ずしも一致しない．同様に，各需要家の最大需要電力の発生時刻も需要家ごとに異なっており，個々の需要家の最大需要電力の合計は，時刻ごとに全需要家の電力需要を足し合わせてその最大をとった「合成最大需要電力」よりも大きくなる．この**各負荷の最大需要電力の合計と合成最大需要電力の割合**を表したものが不等率であり，式 (3･2) で表される．

$$\textbf{不等率} = \frac{\text{各負荷の最大需要電力の合計〔kW〕}}{\text{合成最大需要電力〔kW〕}} \tag{3・2}$$

例として，前述の図 3･1，図 3･2 の 3 軒の需要家について，式 (3･2) を用いて不等率の計算を行う．3 軒の需要家の最大需要電力の合計は，図 3･2 より

$$120+80+20=220\,\text{kW}$$

である．また，3 軒の合成最大需要電力は，図 3･2 より 200 kW である．よって，不等率は次のとおり計算できる．

$$\text{不等率} = \frac{\text{各負荷の最大需要電力の合計}}{\text{合成最大需要電力}} = \frac{220}{200} = 1.1$$

3 負荷率

電力の使用状況は，前述の図 3･2 で示すように 1 日の中で時々刻々と変化しており，曜日や季節によっても変化する．その変化の係数として**ある期間中の平均需要電力とその期間中における最大需要電力との比**を百分率で表したものが負荷率であり，式 (3･3) で表される．

$$\textbf{負荷率} = \frac{\text{期間中の平均需要電力〔kW〕}}{\text{期間中の最大需要電力〔kW〕}} \times 100\ 〔\%〕 \tag{3・3}$$

また，負荷率を計算する期間を 1 日，1 か月，1 年とした場合の負荷率を，それぞれ日負荷率，月負荷率，年負荷率という．

例として，前述の図 3･1，図 3･2 の 3 軒の需要家について，式 (3･3) を用いて全需要家合成及び各需要家の負荷率の計算を行う．3 軒の合成需要電力の平均は，図 3･2 より

$$\frac{140+180+200+120}{4} = 160\,\text{kW}$$

である．3 軒合成の最大需要電力は，図 3･2 より 200 kW であるから，負荷率は次のとおり計算できる．

$$全需要家合成の負荷率=\frac{平均需要電力}{最大需要電力}\times 100=\frac{160}{200}\times 100=80\%$$

同様に各需要家それぞれの負荷率も，それぞれの平均需要電力と最大需要電力から次のとおり計算できる．

$$需要家 A の負荷率=\frac{(80+120+100+60)/4}{120}\times 100=\frac{90}{120}\times 100=75\,\%$$

$$需要家 B の負荷率=\frac{(80+40\times 3)/4}{80}\times 100=\frac{50}{80}\times 100=62.5\,\%$$

$$需要家 C の負荷率=\frac{20}{20}\times 100=100\,\%$$

負荷率は，需要家 C のように需要電力が一定の場合に 100％となる．

ここまでに説明した図 3･1，図 3･2 の需要家例についての需要率，不等率，負荷率の計算結果をまとめると表 3･1 のとおりである．また，需要率，不等率，負荷率がそれぞれどの値を使用して計算しているかを表下の矢印で示している．

●表 3・1　需要家例の計算結果

	設備容量〔kW〕	最大需要電力〔kW〕	平均需要電力〔kW〕	需要率〔%〕	負荷率〔%〕	不等率
需要家 A	160	120	90	75	75	1.1
需要家 B	100	80	50	80	62.5	
需要家 C	40	20	20	50	100	
全需要家	300	200	160	66.7	80	

200 kW は「合成最大需要電力」であり「各需要家の最大需要電力の合計」とは異なる．

Point　本文の例では矢印の向きに計算したが，電験の試験問題では，設備容量と需要率から最大需要電力を計算する問題や，最大需要電力と負荷率から平均需要電力を計算する問題も出題される．各係数の式を変形して計算できるように定義をしっかり覚えておきたい．

4 変圧器容量の計算

電験の試験問題では，需要率などを用いて計算した最大需要電力から必要な変圧器容量などを求める問題が出題されることがある．ここではそれらの計算方法について説明する．

(1) 力率を加味した変圧器容量

需要率，不等率，負荷率は，有効電力〔kW〕を用いて計算するが，変圧器の容量は皮相電力〔kV·A〕であるため，力率を加味する必要がある．

例えば，図 3·1，図 3·2 の需要家例において，すべての需要家の総合力率が 0.9（遅れ）であった場合に，需要家 A，B，C を供給する変電所に必要な変圧器容量を考える．変電所から見た 3 軒合成の最大需要電力は，図 3·2 より 200 kW である．このときの力率を加味した皮相電力は，総合力率 0.9 より

$$200 \div 0.9 \fallingdotseq 222\,\mathrm{kV\cdot A}$$

である．仮に選択できる変圧器容量が 200 kV·A，250 kV·A，300 kV·A のものがあった場合，設置すべき必要最小限の変圧器容量は，222 kV·A より大きい 250 kV·A となる．

(2) V 結線変圧器の計算

図 3·3 のように同容量の単相変圧器 2 台を V 結線として使用した場合，供給できる三相負荷の容量は，単相変圧器 2 台分の合計容量より小さくなる．図 3·3 において単相変圧器 1 台の定格容量を S_{Tr}〔kV·A〕，定格電圧を V〔V〕，定格電流を I〔A〕とする．I〔A〕で供給できる三相負荷の消費電力 P〔kW〕は

$$P = \sqrt{3}\,VI\cos\theta\ \text{〔kW〕} \qquad (3\cdot4)$$

である．ここで，単相変圧器 1 台の定格容量を S_{Tr}〔kV·A〕は，$S_{Tr} = VI$ で表せる．また，三相負荷の皮相電力を S〔kV·A〕とすると，これを式 (3·4) に

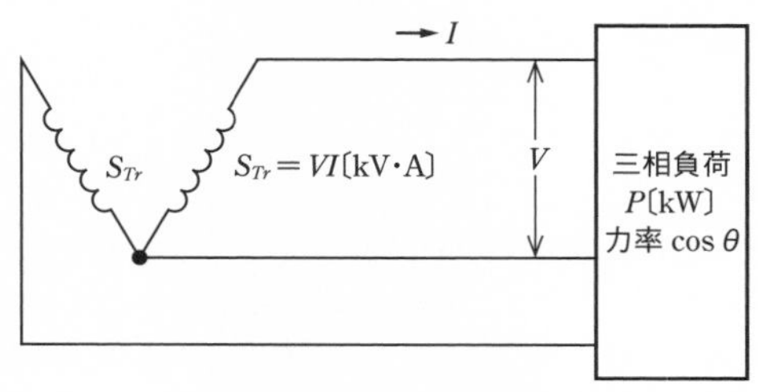

●図 3・3　V 結線変圧器

代入して

$$P = \sqrt{3}\, S_{Tr} \cos\theta \text{〔kW〕}$$

$$S = \frac{P}{\cos\theta} = \sqrt{3}\, S_{Tr} \text{〔kV·A〕} \qquad (3\cdot5)$$

となる．式（3·5）より，単相変圧器 2 台を V 結線にしたときに供給できる三相負荷の皮相電力 S〔kV·A〕は，単相変圧器 1 台の容量 S_{Tr}〔kV·A〕の $\sqrt{3}$ 倍であり，単相変圧器を 2 台合計した容量に対して $(2/\sqrt{3}) = 0.866$ 倍と小さくなる．

例えば，定格容量 100 kV·A の単相変圧器 2 台を V 結線にして 1 つのバンクとして使用し，消費電力 200 kW（遅れ力率 0.9）の三相平衡負荷を供給した場合に，変圧器がどれだけ過負荷になるか計算する．このV結線のバンクで供給できる皮相電力は，式（3·5）より

$$\sqrt{3}\, S_{Tr} = \sqrt{3} \times 100 \fallingdotseq 173.2 \text{ kV·A}$$

である．三相平衡負荷の皮相電力は

$$200 \div 0.9 \fallingdotseq 222.2 \text{ kV·A}$$

であるから，バンクの過負荷量〔kV·A〕は

$$222.2 - 173.2 = 49 \text{ kV·A}$$

となる．

問題 1　H26　A-12

ある事業所内における A 工場及び B 工場の，それぞれのある日の負荷曲線は図のようであった．それぞれの工場の設備容量が，A 工場では 400 kW，B 工場では 700 kW であるとき，次の（a）及び（b）の問に答えよ．

(a) A 工場及び B 工場を合わせた需要率の値〔%〕として，最も近いものを次の（1）～（5）のうちから一つ選べ．

(1) 54.5　(2) 56.8　(3) 63.6　(4) 89.3　(5) 90.4

(b) A 工場及び B 工場を合わせた総合負荷率の値〔%〕として，最も近いものを次の（1）～（5）のうちから一つ選べ．

(1) 56.8　(2) 63.6　(3) 78.1　(4) 89.3　(5) 91.6

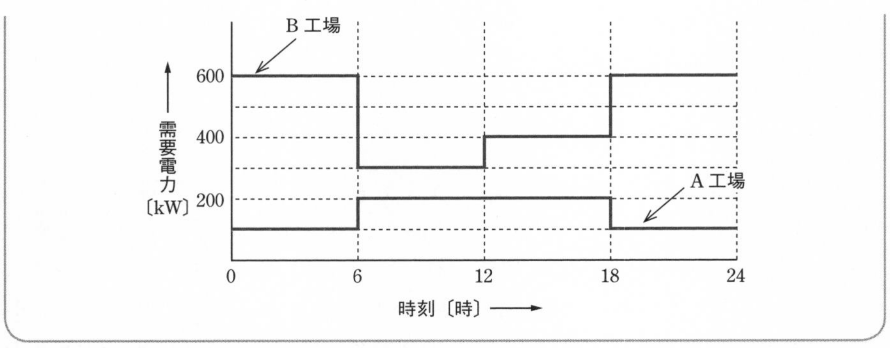

解説　(a) 需要率は，次の式で計算される．

$$需要率=\frac{最大需要電力〔kW〕}{設備容量の合計〔kW〕}\times 100〔\%〕$$

上式の需要率の計算に必要な A 工場と B 工場を合わせた最大需要電力を求める．需要電力の図から各時間帯の A 工場 B 工場の需要を合わせた需要電力を計算すると

0 時～ 6 時：600＋100＝700 kW
6 時～12 時：300＋200＝500 kW
12 時～18 時：400＋200＝600 kW
18 時～24 時：600＋100＝700 kW

よって，最大需要電力は 700 kW である．設備容量は，問題文より A 工場が 400 kW，B 工場が 700 kW であるので，A 工場と B 工場を合わせた需要率は

$$需要率=\frac{最大需要電力}{設備容量の合計}\times 100=\frac{700}{400+700}\times 100\fallingdotseq \mathbf{63.6\%}$$

(b) 負荷率は，次の式で計算される．

$$負荷率=\frac{期間中の平均需要電力〔kW〕}{期間中の最大需要電力〔kW〕}\times 100〔\%〕$$

A 工場と B 工場の需要を合わせた平均需要電力は，(a) で求めた需要電力を用いて

$$\frac{700+500+600+700}{4}=625\text{kW}$$

A 工場と B 工場を合わせた最大需要電力は，(a) より 700 kW である．よって，A 工場と B 工場を合わせた総合負荷率は

$$負荷率=\frac{平均需要電力}{最大需要電力}\times 100=\frac{625}{700}\times 100\fallingdotseq \mathbf{89.3\%}$$

解答 ▶ (a)-(3)，(b)-(4)

問題2　H20　A-12

ある変電所から供給される下表に示す需要家A，B及びCがある．各需要家間の負荷の不等率を1.2とするとき，次の(a)及び(b)に答えよ．

需要家	負荷の設備容量〔kV・A〕	力　率	需要率〔%〕	負荷率〔%〕
A	500	0.90	40	50
B	200	0.85	60	60
C	600	0.80	60	30

(a) 需要家Aの平均電力〔kW〕の値として，最も近いのは次のうちどれか．

(1) 61.2　(2) 86.4　(3) 90　(4) 180　(5) 225

(b) 変電所からみた合成最大需要電力〔kW〕の値として，最も近いのは次のうちどれか．

(1) 198　(2) 285　(3) 325　(4) 475　(5) 684

この問題では，平均需要電力，最大需要電力，合成最大需要電力を求めるために，負荷率，需要率，不等率の式を変形する必要がある．また，需要率等の計算式はすべて有効電力〔kW〕を用いて計算する．この問題では，設備容量が皮相電力〔kV・A〕で与えられているため，力率を用いて有効電力〔kW〕に変換する必要がある．

(a) 平均電力を求める式は，負荷率の式を変形すると

$$負荷率=\frac{平均需要電力〔kW〕}{最大需要電力〔kW〕}\times 100$$

$$平均需要電力〔kW〕=\frac{負荷率}{100}\times最大需要電力〔kW〕$$

上式に必要な最大需要電力を求めるため，需要率の式を変形すると

$$需要率=\frac{最大需要電力〔kW〕}{設備容量の合計〔kW〕}\times 100$$

$$最大需要電力〔kW〕=\frac{需要率}{100}\times設備容量の合計〔kW〕$$

需要家Aの最大需要電力は，上式より，

$$需要家Aの最大需要電力=\frac{40}{100}\times 500\times 0.9=180\,\mathrm{kW}$$

よって，平均需要電力は

$$平均需要電力〔kW〕= \frac{50}{100} \times 180 = \mathbf{90\,kW}$$

（b）合成最大需要電力を求める式は，不等率の式を変形すると

$$不等率 = \frac{各負荷の最大需要電力の合計〔kW〕}{合成最大需要電力〔kW〕}$$

$$合成最大需要電力〔kW〕= \frac{各負荷の最大需要電力の合計〔kW〕}{不等率}$$

各需要家の最大需要電力は，需要家 A は（a）で求めた 180 kW である．同様に需要家 B，需要家 C の最大需要電力を求めると

$$需要家\,B\,の最大需要電力 = \frac{60}{100} \times 200 \times 0.85 = 102\,kW$$

$$需要家\,C\,の最大需要電力 = \frac{60}{100} \times 600 \times 0.8 = 288\,kW$$

よって，合成最大電力は，問題文の不等率 1.2 を用いて

$$合成最大需要電力 = \frac{180 + 102 + 288}{1.2} = \mathbf{475\,kW}$$

解答 ▶ (a)-(3)，(b)-(4)

問題3　H13　B-12

負荷設備の合計容量 400 kW，最大負荷電力 250 kW，遅れ力率 0.8 の三相平衡の動力負荷に対して，定格容量 150 kV·A の単相変圧器 3 台を △-△ 結線して供給している高圧自家用需要家がある．この需要家について，次の (a) 及び (b) に答えよ．

(a) 動力負荷の需要率〔%〕の値として，正しいのは次のうちどれか．

(1) 50.0　(2) 55.2　(3) 62.5　(4) 78.1　(5) 83.3

(b) いま，3 台の変圧器のうち 1 台が故障したため，2 台の変圧器を V 結線して供給することとしたが，負荷を抑制しないで運転した場合，最大負荷時で変圧器は何パーセント〔%〕の過負荷となるか，正しい値を次のうちから選べ．

(1) 4.2　(2) 8.3　(3) 14.0　(4) 20.3　(5) 28.0

本文 p.342 で説明したように，単相変圧器 2 台を V 結線にしたときに供給できる三相負荷の容量は，単相変圧器 2 台分の合計容量よりも小さくなる．V 結線の変圧器容量の計算方法は覚えておきたい．

(a) 動力負荷の需要率は

$$需要率 = \frac{最大需要電力〔kW〕}{設備容量の合計〔kW〕} \times 100〔\%〕= \frac{250}{400} \times 100 = \mathbf{62.5\,\%}$$

(b) 解図において三相動力負荷の最大負荷電力を P〔kW〕，力率を $\cos\theta$，このときに流れる電流を I〔A〕とすると

$$P = \sqrt{3}\,VI\cos\theta〔kW〕$$

ここで，単相変圧器１台にかかる皮相電力 S_1〔kV･A〕は $S_1 = VI$ となる．これを上式に代入して S_1〔kV･A〕を計算すると

$$P = \sqrt{3}\,S_1\cos\theta$$

$$S_1 = \frac{P}{\sqrt{3}\cos\theta} = \frac{250}{\sqrt{3}\times 0.8} \fallingdotseq 180.4\,\text{kV･A}$$

変圧器１台の定格容量は 150 kV･A なので，過負荷している割合は

$$過負荷率 = \frac{180.4 - 150}{150} \times 100 \fallingdotseq \mathbf{20.3\,\%}$$

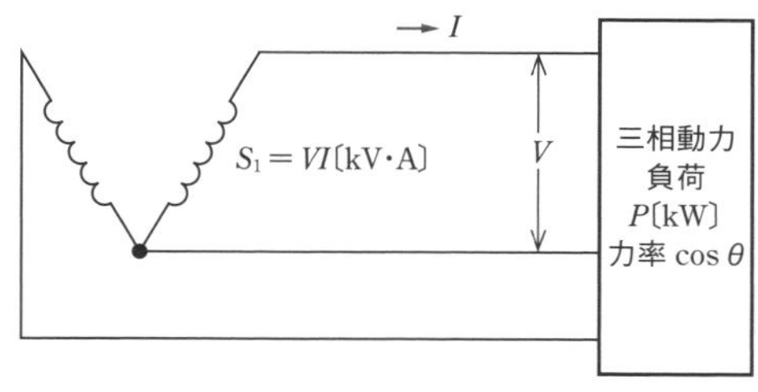

●解図　V 結線変圧器

解答 ▶ (a)－(3)，(b)－(4)

問題4　H15　A-8

次の文章は，複数の需要家を総合した場合の負荷率（以下，「総合負荷率」という）と各需要家の需要率及び需要家間の不等率との関係についての記述である．これらの記述のうち，正しいのは次のうちどれか．

ただし，この期間中の各需要家の需要率はすべて等しいものと仮定する．

(1) 総合負荷率は，需要率に反比例し，不等率に比例する．

(2) 総合負荷率は，需要率には関係なく，不等率に比例する．

(3) 総合負荷率は，需要率及び不等率の両方に比例する．

(4) 総合負荷率は，需要率に比例し，不等率に反比例する．

(5) 総合負荷率は，需要率に比例し，不等率には関係しない．

需要率，不等率，負荷率の計算式には，すべて最大需要電力が入っている．ただし，時刻の一致を考慮しない「各負荷の最大需要電力の合計」と時刻ごとに各負荷の電力需要を足し合わせてその最大をとる「合成最大需要電力」の定義が異なる2種類があるため注意が必要である．

負荷率の式は，次のとおりである（百分率は省略）．

$$負荷率 = \frac{平均需要電力}{最大需要電力}$$

複数の需要家を総合した負荷率の場合，最大需要電力は時刻ごとに各需要家の電力需要を足し合わせて，その中の最大を用いる「合成最大需要電力」である．

$$総合負荷率 = \frac{平均需要電力}{合成最大需要電力}$$

各需要家の需要率と需要家間の不等率の式は，次のとおりである（百分率は省略）．

$$需要率 = \frac{最大需要電力}{設備容量の合計}$$

$$不等率 = \frac{各需要家の最大需要電力の合計}{合成最大需要電力}$$

不等率の式を合成最大需要電力の式に変形し，さらに需要率の式を最大需要電力の式に変形して不等率の式に代入すると

$$合成最大需要電力 = \frac{各需要家の最大需要電力の合計}{不等率}$$

$$= \frac{各需要家の（設備容量の合計 \times 需要率）の合計}{不等率}$$

この合成最大需要電力の式を総合負荷率の式に代入すると

$$総合負荷率 = \frac{平均需要電力}{\dfrac{各需要家の（設備容量の合計 \times 需要率）の合計}{不等率}}$$

$$= \frac{平均需要電力 \times 不等率}{各需要家の（設備容量の合計 \times 需要率）の合計}$$

上式より，**総合負荷率は需要率に反比例し，不等率に比例する**ことがわかる．

解答 ▶ (1)

水力発電所等の運用とその計算

［★★★］

法規科目での発電所に関する計算問題では，大きく分けると水力発電所の発電電力などを計算する問題と需要家に併設する自家用発電所の逆送電力などを計算する問題の 2 種類がある．この節では，それぞれの内容と計算方法について順に説明する．

1 水力発電所の運用とその計算

(1) 水力発電の種類

水力発電は，発電方式（水の利用方法）により表 3･2 に示す 4 種類に分類できる．法規科目の計算問題では，流れ込み式及び調整池式についての問題が出題されることがある．

(2) 水力発電所の出力計算

水力発電所の出力 P〔kW〕は，使用水量 Q〔m^3/s〕，有効落差 H〔m〕，水車の効率 η_T，発電機の効率 η_G とすると次式により計算される．

Point 式（3･6）は重要なので必ず覚えておきたい．

$$\boldsymbol{P = 9.8\,QH\eta_T\eta_G} \text{〔kW〕} \quad (3\cdot6)$$

式（3･6）の導出方法を解説する．発電前の水 $1\,\mathrm{m}^3$ がもつ位置エネルギー W〔J〕は，重力加速度 $g = 9.8\,\mathrm{m/s^2}$ 及び水 $1\,\mathrm{m}^3$ 当たりの質量 $m = 1000\,\mathrm{kg}$ から

$$\begin{aligned} W &= mgh \\ &= 1\,000\,\mathrm{kg/m^3} \times 9.8\,\mathrm{m/s^2} \times H\text{〔m〕} \\ &= 9\,800\,H\text{〔J/m}^3\text{〕} \end{aligned}$$

である．なお，〔J〕=〔N･m〕，〔N〕=〔kg･m/s²〕である．

このエネルギーが単位時間（1 秒）当たりにする仕事が仕事率〔W〕=〔J/s〕であり，1 秒当たりの使用流量 Q〔m^3/s〕から得られる仕事率 P_0〔W〕は，水 $1\,\mathrm{m}^3$ 当たりのエネルギー W〔J/m^3〕と使用流量 Q〔m^3/s〕より

$$\begin{aligned} P_0 &= W\text{〔J/m}^3\text{〕}\cdot Q\text{〔m}^3\text{/s〕} \\ &= 9\,800\,QH\text{〔W〕} = 9.8\,QH\text{〔kW〕} \end{aligned}$$

となる．実際には，この水のエネルギーを電気エネルギーに変換するには損失が発生する．この式に損失を考慮した水車及び発電機の効率を乗じたものが式（3･

Chapter 3

●表 3・2 水力発電の種類

発電方式	説 明
流れ込み式（自流式） 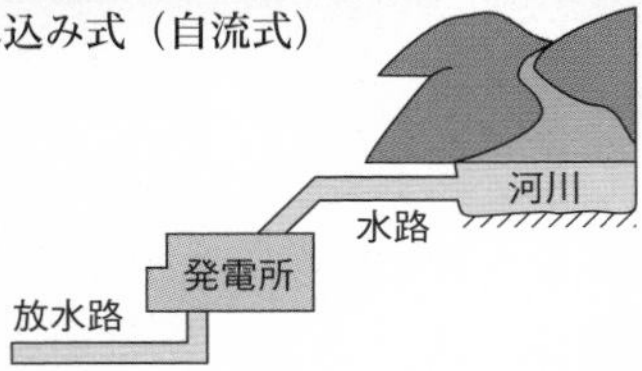 河川 水路 発電所 放水路	取水した河川の水をそのまま利用する方式．水を貯めることができないため**水量の調整はできず，河川流量に合わせた発電**になる．豊水期には河川流量のうち**最大使用水量を超える水を発電に利用することができず**，渇水期には発電量が少なくなる問題点があるが，比較的建設コストを抑えられる利点がある．
調整池式 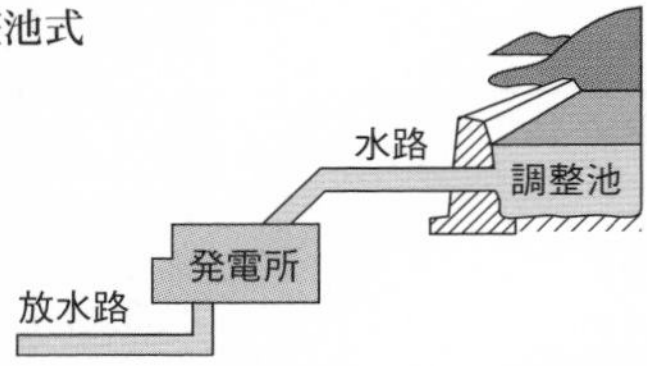 水路 調整池 発電所 放水路	調整池に水を貯水することで水量を調節する方式．**1 日分あるいは 1 週間分程度の発電用水を調整池に溜めて発電出力を調整する**．昼夜や短期間の電力需要の変化に合わせて発電するなど河川流量と異なる発電ができる．
貯水池式 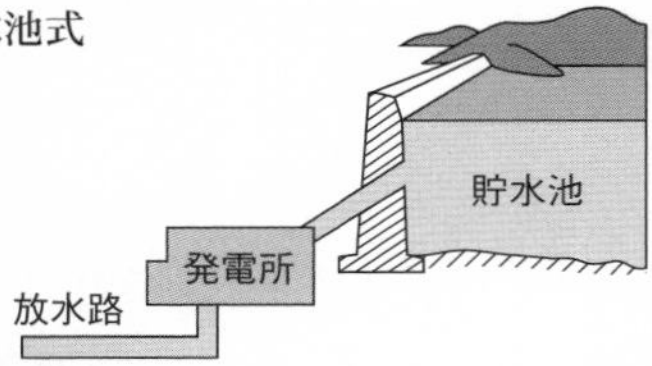 貯水池 発電所 放水路	河川にダムを設けてせき止め，雪どけや梅雨，台風などの豊水期に貯水して発電用に用いる方式．大量の水を貯水できるため，月間又は年間での出力調整が可能である．
揚水式 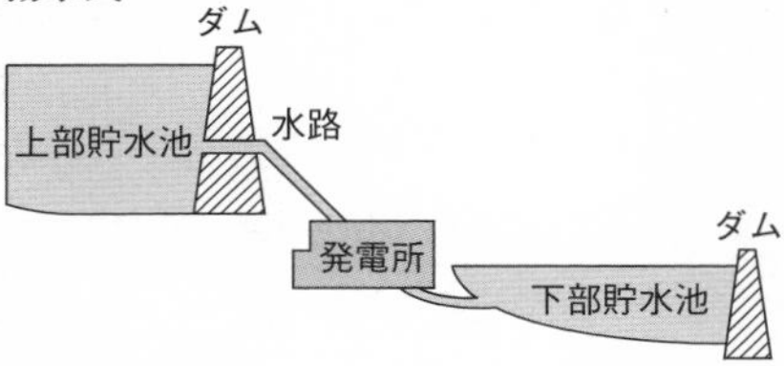 ダム 上部貯水池 水路 発電所 ダム 下部貯水池	発電所の上部と下部に貯水池を設け，上下の池の水を揚げ下げして繰り返し使用する方式．電力需要の多い昼間などに上部貯水池から下部貯水池に水を落として発電し，発電に使った水は下部貯水池に貯水しておく．電力需要が少ない夜間などに下部貯水池から上部貯水池に水をくみ上げ，再度発電に使用する．

6）となる．また，式（3･6）の発電出力に発電時間〔h〕を乗じたものが発電電力量〔kW･h〕である．

（3）流れ込み式水力発電所の計算

流れ込み式水力発電所は，表 3･2 で説明したように水を貯めることができないため**水量の調整はできず，河川流量に合わせた発電**になる．河川流量は一般的に図 3･4 に示すような**流況曲線**で表される．流況曲線とは，ある期間の河川のある地点の流量を，縦軸に流量，横軸に日数をとり大きいものから順に並べたグラフであり，図 3･4 は期間を 1 年間とした流況曲線である．流れ込み式水力発

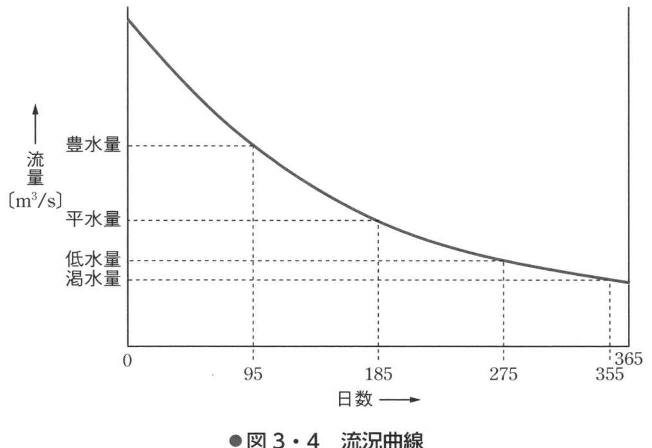

●図 3・4　流況曲線

電所は，発電所の計画の際に流況曲線を用いて最大使用水量などを決定する．なお，河川流量のうち最大使用流量を超えた分は発電に利用しないで水を放流することになる．水を発電に利用しないで放流することを**溢水**（いっすい）という．

例として，図 3･5 に示す流況曲線の流れ込み式水力発電所における年間の発電電力量〔GW･h〕を計算する．この発電所の最大使用水量は 20 m³/s，有効落差は 50 m とし，日数が 266 日から 365 日までの流況曲線は直線とする．また，水車及び発電機の効率は，どちらも 90 % とする．

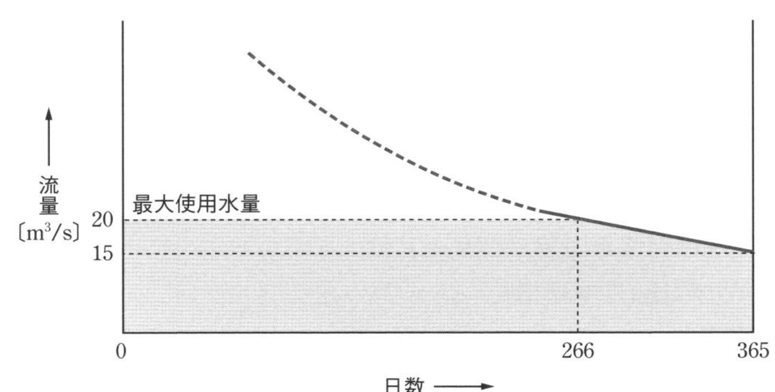

●図 3・5　流れ込み式水力発電所の流況曲線例

ある x 日目の使用水量を Q_x〔m³/s〕とすると，x 日目の発電電力量 W_x〔GW·h〕は，式（3·6）の発電出力に 1 日の発電時間〔h〕を乗じて

$$W_x = P\text{〔kW〕}\times\text{発電時間〔h〕}$$
$$= 9.8\,Q_xH\eta_T\eta_G\times 24\text{〔h〕}$$

である．したがって，n 日間（1～n 日目）の発電電力量の合計を $W_{1\sim n}$〔GW·h〕とすると

$$W_{1\sim n} = 9.8\,Q_1H\eta_T\eta_G\times 24 + 9.8\,Q_2H\eta_T\eta_G\times 24 + \cdots + 9.8\,Q_nH\eta_T\eta_G\times 24$$
$$= 9.8(Q_1 + Q_2 + \cdots + Q_n)H\eta_T\eta_G\times 24$$
$$= 9.8\left(\frac{Q_1 + Q_2 + \cdots + Q_n}{n}\right)H\eta_T\eta_G\times n\text{〔日〕}\times 24\,\text{h}$$

n 日間の平均使用水量

となり，n 日間の平均使用水量〔m³/s〕の発電出量に n 日間の発電時間〔h〕を用いて発電電力量を計算することができる．この式を用いて，日数が 266 日から 365 日までの 100 日間の発電電力量 W_1〔GW·h〕を計算する．この 100 日間の平均の使用水量〔m³/s〕は

$$\frac{20+15}{2} = 17.5\,\text{m}^3/\text{s}$$

であるので，発電電力量 W_1〔kW·h〕は，式（3·6）の発電出力に発電時間〔h〕を乗じて

$$W_1 = 9.8\,QH\eta_T\eta_G\times 100\text{ 日}\times 24\,\text{h}$$
$$= 9.8\times 17.5\times 50\times 0.9\times 0.9\times 2\,400$$
$$= 16\,669\,800\,\text{kW·h} \Rightarrow 16.67\,\text{GW·h}$$

また，日数が 1 日から 265 日までの 265 日間の発電電力量 W_2〔GW·h〕は，使用水量が 20 m³/s で一定であるから

$$W_2 = 9.8\,QH\eta_T\eta_G\times 255\text{ 日}\times 24\,\text{h}$$
$$= 9.8\times 20\times 50\times 0.9\times 0.9\times 6\,120$$
$$= 48\,580\,560\,\text{kW·h} \Rightarrow 48.58\,\text{GW·h}$$

よって，年間の発電電力量〔GW·h〕は

$$W_1 + W_2 = 16.67 + 48.58 \fallingdotseq 65.3\,\text{GW·h}$$

4 調整池式水力発電所の計算

調整池式水力発電所は，表 3·2 で説明したように **1 日分あるいは 1 週間分程度の発電用水を調整池に溜めて発電出力を調整する**．1 日の発電出力を調整でき

る調整池式水力発電所の使用水量の例を図 3･6 に示す．ここで，1 日の平均使用水量 Q_{av}〔m³/s〕，最大使用水量 Q_p〔m³/s〕，最低使用水量 Q_o〔m³/s〕，最大使用水量の継続時間が t〔h〕である．河川流量が一定である場合，毎日同じ使用水量を繰り返しても水の過不足が起きないようにするには，平均使用水量 Q_{av} と河川流量が同じである必要がある．図 3･6 の運用を行うために必要な調整池の貯水量 V〔m³〕は次の式で求まる．

$$V=(Q_p-Q_{av})t\times 3600=(Q_{av}-Q_o)(24-t)\times 3600\ 〔\mathrm{m}^3〕 \qquad (3 \cdot 7)$$

なお，調整池の貯水量を超えて貯水しようとすると，発電に使用しないで水を放流する溢水が発生する．

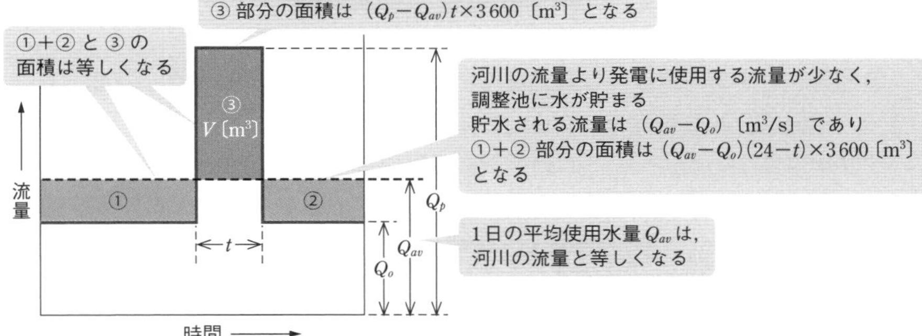

●図 3・6　調整池の使用流量と貯水量

例として，図 3･7 に示す使用水量で毎日発電する調整池式水力発電所における調整池の必要貯水量 V〔m³〕と最大使用水量 Q_p〔m³/s〕での発電出力 P〔kW〕を計算する．この発電所の河川流量は 20 m³/s 一定，有効落差は 50 m，水車及び発電機の効率はどちらも 90％ とする．また，最大使用水量 Q_p の発電で調整池の貯水量をすべて使い切り，溢水はないものとする．

調整池の必要貯水量 V〔m³〕は，河川流量より少ない使用水量 10 m³/s の 18 時間（0 時～6 時，12 時～24 時）に貯水される量であり，式（3･7）より

$$V=(Q_{av}-Q_o)(24-t)\times 3600=(20-10)\times 18\times 3600=648000\,\mathrm{m}^3$$

6 時から 12 時の最大使用水量 Q_p〔m³/s〕は，式（3･7）より

$$(Q_p-Q_{av})t=(Q_{av}-Q_o)(24-t)$$

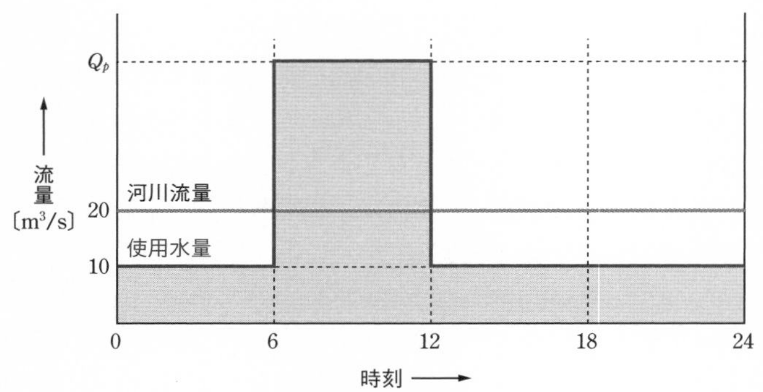

●図 3・7　調整池式水力発電所の使用水量例

$$(Q_p-20)\times 6=(20-10)\times 18$$

$$Q_p=\frac{10\times 18}{6}+20=50\,\mathrm{m^3/s}$$

最大使用水量 Q_p での発電出力 P〔kW〕は，式 (3･6) より

$$P=9.8QH\eta_T\eta_G$$

$$=9.8\times 50\times 50\times 0.9\times 0.9\fallingdotseq 198\,\mathrm{kW}$$

2　自家用発電所を有する需要家の計算

自家用発電所を有する需要家のイメージを図 3･8 に示す．自家用発電所は，水力発電所に限らず太陽光発電所や風力発電所，火力発電所など種類は様々である．通常，需要家は電力系統と系統連系しており，需要家の消費電力より発電所の発電電力が大きく余剰が生じた場合は電力系統に送電し，需要家の消費電力よ

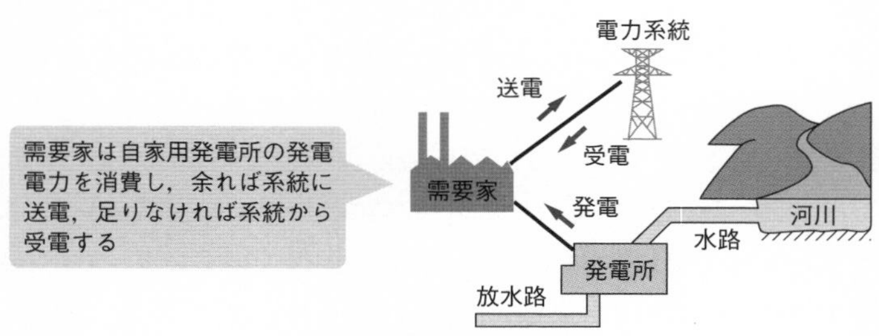

●図 3・8　自家用発電所を有する需要家

り発電所の発電電力が小さければ不足する電力を電力系統から受電する．

例として，自家用水力発電所を有する工場があり，ある日の自家用水力発電所の発電電力と工場の消費電力が図3·9のように推移したときの送電電力量〔kW·h〕と受電電力量〔kW·h〕を計算する．図3·9において，発電電力は6000kWで一定であることから，余剰が生じて電力系統に送電した電力は2000kWから6000kWの色付きの範囲，不足が生じて電力系統から受電した電力は6000kWから8000kWの色付きの範囲である．6時～9時及び18時～21時における消費電力の変化の傾きは，1時間あたり2000kWであることから，発電電力と消費電力の大きさが同じになる時刻は8時と19時である．それぞれの電力量〔kW·h〕を計算すると，送電電力量〔kW·h〕は，0時～8時と19時～24時に発生しており

$$\frac{8+6}{2}\times4000+\frac{5+3}{2}\times4000=44000\,\mathrm{kW\cdot h}$$

また，受電電力量〔kW·h〕は，8時～19時に発生しており

$$\frac{11+9}{2}\times2000=20000\,\mathrm{kW\cdot h}$$

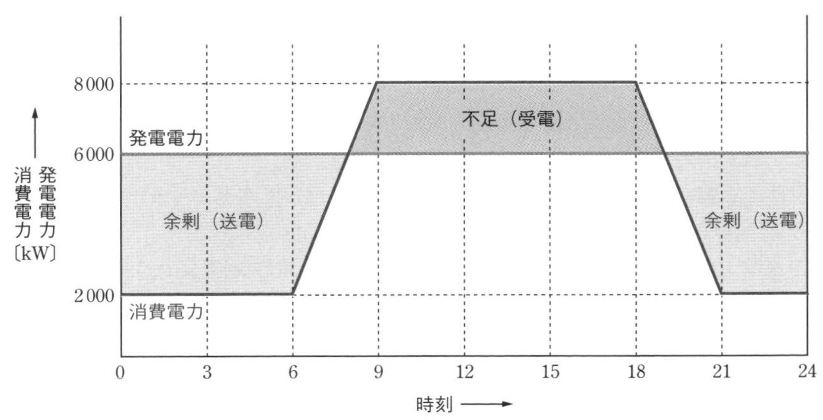

●図3・9 発電電力と消費電力

問題5 ✓ ✓ ✓ H17 B-13（改）

有効落差 80 m の調整池式水力発電所がある．河川の流量が 12 m³/s で一定で，図のように 1 日のうち 18 時間は発電せずに全流量を貯水し，6 時間だけ自流分に加え貯水分を全量消費して発電を行うものとするとき，次の（a）及び（b）に答えよ．ただし，水車及び発電機の総合効率は 85 %，運転中の有効落差は一定とし，溢水はないものとする．

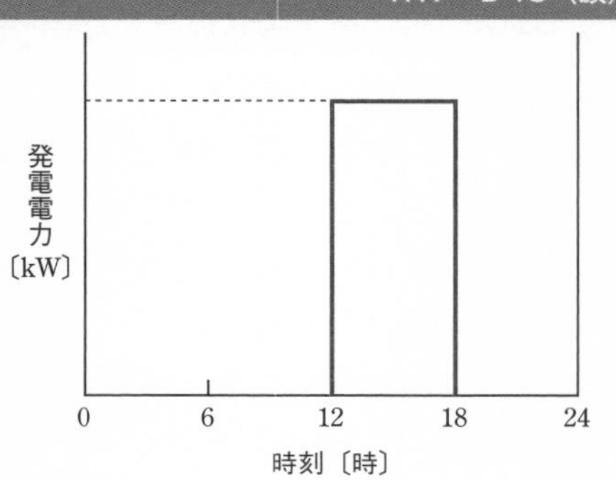

（a）運用に最低限必要な有効貯水量の値〔m³〕として，最も近いものは次のうちどれか．

（1）171×10^3　（2）585×10^3　（3）645×10^3　（4）778×10^3　（5）$1\,040\times10^3$

（b）発電電力〔kW〕の値として，最も近いのは次のうちどれか．

（1）20 000　（2）27 000　（3）28 000　（4）32 000　（5）37 000

調整池式水力発電所は，使用水量が河川流量を下回った分だけ調整池に貯水され，使用水量が河川流量を上回った分だけ調整池の水が使用される．

解説（a）河川流量 Q_{av}〔m³/s〕，最大使用水量 Q_p〔m³/s〕，最低使用水量 Q_o〔m³/s〕，最大使用水量の時間 t_p〔h〕

最小使用水量の時間 t_o〔h〕とすると，必要な調整池の貯水量 V〔m³〕は次式となる．

$$V=(Q_p-Q)t_p\times3\,600=(Q-Q_o)t_o\times3\,600\ \text{〔m}^3\text{〕}$$

河川流量 12 m³/s，最低使用水量 0 m³/s，最小使用水量の時間 18 h より

$$V=(Q-Q_o)t_o\times3\,600=(12-0)\times18\times3\,600=777\,600\,\text{m}^3\fallingdotseq\mathbf{77.8\times10^3\,m^3}$$

（b）最大使用水量 Q_p〔m³/s〕は，最大使用水量の時間 6 h であるから，（a）の調整池の貯水量 V の式を用いて

$$(Q_p-Q)t_p=(Q-Q_o)t_o$$

$$(Q_p-12)\times6=(12-0)\times18$$

$$Q_p=\frac{12\times18}{6}+12=48\,\text{m}^3/\text{s}$$

水力発電所の出力 P〔kW〕は，使用水量 Q〔m³/s〕，有効落差 H〔m〕，水車の効率 η_T，発電機の効率 η_G とすると，次式となる．

$P=9.8QH\eta T\eta_G$〔kW〕

最大使用水量 48 m^3/s の時の水力発電所の出力 P〔kW〕は，有効落差 80 m，水車及び発電機の効率 85 % より

$P=9.8\times48\times80\times0.85\fallingdotseq\mathbf{32\,000\,kW}$

解答 ▶ (a)-(4)，(b)-(4)

問題6 H15 A-13

最大使用水量 15 m^3/s，有効落差 20 m の流込式水力発電所がある．この発電所が利用している河川の流量 Q が図のような年間流況曲線（日数 d が 100 日以上の部分は，$Q=-0.05d+25$〔m^3/s〕で表される.）であるとき，次の (a) 及び (b) に答えよ．ただし，水車及び発電機の効率はそれぞれ 90 % 及び 95 % で，流量によって変化しないものとする．

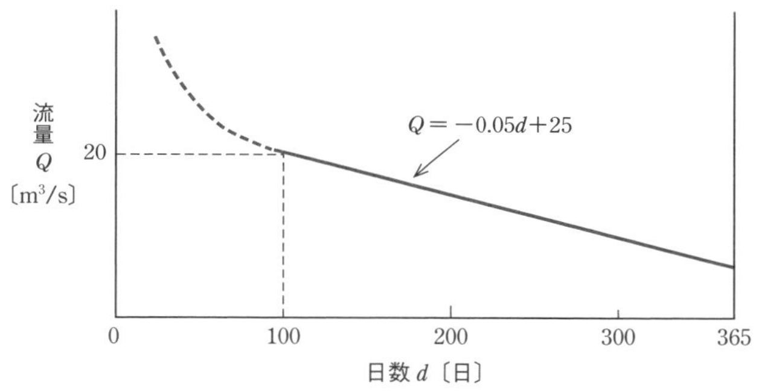

(a) この発電所で年間に溢水が発生する日数の合計として，最も近いのは次のうちどれか．ただし，溢水とは河川流量を発電に利用しないで無効に放流することをいう．

(1) 180　(2) 190　(3) 200　(4) 210　(5) 220

(b) この発電所の年間可能発電電力量〔GW·h〕の値として，最も近いのは次のうちどれか．

(1) 19.3　(2) 20.3　(3) 21.4　(4) 22.0　(5) 22.5

流れ込み式水力発電所は，発電に使用する水量の調整ができず，河川流量に合わせた発電になる．河川流量のうち最大使用流量を超えた分は，発電に利用しないで水を放流することになる．

(a) 溢水は，河川流量より最大使用水量が多いときに発生する．その日数は，流況曲線において河川流量と最大使用水量が等しくなるまでの日数となる．河

川流量と最大使用水量が等しくなる日数 d は，問題文の河川流量 Q の式及び最大使用水量 $15\,\mathrm{m^3/s}$ より

$$Q = -0.05d + 25$$

$$d = \frac{25-Q}{0.05} = \frac{25-15}{0.05} = \mathbf{200\ 日}$$

(b) 流況曲線において $d=365$ 日の河川流量は

$$Q = -0.05\times365+25 = 6.75\,\mathrm{m^3/s}$$

流況曲線において河川流量と最大使用水量以下となる $d=200$ 日から $d=365$ 日までの 166 日間の使用水量の平均は

$$\frac{15+6.75}{2} = 10.875\,\mathrm{m^3/s}$$

である．この 166 日間の発電電力量 W_1〔GW·h〕は，平均使用水量での発電出力に発電時間〔h〕を乗じて

$$\begin{aligned} W_1 &= P\,〔\mathrm{kW}〕\times 発電時間〔\mathrm{h}〕\\ &= 9.8QH\eta_T\eta_G\times166\ 日\times24\,\mathrm{h}\\ &= 9.8\times10.875\times20\times0.9\times0.95\times3\,984\\ &= 7\,260\,571.08\,\mathrm{kW\cdot h} \fallingdotseq 7.261\,\mathrm{GW\cdot h} \end{aligned}$$

上記以外の 199 日は，最大使用水量 $15\,\mathrm{m^3/s}$ で発電するので，この発電電力量 W_2〔GW·h〕は

$$\begin{aligned} W_2 &= 9.8QH\eta_T\eta_G\times199\ 日\times24\,\mathrm{h}\\ &= 9.8\times15\times20\times0.9\times0.95\times4\,776\\ &= 12\,005\,431.2\,\mathrm{kW\cdot h} \fallingdotseq 12.005\,\mathrm{GW\cdot h} \end{aligned}$$

よって，年間の発電電力量〔GW·h〕は

$$W_1+W_2 = 7.261+12.005 \fallingdotseq \mathbf{19.3\,GW\cdot h}$$

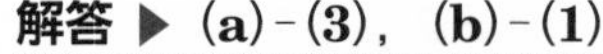
解答 ▶ (a)-(3)，(b)-(1)

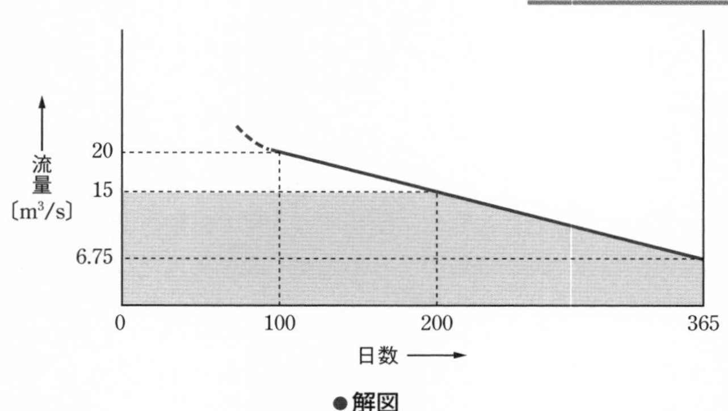

●解図

問題7 H20 A-13

自家用水力発電所を有し，電力系統（電力会社）と常時系統連系（逆潮流ができるものとする．）している工場がある．この工場のある一日の負荷は，図のように変化した．

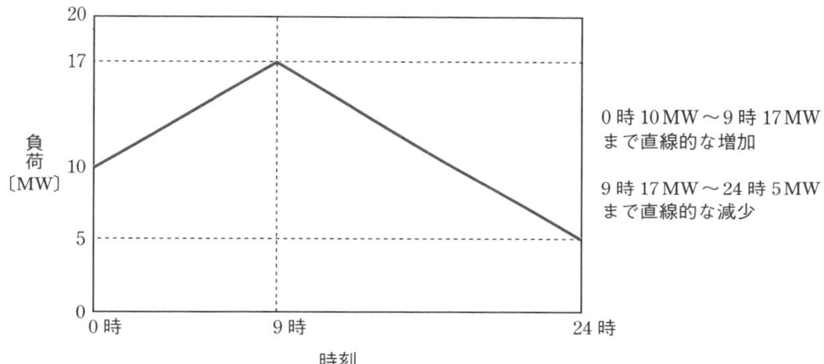

この日の水力発電所の出力は 10 MW 一定であった．次の (a) 及び (b) に答えよ．ただし，水力発電所の所内電力は無視できるものとする．

(a) この日の電力系統からの受電電力量〔MW・h〕の値として，最も近いのは次のうちどれか．

(1) 45.4　(2) 58.6　(3) 62.1　(4) 65.6　(5) 70.7

(b) この日の受電電力量〔MW・h〕(A) に対して送電電力量〔MW・h〕(B) の比率 (B/A) として，最も近いのは次のうちどれか．

(1) 0.20　(2) 0.22　(3) 0.23　(4) 0.25　(5) 0.28

自家用発電所を有する工場は，工場の消費電力より発電所の発電電力が大きく余剰が生じた場合は電力系統に送電し，工場の消費電力より発電所の発電電力が小さければ不足する電力を電力系統から受電する．

(a) 9 時〜24 時の 1 時間あたりの負荷の傾き（減少量）は

$$\frac{17-5}{24-9}=0.8\,\mathrm{MW/h}$$

であるので，9 時以降に負荷が発電電力 10 MW と同じになる時刻 T〔時〕は

$$T=9+\frac{17-10}{0.8}=17.75\text{ 時}$$

系統からの受電電力量 W_1〔MW・h〕は，解図における 0 時〜T 時の負荷が発電電力を

上回った三角形の面積に等しいので

$$W_1 = \frac{17.75 \times (17 - 10)}{2} = 62.125 \doteqdot \mathbf{62.1\,MW \cdot h}$$

（b）系統への送電電力量 W_2〔MW·h〕は，解図における T 時 ~ 24 時の負荷が発電電力を下回った三角形の面積に等しいので

$$W_1 = \frac{(24 - 17.75) \times (10 - 5)}{2} = 15.625\,\mathrm{MW \cdot h}$$

受電電力量 W_1〔MW·h〕に対する送電電力量 W_2〔MW·h〕の比率は

$$\frac{W_2}{W_1} = \frac{15.625}{62.125} \doteqdot 0.252 \Rightarrow \mathbf{0.25}$$

解答 ▶ (a)-(3)，(b)-(4)

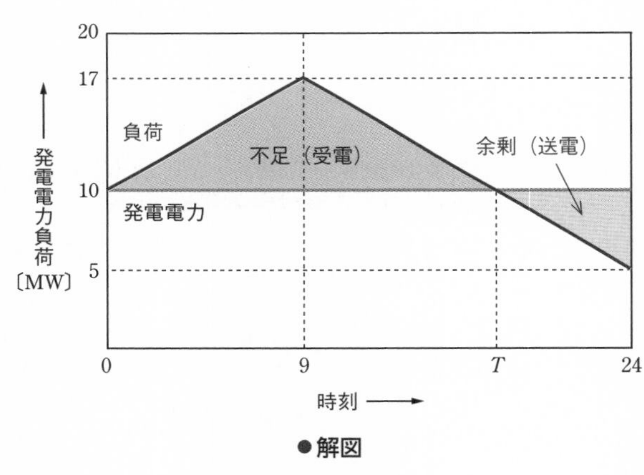

●解図

高圧受電設備の概要と保守・点検

［★★］

法規科目では高圧受電設備に関する問題が出題される．主な内容としては，高圧受電設備の設備構成などの概要，設備の保守・点検，過電流・地絡の保護協調がある．これらの内容は，高圧で受電する自家用電気工作物の電気保安の確保に資することを目的に制定された民間規格である「高圧受電設備規程」に基づいている．この3-3節では高圧受電設備の概要と保守・点検について説明し，次の3-4節では高圧受電設備の過電流・地絡の保護協調について説明する．

1 高圧受電設備の概要

(1) 基本事項

「高圧受電設備規程」では，高圧受電設備の施設における基本事項として，表3・3のとおり4点について設定・施設することが規定されている．

また，高圧受電設備の保護方式は，**主遮断装置**の形式により表3・4のとおり

●表3・3　高圧受電設備の施設における基本事項

① 保安上の**責任分界点**の設定	一般送配電事業者等と自家用電気工作物設置者との保安上の責任範囲を分ける**責任分界点**を設定すること．（基本的には自家用電気工作物設置者の構内に設定する．）
② **区分開閉**器の施設	責任分界点には**区分開閉器**を施設すること．（区分開閉器には，基本的には高圧交流負荷開閉器を使用する．）
③ **主遮断装置**の施設	責任分界点の近傍の負荷側電線路には**主遮断装置**を施設すること．（主遮断装置は，電路に過負荷電流及び短絡電流が流れたときに自動的に電路を遮断するもの．）
④ **地絡遮断装置**の施設	責任分界点には**地絡遮断装置**を施設すること．（ただし，責任分界点近傍に地絡遮断装置が施設され，地絡による波及事故のおそれがない場合はこの限りではない．）

●表3・4　高圧受電設備の主遮断装置の形式

CB形	**高圧交流遮断器**（**CB**）に**過電流継電器**（**OCR**）や**地絡継電器**（**GR**）などを組み合わせることによって，過負荷，短絡，地絡などの事故時の保護を行う．
PF・S形	**限流ヒューズ**（**PF**）と**高圧交流負荷開閉器**（**LBS**）を組み合わせて保護を行う．単純化・経済化を図った受電方式で，比較的小容量の設備に適用される．

「**CB形**」と「**PF・S形**」の２種類に大別される．

責任分界点に施設する**区分開閉器**と**地絡遮断装置**として，電柱から架空電線で引き込む場合に一般的に用いられるのが**地絡保護装置付高圧交流負荷開閉器**（**GR付PAS**）である．

GR付PASは，図3･10のような**零相変流器**（**ZCT**）により地絡事故時の地絡電流（零相電流）を検出し，**地絡継電器**（**GR**）により開閉器を開放する．ZCTは，鉄心内に三相導体が一括で貫通しており，常時は三相電流のベクトル和が0でありZCT二次側に電流は流れないが，地絡故障が発生すると地絡電流により三相電流のベクトル和が0にならず二次側に電流が流れる．また，地絡事故の箇所が自家用構内かを判別するために図3･11の中性点の対地電圧（零相電圧）を検出する零相電圧検出装置（ZPD）を持つGR付PASもある．ZCTとZPDで計測した零相電流・零相電圧から地絡方向継電器（DGR）により事故点がZCTより電源側か負荷側のどちらにあるか判別する（詳細は3-4節で説明）．

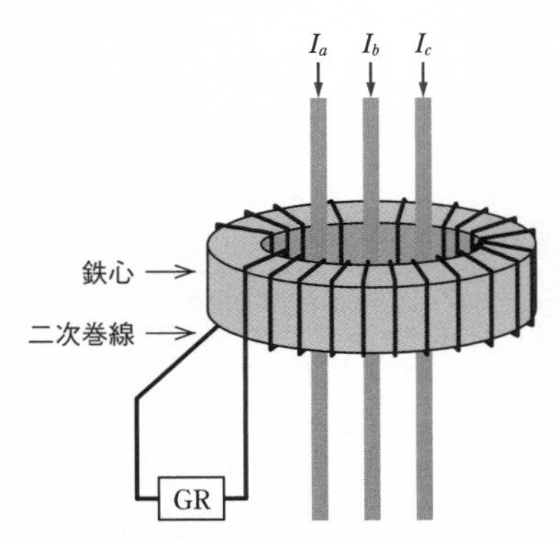

●図３・10　零相変流器（ZCT）

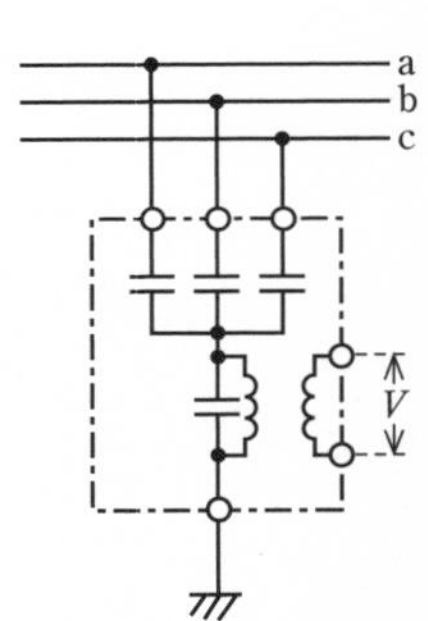

●図３・11　零相電圧検出装置（ZPD）

(2) 高圧受電設備の単線結線図

CB形及び**PF・S形**の高圧受電設備について，**GR付PAS**有無それぞれの場合の単線結線図の例を表3･5に示す．責任分界点にGR付PASなどの地絡遮断装置がない場合は，主遮断装置に地絡遮断装置の機能を付加するため，主遮断装置にGRが接続する．また，高圧受電設備には他にも使用電力量などを計量するための計器用変圧変流器（VCT）及び電力量計や，雷などから設備を保護するための避雷器（アレスタ，LA）などが施設される．高圧受電設備を構成する主な機器の図記号や用途などを表3･6に示す．

●表３・５　高圧受電設備の単線結線図例

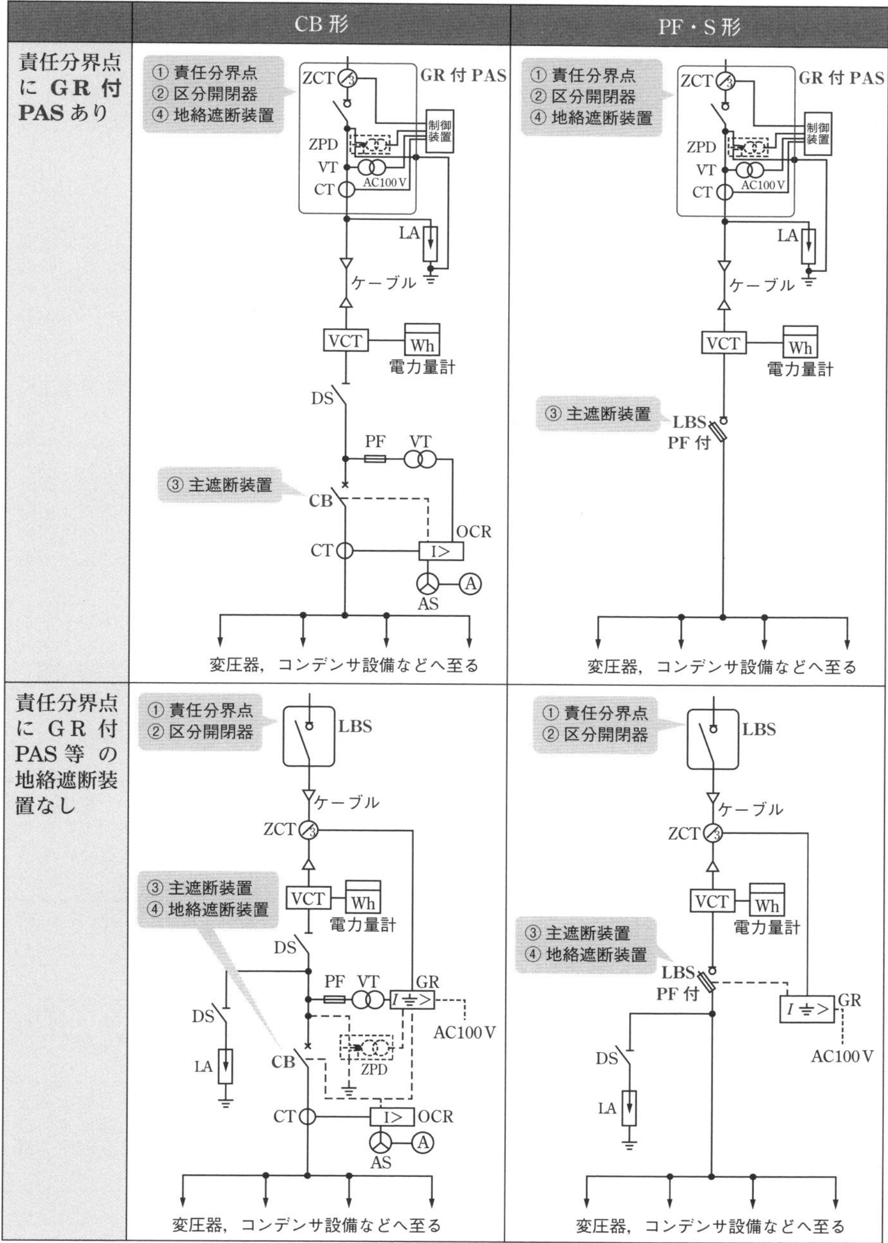

※単線結線図中の ZPD は，地絡方向継電器（DGR）の場合に設置する．

●表３・６　高圧受電設備の主な機器

名　称	文字記号	図記号	用　途
地絡保護装置付高圧交流負荷開閉器	GR付 PAS	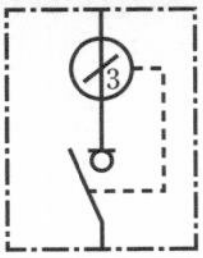	電気事業者からの受電点に設置する開閉器．需要家内の事故を検出して遮断することで事故が継続するのを防ぐとともに，配電線への波及事故を防止する．
遮断器	CB		正常時に負荷電流を開閉するとともに，過電流継電器，地絡継電器などと組み合わせて短絡事故などの異常時に異常電流を遮断し，回路や機器を保護する．遮断時に発生するアークの消弧原理により真空遮断器（VCB）やガス遮断器（GCB）などの種類がある．
限流ヒューズ	PF		短絡事故時に溶断することで短絡電流を遮断し，回路や機器を保護する．
高圧交流負荷開閉器	LBS	 ヒューズなし 　ヒューズ付	負荷電流，変圧器の励磁突入電流，コンデンサ電流等を開閉及び通電できる開閉器．回路を三相一括で開閉できる．短絡電流も規定の時間は通電できるが遮断ができないため，遮断用に限流ヒューズを付けたものが多い．
高圧カットアウト	PC		内部にヒューズを装着して変圧器や進相コンデンサなどの過電流保護用の一次側開閉器として用いられる単極の開閉器．絶縁耐力の高い磁器などで作られている．ヒューズではなく素通し線を装着して避雷器（アレスタ）の一次側断路器としても使用される．
断路器	DS		電流が流れていない充電された電路を開閉するための機器．電流の開閉はできない．点検時などに負荷側を無電圧にするために使用する．
変流器	CT	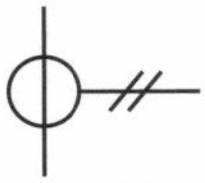	計器や保護継電器の動作に用いるため，高圧回路に流れる大電流をこれに比例した小電流に変成する機器．
計器用変圧器	VT	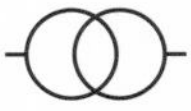	計器や保護継電器の動作に用いるため，高圧回路の電圧をこれに比例した低圧の電圧に変成する小型の変圧器．
計器用変圧変流器	VCT	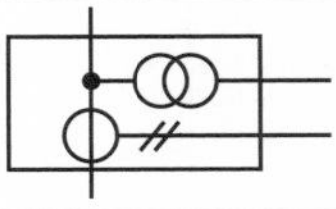	電力量計で高圧回路の使用電力量などを計量するため，変圧器と変流器により高圧回路の電圧と電流を低圧に変成する機器．

●表 3・6 高圧受電設備の主な機器（つづき）

名 称	文字記号	図記号	用 途
零相変流器	ZCT		地絡事故による地絡電流を検出するための機器．一相ごとに電流を検出する変流器と異なり，三相一括で電流を検出する．地絡継電器と組み合わせて使用する．
地絡継電器	GR	I⏚>	零相変流器が地絡電流を検出した際に遮断器などを動作させて地絡が発生した回路を遮断する継電器．
地絡方向継電器	DGR	I⏚>	地絡の事故点が継電器の電源側，負荷側のどちらにあるか判別する機能をもった継電器．事故点が需要家側にあるときのみ遮断器などを動作させる．
過電流継電器	OCR	I>	変流器からの電流により過電流や短絡電流を検出した場合に遮断器などを動作させる継電器．
避雷器（アレスタ）	LA		雷や回路の開閉により異常電圧（サージ）が発生した場合に，大地への放電により過電圧を制限して電気設備を保護し，かつ避雷器を流れる電流（続流）を短時間で遮断して原状に回復する．
進相コンデンサ	SC		進みの無効電力を供給することで負荷の力率を改善する．
直列リアクトル	SR		進相コンデンサの電源側に直列に接続し，進相コンデンサの投入時に流れる突入電流を抑制する．また，進相コンデンサによる高調波電流の増加を防止する．
指示計器（電圧計・電流計・電力計）	VM AM WM	V 電圧計　A 電流計　W 電力計	計器用変圧器，変流器で計測した電圧，電流などを表示する計器．
切替えスイッチ（電圧計用・電流計用）	VS AS	電圧計用　電流計用	計器用の切替えスイッチ．計器に表示する相を切り替える．

〔3〕キュービクル式高圧受電設備

高圧受電設備の方式としては，機器一式を金属製の外箱に収めた**キュービクル式**のものとそれ以外のものに分けられる．キュービクル式以外では，屋内の電気室に受電設備を設置する方式などがある．現在は，キュービクル式高圧受電設備が広く使用されており，屋外に設置されることが多いが屋上や屋内に設置する場合もある．キュービクル式高圧受電設備を屋外に設置する場合の施設例を図 3・

12 に示す．

キュービクル式高圧受電設備の主遮断装置の形式は，CB 形及び PF・S 形のどちらもある．PF・S 形は，受電設備容量（変圧器容量の合計）が 300 kV·A 以下の小規模なものに使用される．

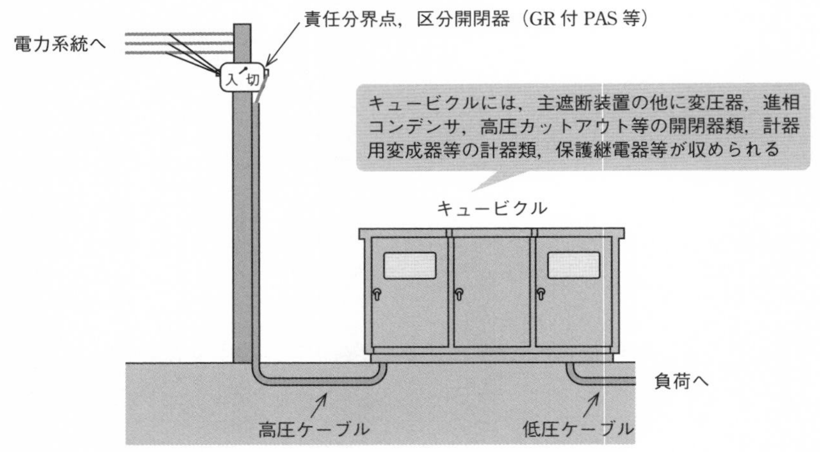

●図 3・12　キュービクル式高圧受電設備

2　高圧受電設備の保守・点検

自家用電気工作物の高圧受電設備の保守・点検については，1-3 節第 3 項にある保安規程に定めるべき事項となっており，保安規程に点検の種類や実施頻度などを記載する．保安規程に定めるべき保守・点検の基本事項は，「高圧受電設備規程」に定められている．

(1) 保守・点検

「高圧受電設備規程」に定められている保守・点検の種類や基本事項を要約すると，表 3·7 のとおりである．なお，表 3·7 に出てくる巡視，点検，検査の定義は次のとおりである．

- 巡視：電気設備を巡回しつつ，目視等により異常の有無を確認すること
- 点検：電気設備について目視や測定器具等を用いて異常の有無を判定すること
- 検査：測定器具等を用いて測定及び試験を行い，異常の有無を判定すること

●表 3・7　高圧受電設備の保守・点検

種類	頻度	実施内容
日常巡視	1日～1週間の周期	構内を巡視して，運転中の電気設備について目視等により異常の有無を確認する．
日常点検	1週間～1か月の周期	主として運転中の電気設備を目視等により点検を行う．
定期点検	1か月～1年程度の周期	主として電気設備を停止し，目視，測定器具等により点検，測定及び試験を行う．定期点検は，月次点検及び年次点検が含まれる．月次点検では電気設備の外観点検や漏洩電流の測定等の点検を，年次点検では月次点検の項目に加えて絶縁抵抗等の測定や保護継電器試験等の検査を行う．
精密点検	2年～5年程度の周期	電気設備を必要に応じて分解するなど，点検，測定及び試験を行う．
臨時点検	異常発生時又は発生のおそれがあるとき	電気事故やその他異常が発生したとき，又は異常が発生するおそれがあると判断したときに点検，測定及び試験を行う．
保守	必要な都度	・各種点検において，修理や改修が必要なものがあれば適切に措置を行う． ・定期点検等で電気設備を停止した場合に，必要に応じて設備の掃除を行う．

(2) 油入変圧器における絶縁油の劣化診断

自家用需要家が油入変圧器の絶縁油の保守，点検のために行う試験には，**絶縁耐力試験**及び**酸価度試験**が一般に実施されている．絶縁油の試験は，表 3･7 の精密点検などで行われる．

変圧器の絶縁油は，使用中に次第に劣化して酸価（油中の酸性成分の量）が上がり，抵抗率や耐力などの性能が低下し，ついにはスラッジ（泥状の物質）ができるようになる．絶縁油劣化の主原因は，油に溶け込んだ空気中の酸素による**酸化**である．酸化反応は，変圧器の運転による**温度上昇**で特に促進され，また，金属，絶縁ワニス，光線なども酸化を促進する．

絶縁耐力試験は，採取した絶縁油中で 2.5 mm のすきまを空けた電極間に電圧をかけ，絶縁破壊が起きる電圧を測定する．酸価度試験は，絶縁油を溶液に溶かしアルカリ性の溶液で滴定して酸価を算出する．

そのほかに，絶縁油の油中ガス分析及びフルフラール分析による劣化診断がある．変圧器内部に異常があると，その場所での局部的な発熱により周囲の絶縁物が熱分解されて分解ガスが発生する．油中ガス分析は，油に溶け込んだガスを分析することで，そのガスの種類や濃度から異常の有無や故障の様相を判定する．また，油入変圧器の寿命は，主にコイル絶縁紙により決まり，コイル絶縁紙の引張り強さが初期値の 60％ まで低下した時点が寿命といわれている．絶縁紙の劣化が進行すると，紙の平均重合度（繊維素の長さ）残率などが低下するとともに，フルフラールなどの劣化生成物が発生する．フルフラール生成量と平均重合度残率とは相関関係があることから，絶縁油を採取して分析によりフルフラールの生成量を求めることで変圧器の経年劣化度を診断することができる．

3 変流器（CT）の取扱い上の注意事項

高圧受電設備には，計器用変成器として変流器（CT）が設置されることがある．CT は，取扱い上の注意事項として，一次電流が流れている状態で**二次側を開放してはいけない**というものがある．これについて，CT の原理と注意事項の詳細について説明する．

(1) 変流器（CT）の原理

変流器（CT）は，ある電流（一次電流）をこれに比例するほかの電流（二次電流）に変成する機器である．一般的には，計器や保護継電器に入力する電流をつくるため，一次側の大電流を二次側の小さい電流に変成して扱いやすくするものである．JIS C 1731-1 では，計器用 CT の定格二次電流は一次側の電流の大きさにかかわらず 1A 又は 5A を標準としており，5A の製品が主流である．

なお，CT に対して，計器等のために高電圧を扱いやすい低電圧に変圧する機器を計器用変圧器（VT）という．また，VT と CT を一つにまとめた機器を計器用変圧変流器（VCT）といい，高圧需要家の電力量を計測する計器の入力などのために使用される．

CT 及び VT の基本構造は，図 3・13，図 3・14 に示すとおりである．

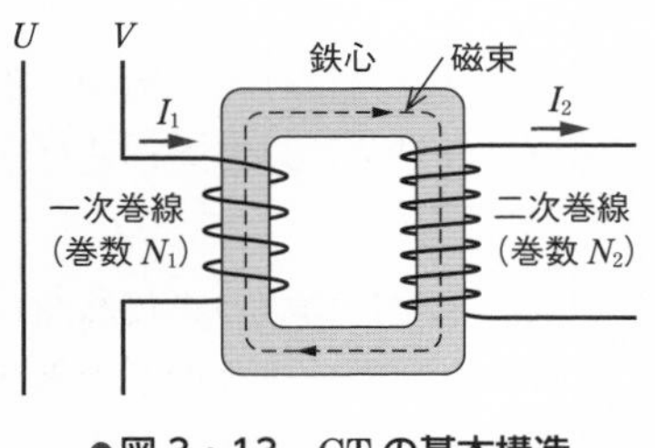

●図 3・13　CT の基本構造

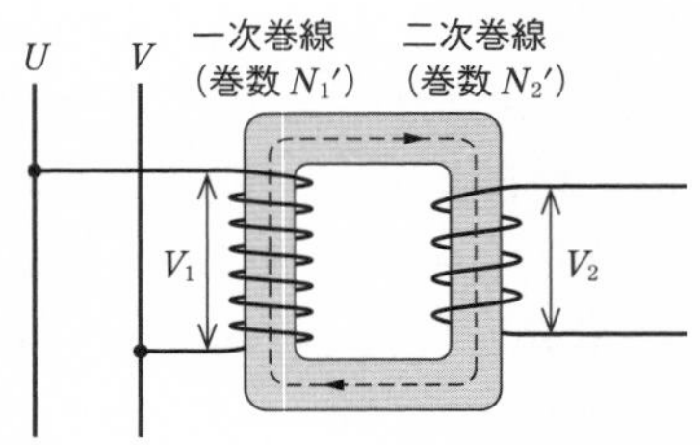

●図 3・14　VT の基本構造

CT は，変圧器と同じように鉄心と一次巻線，二次巻線より構成される．巻線の巻数は二次巻線のほうが多くなっており，測定したい箇所の電流が一次巻線に流れるよう接続される．一次巻線に一次電流 I_1 が流れると鉄心に磁束が発生し，二次巻線に二次電流 I_2 が流れる．理想的な CT の場合，I_1 と I_2 の関係は，一次巻線及び二次巻線の巻数 N_1，N_2 を用いて次式となる．

$$N_1 \times I_1 = N_2 \times I_2$$

$$\frac{I_1}{I_2} = \frac{N_2}{N_1} = \text{変流比} \qquad (3 \cdot 8)$$

式 (3･8) からわかるように，二次巻線の巻数を多くし変流比を大きくすることで，大きな一次電流を小さな二次電流へ変成することが可能となる．

なお，VT は，一次変圧 V_1 を二次電圧 V_2 に変圧するものであり，理想的な VT の場合，V_1 と V_2 の関係は，一次巻線及び二次巻線の巻数 N_1'，N_2' を用いて次式となる．

$$\frac{V_1}{V_2} = \frac{N_1'}{N_2'} = \text{変圧比} \qquad (3 \cdot 9)$$

式 (3･9) からわかるように，VT は二次側電圧を小さくするため一次巻線の巻数が多くなる．

(2) CT の二次側開放の禁止

CT は，一次側に電流が流れているとそれに応じた二次電流が流れ，一次電流で励磁された磁束を二次電流による磁束が打ち消すように働く．CT に一次電流が流れている状態で二次側の回路を開放すると，二次電流が流れないため一次電流がすべて励磁電流となり，鉄心内に大きな磁束が発生する．すると，磁束による鉄心での鉄損が増し過熱するとともに，鉄心内の磁束が飽和して二次側に高電圧が発生し CT を焼損するおそれがある．したがって，一次電流が流れている状態で二次側に接続されている計器などの取替えを行う場合には，**二次側を短絡して行わなければならない**．また，CT の二次側に開閉器やヒューズを設置すると，開閉器が切やヒューズが溶断した場合に二次側回路が開放状態となり高電圧が発生するため，**二次側に開閉器やヒューズを設置してはならない**．これらの注意事項を図 3･15 に示す．

これに対して VT は，一次側に電圧がある状態で二次側を短絡すると，過大な短絡電流が流れ機器を焼損するおそれがあるため，CT とは逆に二次側を短絡してはならない．CT と VT は，取扱いが異なるため注意が必要である．

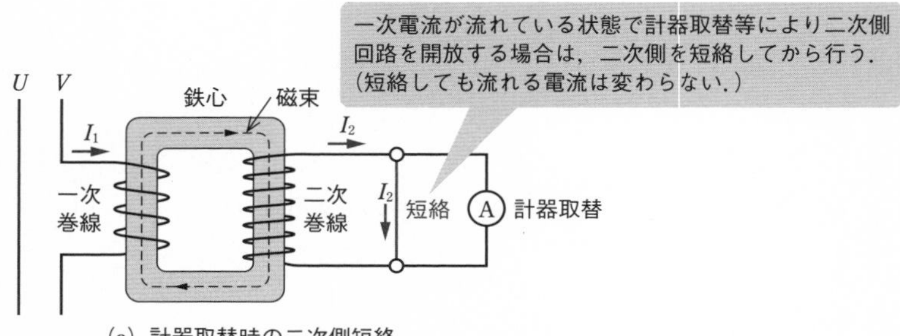
一次電流が流れている状態で計器取替等により二次側回路を開放する場合は，二次側を短絡してから行う．(短絡しても流れる電流は変わらない．)
U
V
鉄心
磁束
I_1
I_2
一次巻線
二次巻線
I_2
短絡
A
計器取替

(a) 計器取替時の二次側短絡

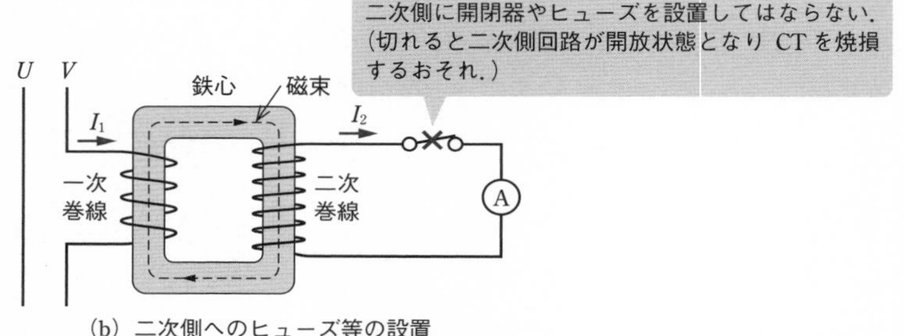
二次側に開閉器やヒューズを設置してはならない．(切れると二次側回路が開放状態となり CT を焼損するおそれ．)
U
V
鉄心
磁束
I_1
I_2
一次巻線
二次巻線
A

(b) 二次側へのヒューズ等の設置

●図 3・15　CT の取扱い上の注意事項

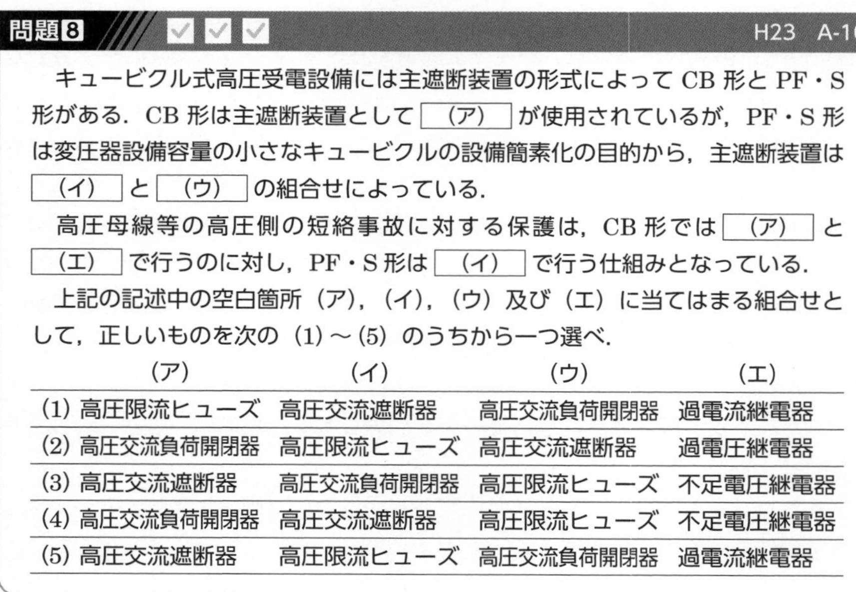

問題8　H23　A-10

キュービクル式高圧受電設備には主遮断装置の形式によって CB 形と PF・S 形がある．CB 形は主遮断装置として［（ア）］が使用されているが，PF・S 形は変圧器設備容量の小さなキュービクルの設備簡素化の目的から，主遮断装置は［（イ）］と［（ウ）］の組合せによっている．

高圧母線等の高圧側の短絡事故に対する保護は，CB 形では［（ア）］と［（エ）］で行うのに対し，PF・S 形は［（イ）］で行う仕組みとなっている．

上記の記述中の空白箇所（ア），（イ），（ウ）及び（エ）に当てはまる組合せとして，正しいものを次の (1) ～ (5) のうちから一つ選べ．

	（ア）	（イ）	（ウ）	（エ）
(1)	高圧限流ヒューズ	高圧交流遮断器	高圧交流負荷開閉器	過電流継電器
(2)	高圧交流負荷開閉器	高圧限流ヒューズ	高圧交流遮断器	過電圧継電器
(3)	高圧交流遮断器	高圧交流負荷開閉器	高圧限流ヒューズ	不足電圧継電器
(4)	高圧交流負荷開閉器	高圧交流遮断器	高圧限流ヒューズ	不足電圧継電器
(5)	高圧交流遮断器	高圧限流ヒューズ	高圧交流負荷開閉器	過電流継電器

解説 高圧受電設備の保護方式は，p.361 の表 3･4 のとおり**主遮断装置**の形式により「**CB 形**」と「**PF・S 形**」の 2 種類に大別される．CB 形は，主遮断装置に**高圧交流遮断器**（**CB**）を用い，**過電流継電器**（**OCR**）と組み合わせることによって過負荷及び短絡事故時の保護を行う．一方，PF・S 形は，**限流ヒューズ**（**PF**）と**高圧交流負荷開閉器**（**LBS**）を組み合わせており，過負荷及び短絡事故時は限流ヒューズ（PF）が溶断することで電流を遮断し，回路や機器を保護する．

解答 ▶ (5)

問題 9 H25 A-10

図は，高圧受電設備（受電電力 500 kW）の単線結線図の一部である．

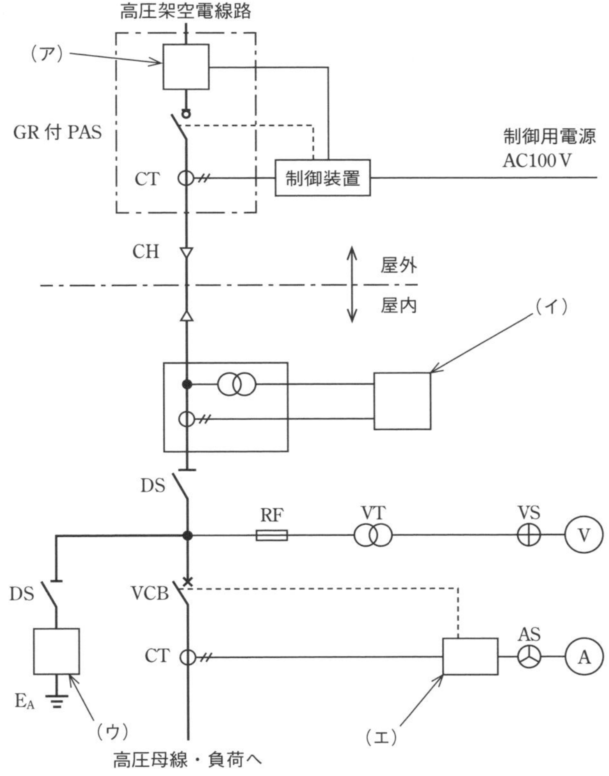

図の矢印で示す（ア），（イ），（ウ）及び（エ）に設置する機器及び計器の名称（略号を含む）の組合せとして，正しいものを次の (1)～(5) のうちから一つ選べ．

	(ア)	(イ)	(ウ)	(エ)
(1)	ZCT	電力量計	避雷器	過電流継電器
(2)	VCT	電力量計	避雷器	過負荷継電器
(3)	ZCT	電力量計	進相コンデンサ	過電流継電器
(4)	VCT	電力計	避雷器	過負荷継電器
(5)	ZCT	電力計	進相コンデンサ	過負荷継電器

高圧受電設備での地絡事故に対する保護は，零相変流器（ZCT）により地絡事故時の地絡電流を検出し，地絡継電器（GR）により開閉器や遮断器を開放する．また，短絡事故に対する保護は，高圧交流遮断器（CB）を用いる場合，変流器（CT）と過電流継電器（OCR）を組み合わせて短絡事故を検出する．

（ア）GR 付 PAS は，地絡保護のため制御装置に地絡継電器（GR）を備えている．GR に地絡電流を入力するため，**零相変流器（ZCT）**が必要である．

（イ）（イ）につながる左側の図記号は，使用電力量などを計量するための計器用変圧変流器（VCT）である．VCT に接続するのは**電力量計**である．VCT は，主遮断器よりも電源側に施設される．

（ウ）高圧受電設備には，雷などから設備を保護するための**避雷器（LA）**が施設される．高圧電路に施設する避雷器には，電気設備の技術基準により A 種接地工事を施さなければならないと定められている．

（エ）図中の VCB は，主遮断装置の真空遮断器である．主遮断装置が CB の場合，変流器（CT）と**過電流継電器（OCR）**を組み合わせて短絡事故を検出して CB を開放する．

解答 ▶ (1)

問題10　H26　A-8

次の文章は，油入変圧器における絶縁油の劣化についての記述である．

a. 自家用需要家が絶縁油の保守，点検のために行う試験には，（ア）試験及び酸価度試験が一般に実施されている．

b. 絶縁油，特に変圧器油は，使用中に次第に劣化して酸価が上がり，（イ）や耐圧が下がるなどの諸性能が低下し，ついには泥状のスラッジができるようになる．

c. 変圧器油劣化の主原因は，油と接触する（ウ）が油中に溶け込み，その中の酸素による酸化であって，この酸化反応は変圧器の運転による（エ）の上昇によって特に促進される．そのほか，金属，絶縁ワニス，光線なども酸化を促進し，劣化生成物のうちにも反応を促進するものが数多くある．

上記の記述中の空白箇所（ア），（イ），（ウ）及び（エ）に当てはまる組合せとして，正しいものを次の（1）～（5）のうちから一つ選べ．

	（ア）	（イ）	（ウ）	（エ）
(1)	絶縁耐力	抵抗率	空気	温度
(2)	濃度	熱伝導率	絶縁物	温度
(3)	絶縁耐力	熱伝導率	空気	湿度
(4)	絶縁抵抗	濃度	絶縁物	温度
(5)	濃度	抵抗率	空気	湿度

解説　本文 p.367 で説明した油入変圧器における絶縁油の劣化診断に関する問題である．

自家用需要家が油入変圧器の絶縁油の保守，点検のために行う試験には，**絶縁耐力試験**及び**酸価度試験**が一般に実施されている．変圧器の絶縁油は，使用中に次第に劣化して酸価（油中の酸性成分の量）が上がり，**抵抗率**や耐力などの性能が低下し，ついにはスラッジ（泥状の物質）ができるようになる．絶縁油劣化の主原因は，油に溶け込んだ**空気**中の酸素による酸化である．酸化反応は，変圧器の運転による**温度上昇**で特に促進される．

解答 ▶ (1)

Chapter 3

問題11 H27 A-10

次の文章は，計器用変成器の変流器に関する記述である．その記述内容として誤っているものを次の（1）～（5）のうちから一つ選べ．

(1) 変流器は，一次電流から生じる磁束によって二次電流を発生させる計器用変成器である．

(2) 変流器は，二次側に開閉器やヒューズを設置してはいけない．

(3) 変流器は，通電中に二次側が開放されると変流器に異常電圧が発生し，絶縁が破壊される危険性がある．

(4) 変流器は，一次電流が一定でも二次側の抵抗値により変流比は変化するので，電流計の選択には注意が必要になる．

(5) 変流器の通電中に，電流計をやむを得ず交換する場合は，二次側端子を短絡して交換し，その後に短絡を外す．

本文 p.368 で説明した変流器(CT)の取扱い上の注意事項に関する問題である．

(1) ○　変流器（CT）は，一次巻線に電流が流れると鉄心に磁束が発生し，二次巻線に電流が流れる．

(2)（3）○　CT に一次電流が流れている状態で二次側の回路を開放すると，二次電流が流れないため一次電流がすべて励磁電流となり，鉄心内に大きな磁束が発生する．すると，磁束による鉄心での鉄損が増し過熱するとともに，鉄心内の磁束が飽和して二次側に高電圧が発生し CT を焼損するおそれがある．CT の二次側に開閉器やヒューズを設置すると，それらが切れた場合に二次側回路が開放状態となるため，設置してはならない．

(4) ×　CT の変流比は，一時側に定格電流を大きく超える大電流を流した場合や，二次側が開放に近いような高抵抗にならない限りは一定となる．電流系は，内部抵抗が小さいため，変流比には影響を及ぼさない．

(5) ○　CT に一次電流が流れている状態で二次側回路を開放してはいけないため，通電中に電流計を交換する場合は，二次側端子を短絡した状態で交換を行う．

解答 ▶ (4)

高圧受電設備の保護協調

[★★★]

高圧受電設備の保護協調は，過負荷及び短絡事故時の**過電流保護協調**と地絡事故時の**地絡保護協調**の２種類がある．法規科目ではそれぞれの保護協調について，概要などを問う論説・空白箇所補充問題，及び事故時の電流などの計算問題が出題される．この 3-4 節では，過電流保護協調・地絡保護協調の概要と計算方法について説明する．

1 保護協調の基本事項

「高圧受電設備規程」では，保護協調の基本事項として次のように規定されている．

〈過負荷保護協調〉

・高圧の機械器具及び電線を保護し，かつ，過電流による**波及事故を防止**するため，必要な箇所には過電流遮断器を施設すること．

・**主遮断装置**は，一般送配電事業者の**配電用変電所の過電流保護装置**との**動作協調**を図ること．動作協調を図るため，主遮断装置の**動作時限**整定に当たっては一般送配電事業者と協議すること．

・主遮断装置は，受電用変圧器二次側の過電流遮断器（配線用遮断器，ヒューズ）との動作協調を図ることが望ましい．

〈地絡保護協調〉

・高圧電路に地絡を生じたとき，自動的に電路を遮断するため，必要な箇所には地絡遮断装置を施設すること．

・**地絡遮断装置**は，一般送配電事業者の**配電用変電所の地絡保護装置**との**動作協調**を図ること．動作協調を図るため，地絡遮断装置の**動作時限**整定に当たっては一般送配電事業者と協議すること．

・地絡遮断装置から負荷側の高圧電路における対地静電容量が大きい場合は，**地絡方向継電装置**（**DGR**）を使用することが望ましい．

一般に，保護協調が保たれている状態とは，主に**動作協調**が保たれている状態をいう．動作協調が保たれている状態とは，系統内のある地点で過負荷や短絡事故・地絡事故が発生したとき，**事故電流値に対応して動作**するように設定された事故点直近上位の保護装置のみが動作し，他の保護装置が動作しない状態をいう．つまり，高圧需要家の構内で短絡事故・地絡事故が発生した場合は，需要家の遮断装置のみが動作して事故点を切り離し，配電用変電所の保護装置は動作しないようにする必要がある．需要家の遮断装置よりも先に配電用変電所の保護装置が動作すると，その配電系統（フィーダ）全体が停電し，接続する他の需要家も停電する波及事故となる．

2 過負荷保護協調の概要

(1) 動作協調

配電用変電所から高圧需要家構内までの高圧配電系統の例を図 3･16 に示す．図 3･16 において過負荷保護を行う保護装置は，配電用変電所の高圧配電線の送り出しにある遮断器，高圧需要家の主遮断装置，変圧器及び進相コンデンサ電源側のヒューズ，変圧器二次側の各低圧配線に繋がる配線用遮断器（MCCB）の 4 か所である．

前述のとおり，過負荷保護の動作協調が保たれている状態とは，事故電流値に対応して動作するように設定された**事故点直近上位の保護装置のみが動作**し，他の保護装置が動作しない状態である．図 3･16 に示すように，当該保護装置の負荷側電線路のうち次の保護装置までの間で短絡事故があった場合は，当該保護装置のみが動作して事故点を含む範囲を遮断し，当該保護装置より電源側に事故の影響が波及しないようにする必要がある．

動作協調の検討では，図 3･17 のように横軸を電流，縦軸を時間としたグラフに各保護装置の**動作特性曲線**を描いて検討する．図 3･17 は，配電用変電所送り出し遮断器の過電流継電器（OCR），及び高圧需要家主遮断装置の過電流継電器（OCR）の動作特性曲線の例である．動作特性曲線より右上側の領域がその OCR の動作範囲である．送り出し OCR の動作特性曲線は，その継電器の形によって図のように直線のものや曲線を描くものなど種類がある．また，送り出し OCR の動作時限は，電流が大きい領域では 0.2 秒であることが多い．図 3･17 において，高圧需要家 OCR の動作特性曲線が破線の場合，送り出し OCR と高圧需要家 OCR の動作特性曲線が交差して，高圧需要家 OCR の動作特性曲線の方が右上側になる範囲がある．この交差した範囲の事故電流が流れた場合，需要家の主遮断装置より先に送り出し遮断器が動作して波及事故となる．このように動作特性曲線が交差していると動作協調が図れていないため，高圧需要家 OCR

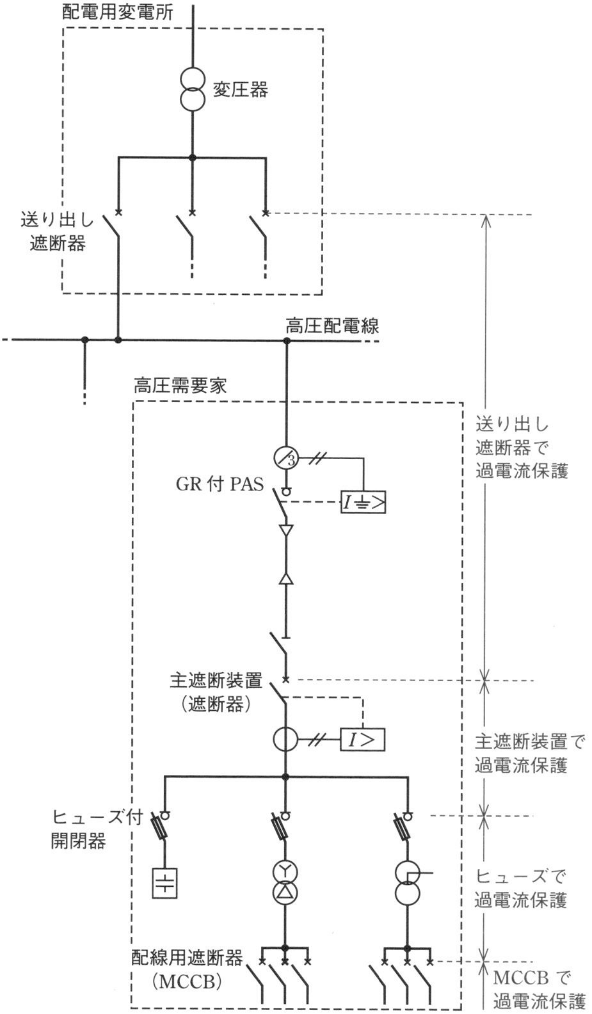

配電用変電所
変圧器
送り出し
遮断器
高圧配電線
高圧需要家
GR 付 PAS
主遮断装置
（遮断器）
ヒューズ付
開閉器
配線用遮断器
（MCCB）
送り出し
遮断器で
過電流保護
主遮断装置で
過電流保護
ヒューズで
過電流保護
MCCB で
過電流保護

●図 3・16　高圧配電系統図と短絡保護範囲の例

は図の実線のように送り出し OCR と**動作特性曲線が交差しない**動作電流や動作時限とする必要がある．

同様に，高圧需要家内のヒューズや低圧側の MCCB も動作特性曲線を用いて動作協調が図れている状態にすべきである．しかし，負荷側に行くほど高速な動作時限を要求される反面，変圧器の励磁突入電流や電動機の始動電流などで不必

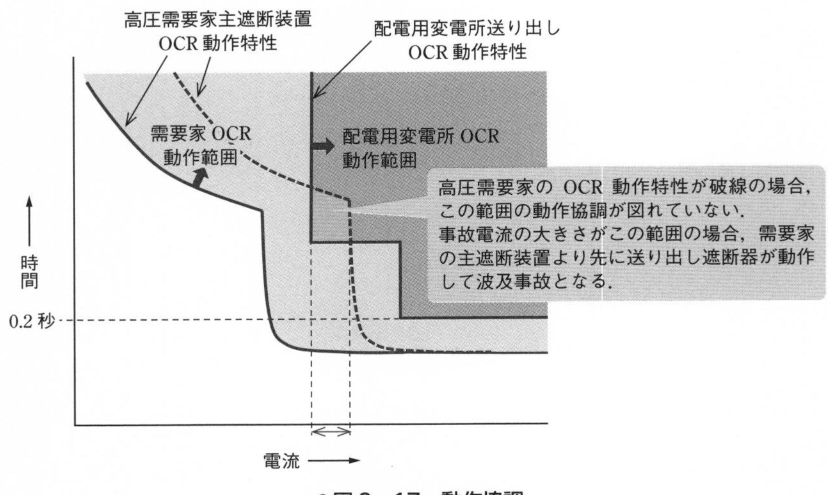

●図 3・17　動作協調

要動作しないことも求められ，完全な動作協調を図ることが難しい場合がある．そのため，前述の「高圧受電設備規程」の基本事項でも，主遮断装置と受電用変圧器二次側の過電流遮断器との動作協調を図ることは「望ましい」となっている．

また，短絡保護を行う各保護装置は，その取り付け箇所を通過する短絡電流を確実に遮断できる**定格遮断容量**のものを選定する必要がある．定格遮断容量は，その装置が遮断できる短絡電流の最大値であり，定格遮断容量より大きな短絡電流が流れると，遮断に失敗して保護装置が焼損するなどの事故につながる可能性があるともに，上位の保護装置で保護するため停電範囲が広がることとなる．

2 短絡強度協調

過電流保護における保護協調では，動作協調だけでなく短絡電流に対する**短絡強度協調**を満たす必要がある．短絡事故では，保護装置が短絡電流を遮断完了するまでの間，電力系統の電源から短絡事故点までの経路の電線路や機器に短絡電流が流れる．保護装置が遮断するまでの短絡電流に対して，機器などが**熱的及び機械的に耐えられる状態**であることを短絡強度協調が保たれているという．

例として，電動機負荷がある低圧電線路に設置された配線用遮断器の動作特性曲線，及び当該低圧電線路の電線の許容電流を図 3・18 に示す．この配線用遮断器は，電動機の始動電流による不必要動作を避けるため，始動電流で動作しない動作特性とする必要がある．しかし，動作時限を遅くすると，短絡事故時に短絡

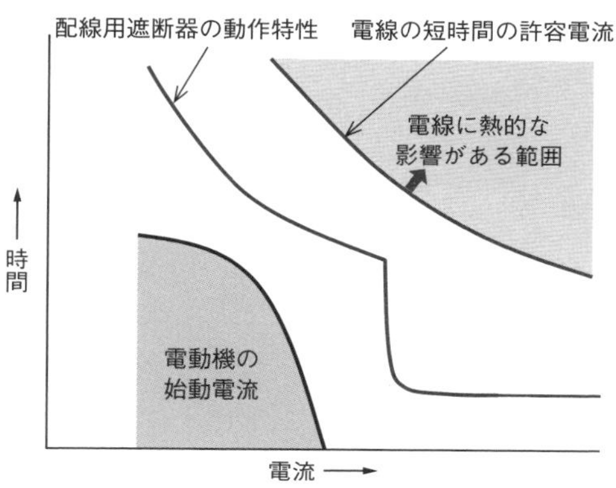

●図 3・18　短絡強度協調

電流が流れる時間が長くなる．電線に短絡電流が流れると電線の温度が上がり，電線を覆う絶縁体が損傷するなどの影響がでる．そのため，電線に熱的な影響が出るより早く配線用遮断器が遮断する必要がある．図 3・18 において，配線用遮断器の動作特性曲線が電線の許容電流の線と交差せずに左下側にあれば短絡強度協調が保たれている．

3 地絡保護協調の概要

地絡保護においても過電流保護と同様に，高圧需要家の地絡遮断装置は，配電用変電所の地絡保護装置と動作協調を図る必要がある．なお，過電流保護と異なり，高圧需要家の受電用変圧器二次側の低圧線路で地絡事故が発生しても一次側には地絡電流が流れないため，高圧の保護装置と低圧の保護装置の動作協調は検討不要である．地絡事故では，短絡事故のように電源から短絡事故点に事故電流が流れるのではなく，事故点から高圧線路の対地静電容量や配電用変電所の接地形計器用変圧器などに分散して地絡電流が流れる．高圧需要家の地絡保護協調を検討するためには，配電用変電所の地絡保護の仕組みや地絡電流の流れを理解する必要がある．

(1) 配電用変電所における地絡保護

配電用変電所の地絡保護方式の例を図 3・19 に示す．配電用変電所には，地絡電流（零相電流）を検出する**零相変流器**（**ZCT**），及び中性点の対地電圧（零相電圧）を検出する**接地形計器用変圧器**（**EVT**）が設置されており，ZCT と

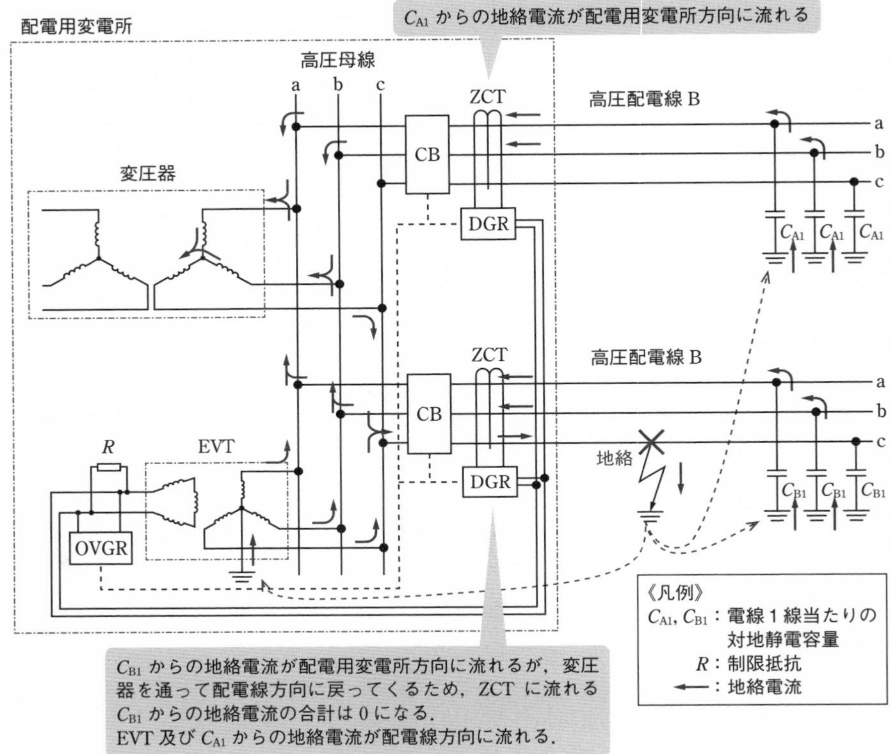

●図 3・19　配電用変電所の地絡保護方式例

EVT で計測した零相電流の大きさ及び零相電流・零相電圧の位相から**地絡方向継電器**（**DGR**）により地絡事故の起きた配電線を判断する．また，EVT 二次側には，零相電圧の大きさにより動作する**地絡過電圧継電器**（**OVGR**）が設置されている．配電用変電所では，DGR と OVGR の 2 つの継電器を組み合わせるのが一般的であり，両方の継電器が地絡事故を検知した場合に送り出しの CB を遮断する．（EVT は，以前は GPT と呼ばれていた．）

図 3・19 において，高圧配電線 B の c 相で地絡事故が発生すると，図の矢印のように地絡電流が流れる．地絡事故点から大地に流れた地絡電流は，主に EVT の接地及び高圧配電線の対地静電容量を通って流れ込み，配電用変圧器の巻線を経由して地絡事故点に戻ってくる．c 相が完全地絡すると，c 相の対地電圧は 0 になるため，c 相の対地静電容量には地絡電流は流れない．a, b 相の地絡電流は，

配電用変圧器の巻線を経由して c 相に流れる．高圧配電線 A の ZCT では配電用変電所方向に地絡電流が通過して零相電流が検出されるが，DGR で零相電圧との位相から事故点が高圧配電線 A ではないと判断し，DGR は動作しない．高圧配電線 B の ZCT では，高圧配電線方向に地絡電流が通過して零相電流が流れ，DGR で零相電圧との位相から事故点が高圧配電線 B にあると判断し，DGR が動作する．

EVT は，図 3･20 のように一次側が中性点を接地したスター結線，二次側がオープンデルタ結線になっており，二次側には**制限抵抗** R が接続される．二次側の制限抵抗両端に現れる電圧は，三相の相電圧のベクトル和であり，零相電圧 v_0 の 3 倍の電圧になる．この二次側電圧は，図 3･21 のように健全時は各相電圧の

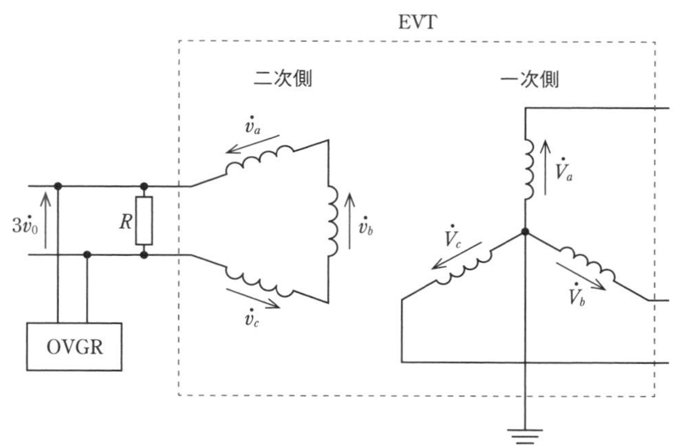

●図 3・20　接地形計器用変圧器（EVT）

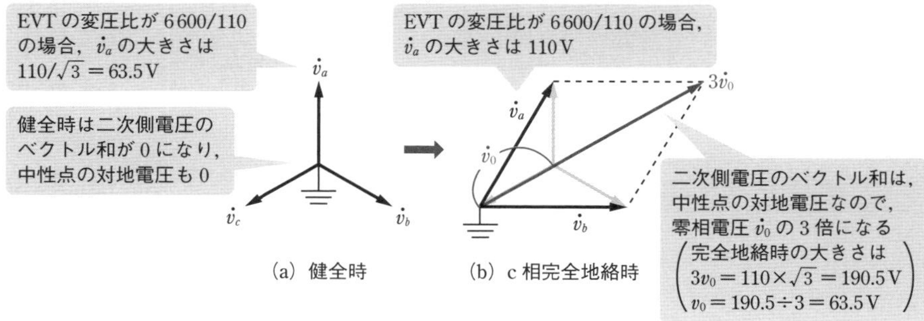

EVT の変圧比が 6600/110 の場合，$\dot{v}_a$ の大きさは $110/\sqrt{3} = 63.5\,\mathrm{V}$
健全時は二次側電圧のベクトル和が 0 になり，中性点の対地電圧も 0
$\dot{v}_a$
$\dot{v}_b$
$\dot{v}_c$
EVT の変圧比が 6600/110 の場合，$\dot{v}_a$ の大きさは 110V
$3\dot{v}_0$
$\dot{v}_a$
$\dot{v}_0$
$\dot{v}_b$
二次側電圧のベクトル和は，中性点の対地電圧なので，零相電圧 $\dot{v}_0$ の 3 倍になる
（完全地絡時の大きさは $3v_0 = 110\times\sqrt{3} = 190.5\,\mathrm{V}$　$v_0 = 190.5\div 3 = 63.5\,\mathrm{V}$）
（a）健全時
（b）c 相完全地絡時

●図 3・21　EVT 二次側電圧ベクトル図

大きさが等しいため 0 になるが，地絡事故が発生すると各相の対地電圧のバランスが崩れて電圧が現れる．この二次側電圧により，OVGR が地絡事故を検出する．また，二次側の制限抵抗 R は，一般に 100Ω，50Ω 又は 25Ω のものが使用される．EVT の変圧比が 6600/110，制限抵抗 R が 25Ω の場合，これを一次側に換算すると中性点と大地間に 10kΩ の抵抗が接続されているのと等価になり，完全地絡時でも EVT 一次側の接地に流れる地絡電流は，3810V/10kΩ ＝381mA 程度になる．なお，EVT の中性点の制限抵抗が大きいため，配電系統の中性点接地方式は，非接地方式として扱われる．

2 高圧需要家における地絡保護

高圧需要家の地絡保護方式の例を図 3･22 に示す．高圧需要家 A は，地絡電流（零相電流）を検出する**零相変流器**（**ZCT**），及び中性点の対地電圧（零相電圧）を検出する**零相電圧検出装置**（**ZPD**）が設置されており，ZCT と ZPD で計測した零相電流の大きさ及び零相電流・零相電圧の位相から**地絡方向継電器**

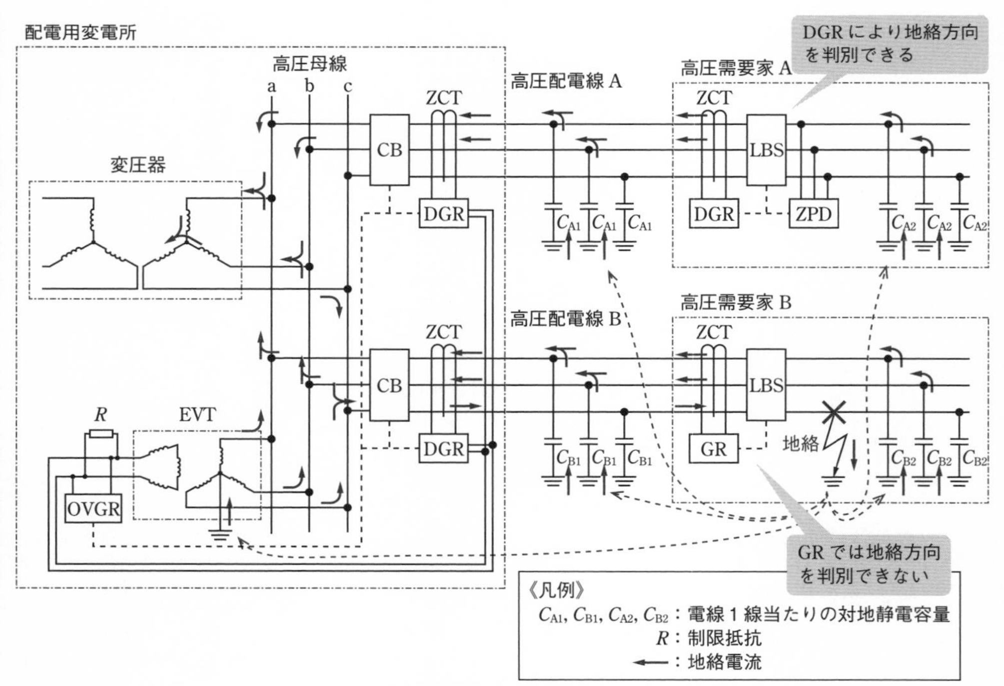

●図 3・22　高圧需要家の地絡保護方式例

(**DGR**) により地絡事故が需要家構内か構外かを判断する．高圧需要家 B は，ZCT と**地絡継電器** (**GR**) が設置されており，ZCT で計測した零相電流の大きさのみで地絡事故を検出するため，地絡事故が需要家構内か構外かを判断することはできない．

高圧需要家構内の高圧ケーブルが長い場合には，構内の対地静電容量が大きくなり，自家用構外の地絡事故であっても ZCT に大きな地絡電流が流れる．この需要家の地絡保護を地絡継電器（GR）で行うと，零相電流の大きさのみで地絡故障を検出するため，構外の地絡故障でも不必要動作して需要家が停電する可能性がある．そのため，高圧ケーブルが長いなど構内の**対地静電容量が大きい**高圧需要家では，**地絡方向継電器（DGR）を設置する必要がある**．また，実際の地絡事故は，間欠アーク地絡となる場合が多く，地絡電流，零相電流には波形ひずみによる高調波が含まれる．このため，実際の地絡電流は，商用周波数（50 Hz, 60 Hz）で計算したものより大きくなるので，影響を考慮する必要がある．

Chapter 3

高圧需要家の零相電圧の計測には，一般的には図 3･23 に示すようなコンデンサの分圧により零相電圧を取り出す零相電圧検出装置（ZPD）が使用される．高圧需要家の受電設備には，EVT を使用することはできない．これは，EVT を設置すると配電系統の中性点が多重接地になり，地絡電流が分流して保護継電方式などに影響を与えるためである．

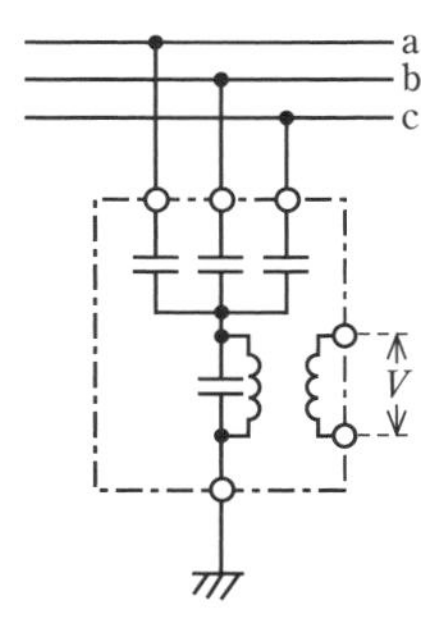

●図 3・23　零相電圧検出装置 (ZPD)

高圧需要家の地絡保護の整定値は，一般的に零相電流の検出感度を 200 mA，動作時限を 0.1 ～ 0.3 秒とする．配電用変電所の整定値は，電流の検出感度 200 mA，動作時限がおおむね 0.5 秒以上となっており，電流の検出感度は同じであるが高圧需要家の方が早く動作することで動作協調が図れる．また，高圧需要家で零相電圧を用いる場合，零相電圧の検出感度も配電用変電所の検出感度以下の電圧値となるよう整定し，動作協調を図る必要がある．

4　短絡保護の計算

短絡保護の計算問題では，百分率インピーダンス（%Z）を用いた事故電流の計算が出題される．ここでは，百分率インピーダンス（%Z）の計算方法を説明した後，百分率インピーダンス（%Z）を用いた具体的な計算例を説明する．

(1) 短絡事故電流

三相3線式電路の短路事故電流は，三相短絡と二相短絡でその値が異なる（図3・24）．

三相短絡の短路事故電流 I_{3s} は，次式で表される．

$$I_{3s}=\frac{E}{Z} \tag{3・10}$$

ここに，E：相電圧，Z：事故点から見た一相のインピーダンス

二相短絡の短路事故電流 I_{2s} は，次式で表される．

$$I_{2s}=\frac{\sqrt{3}\,E}{2Z} \tag{3・11}$$

すなわち，二相短絡電流は，**三相短絡電流の $\sqrt{3}/2$ 倍（86.7％）**となる．

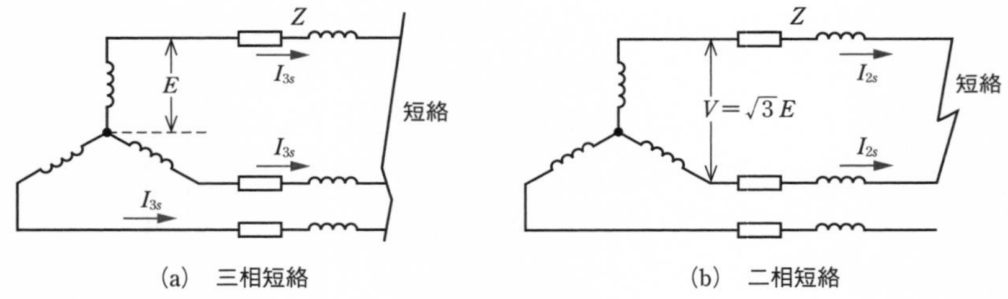

●図3・24　短絡事故

(2) 百分率インピーダンス（%Z）への変換

百分率インピーダンス（%Z）とは，あるインピーダンスに基準電流を流した場合に発生する電圧降下を基準電圧に対する割合で表したものである．三相3線式電路におけるインピーダンス Z の百分率インピーダンス %Z は，次式で表される．

$$\%Z=\frac{Z}{Z_{\mathrm{BASE}}}\times 100=\frac{ZI_{\mathrm{BASE}}}{E_{\mathrm{BASE}}}\times 100=\frac{ZI_{\mathrm{BASE}}}{V_{\mathrm{BASE}}/\sqrt{3}}\times 100$$

$$=\frac{\sqrt{3}\,V_{\mathrm{BASE}}I_{\mathrm{BASE}}Z}{{V_{\mathrm{BASE}}}^2}\times 100=\frac{ZS_{\mathrm{BASE}}}{{V_{\mathrm{BASE}}}^2}\times 100 \tag{3・12}$$

$$\left(\because\quad Z_{\mathrm{BASE}}=\frac{E_{\mathrm{BASE}}}{I_{\mathrm{BASE}}},\ V_{\mathrm{BASE}}=\sqrt{3}\,E_{\mathrm{BASE}},\ S_{\mathrm{BASE}}=\sqrt{3}\,V_{\mathrm{BASE}}I_{\mathrm{BASE}}\right)$$

ここに，S_{BASE}：基準容量（皮相電力），I_{BASE}：基準電流，E_{BASE}：基準相電圧，
V_{BASE}：基準線間電圧，Z_{BASE}：基準インピーダンス

式（3.12）を図にすると，図3･25のとおりとなる．

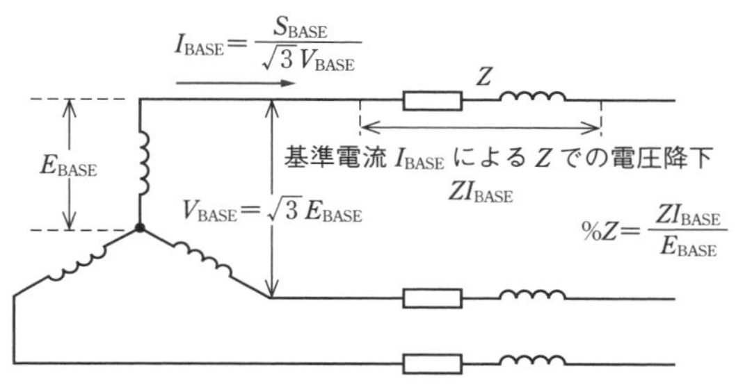

●図3・25　三相回路の百分率インピーダンス

基準容量 S_{BASE} にはどの値を用いてもよく，送電線や配電線の計算には10 MV･A がよく用いられる．

また，基準容量に変圧器等の機器の定格容量を用いる場合もある．基準容量の大きさによっては %Z が 100％ を超える場合があるが，計算上問題はない．

(3) 百分率インピーダンスによる短絡電流計算

三相短絡時の短絡事故電流は，式（3･10）で表される．式（3･10）の相電圧 E を基準電圧 E_{BASE} とし，インピーダンス Z を式（3･12）を用いて %Z に変換すると

$$I_{3s}=\frac{E_{\mathrm{BASE}}}{Z}=\frac{E_{\mathrm{BASE}}}{\dfrac{\%ZE_{\mathrm{BASE}}}{I_{\mathrm{BASE}}\times 100}}=\frac{100}{\%Z}I_{\mathrm{BASE}} \qquad (3\cdot13)$$

すなわち，基準電流 I_{BASE} に %Z の逆数を乗ずることで三相短絡電流を算出できる．通常，電験の問題では基準電流 I_{BASE} は与えられず基準容量 S_{BASE} が与えられる．式（3･12）の I_{BASE} を S_{BASE} で表すと

$$I_{3s}=\frac{100}{\%Z}I_{\mathrm{BASE}}=\frac{100}{\%Z}\cdot\frac{S_{\mathrm{BASE}}}{\sqrt{3}\,V_{\mathrm{BASE}}}=\frac{100}{\%Z}\cdot\frac{S_{\mathrm{BASE}}}{3E_{\mathrm{BASE}}} \qquad (3\cdot14)$$

三相短絡電流が通過する回路の途中に変圧器があり電圧が異なる場合，三相短絡電流の大きさを計算したい電流通過箇所の定格電圧を式（3･14）の基準電圧に用いることで，その箇所における三相短絡電流を計算できる．

また，二相短絡電流を計算したい場合は，式 (3･13) 又は式 (3･14) で求めた三相短絡電流を $\sqrt{3}/2$ 倍することで算出できる．

4 百分率インピーダンスの合成

百分率インピーダンス（%Z）は，基準容量が同じであれば定格電圧が異なる場合でも通常のインピーダンスの直列・並列接続と同じように合成することができる．基準容量が異なる %Z を合成する場合には，同じ基準容量に換算して統一してから計算を行う必要がある．%Z は基準容量に比例するため，例えば基準容量 100 kV･A で 5 % の %Z を基準容量 200 kV･A に換算すると 2 倍の 10 % となる（図 3･26）．

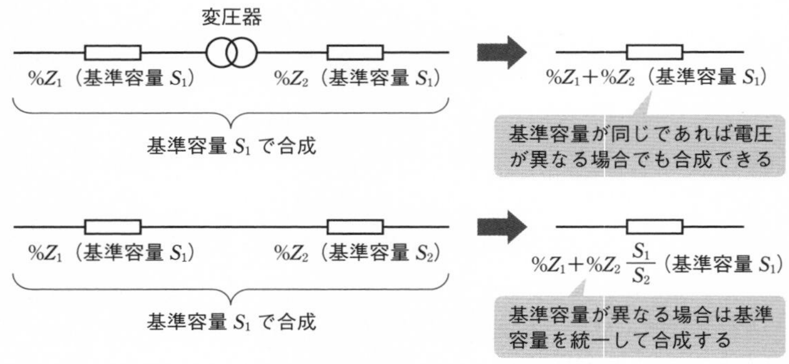

●図 3・26　百分率インピーダンスの合成

また，百分率インピーダンス %Z が抵抗分 %R とリアクタンス分 %Z に分かれている場合，%Z の大きさは通常のインピーダンスの計算と同じく下記式で計算できる．

$$\%Z = \sqrt{(\%R)^2 + (\%X)^2} \qquad (3 \cdot 15)$$

5 百分率インピーダンス（%Z）を用いた具体的な計算例

図 3･27 の高圧需要家が接続する配電系統を用いて百分率インピーダンス（%Z）による短絡事故の計算例を説明する．配電系統と需要家変圧器の百分率インピーダンスは図のとおりであり，それ以外のインピーダンスは無視する．

図 3･27 の事故点 A で短絡事故が発生した場合の短絡電流を計算する．事故点 A から見た配電系統の %Z は，百分率抵抗降下 10 %，百分率リアクタンス降下 20 % 及び式 (3･15) より

$$\%Z = \sqrt{(\%R)^2 + (\%X)^2} = \sqrt{(10)^2 + (30)^2} \fallingdotseq 31.623\,\%$$

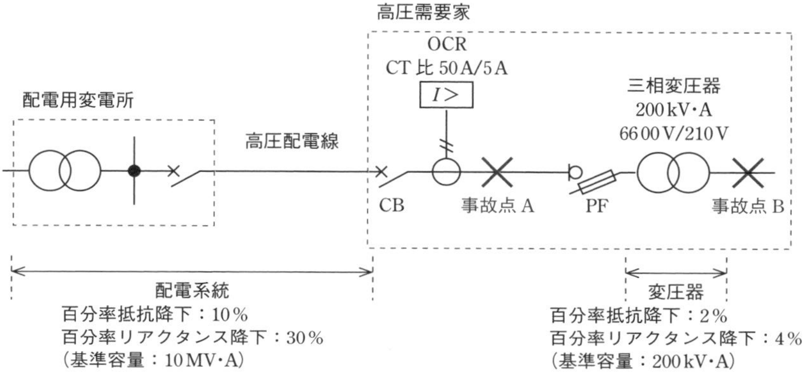

●図 3・27　高圧需要家構内の短絡事故計算

であるので，事故点 A の三相短絡電流 I_{3s}〔A〕は，基準容量 10MV·A，基準電圧 6600V 及び式（3·14）より

$$I_{3s}=\frac{100}{\%Z}\cdot\frac{S_{\mathrm{BASE}}}{\sqrt{3}\,V_{\mathrm{BASE}}}=\frac{100}{31.623}\cdot\frac{10\times10^6}{\sqrt{3}\times6\,600}\fallingdotseq 2\,766\,\mathrm{A}$$

となる．高圧需要家の主遮断装置には，この短絡電流以上の遮断電流の性能が必要になる．高圧受電設備用の遮断器には，定格遮断容量が 8kA や 12.5kA などのものがあるが，現在では 12.5kA のものが推奨されている．

また，事故点 A での三相短絡事故時に OCR が接続する CT 二次側に流れる電流は

$$2\,766\,\mathrm{A}\cdot\frac{5}{50}=276.6\,\mathrm{A}$$

である．

次に，図 3·27 の事故点 B で三相短絡事故が発生した場合の短絡電流を計算する．事故点 B から見た配電系統と変圧器の %Z を合成するためには，基準容量を合わせる必要がある．基準容量を 10MV·A に合わせて合成すると

$$\%Z=\sqrt{(\%R)^2+(\%X)^2}=\sqrt{\left(10+2\times\frac{10\,000}{200}\right)^2+\left(30+4\times\frac{10\,000}{200}\right)^2}$$

$$=\sqrt{(110)^2+(230)^2}\fallingdotseq 254.95\,\%$$

であるので，事故点 B の三相短絡事故時の低圧側での短絡電流は，基準容量 10MV·A，基準電圧 210V 及び式（3·14）より

$$I_{3s}=\frac{100}{\%Z}\cdot\frac{S_{\mathrm{BASE}}}{\sqrt{3}\,V_{\mathrm{BASE}}}=\frac{100}{254.95}\cdot\frac{10\times10^6}{\sqrt{3}\times210}\fallingdotseq 10.78\,\mathrm{kA}$$

また，事故点 B の三相短絡事故時の高圧側での短絡電流は，基準電圧 6 600 V より

$$I_{3s}=\frac{100}{\%Z}\cdot\frac{S_{\mathrm{BASE}}}{\sqrt{3}\,V_{\mathrm{BASE}}}=\frac{100}{254.95}\cdot\frac{10\times10^6}{\sqrt{3}\times6\,600}\fallingdotseq 341.1\,\mathrm{A}$$

である．なお，高圧側での短絡電流は，低圧側での短絡電流に変圧器の変流比 210/6 600 を乗じても計算できる．PF で変圧器二次側の短絡保護を行う場合，この短絡電流とそれに対応する PF の遮断時間を確認し，変圧器の短時間耐量を超えないかを確認する必要がある．

また，事故点 B で二相短絡事故が発生した場合の高圧側の短絡電流 I_{2s}〔A〕は，三相短絡電流の $\sqrt{3}/2$ 倍であるので

$$I_{2s}=I_{3s}\times\frac{\sqrt{3}}{2}=341.1\times\frac{\sqrt{3}}{2}\fallingdotseq 297.1\,\mathrm{A}$$

と求めることができる．

5 地絡保護の計算

三相回路の 1 線地絡事故時の計算を行う方法はいくつかあるが，ここではテブナンの定理を用いた計算方法について説明する．

1 テブナンの定理による等価回路

高圧配電系統における 1 線地絡故障時の地絡電流の計算では，テブナンの定理を用いて高圧配電系統の等価回路を作成することで簡単に計算することができる．テブナンの定理は，どのような回路であっても内部インピーダンスをもつ単一の電圧源の等価回路に変換して求める方法である．

図 3･28 の回路についてテブナンの定理を適用して等価回路を考える．C_1 及び C_2 は，地絡事故点より電源側及び負荷側の線路 1 線あたりの対地静電容量である．

ここで，地絡箇所を端子 A－B とする．端子 A－B 間を開放した場合，各相の対地静電容量は三相平衡であるので，中性点の対地電圧が 0（中性点が大地と同電位）になり，端子 A－B 間の開放電圧は相電圧 E と同じになる．テブナンの定理により，端子 A－B から見た等価回路は 1 つの等価電圧源 E のみを持つ回路となる．また，端子から見た回路の内部インピーダンスは，系統の電圧源を短

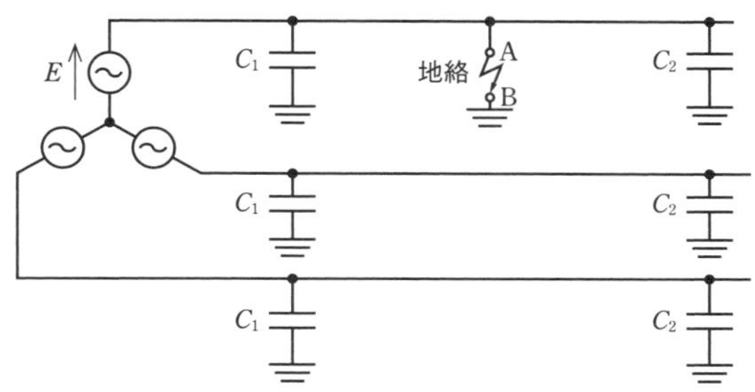

●図 3・28 高圧配電系統

絡した回路網のインピーダンスとなる．等価回路は，等価電圧源 E と内部インピーダンスが直列に接続された回路となり，対地静電容量を合成して集約すると図 3･29 の等価回路となる．

地絡電流の計算では，図 3･29 の端子 A－B 間に地絡点の地絡抵抗を接続して回路に流れる電流を計算する．完全地絡の場合は，端子 A－B 間を抵抗なしで接続した場合の電流を計算すればよい．

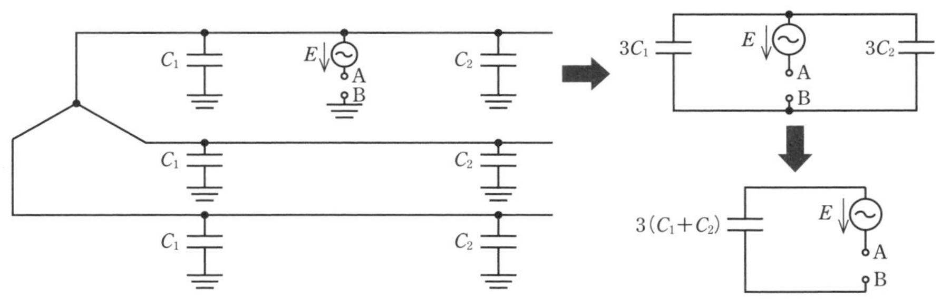

●図 3・29 等価回路

同様にテブナンの定理を用いて，図 3･30 の高圧配電系統の等価回路の例を示す．図 3･30 では，地絡事故点の地絡抵抗 R_G があるが，この両端から系統を見た場合の等価回路を作成する．地絡抵抗 R_G の両端を開放した場合の開放電圧は，前の例と同様に中性点の対地電圧が 0 であるから相電圧 E となる．端子から見た回路の内部インピーダンスは，系統の電圧源を短絡して三相を 1 線に集約すると図 3･31 となる．EVT 二次側の制限抵抗は，一次側に換算した抵抗が接続している状態となる．なお，ZCT 以外の機器は記載を省略している．図 3･31

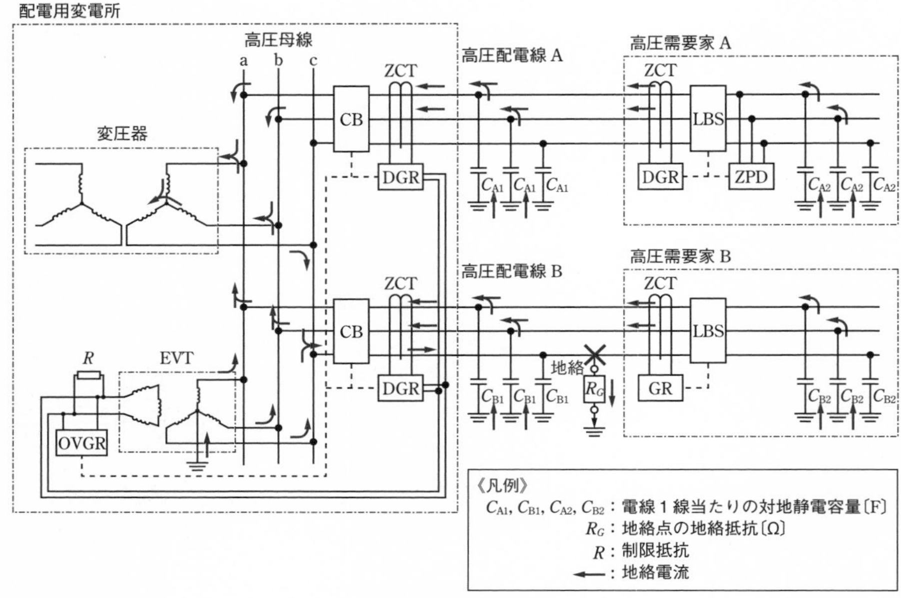

●図 3・30 高圧配電系統

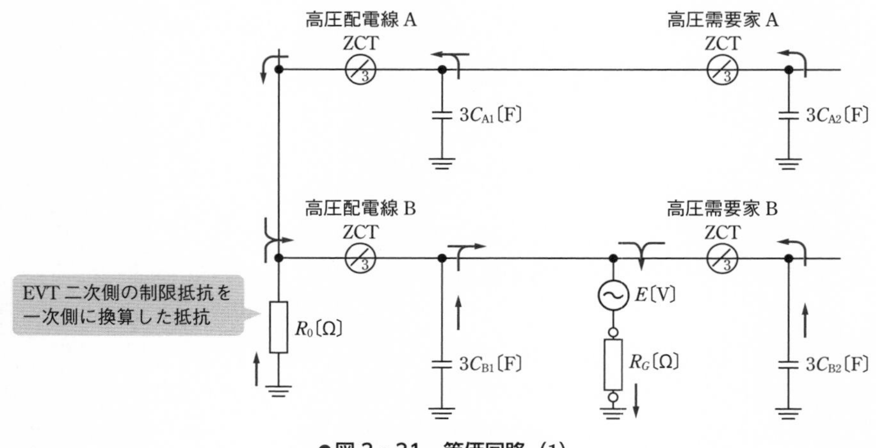

●図 3・31 等価回路（1）

を整理すると図 3･32 となる．この等価回路を用いれば，各 ZCT に流れる地絡電流を計算することができる．図 3･33 から ZCT を取り除き対地静電容量を合成すると，図 3･33 となる．このように複雑な系統であっても，テブナンの定理

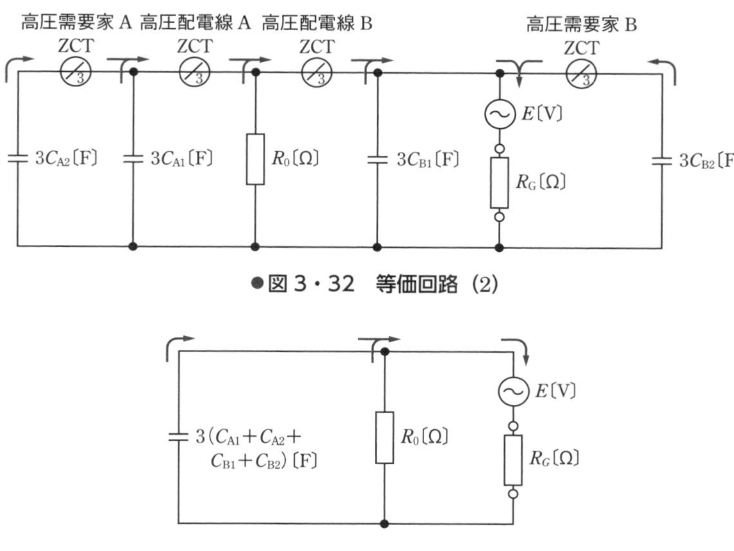

●図 3・32　等価回路（2）

●図 3・33　等価回路（3）

を用いれば簡易な等価回路に集約することが可能である．

(2) 地絡事故電流の計算

図 3･34 は，中性点非接地方式の三相 3 線式高圧配電線路及び高圧需要家の簡易に示した単線図である．この回路を用いて地絡電流の計算例を説明する．ここで，相電圧 E〔V〕，周波数 f〔Hz〕とする．

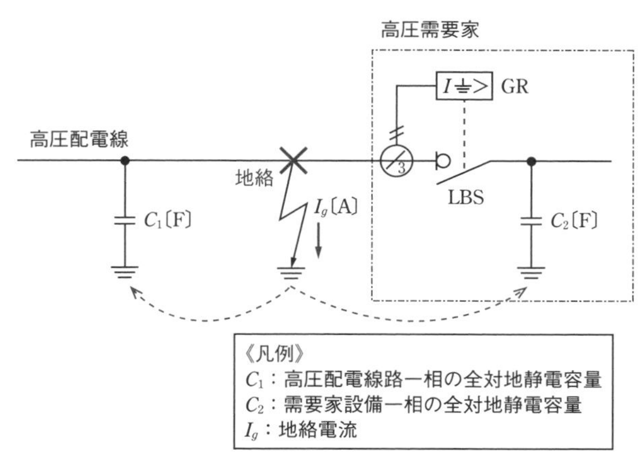

●図 3・34　高圧配電系統

図 3･34 の単線図からテブナンの定理を用いて地絡事故点から見た等価回路を作成すると図 3･35 となる．図 3･34 で与えられた対地静電容量 C_1〔F〕，C_2〔F〕は一相分の容量であり，等価回路では 3 倍になるので注意が必要である．また，等価回路の電圧源は相電圧になるため，線間電圧を用いる場合は $1/\sqrt{3}$ 倍する必要がある．図 3･35（b）の等価回路より，地絡電流 I_g〔A〕を求める式は

$$I_g=\frac{E}{Z}=\frac{E}{\dfrac{1}{2\pi f\{3(C_1+C_2)\}}}=6E\pi f(C_1+C_2)\ 〔\mathrm{A}〕 \tag{3・16}$$

である．また，高圧需要家の ZCT に流れる地絡電流を I_{g2}〔A〕とすると，図 3･35（a）の等価回路より求める式は

$$I_{g2}=\frac{E}{Z}=\frac{E}{\dfrac{1}{2\pi f(3C_2)}}=6E\pi fC_2\ 〔\mathrm{A}〕 \tag{3・17}$$

である．ここで，$E=6\,600/\sqrt{3}$〔V〕，$f=50$ Hz，$C_1=2.8\,\mu$F，$C_2=0.01\,\mu$F であったとすると，地絡電流 I_g〔A〕は，式（3･16）より

$$I_g=6E\pi f(C_1+C_2)=6\pi\times\frac{6\,600}{\sqrt{3}}\times 50\times(2.8+0.01)\times 10^{-6}\fallingdotseq 10.09\,\mathrm{A}$$

となり，高圧需要家の ZCT に流れる地絡電流 I_{g2}〔A〕は式（3･17）より

$$I_g=6E\pi fC_2=6\pi\times\frac{6\,600}{\sqrt{3}}\times 50\times 0.01\times 10^{-6}\fallingdotseq 0.03591\,\mathrm{A}=35.91\,\mathrm{mA}$$

となる．高圧需要家の地絡継電器（GR）の整定値が 200 mA の場合，このケースでは ZCT を通る地絡電流が 36 mA と小さいので動作する可能性は小さい．計算上，需要家内一相の対地静電容量が周波数 50 Hz では 0.056 μF，周波数 50 Hz では 0.046 μF 以上となると，地絡電流が 200 mA 以上となり，需要家構

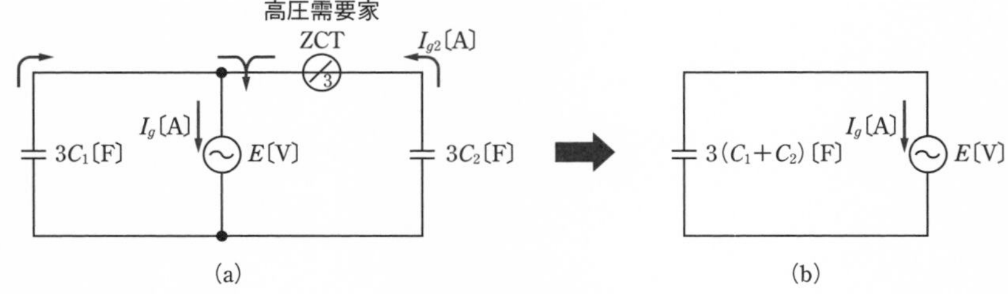

●図 3・35　等価回路

外の地絡事故でも GR が不必要動作する可能性がある．高圧ケーブルの静電容量は，種類や太さによって異なるものの，概ね 100 ~ 200 m で上記の値以上となる．

また，実際の地絡事故は，間欠アーク地絡となる場合が多く，地絡電流，零相電流には波形ひずみによる高調波が含まれる．このため，実際の地絡電流は，商用周波数（50 Hz, 60 Hz）で計算したものより大きくなるので注意が必要である．

(3) 零相電圧の計算

図 3･36 は，中性点非接地方式の三相 3 線式高圧線路である．各相の相電圧が $\dot{E}_a$〔V〕，$\dot{E}_b$〔V〕，$\dot{E}_c$〔V〕，各相の対地電圧が $\dot{V}_a$〔V〕，$\dot{V}_b$〔V〕，$\dot{V}_c$〔V〕，各相の対地静電容量が C〔F〕，中性点の対地電圧である零相電圧が $\dot{V}_0$〔V〕である．図 3･36 の電路において地絡抵抗 R_g〔Ω〕がない場合の電圧ベクトルは，図 3･38 (a) となり，$\dot{V}_0$ は 0 V である．図 3･36 の電路において c 相が地絡抵抗 R_g〔Ω〕で地絡した場合の等価回路は，図 3･37 となる．$\dot{I}_g$〔A〕は，地絡点に流れる地絡電流であり，地絡抵抗による電圧降下が $R_g\dot{I}_g$〔V〕である．地絡抵抗 $R_g = 0$〔Ω〕

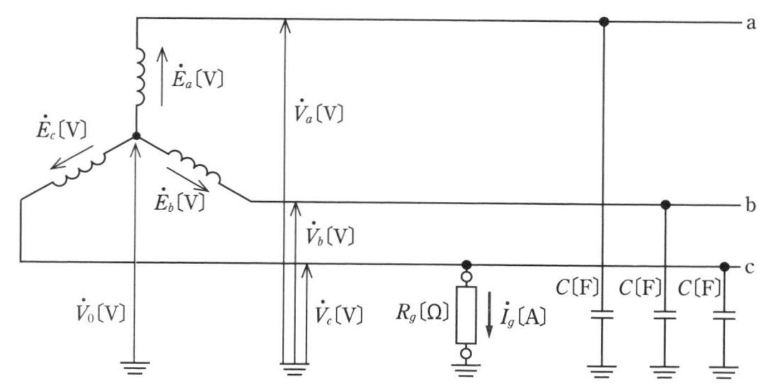

●図 3・36　高圧電路

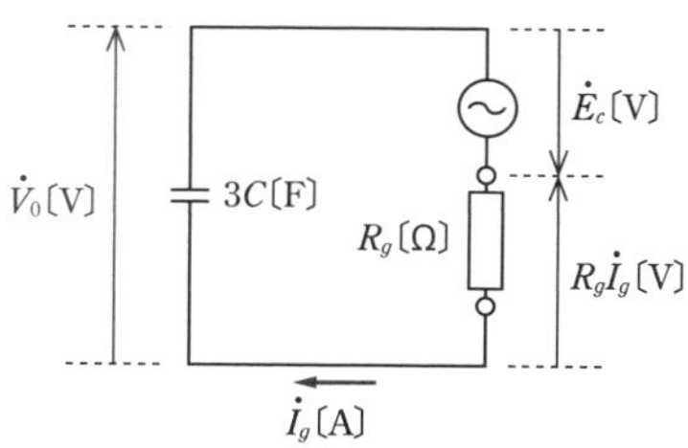

●図 3・37　等価回路

の完全地絡の場合，図 3·37 より零相電圧 $\dot{V}_0$〔V〕と相電圧 $\dot{E}_c$〔V〕の関係は

$$\dot{V}_0+\dot{E}_c=0 \quad , \quad \dot{V}_0=-\dot{E}_c$$

であり，電圧ベクトルに示すと図 3·38（b）となる．

地絡抵抗 $R_g\neq 0$〔Ω〕の抵抗地絡の場合，図 3·37 より零相電圧 $\dot{V}_0$〔V〕，相電圧 $\dot{E}_c$〔V〕，地絡抵抗による電圧降下が $R_g\dot{I}_g$〔V〕の関係は

$$\dot{V}_0+\dot{E}_c-R_g\dot{I}_g=0 \quad , \quad \dot{V}_0=-\dot{E}_c+R_g\dot{I}_g \qquad (3\cdot18)$$

であり，電圧ベクトルに示すと図 3·38（c）となる．また，このときの $\dot{I}_g$〔A〕は，角周波数を ω〔rad/s〕とすると図 3·37 より

$$\dot{I}_g=\frac{\dot{E}_c}{R_g+\dfrac{1}{j3\omega C}}=\frac{j3\omega C\dot{E}_c}{j3\omega CR_g+1} \qquad (3\cdot19)$$

であり，式（3·19）を式（3·18）に代入すると

$$\dot{V}_0=-\dot{E}_c+R_g\dot{I}_g=-\dot{E}_c+R_g\frac{j3\omega C\dot{E}_c}{j3\omega CR_g+1}$$

$$=\frac{-j3\omega CR_g\dot{E}_c-\dot{E}_c}{j3\omega CR_g+1}+\frac{j3\omega CR_g\dot{E}_c}{j3\omega CR_g+1}=\frac{-\dot{E}_c}{j3\omega CR_g+1} \qquad (3\cdot20)$$

となる．式（3·20）を用いれば，対地静電容量 C〔F〕と地絡抵抗 R_g〔Ω〕から零相電圧 $\dot{V}_0$〔V〕を求めることが可能である．

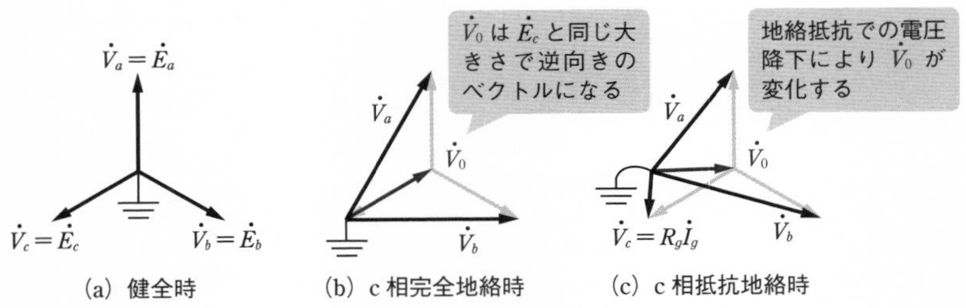

●図 3・38　電圧ベクトル図

問題12 ☑☑☑ H12 A-9

次の文章は，高圧受電設備の保護装置及び保護協調に関する記述である．

1. 高圧の機械器具及び電線を保護し，かつ，過電流による火災及び波及事故を防止するため，必要な箇所には過電流遮断装置を施設しなければならない．その定格遮断電流は，その取付け場所を通過する［（ア）］を確実に遮断できるものを選定する必要がある．
2. 高圧電路の地絡電流による感電，火災及び波及事故を防止するため，必要な箇所には自動的に電路を遮断する地絡遮断装置を施設しなければならない．また，受電用遮断器から負荷側の高圧電路における対地静電容量が大きい場合の保護継電器としては，［（イ）］を使用する必要がある．
3. 上記 1 及び 2 のいずれの場合も，主遮断装置の動作電流，［（ウ）］の整定に当たっては，電気事業者の配電用変電所の保護装置との協調を図る必要がある．

上記の記述中の空白箇所（ア），（イ）及び（ウ）に記入する語句として，正しいものを組み合わせたのは次のうちどれか．

	（ア）	（イ）	（ウ）
(1)	過負荷電流	地絡過電流継電器	動作電圧
(2)	過負荷電流	地絡過電流継電器	動作時限
(3)	短絡電流	地絡過電流継電器	動作時限
(4)	短絡電流	地絡方向継電器	動作時限
(5)	過負荷電流	地絡方向継電器	動作電圧

解説 p.375 で説明した「高圧受電設備規程」の保護協調の基本事項などからの出題である．

過負荷保護協調では，高圧の機械器具及び電線を保護し，かつ，過電流による波及事故を防止するため，必要な箇所には過電流遮断器を施設する必要がある．また，過電流遮断器は，その取り付け箇所を通過する**短絡電流**を確実に遮断できる**定格遮断容量**のものを選定する必要がある．

地絡保護協調では，高圧電路に地絡を生じたとき，自動的に電路を遮断するため，必要な箇所には地絡遮断装置を施設する必要がある．また，地絡遮断装置から負荷側の高圧電路における対地静電容量が大きい場合は，電源側高圧電路の地絡事故での不必要動作を防止するために**地絡方向継電装置**（**DGR**）を使用することが望ましい．

高圧受電設備では，過負荷保護及び地絡保護について，電気事業者の配電用変電所の保護装置との動作協調を図るため，動作電流，**動作時限**の整定に当たっては電気事業者と協議する必要がある．

解答 ▶ (4)

問題⑬ R2　B-11（b）

　次の記述中の空白箇所（ア）～（エ）に当てはまる組合せとして，正しいものを次の（1）～（5）のうちから一つ選べ．

① 受電設備を含む配電系統において，過負荷又は短絡あるいは地絡が生じたとき，供給支障の拡大を防ぐため，事故点直近上位の遮断器のみが動作し，他の遮断器は動作しないとき，これらの遮断器の間では［（ア）］がとられているという．

② 図 2 は，図 1 の高圧需要家の事故点 2 又は事故点 3 で短絡が発生した場合の過電流と遮断器（遮断器 A 及び遮断器 B）の継電器動作時間の関係を示したものである．［（ア）］がとられている場合，遮断器 B の継電器動作特性曲線は，［（イ）］である．

③ 図 3 は，図 1 の高圧需要家の事故点 2 で地絡が発生した場合の零相電流と遮断器（遮断器 A 及び遮断器 B）の継電器動作時間の関係を示したものである．［（ア）］がとられている場合，遮断器 B の継電器動作特性曲線は，［（ウ）］

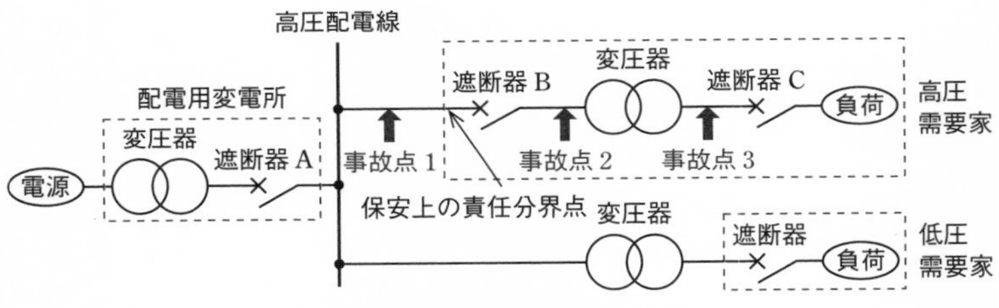

●図 1　高圧配電系統図（概略図）

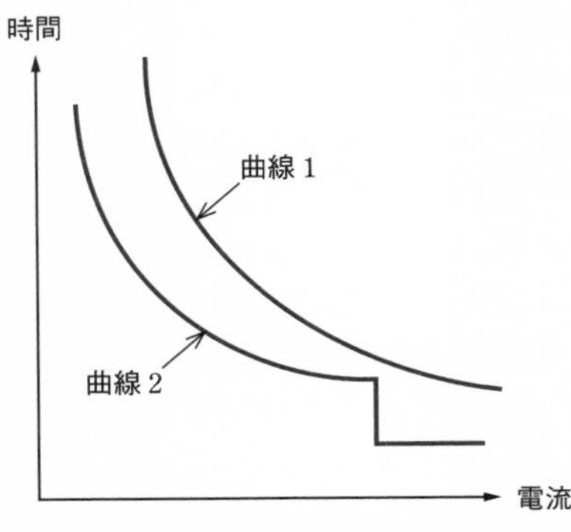

●図 2　過電流継電器-連動遮断特性

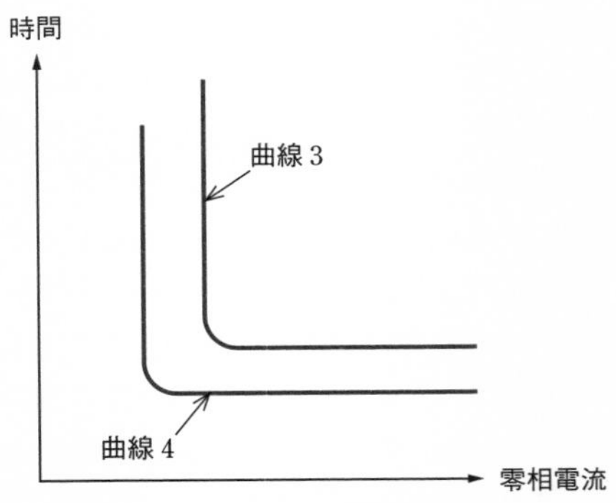

●図 3　地絡継電器-連動遮断特性

である．また，地絡の発生箇所が零相変流器より負荷側か電源側かを判別するため　（エ）　の使用が推奨されている．

	（ア）	（イ）	（ウ）	（エ）
(1)	同期協調	曲線 2	曲線 3	地絡距離継電器
(2)	同期協調	曲線 1	曲線 3	地絡方向継電器
(3)	保護協調	曲線 1	曲線 4	地絡距離継電器
(4)	保護協調	曲線 2	曲線 4	地絡方向継電器
(5)	保護協調	曲線 2	曲線 3	地絡距離継電器

動作協調の検討では，横軸を電流，縦軸を時間とした各保護装置の**動作特性曲線**が用いられる．保護協調（動作協調）が図られている状態では，先に動作する保護装置の動作特性曲線が時間・電流が小さい左下側に位置し，各保護装置の動作特性曲線が交差しない図となる．

解説　① **保護協調**（動作協調）が保たれている状態とは，系統内のある地点で過負荷や短絡事故・地絡事故が発生したとき，事故電流値に対応して動作するように設定された**事故点直近上位の保護装置のみが動作**し，他の保護装置が動作しない状態をいう．

② 図 1 の高圧需要家構内の事故点 2 又は事故点 3 で短絡事故が起きた場合，保護協調が保たれている状態では，事故点直近上位の遮断器 B のみが動作して遮断器 A は動作しない．そのため，図 2 において遮断器 B の動作特性曲線は，左下側の曲線 2 となる．

③ 図 1 の高圧需要家構内の事故点 2 で地絡事故が起きた場合，保護協調が保たれている状態では，事故点直近上位の遮断器 B のみが動作して遮断器 A は動作しない．そのため，図 3 において遮断器 B の動作特性曲線は，左下側の曲線 4 となる．

また，地絡発生箇所が**零相変流器**（**ZCT**）より負荷側にあるかを判別するためには**地絡方向継電装置**（**DGR**）が必要である．

解答 ▶ (4)

問題14　H29 B-12

図に示す自家用電気設備で変圧器二次側（210 V 側）F 点において三相短絡事故が発生した．次の (a) 及び (b) の問に答えよ．ただし，高圧配電線路の送り出し電圧は 6.6 kV とし，変圧器の仕様及び高圧配電線路のインピーダンスは表のとおりとする．なお，変圧器二次側から F 点までのインピーダンス，その他記載の無いインピーダンスは無視するものとする．

(a) F 点における三相短絡電流の値〔kA〕として，最も近いものを次の (1) ～ (5) のうちから一つ選べ．

(1) 1.2　(2) 1.7　(3) 5.2　(4) 11.7　(5) 14.2

(b) 変圧器一次側（6.6 kV 側）に変流器 CT が接続されており，CT 二次電流が過電流継電器 OCR に入力されているとする．三相短絡事故発生時の OCR 入力電流の値〔A〕として，最も近いものを次の (1) ～ (5) のうちから一つ選べ．ただし，CT の変流比は 75 A/5 A とする．

(1) 12　(2) 18　(3) 26　(4) 30　(5) 42

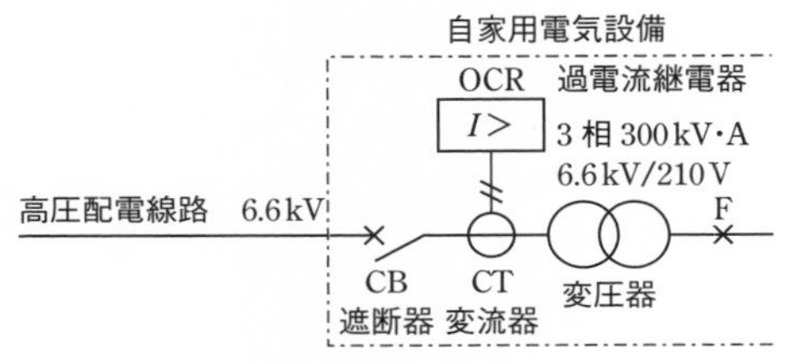

変圧器定格容量/相数	300 kV·A/三相
変圧器定格電圧	一次 6.6 kV/二次 210 V
変圧器百分率抵抗降下	2 %（基準容量 300 kV·A）
変圧器百分率リアクタンス降下	4 %（基準容量 300 kV·A）
高圧配電線路百分率抵抗降下	20 %（基準容量 10 MV·A）
高圧配電線路百分率リアクタンス降下	40 %（基準容量 10 MV·A）

百分率インピーダンス（$\%Z$）を合成する場合は，基準容量を合わせる必要がある．基準容量を S_1 から S_2 に変換するには，百分率インピーダンスに S_2/S_1 を乗ずればよい．

解説　(a) 配電系統と変圧器の百分率インピーダンス（$\%Z$）を合成するためには，基準容量を合わせる必要がある．百分率抵抗降下を $\%R$〔%〕，百分率リアクタンス降下を $\%X$〔%〕としたとき，基準容量を 300 kV·A に合わせた $\%Z$ の合成は

$$\%Z=\sqrt{(\%R)^2+(\%X)^2}=\sqrt{\left(20\times\frac{300}{10\,000}+2\right)^2+\left(40\times\frac{300}{10\,000}+4\right)^2}$$

$$=\sqrt{(2.6)^2+(5.2)^2}\fallingdotseq 5.814\,\%$$

事故点 F の三相短絡電流 I_{3s}〔kA〕は，基準容量 300 kV·A，基準電圧 210 V より

$$I_{3s}=\frac{100}{\%Z}\cdot\frac{S_{BASE}}{\sqrt{3}V_{BASE}}=\frac{100}{5.814}\cdot\frac{300\times10^3}{\sqrt{3}\times210}\fallingdotseq 14\,186\,\mathrm{A}\Rightarrow\mathbf{14.2\,kA}$$

（b）CT 位置に流れる三相短絡電流は，（a）で求めた低圧側での短絡電流及び変圧器の変圧比より

$$14\,186 \times \frac{210}{6\,600} \fallingdotseq 451.37\,\text{A}$$

OCR の入力電流は，上記の三相短絡電流と CT の変流比より

$$451.37 \times \frac{5}{75} \fallingdotseq 30.09\,\text{A} \Rightarrow \mathbf{30\,A}$$

解答 ▶ (a)-(5)，(b)-(4)

問題15 ✓ ✓ ✓ H21 B-13

図は，三相 210 V 低圧幹線の計画図の一部である．図の低圧配電盤から分電盤に至る低圧幹線に施設する配線用遮断器に関して，次の（a）及び（b）に答えよ．ただし，基準容量 200 kV·A・基準電圧 210 V として，変圧器及びケーブルの各百分率インピーダンスは次のとおりとし，変圧器より電源側及びその他記載の無いインピーダンスは無視するものとする．

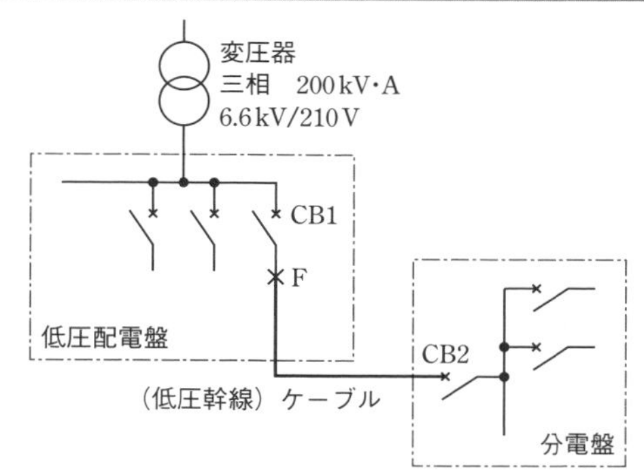

変圧器の百分率抵抗降下 1.4％ 及び百分率リアクタンス降下 2.0％

ケーブルの百分率抵抗降下 8.8％ 及び百分率リアクタンス降下 2.8％

（a）F 点における三相短絡電流〔kA〕の値として，最も近いのは次のうちどれか．

（1）20　（2）23　（3）26　（4）31　（5）35

（b）配線用遮断器 CB1 及び CB2 の遮断容量〔kA〕の値として，最も適切な組み合わせは次のうちどれか．ただし，CB1 と CB2 は，三相短絡電流の値の直近上位の遮断容量〔kA〕の配線用遮断器を選択するものとする．

	CB1 の遮断容量〔kA〕	CB2 の遮断容量〔kA〕
(1)	5	2.5
(2)	10	2.5
(3)	22	5
(4)	25	5
(5)	35	10

解説　(a) F 点における三相短絡電流は，電源から変圧器のインピーダンスのみを通って流れる．変圧器の %Z は

$$\%Z=\sqrt{(\%R)^2+(\%X)^2}=\sqrt{1.4^2+2^2}=2.4413\,\%$$

事故点 F の三相短絡電流 I_{3s}〔kA〕は，基準容量 200 kV·A，基準電圧 210 V より

$$I_{3s}=\frac{100}{\%Z}\cdot\frac{S_{\mathrm{BASE}}}{\sqrt{3}\,V_{\mathrm{BASE}}}=\frac{100}{2.4413}\cdot\frac{200\times10^3}{\sqrt{3}\times210}=22\,523\,\mathrm{A}\fallingdotseq\mathbf{23\,kA}$$

(b) CB2 の負荷側で三相短絡が起きた場合，三相短絡電流は，電源から変圧器とケーブルのインピーダンスを通って流れる．変圧器とケーブルの合成の %Z は

$$\%Z=\sqrt{(\%R)^2+(\%X)^2}=\sqrt{(1.4+8.8)^2+(2+2.8)^2}=11.273\,\%$$

CB2 の負荷側で三相短絡が起きた場合に流れる三相短絡電流は

$$I_{3s}=\frac{100}{\%Z}\cdot\frac{S_{\mathrm{BASE}}}{\sqrt{3}\,V_{\mathrm{BASE}}}=\frac{100}{11.273}\cdot\frac{200\times10^3}{\sqrt{3}\times210}=4\,877.6\,\mathrm{A}\fallingdotseq4.88\,\mathrm{kA}$$

問題の選択肢から CB1 及び CB2 に流れる三相短絡電流の直近上位の遮断容量を選択すると，CB1 は **25 kA**，CB2 は **5 kA** となる．

解答 ▶ (a)-(2)，(b)-(4)

問題16　H28　B-13

図は，線間電圧 V〔V〕，周波数 f〔Hz〕の中性点非接地方式の三相 3 線式高圧配電線路及びある需要設備の高圧地絡保護システムを簡易に示した単線図である．高圧配電線路一相の全対地静電容量を C_1〔F〕，需要設備一相の全対地静電容量を C_2〔F〕とするとき，次の (a) 及び (b) に答えよ．ただし，図示されていない負荷，線路定数及び配電用変電所の制限抵抗は無視するものとする．

(a) 図の配電線路において，遮断器が「入」の状態で地絡事故点に一線完全地絡事故が発生し地絡電流 I_g〔A〕が流れた．このとき I_g の大きさを表す式として正しいものは次のうちどれか．ただし，間欠アークによる影響等は無視するものとし，この地絡事故によって遮断器は遮断しないものとする．

(1) $\dfrac{2}{\sqrt{3}}V\pi f\sqrt{(C_1{}^2+C_2{}^2)}$　　(2) $2\sqrt{3}\,V\pi f\sqrt{(C_1{}^2+C_2{}^2)}$

(3) $\dfrac{2}{\sqrt{3}}V\pi f(C_1+C_2)$　　(4) $2\sqrt{3}\,V\pi f(C_1+C_2)$　　(5) $2\sqrt{3}\,V\pi f\sqrt{C_1C_2}$

(b) 上記 (a) の地絡電流 I_g は高圧配電線路側と需要設備側に分流し，需要設備側に分流した電流は零相変流器を通過して検出される．上記のような需要設備構外の事故に対しても，零相変流器が検出する電流の大きさによっては地絡継電器が不必要に動作する場合があるので注意しなければならない．地絡電流 I_g が高圧配電線路側と需要設備側に分流する割合は C_1 と C_2 の比によっ

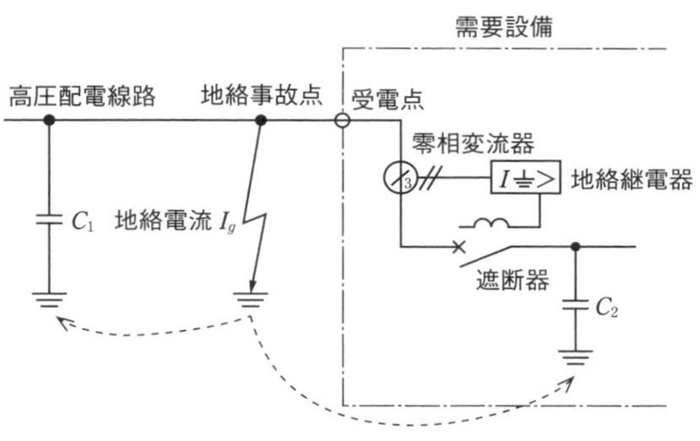

て決まるものとしたとき，I_g のうち需要設備の零相変流器で検出される電流の値〔mA〕として，最も近いものを次の (1)～(5) のうちから一つ選べ．ただし，$V = 6\,600\,\mathrm{V}$，$f = 60\,\mathrm{Hz}$，$C_1 = 2.3\,\mu\mathrm{F}$，$C_2 = 0.02\,\mu\mathrm{F}$ とする．

(1) 54　(2) 86　(3) 124　(4) 152　(5) 256

三相回路の 1 線地絡故障時の地絡電流の計算では，テブナンの定理を用いて等価回路を作成することで簡単に計算することができる．

解説 (a) 問題の単線図からテブナンの定理を用いて地絡事故点から見た等価回路を作成する．地絡事故点を開放した場合の線路の対地電圧の大きさは，相電圧と等しくなるので線間電圧 V〔V〕の $1/\sqrt{3}$ 倍となる．これを電圧源とした等価回路を作成すると，解図となる．対地静電容量 C_1〔F〕，C_2〔F〕は一相分の容量であり，等価回路では 3 倍になる．

解図 (b) の等価回路より，地絡電流 I_g〔A〕を求める式は

$$I_g = \frac{V/\sqrt{3}}{Z} = \frac{\dfrac{V}{\sqrt{3}}}{\dfrac{1}{2\pi f\{3(C_1+C_2)\}}} = \boldsymbol{2\sqrt{3}\,V\pi f(C_1+C_2)}\ \text{〔A〕}$$

(b) 需要設備の ZCT に流れる地絡電流を I_{g2}〔A〕とすると，解図 (a) の等価回路で右側の静電容量に流れる電流であるので，求める式は

$$I_{g2} = \frac{V/\sqrt{3}}{Z} = \frac{\dfrac{V}{\sqrt{3}}}{\dfrac{1}{2\pi f(3C_2)}} = 2\sqrt{3}\,V\pi f C_2\ \text{〔A〕}$$

上式に問題で与えられた $V = 6\,600\,\mathrm{V}$，$f = 60\,\mathrm{Hz}$，$C_2 = 0.02\,\mu\mathrm{F}$ を代入すると

$$I_{g2} = 2\sqrt{3}\,V\pi f C_2 = 2\sqrt{3}\,\pi \times 6\,600 \times 60 \times 0.02 \times 10^{-6} \fallingdotseq 0.08619\,\mathrm{A} \Rightarrow \mathbf{86\,mA}$$

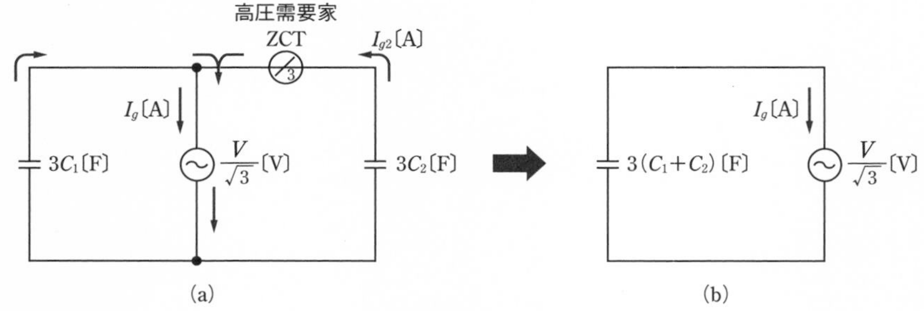

●解図　等価回路

解答 ▶ (a)-(4)，(b)-(2)

問題17　H17 B-12

図に示すような線間電圧 V〔V〕，周波数 f〔Hz〕の対称三相 3 線式低圧電路があり，変圧器二次側の一端子に B 種接地工事が施されている．この電路の 1 相当たりの対地静電容量を C〔F〕，B 種接地工事の接地抵抗値を R_B〔Ω〕とするとき，次の (a) 及び (b) に答えよ．ただし，上記以外のインピーダンスは無視するものとする．

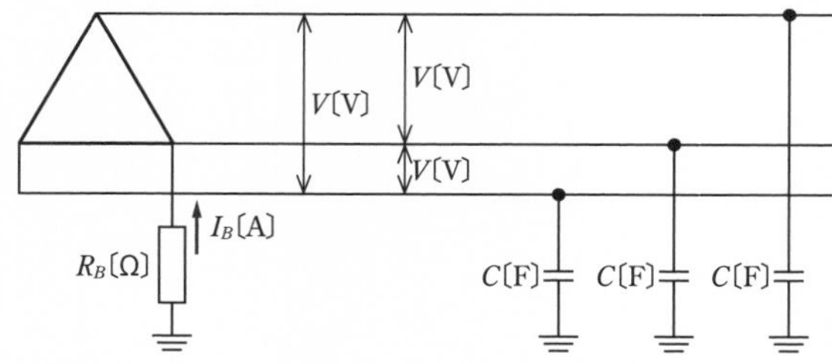

(a) B 種接地工事の接地線に常時流れる電流 I_B〔A〕の大きさを表す式として，正しいのは次のうちどれか．

(1) $\dfrac{V}{\sqrt{3R_B{}^2+\dfrac{1}{12\pi^2f^2C^2}}}$　(2) $\dfrac{V}{\sqrt{R_B{}^2+\dfrac{1}{36\pi^2f^2C^2}}}$　(3) $\dfrac{V}{\sqrt{3R_B{}^2+\dfrac{3}{4\pi^2f^2C^2}}}$

(4) $\dfrac{V}{\sqrt{R_B{}^2+\dfrac{1}{4\pi^2f^2C^2}}}$　(5) $\dfrac{V}{\sqrt{\dfrac{3}{R_B{}^2}+108\pi^2f^2C^2}}$

(b) 線間電圧 V を 200 V，周波数 f を 50 Hz，接地抵抗値 R_B を 10 Ω，対地静

電容量 C を 1μF とするとき，上記（a）の電流 I_B〔mA〕の大きさとして，最も近いのは次のうちどれか．

（1）1 160　（2）188　（3）108　（4）65.9　（5）38.1

低圧三相回路の B 種接地に流れる電流の計算であるが，地絡事故の計算と同様にテブナンの定理を用いて接地抵抗から見た等価回路を作成することで計算することができる．

解説　（a）テブナンの定理を用いて B 種接地抵抗から見た等価回路を作成する．解図 1 のように B 種接地抵抗の両端を開放した場合，各相の対地静電容量は三相平衡であるので，中性点の対地電圧が 0（中性点が大地と同電位）になる．よって端子間に現れる開放電圧は相電圧と同じになり，その大きさは線間電圧 V〔V〕の $1/\sqrt{3}$ 倍となる．よって等価回路は，開放電圧を電圧源とする解図 2 のようになる．

解図 2 の等価回路より，B 種接地の接地線に常時流れる電流 I_B〔A〕を表す式は

$$I_B=\frac{V/\sqrt{3}}{Z}$$

$$=\frac{\dfrac{V}{\sqrt{3}}}{\sqrt{(R_B)^2+\dfrac{1}{2\pi f(3C)}}}=\frac{\dfrac{V}{\sqrt{3}}}{\sqrt{R_B{}^2+\dfrac{1}{36\pi^2f^2C^2}}}=\frac{\boldsymbol{V}}{\sqrt{\boldsymbol{3R_B{}^2+\dfrac{1}{12\pi^2f^2C^2}}}}\text{〔A〕}$$

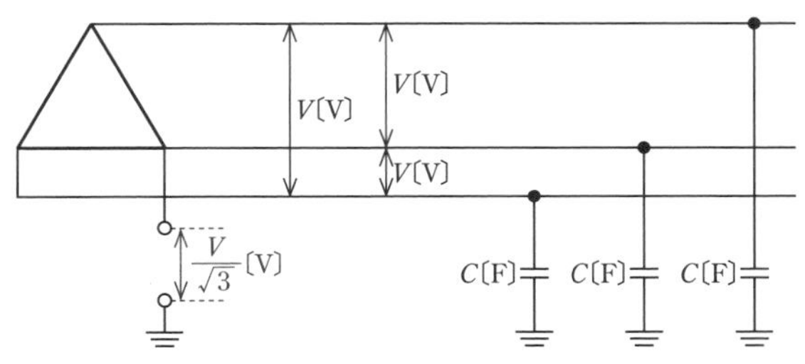

●解図 1　開放電圧

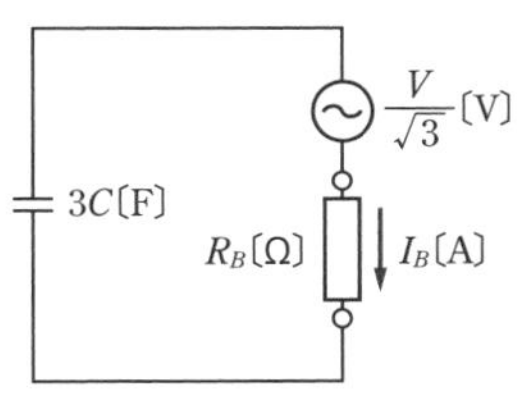

●解図 2　等価回路

（b）電流 I_B〔mA〕の大きさは，（a）の式に問題で与えられた値を代入して

$$I_B=\frac{V}{\sqrt{3R_B{}^2+\dfrac{1}{12\pi^2f^2C^2}}}=\frac{200}{\sqrt{3\times10^2+\dfrac{1}{12\pi^2\times50^2\times(10^{-6})^2}}}=\frac{200}{\sqrt{300+3.3774\times10^6}}$$

$$=\frac{200}{1\,837.9}=0.10882\,\text{A}\fallingdotseq\mathbf{108\,mA}$$

解答 ▶（a）-（1），（b）-（3）

問題18 R4下 B-13

図に示すような，相電圧 $\dot{E}_R$〔V〕，$\dot{E}_S$〔V〕，$\dot{E}_T$〔V〕，角周波数 ω〔rad/s〕の対称三相 3 線式高圧電路があり，変圧器の中性点は非接地方式とする．電路の一相当たりの対地静電容量を C〔F〕とする．

この電路の R 相のみが絶縁抵抗値 R_G〔Ω〕に低下した．このとき，次の (a) 及び (b) の問に答えよ．ただし，上記以外のインピーダンスは無視するものとする．

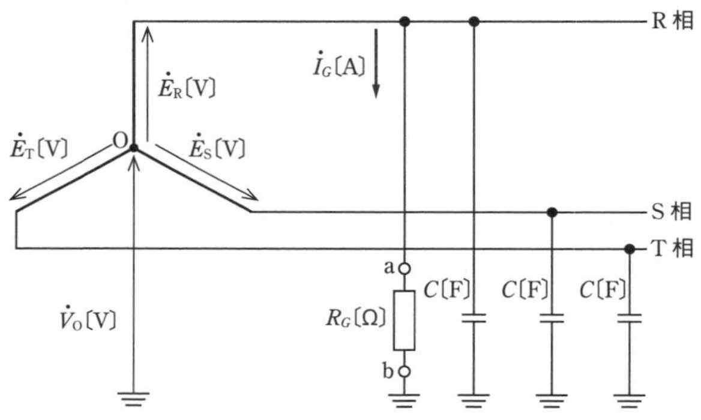

(a) 次の文章は，絶縁抵抗 R_G〔Ω〕を流れる電流 $\dot{I}_G$〔A〕を求める記述である．

R_G を取り除いた場合

a−b 間の電圧 $\dot{V}_{ab}$ = （ア）

a−b 間より見たインピーダンス $\dot{Z}_{ab}$ は，変圧器の内部インピーダンスを無視すれば，$\dot{Z}_{ab}$ = （イ） となる．

ゆえに，R_G を接続したとき，R_G に流れる電流 $\dot{I}_G$ は，次式となる．

$$\dot{I}_G=\frac{\dot{V}_{ab}}{\dot{Z}_{ab}+R_G}=\text{（ウ）}$$

上記の記述中の空白箇所（ア）～（ウ）に当てはまる組合せとして，正しいものを次の (1)～(5) のうちから一つ選べ．

	（ア）	（イ）	（ウ）
(1)	$\dot{E}_R$	$\dfrac{1}{j3\omega C}$	$\dfrac{j3\omega C\dot{E}_R}{1+j3\omega CR_G}$
(2)	$\sqrt{3}\,\dot{E}_R$	$-j3\omega C$	$\dfrac{-j3\omega C\dot{E}_R}{1-j3\omega CR_G}$

(3) $\dot{E}_R$	$\dfrac{3}{j\omega C}$	$\dfrac{j\omega C\dot{E}_R}{3+j\omega CR_G}$
(4) $\sqrt{3}\ \dot{E}_R$	$\dfrac{1}{j3\omega C}$	$\dfrac{\dot{E}_R}{1-j3\omega CR_G}$
(5) $\dot{E}_R$	$j3\omega C$	$\dfrac{\dot{E}_R}{1+j3\omega CR_G}$

(b) 次の文章は，変圧器の中性点 O 点に現れる電圧 $\dot{V}_O$〔V〕を求める記述である．

$\dot{V}_O=$ ［ (エ) ］ $+R_G\dot{I}_G$

ゆえに $\dot{V}_O=$ ［ (オ) ］

上記の記述中の空白箇所（エ）及び（オ）に当てはまる組合せとして，正しいものを次の（1）～（5）のうちから一つ選べ．

	(エ)	(オ)
(1)	$-\dot{E}_R$	$\dfrac{-\dot{E}_R}{1+j3\omega CR_G}$
(2)	$\dot{E}_R$	$\dfrac{\dot{E}_R}{1-j3\omega CR_G}$
(3)	$-\dot{E}_R$	$\dfrac{-\dot{E}_R}{1-j3\omega CR_G}$
(4)	$\dot{E}_R$	$\dfrac{\dot{E}_R}{1+j3\omega CR_G}$
(5)	$\dot{E}_R$	$\dfrac{-\dot{E}_R}{1-j3\omega CR_G}$

本文 p.394 のベクトル図のように，中性点の対地電圧である零相電圧 $\dot{V}_0$〔V〕は，地絡事故時には事故相の相電圧とほぼ逆向きとなる．

(a)（ア）と（イ）は，テブナンの定理を用いて等価回路を作成するときと同じ手順である．例題の高圧電路の端子 a-b を開放したときの a-b 間の電圧 $\dot{V}_{ab}$ は，R 相の相電圧になるので $\boldsymbol{\dot{E}_R}$〔V〕である．

a-b 間から見た高圧電路のインピーダンス $\dot{Z}_{ab}$〔Ω〕は，各相の対地静電容量 C〔F〕を並列に接続した値になるため

$$\dot{Z}_{ab}=\frac{1}{3}\cdot\frac{1}{j\omega C}=\boldsymbol{\frac{1}{j3\omega C}}$$

である．よって，電流 $\dot{I}_G$〔A〕は

$$\dot{I}_g=\frac{\dot{V}_{ab}}{\dot{Z}_{ab}+R_G}=\frac{\dot{E}_R}{\dfrac{1}{j3\omega C}+R_G}=\frac{\boldsymbol{j3\omega C\dot{E}_c}}{\boldsymbol{1+j3\omega CR_G}}$$

(b) 例題の高圧電路の等価回路をテブナンの定理を用いて作成すると解図のようになる．解図より，中間点O点の電圧 $\dot{V}_O$〔V〕は

$$\dot{V}_O=-\boldsymbol{\dot{E}_R}+R_G\dot{I}_G$$

である．上式に（a）で求めた電流 $\dot{I}_G$〔A〕を代入すると

$$\dot{V}_O=-\dot{E}_R+R_G\dot{I}_G=-\dot{E}_R+R_G\frac{j3\omega C\dot{E}_c}{1+j3\omega CR_G}$$

$$=\frac{-\dot{E}_R-j3\omega CR_G\dot{E}_R}{1+j3\omega CR_G}+\frac{j3\omega CR_G\dot{E}_R}{1+j3\omega CR_G}$$

$$=\frac{\boldsymbol{-\dot{E}_R}}{\boldsymbol{1+j3\omega CR_G}}$$

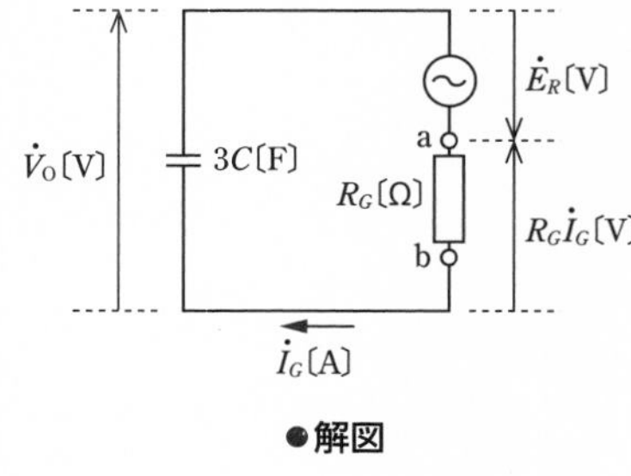

●解図

解答 ▶ (a)-(1)，(b)-(1)

コンデンサによる力率改善

［★★★］

高圧需要家の受電設備には，力率を改善するために**進相コンデンサ**が設置されることが多い．誘導電動機などの需要設備は遅れ力率のものが多いが，進相コンデンサにより力率を 100％ に近づけることで，需要家及び配電系統において次のような効果が得られる．

〈需要家〉

・変圧器等の設備容量の削減　　・変圧器の銅損の低減

〈配電系統〉

・電線路での電圧降下の低減　　・電線路での線路損失の低減

なお，力率改善の効果ではないが，需要家に**直列リアクトル**付きの進相コンデンサを設置すると電力系統へ流出する高調波電流を低減する効果もある．上記のうち変圧器の銅損については 3-6 節で，高調波電流については 3-7 節で説明する．それ以外の効果についてこの節で説明する．また，高圧需要家が力率を改善すると電気料金（基本料金）の割引を受けられるメリットもあるが，説明は省略する．

1 進相コンデンサの概要

(1) 進相コンデンサの設置方法

高圧需要家に設置される進相コンデンサには，図 3･39 のように高圧のものと低圧のものがある．負荷に近い低圧に設置した方が受電用変圧器の設備容量削減効果などが得やすいが，高圧に一括で設置した方がコストが安いことから，一般的に高圧に設置される．

進相コンデンサの容量は，負荷設備の種類や稼働率を考慮して，過度に進み力率とならない容量を選定する必要がある．力率改善は，力率を 100％ に近づけることで設備容量削減などの効果を得られるが，進相コンデンサの容量が過剰で力率が 100％ よりも過度に進みになれば，必要な設備容量が増えるなどの逆効果となる．最近の負荷設備はインバータ機器が多くなっており，インバータ機器は力率がほぼ 100％ とみなすことができるため，力率改善は不要である．負荷変動により進み力率となる場合は，進相コンデンサ回路に開閉装置を施設し，タ

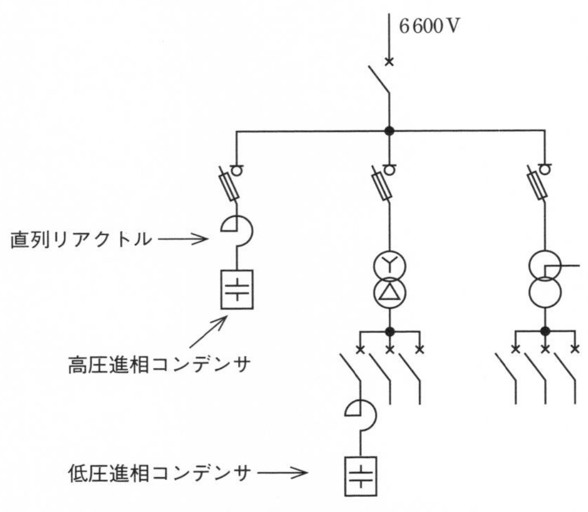

●図3・39 高圧需要家の進相コンデンサ

イマーなどにより負荷が小さいときには自動的にコンデンサを開放することが望ましい．

2 進相コンデンサの素子種別

進相コンデンサには，図3･40（a）に示すはく電極コンデンサ（NHコンデンサ）と図3･40（b）に示す蒸着電極コンデンサ（SHコンデンサ）の素子種別の異なる2種類がある．NHコンデンサは金属箔（一般にアルミ箔）を，SHコンデンサは蒸着金属を電極としている．内部の誘電体の一部が絶縁破壊を起こし

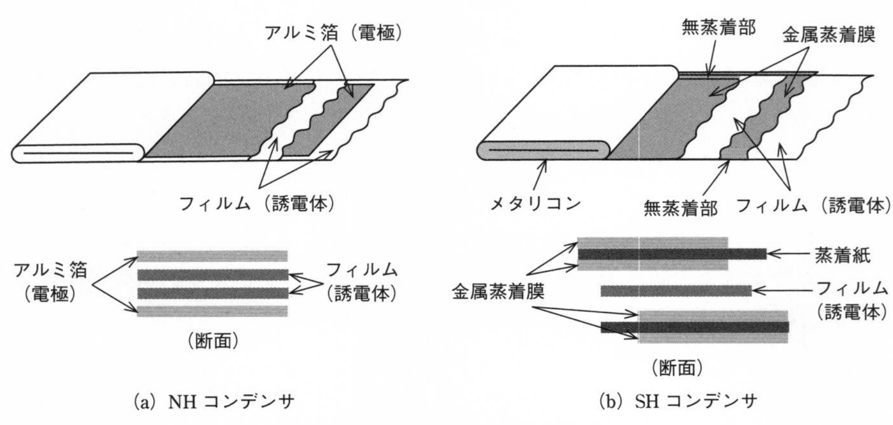

●図3・40 進相コンデンサの素子種別

た場合，SH コンデンサは破壊点の周囲の電極が蒸発消失して瞬時に絶縁を自己回復（Self Healing）するが，NH コンデンサは絶縁破壊が自己回復せずに素子が短絡状態になる（Non-self Healing）．三相の進相コンデンサは，図 3･41 のように複数の素子を直列に接続したものを △ 結線又は Y 結線に接続している．NH コンデンサの場合，図 3･41 のように 1 つ素子が絶縁破壊すると当該素子は短絡状態となり，直列に接続する他の素子が過電圧となることで連鎖的に絶縁破壊して完全短絡に至る．短絡電流が流れると内部で大量のガスが発生し，噴油爆発に至る場合がある．SH コンデンサの場合，誘電体が絶縁破壊しても自己回復するが，自己回復時に少量であるが絶縁油及び絶縁材料の分解ガスが発生するため，自己回復を繰り返しているとケース内圧が徐々に上昇して最終的には噴油爆発に至る場合がある．そのため，進相コンデンサには素子種別に合わせて適切な保護を行う必要がある．

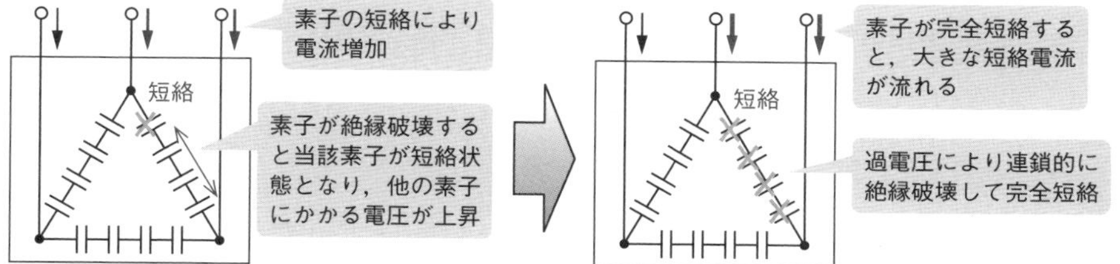

●図 3・41　高圧需要家の進相コンデンサ

(3) 直列リアクトル

また，JIS 規格や高圧受電設備規程において，進相コンデンサには直列リアクトルを取り付けて使用することが原則となっており，コンデンサのリアクタンスの 6％ 又は 13％ の直列リアクトルを取り付ける．直列リアクトルの効果として，コンデンサによる高調波電流の拡大防止やコンデンサ投入時の突入電流の抑制がある．

2　進相コンデンサに関する計算

(1) 直列リアクトル付き進相コンデンサの容量

前述のとおり現行規格では，原則として進相コンデンサには 6％ 又は 13％ の直列リアクトルを取り付けて使用する．直列リアクトルを取り付けた場合，回路電圧が高圧 6 600 V であっても進相コンデンサにかかる電圧が 6 600 V ではなく

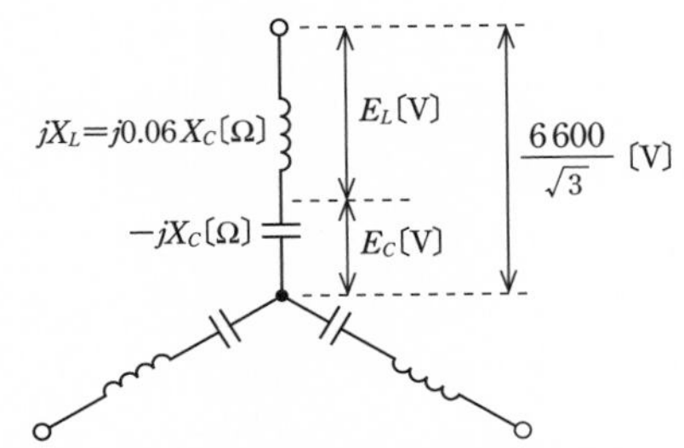

●図 3・42　直列リアクトル付き進相コンデンサ

なる．図 3･42 の 6% 直列リアクトル付きの Y 結線の進相コンデンサで電圧を説明する．直列リアクトルのリアクタンス X_L〔Ω〕は誘導性のため符号が正に，進相コンデンサのリアクタンス X_C〔Ω〕は容量性のため符号が負になる．1 相のコンデンサにかかる相電圧 E_C〔V〕は，インピーダンス比での分圧により

$$E_C = \frac{6\,600}{\sqrt{3}} \cdot \left| \frac{-jX_C}{(-jX_C + jX_L)} \right| = \frac{6\,600}{\sqrt{3}} \cdot \frac{-X_C}{(-X_C + 0.06X_C)}$$

$$= \frac{6\,600}{\sqrt{3}} \cdot \frac{1}{0.94} \fallingdotseq \frac{7\,020}{\sqrt{3}}\,\mathrm{V} \qquad (3 \cdot 21)$$

であり，回路電圧より大きくなる．また，直列リアクトルにかかる相電圧 E_L〔V〕は

$$E_L = \frac{6\,600}{\sqrt{3}} \cdot \left| \frac{jX_L}{(-jX_C + jX_L)} \right| = \frac{6\,600}{\sqrt{3}} \cdot \frac{0.06}{0.94} \fallingdotseq \frac{421}{\sqrt{3}} \fallingdotseq 243\,\mathrm{V} \qquad (3 \cdot 22)$$

である．ここで進相コンデンサ 1 相のリアクタンスを $X_C = 463\,\Omega$ とすると，直列リアクトルのリアクタンス X_L〔Ω〕は

$$X_L = 0.06X_C = 27.78\,\Omega$$

進相コンデンサの三相容量 Q_C〔kvar〕は

$$Q_C = 3\frac{{E_C}^2}{X_C} = 3\frac{\left(\frac{7\,020}{\sqrt{3}}\right)^2}{463} = \frac{7\,020^2}{463} = 106\,437\,\mathrm{var} \fallingdotseq 106.4\,\mathrm{kvar}$$

直列リアクトルの三相容量 Q_L〔kvar〕は

$$Q_L = 3\frac{{E_L}^2}{X_L} = 3\frac{\left(\frac{421}{\sqrt{3}}\right)^2}{27.78} = \frac{421^2}{27.78} = 6\,380\,\mathrm{var} \fallingdotseq 6.4\,\mathrm{kvar}$$

直列リアクトル付き進相コンデンサの合計容量は

$$Q_C - Q_L = 106.4 - 6.4 = 100\,\text{kvar}$$

となる．

JIS 規格では，進相コンデンサと直列リアクトルを組み合わせた進相コンデンサ設備の容量を「定格設備容量」としており，回路電圧 6600 V，定格設備容量 100 kvar の場合の進相コンデンサと 6% の直列リアクトルの定格の標準値は表 3・8 のとおりである．

●表 3・8 100 kvar の直列リアクトル付き進相コンデンサの定格

定格設備容量		100 kvar
進相コンデンサ	定格電圧	7020 V
	定格容量	106 kvar
直列リアクトル	定格電圧	243 V
	定格容量	6.38 kvar

なお，以降の計算で扱う進相コンデンサの容量は，進相コンデンサと直列リアクトルを組み合わせた進相コンデンサ設備の「定格設備容量」を指すものとする．

(2) 進相コンデンサの必要容量の計算

図 3・43 に示す有効電力（消費電力）P_1〔kW〕，無効電力 Q_1〔kvar〕，皮相電力 S_1〔kV・A〕，力率 $\cos\theta_1$（遅れ）の三相負荷があったとき，この電力をベクトル図に表すと図 3・44 の黒色のベクトルとなる．電力のベクトル図では，横軸を有効電力，縦軸を無効電力にとり，無効電力は遅れが下向き，進みが上向きとする．この負荷に容量 Q_C〔kvar〕の進相コンデンサを接続した場合のベクトル図は，図 3・44 の色付きのベクトルとなる．ここで進相コンデンサ接続後の無効電力 Q_2〔kvar〕，皮相電力 S_2〔kV・A〕，力率 $\cos\theta_2$（遅れ）である．

有効電力 P_1〔kW〕の負荷を力率 $\cos\theta_1$（遅れ）から力率 $\cos\theta_2$（遅れ）に力

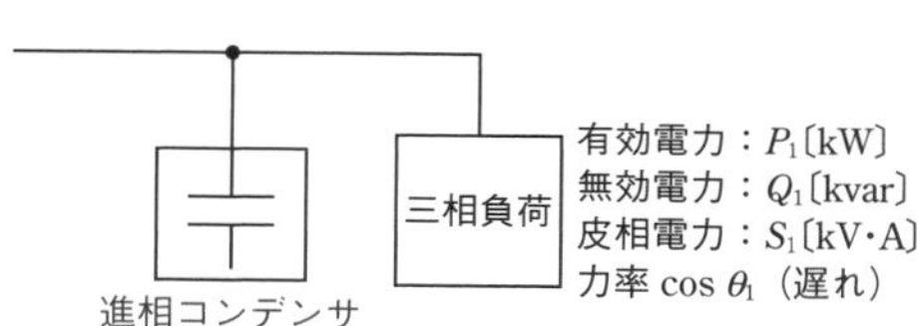

●図 3・43 三相負荷と進相コンデンサ

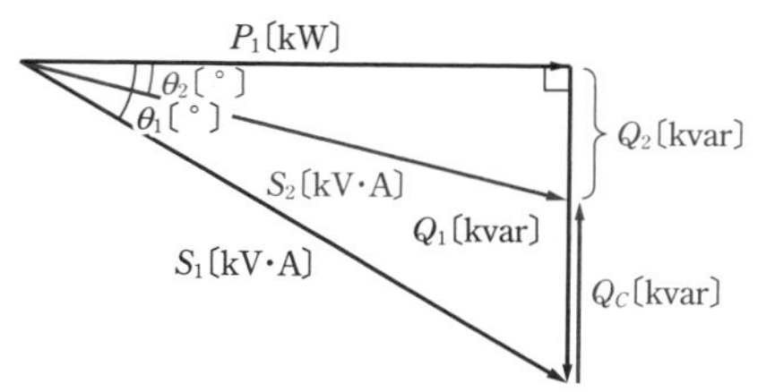

●図 3・44 電力のベクトル図

率改善するために必要な進相コンデンサの容量 Q_C〔kvar〕を求める式を考える．皮相電力 S_1〔kV·A〕と S_2〔kV·A〕は，有効電力と力率を用いて表すと

$$S_1=\frac{P_1}{\cos\theta_1},\ S_2=\frac{P_1}{\cos\theta_2} \tag{3・23}$$

である．また，無効電力 Q_1〔kvar〕，Q_2〔kvar〕は皮相電力を用いて表すと

$$Q_1=S_1\sin\theta_1,\ Q_2=S_2\sin\theta_2 \tag{3・24}$$

である．$\sin\theta$ は，三角関数の公式から $\cos\theta$ を用いて次のとおり計算できる．

$$\cos^2\theta+\sin^2\theta=1$$

$$\sin\theta=\sqrt{1-\cos^2\theta} \tag{3・25}$$

必要な進相コンデンサの容量 Q_C〔kvar〕は，無効電力 Q_1〔kvar〕と Q_2〔kvar〕を用いて次のとおり計算できる．

$$Q_C=Q_1-Q_2 \tag{3・26}$$

式(3·26) に式(3·23)～(3·25) を代入して計算すると

$$\begin{aligned}Q_C&=Q_1-Q_2=S_1\sin\theta_1-S_2\sin\theta_2\\&=\frac{P_1}{\cos\theta_1}\sqrt{1-\cos^2\theta_1}-\frac{P_1}{\cos\theta_2}\sqrt{1-\cos^2\theta_2}\\&=P_1\left(\sqrt{\frac{1-\cos^2\theta_1}{\cos^2\theta_1}}-\sqrt{\frac{1-\cos^2\theta_2}{\cos^2\theta_2}}\right)\\&=P_1\left(\sqrt{\frac{1}{\cos^2\theta_1}-1}-\sqrt{\frac{1}{\cos^2\theta_2}-1}\right)\end{aligned} \tag{3・27}$$

となる．

例として，有効電力 1000 kW の負荷を力率 0.8（遅れ）から力率 0.9（遅れ）に改善するのに必要な進相コンデンサの容量 Q_C〔kvar〕は

$$\begin{aligned}Q_C&=P_1\left(\sqrt{\frac{1}{\cos^2\theta_1}-1}-\sqrt{\frac{1}{\cos^2\theta_2}-1}\right)\\&=1000\left(\sqrt{\frac{1}{0.8^2}-1}-\sqrt{\frac{1}{0.9^2}-1}\right)\\&\fallingdotseq 1000(0.75-0.48432)\fallingdotseq 266\,\text{kvar}\end{aligned}$$

(3) 設備容量の削減

図 3·45 のように三相負荷と進相コンデンサが容量 S_{Tr}〔kV·A〕の変圧器に接続されているとする．変圧器の容量をベクトル図に表すと図 3·46 の破線のように皮相電力のベクトルの始点を中心とした円弧を描く．皮相電力 S_1〔kV·A〕，

S_2〔kV・A〕は，この円弧の内側に入れば変圧器の容量以内となるが，円弧の外側まで伸びていると変圧器容量を超過した過負荷状態である．図 3・46 では，力率改善前の皮相電力 S_1〔kV・A〕は変圧器容量を超過しているが，力率改善後の皮相電力 S_2〔kV・A〕は変圧器容量に収まっている．

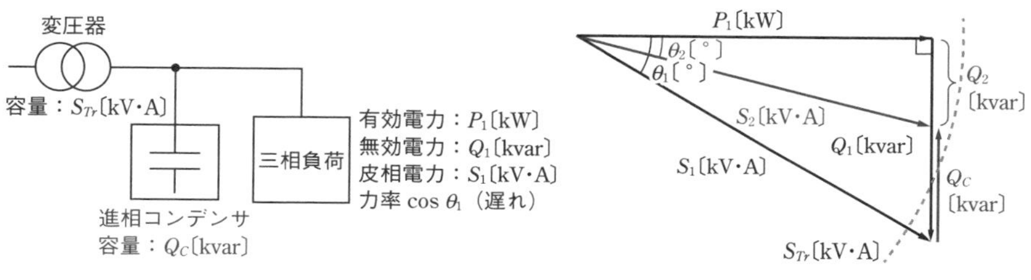

●図 3・45　三相負荷と進相コンデンサ

●図 3・46　電力のベクトル図

例として，有効電力 400 kW，力率 0.7（遅れ）の負荷を容量 500 kV・A の変圧器で供給する場合において，変圧器を過負荷運転とならないために必要最小限の進相コンデンサ容量を計算する．負荷の皮相電力 S_1〔kV・A〕及び無効電力 Q_1〔kvar〕は

$$S_1 = \frac{P_1}{\cos\theta_1} = \frac{400}{0.7} \fallingdotseq 571.43\,\mathrm{kV\cdot A}$$

$$Q_1 = \sqrt{{S_1}^2 - {P_1}^2} = \sqrt{571.43^2 - 400^2} \fallingdotseq 408.08\,\mathrm{kvar}$$

であり，皮相電力が変圧器容量を超過している．力率改善後の皮相電力 S_2〔kV・A〕を変圧器容量 500 kV・A 以下とする場合の力率改善後の無効電力 Q_2〔kvar〕は

$$Q_2 \leq \sqrt{{S_2}^2 - {P_1}^2} = \sqrt{500^2 - 400^2} = 300\,\mathrm{kvar}$$

であるので，必要最小限の進相コンデンサの容量 Q_C〔kvar〕は

$$Q_C = Q_1 - Q_2 = 408.08 - 300 = 108.08\,\mathrm{kvar}$$

である．

4 電圧降下の低減

図 3・47 のように三相負荷と進相コンデンサが電線 1 線あたりの抵抗 R〔Ω〕及びリアクタンス X〔Ω〕の線路に接続されているとする．三相負荷のみが接続して負荷の相電流が I〔A〕，電源の相電圧を E_s〔V〕，受電端の相電圧を E_r〔V〕としたとき，相電圧のベクトル図は図 3・48 のようになる．このベクトル図より，線路インピーダンスによる電圧降下の簡略式は

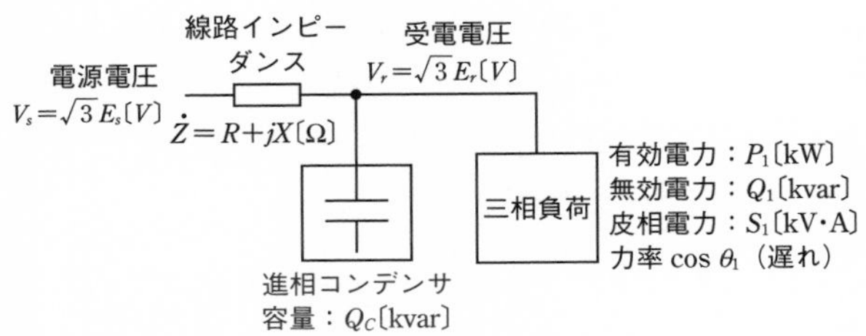

●図 3・47　三相負荷と進相コンデンサ

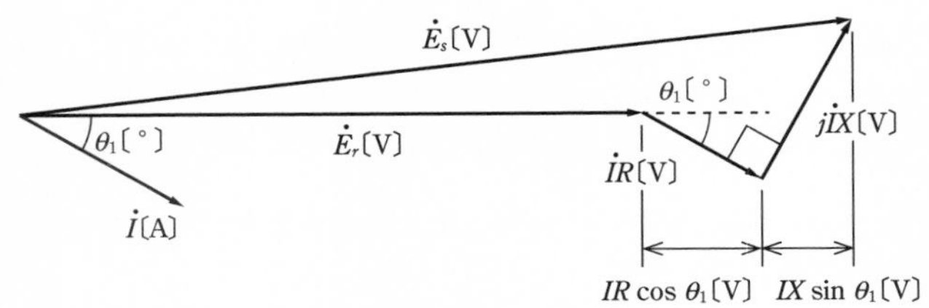

●図 3・48　電圧のベクトル図

$$E_s-E_r=IR\cos\theta_1+IX\sin\theta_1=I(R\cos\theta_1+X\sin\theta_1)\ 〔V〕$$

$$V_s-V_r=\sqrt{3}IR\cos\theta_1+\sqrt{3}IX\sin\theta_1$$

$$=\sqrt{3}I(R\cos\theta_1+X\sin\theta_1)〔V〕 \qquad (3・28)$$

である．また，式 (3･28) の右辺の分子と分母に V_r を乗じて有効電力 P_1〔kW〕，無効電力 Q_1〔kvar〕の式に変形すると

$$V_s-V_r=\frac{\sqrt{3}\ V_r IR\cos\theta_1}{V_r}+\frac{\sqrt{3}\ V_r IX\sin\theta_1}{V_r}$$

$$=\frac{PR+QX}{V_r}\times10^3〔V〕 \qquad (3・29)$$

である．また，式 (3･29) を変形することで，電圧から無効電力 Q_1〔kvar〕を求める式をつくることもできる．

$$(V_s-V_r)V_r=(PR+QX)\times10^3$$

$$Q=\frac{(V_s-V_r)V_r-PR\times10^3}{X\times10^3}\ 〔kvar〕$$

例として，有効電力 1000 kW の負荷を力率 0.8（遅れ）から力率 0.9（遅れ）に改善した場合の電圧降下を計算する．線路の抵抗は 1Ω，リアクタンスは 2Ω とし，受電電圧は力率改善前後ともに 6600 V で同一とする．力率改善前後の無

効電力 Q_1〔kvar〕, Q_2〔kvar〕は

$$Q_1 = P_1\sqrt{\frac{1}{\cos^2\theta_1}-1} = 1\,000\sqrt{\frac{1}{0.8^2}-1} = 750\,\text{kvar}$$

$$Q_2 = P_1\sqrt{\frac{1}{\cos^2\theta_2}-1} = 1\,000\sqrt{\frac{1}{0.9^2}-1} \fallingdotseq 484.3\,\text{kvar}$$

力率改善前後の電圧降下 ΔV_1〔V〕, ΔV_2〔V〕は，式(3･29)より

$$\Delta V_1 = \frac{P_1R+Q_1X}{V_r}\times 10^3 = \frac{1\,000\times 1+750\times 2}{6\,600}\times 10^3 \fallingdotseq 379\,\text{V}$$

$$\Delta V_2 = \frac{P_1R+Q_2X}{V_r}\times 10^3 = \frac{1\,000\times 1+484.3\times 2}{6\,600}\times 10^3 = 298\,\text{V}$$

であり，力率改善により電圧降下が 81 V 低減する．

(5) 線路損失の低減

三相の電線路での線路損失 W〔W〕は，線路に流れる電流 I〔A〕，電線 1 線あたりの抵抗 R〔Ω〕とすると次式で求められる．

$$W = 3I^2R\ \text{〔W〕} \qquad (3\cdot 30)$$

負荷の電流は，負荷の皮相電力に比例するため，進相コンデンサにより力率を 1 に近づけるほど電流が小さくなり，線路損失も小さくなる．

例として，有効電力 1000 kW の負荷を力率 0.8（遅れ）から力率 1 に改善した場合の線路損失を計算する．線路の抵抗は 1Ω，受電電圧は力率改善前後ともに 6600 V で同一とする．力率改善前後の電流 I_1〔A〕, I_2〔A〕は

$$I_1 = \frac{P}{\sqrt{3}\,V_r\cos\theta_1} = \frac{1\,000\times 10^3}{\sqrt{3}\times 6\,600\times 0.8} = 109.3\,\text{A}$$

$$I_2 = \frac{P}{\sqrt{3}\,V_r\cos\theta_2} = \frac{1\,000\times 10^3}{\sqrt{3}\times 6\,600\times 1} = 87.48\,\text{A}$$

である．力率改善前後の電圧降下 W_1〔W〕, W_2〔W〕は，式(3･30)より

$$W_1 = 3I_1^2R = 3\times 109.3^2\times 1 \fallingdotseq 35\,839\,\text{W} = 35.8\,\text{kW}$$

$$W_2 = 3I_2^2R = 3\times 87.48^2\times 1 \fallingdotseq 22\,958\,\text{W} = 23.0\,\text{kW}$$

であり，力率改善により線路損失が 12.8 kW 低減する．

問題⑲ R1 B-12

三相 3 線式の高圧電路に 300 kW，遅れ力率 0.6 の三相負荷が接続されている．この負荷と並列に進相コンデンサ設備を接続して力率改善を行うものとする．進相コンデンサ設備は図に示すように直列リアクトル付三相コンデンサとし，直列リアクトル SR のリアクタンス X_L〔Ω〕は，三相コンデンサ SC のリアクタンス X_C〔Ω〕の 6％とするとき，次の（a）及び（b）の問に答えよ．

ただし，高圧電路の線間電圧は 6600 V とし，無効電力によって電圧は変動しないものとする．

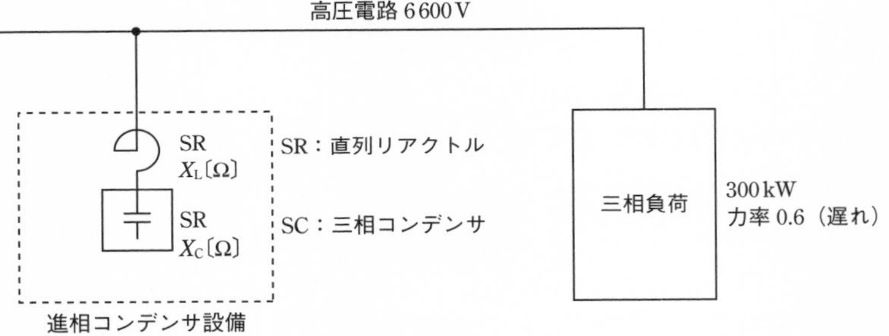

(a) 進相コンデンサ設備を高圧電路に接続したときに三相コンデンサ SC の端子電圧の値〔V〕として，最も近いものを次の (1) ～ (5) のうちから一つ選べ．

(1) 6410　(2) 6795　(3) 6807　(4) 6995　(5) 7021

(b) 進相コンデンサ設備を負荷と並列に接続し，力率を遅れ 0.6 から遅れ 0.8 に改善した．このとき，この設備の三相コンデンサ SC の容量の値〔kvar〕として，最も近いものを次の (1) ～ (5) のうちから一つ選べ．

(1) 170　(2) 180　(3) 186　(4) 192　(5) 208

直列リアクトルと三相コンデンサは，リアクタンスの符号が異なるため，三相コンデンサの端子電圧は回路電圧よりも大きくなる．

(a) 直列リアクトルのリアクタンス X_L〔Ω〕は，三相コンデンサのリアクタンス X_C〔Ω〕の 6％より

$$X_L = 0.06X_C \text{〔Ω〕}$$

コンデンサにかかる線間電圧 V_C〔V〕は，回路電圧 6600 V のインピーダンス比での分圧により

$$V_C = 6\,600\left|\frac{-jX_C}{(-jX_C+jX_L)}\right| = 6\,600\frac{-X_C}{(-X_C+0.06X_C)} = 6\,600\frac{1}{0.94} \fallingdotseq \mathbf{7\,021\,V}$$

(b) 力率改善に必要な進相コンデンサ設備の容量 Q_{SC}〔kvar〕は，本文の式 (3·27) より

$$Q_{SC} = P\left(\sqrt{\frac{1}{\cos^2\theta_1}-1}-\sqrt{\frac{1}{\cos^2\theta_2}-1}\right) = 300\left(\sqrt{\frac{1}{0.6^2}-1}-\sqrt{\frac{1}{0.8^2}-1}\right)$$

$$\fallingdotseq 300(1.3333-0.75) = 174.99\,\text{kvar}$$

進相コンデンサ設備の容量 Q_{SC}〔kvar〕は，三相コンデンサの容量 Q_C〔kvar〕から直列リアクトルの容量 Q_L〔kvar〕を差し引いた容量であり，Q_L〔kvar〕は Q_C〔kvar〕の 6% であるので

$$Q_{SC} = Q_C - Q_L = Q_C - 0.06Q_C = 0.94Q_C$$

$$Q_C = \frac{Q_{SC}}{0.94} = \frac{174.99}{0.94} \fallingdotseq \mathbf{186\,kvar}$$

解答 ▶ (a)-(5)，(b)-(3)

問題20 ✓ ✓ ✓ H18 B-12

定格容量 500 kV·A の三相変圧器に 400 kW（遅れ力率 0.8）の平衡三相負荷が接続されている．これに新たに 60 kW（遅れ力率 0.6）の平衡三相負荷を追加接続する場合について，次の (a) 及び (b) に答えよ．

(a) コンデンサを設置していない状態で，新たに負荷を追加した場合の合成負荷の力率として，最も近いのは次のうちどれか．

(1) 0.65　(2) 0.71　(3) 0.73　(4) 0.75　(5) 0.77

(b) 新たに負荷を追加した場合，変圧器が過負荷運転とならないために設置するコンデンサ設備の必要最小の定格設備容量〔kvar〕の値として，最も適切なのは次のうちどれか．

(1) 50　(2) 100　(3) 150　(4) 200　(5) 300

2 つの負荷を合成した負荷の力率は，各負荷の有効電力及び無効電力をそれぞれ足し合わせ，その有効電力及び無効電力から計算する．ちなみに，$\cos\theta = 0.8$ のとき $\sin\theta = 0.6$，$\cos\theta = 0.6$ のとき $\sin\theta = 0.8$ であり，進相コンデンサの問題ではこの力率が出てくることが多い．

(a) 三相負荷 400 kW の無効電力 Q_A〔kvar〕及び三相負荷 60 kW の無効電力 Q_B〔kvar〕は

$$Q_A = S_A\sin\theta_A = \frac{P_A}{\cos\theta_A}\sqrt{1-\cos^2\theta_A} = \frac{400}{0.8}\times 0.6 = 300\,\text{kvar}$$

$$Q_B=\frac{P_B}{\cos\theta_B}\sqrt{1-\cos^2\theta_B}=\frac{60}{0.6}\times 0.8=80\,\text{kvar}$$

合成負荷の力率 $\cos\theta_1$ は，合成負荷の有効電力を P_1〔kW〕，無効電力を Q_1〔kvar〕とすると

$$\cos\theta_1=\frac{P_1}{\sqrt{{P_1}^2+{Q_1}^2}}=\frac{400+60}{\sqrt{(400+60)^2+(300+80)^2}}\fallingdotseq\frac{460}{596.657}\fallingdotseq\mathbf{0.77}$$

(b) 変圧器 500 kV･A が過負荷とならない合成負荷とコンデンサ設備の合成の無効電力 Q_2〔kvar〕は，合成負荷の有効電力 460 kW より

$$500\geq\sqrt{{P_1}^2+{Q_2}^2}$$

$$Q_2\leq\sqrt{500^2-{P_1}^2}=\sqrt{500^2-460^2}=195.96\,\text{kvar}$$

必要最小のコンデンサ設備容量 Q_C〔kvar〕は

$$Q_C=Q_1-Q_2=380-195.96=184.04\,\text{kvar}$$

変圧器が過負荷とならないコンデンサ設備容量は，184.04 kvar 以上が必要なので，184.04 kvar 以上で最小の選択肢である **200 kvar** となる．

解答 ▶ (a)-(5)，(b)-(4)

問題21 ✓✓✓ H11 A-12

使用電力 600 kW，遅れ力率 80 の三相負荷に電力を供給している配電線路がある．負荷と並列に電力用コンデンサを接続して線路損失を最小とするために必要なコンデンサの容量〔kvar〕はいくらか．正しい値を次のうちから選べ．

(1) 350　(2) 400　(3) 450　(4) 500　(5) 550

線路損失は線路に流れる電流の二乗に比例し，電流は皮相電力に比例する．そのため，進相コンデンサにより力率を 1 に近づけるほど電流が小さくなり，線路損失も小さくなる．

解説 配電線路での線路損失は，コンデンサと負荷を合成した力率が 1 のときに最小となる．三相負荷の力率を 1 にするために必要なコンデンサ容量 Q_C〔kvar〕は，三相負荷の有効電力を P〔kW〕，力率改善前後の力率を $\cos\theta_1$，$\cos\theta_2$ とすると

$$Q_C=P\left(\sqrt{\frac{1}{\cos^2\theta_1}-1}-\sqrt{\frac{1}{\cos^2\theta_2}-1}\right)$$

$$=600\left(\sqrt{\frac{1}{0.8^2}-1}-\sqrt{\frac{1}{1^2}-1}\right)=600(0.75-0)=\mathbf{450\,kvar}$$

解答 ▶ (3)

問題22 H24 B-12

電気事業者から供給を受ける，ある需要家の自家用変電所を送電端とし，高圧三相 3 線式 1 回線の専用配電線路で受電している第 2 工場がある．第 2 工場の負荷は 2 000 kW，受電電圧は 6 000 V であるとき，第 2 工場の力率改善及び受電端電圧の調整を図るため，第 2 工場に電力用コンデンサを設置する場合，次の (a) 及び (b) の問に答えよ．ただし，第 2 工場の負荷の消費電力及び負荷力率（遅れ）は，受電端電圧によらないものとする．

(a) 第 2 工場の力率改善のために電力用コンデンサを設置したときの受電端のベクトル図として，正しいものを次の (1)～(5) のうちから一つ選べ．ただし，ベクトル図の文字記号と用語との関係は次のとおりである．

P：有効電力〔kW〕
Q：電力用コンデンサ設置前の無効電力〔kvar〕
Q_C：電力用コンデンサの容量〔kvar〕
θ：電力用コンデンサ設置前の力率角〔°〕
θ'：電力用コンデンサ設置後の力率角〔°〕

(1)

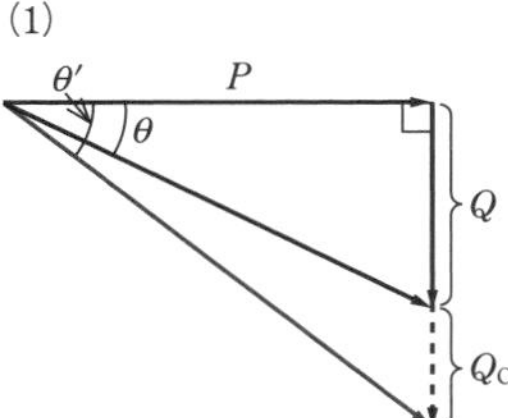

(2)

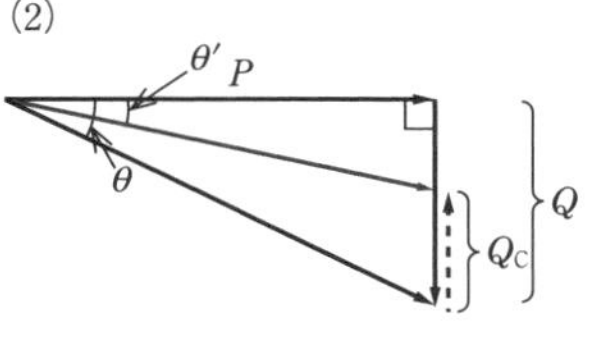

(3)

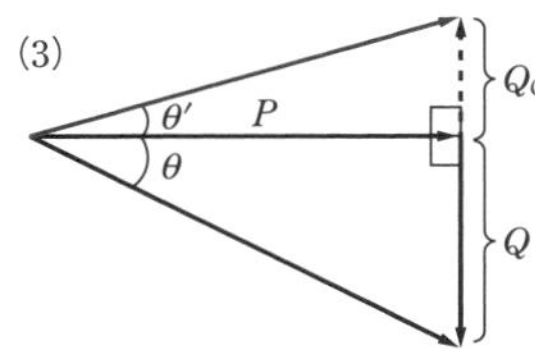

(4)

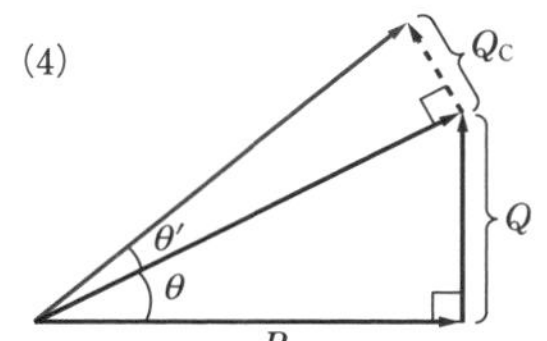

(5)

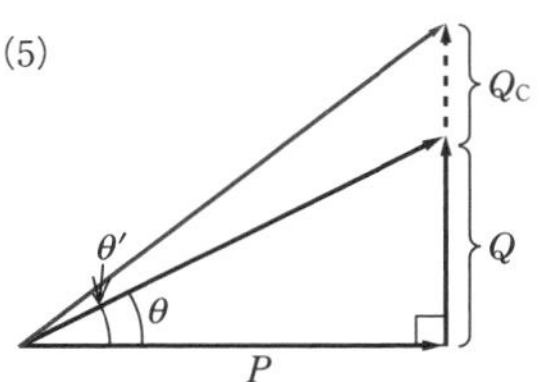

(b) 第 2 工場の受電端電圧を 6300 V にするために設置する電力用コンデンサ容量〔kvar〕の値として，最も近いものを次の (1)～(5) のうちから一つ選べ．ただし，自家用変電所の送電端電圧は 6600 V，専用配電線路の電線 1 線当たりの抵抗は 0.5 Ω 及びリアクタンスは 1 Ω とする．また，電力用コンデンサ設置前の負荷力率は 0.6（遅れ）とする．なお，配電線の電圧降下式は，簡略式を用いて計算するものとする．

(1) 700　(2) 900　(3) 1500　(4) 1800　(5) 2000

解説 (a) 電力のベクトル図では，横軸を有効電力，縦軸を無効電力にとり，無効電力は遅れが下向き，進みが上向きとする．コンデンサ接続前の遅れの無効電力 Q〔kvar〕からコンデンサの容量 Q_C〔kvar〕を差し引いたものがコンデンサ接続後の無効電力となる．よって，正しいベクトル図は (2) である．

(b) コンデンサ設置前の無効電力 Q〔kvar〕は

$$Q=\frac{P}{\cos\theta}\sqrt{1-\cos^2\theta}=\frac{2000}{0.6}\times 0.8 \fallingdotseq 2666.7\,\text{kvar}$$

コンデンサ設置後の送電端電圧を V_s〔V〕，受電電圧を V_r〔V〕，電流を I〔A〕，電線 1 線当たりの抵抗を R〔Ω〕及びリアクタンスを X〔Ω〕としたとき，配電線の電圧降下の簡略式は

$$V_s-V_r=\sqrt{3}\,IR\cos\theta'+\sqrt{3}\,IX\sin\theta' \ \text{〔V〕}$$

であり，この式の両辺に V_r を乗じて有効電力 P〔kW〕，コンデンサ接続後の無効電力 Q'〔kvar〕の式に変形して Q'〔kvar〕を求めると

$$(V_s-V_r)V_r=\sqrt{3}\,V_r IR\cos\theta'+\sqrt{3}\,V_r IX\sin\theta'$$

$$=(PR+Q'X)\times 10^3$$

$$(V_s-V_r)V_r-PR\times 10^3=Q'X\times 10^3$$

$$Q'=\frac{(V_s-V_r)V_r-PR\times 10^3}{X\times 10^3}$$

$$Q'=\frac{(6600-6300)\times 6300-2000\times 0.5\times 10^3}{1\times 10^3}=890\,\text{kvar}$$

設置するコンデンサの容量 Q_C〔kvar〕は，コンデンサ接続前後の無効電力 Q〔kvar〕，Q'〔kvar〕より

$$Q_C=Q-Q'=2666.7-890=1776.7\,\text{kvar}$$

選択肢の中で最も近い値は，**1800 kvar** である．

解答 ▶ (a)-(2)，(b)-(4)

問題23 ☑ ☑ ☑ H25 B-11

高圧進相コンデンサの劣化診断について，次の（a）及び（b）の問に答えよ.

(a) 三相3線式50Hz，使用電圧6.6kVの高圧電路に接続された定格電圧6.6kV，定格容量50kvar（丫結線，一相2素子）の高圧進相コンデンサがある．その内部素子の劣化度合い点検のため，運転電流を高圧クランプメータで定期的に測定していた．ある日の測定において，測定電流〔A〕の定格電流〔A〕に対する比は，図1のとおりであった．測定電流〔A〕に最も近い数値の組合せとして，正しいものを次の(1)～(5)のうちから一つ選べ．ただし，直列リアクトルはないものとして計算せよ.

	R相	S相	T相
(1)	6.6	5.0	5.0
(2)	7.5	5.7	5.7
(3)	3.8	2.9	2.9
(4)	11.3	8.6	8.6
(5)	7.2	5.5	5.5

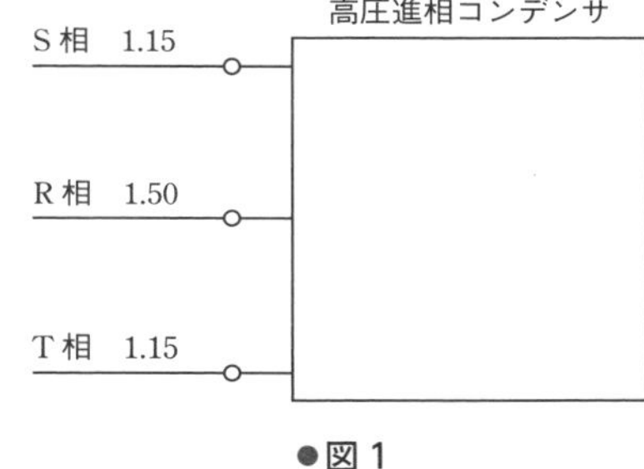

●図1

(b) (a)の測定により，劣化による内部素子の破壊（短絡）が発生していると判断し，機器停止のうえ各相間の静電容量を2端子測定法（1端子開放で測定）で測定した．図2のとおりの内部結線における素子破壊（素子極間短絡）が発生しているとすれば，静電容量測定結果の記述として，正しいものを次の(1)～(5)のうちから一つ選べ．ただし，図中×印は，破壊素子を表す.

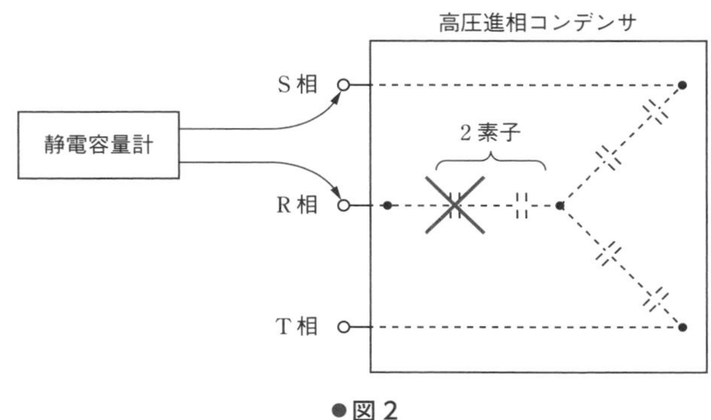

●図2

(1) R-S 相間の測定値は，最も小さい．
(2) S-T 相間の測定値は，最も小さい．
(3) T-R 相間は，測定不能である．
(4) R-S 相間の測定値は，S-T 相間の測定値の約 75％ である．
(5) R-S 相間と S-T 相間の測定値は，等しい．

(a) 進相コンデンサの定格容量を Q_C〔kvar〕，定格電圧を V_C〔V〕，定格電流を I_C〔A〕とすると，I_C〔A〕を求める式は

$$Q_C = \sqrt{3}\,V_C I_C$$

$$I_C = \frac{Q_C}{\sqrt{3}\,V_C}$$

であり，ここに各値を代入すると

$$I_C = \frac{50}{\sqrt{3}\times 6.6} \fallingdotseq 4.374\,\mathrm{A}$$

である．よって，各相の測定電流は，図 1 の比を用いて

R 相：4.374×1.5 ≒ **6.6 A**

S 相：4.374×1.15 ≒ **5.0 A**

T 相：4.374×1.15 ≒ **5.0 A**

(b) 1 素子当たりの静電容量を C〔F〕とする．R-S 相間を 2 端子測定法で測定した静電容量を C_{RS}〔F〕とすると，R-S 相間は素子が 3 個直列に接続している状態であるので

$$\frac{1}{C_{RS}} = \frac{1}{C} + \frac{1}{C} + \frac{1}{C}$$

$$C_{RS} = \frac{C}{3}\ \text{〔F〕}$$

T-R 相間の静電容量を C_{TR}〔F〕とすると，R-S 相間と同様に素子が 3 個直列に接続している状態であるので

$$C_{TR} = \frac{C}{3}\ \text{〔F〕}$$

S-T 相間の静電容量を C_{ST}〔F〕とすると，S-T 相間は素子が 4 個直列に接続している状態であるので

$$\frac{1}{C_{ST}} = \frac{1}{C} + \frac{1}{C} + \frac{1}{C} + \frac{1}{C}$$

$$C_{ST} = \frac{C}{4}\ \text{〔F〕}$$

選択肢（1）～（5）を見ると

（1）×　静電容量の測定値が最も小さいのは，S–T 相間である．

（2）○

（3）×　素子が短絡していても静電容量は測定可能である．

（4）×　R–S 相間の測定値は，S–T 相間の 4/3 倍である．

（5）×　測定値が等しいのは，R–S 相間と T–R 相間である．

解答 ▶ (a)-(1)，(b)-(2)

変圧器の効率

［★］

法規科目では，変圧器の効率に関する計算問題が出題される．ここでは，変圧器の効率に影響する損失の概要，及び損失の計算方法について説明する．

1 変圧器の損失

変圧器の主な損失には，図 3･49 に示すものがある．**無負荷損**は，変圧器の二次側を開放した無負荷状態で一次側に定格電圧を印加した時に発生する損失であり，変圧器の負荷の大きさに関わらずほとんど一定である．無負荷損は，変圧器内部の鉄心で発生する損失である**鉄損**がほとんどであり，法規の試験問題では**無負荷損＝鉄損**として扱われる．一方で**負荷損**は，負荷電流が増加すると増加する損失であり，1 次巻線及び 2 次巻線に負荷電流が流れることで発生する抵抗損（**銅損**）と負荷電流による漏れ磁束で発生する漂遊負荷損があるが，漂遊負荷損は他の損失に比べて小さいため**負荷損＝銅損**として扱われる．ここに記載した以外の損失についても非常に小さいため無視でき，変圧器の**全損失＝鉄損＋銅損**として扱われる．

次に，抵抗損，ヒステリシス損，うず電流損について概要を説明する．

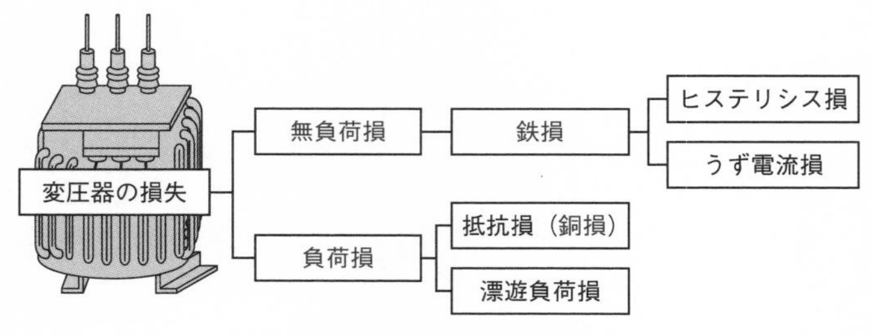

●図 3・49　変圧器の主な損失

(1) 抵抗損（銅損）

抵抗損（銅損）は，1 次巻線及び 2 次巻線の抵抗に負荷電流が流れることで発生する損失である．変圧器の一次側巻線に流れる負荷電流を I〔A〕，1 次側に換算した 1 次巻線及び 2 次巻線の抵抗の合計を R〔Ω〕とすると，銅損 P_c〔W〕

は次式で表される．

$$P_c = I^2 R$$

銅損は負荷電流の大きさの二乗に比例する．なお，負荷電流は変圧器が供給する負荷の皮相電力にする．変圧器に定格電流が流れるとき，つまり変圧器の定格容量と同じ皮相電力の負荷を供給するときの銅損を**全負荷銅損**という．

(2) ヒステリシス損

変圧器の巻線に電流が流れると磁界が発生し，この磁界により巻線内側にある鉄心が磁化される（磁石になる）．鉄心にかかる磁界の強さ H〔A/m〕と鉄心内の磁束密度 B〔T〕の関係を示す曲線を**ヒステリシス曲線**（$B-H$ 曲線）といい，図 3･50 のような曲線を描く．変圧器の鉄心は，巻線に電圧が印加されていない状態では図 3･50 の ① の状態で磁界も磁束密度も 0 である．巻線に電圧が印加され磁界がかかると磁束密度も増加して ② の状態となる．電圧波形の変化に合わせて ② から外部磁界が減少して ③ の外部磁界が 0 になった状態でも，一度磁化された鉄心には磁束密度が残っている．ここから磁界の向きが反転して磁界の強さが ④ になると鉄心の磁化が 0 になる．このときの磁界の強さを**保磁力**と

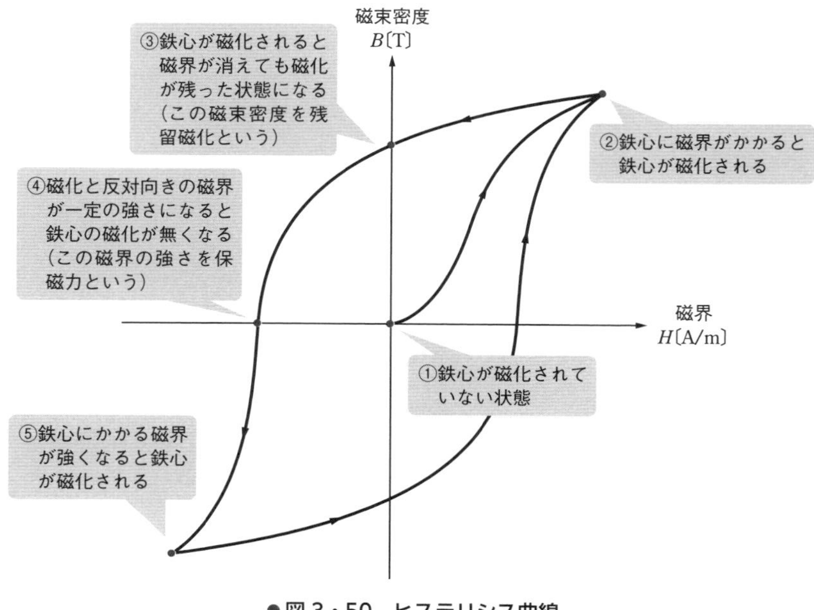

●図 3・50 ヒステリシス曲線

いう．④からさらに磁界が強くなると再び鉄心が磁化されて⑤となる．以降は電圧周波数に合わせてヒステリシス曲線の矢印の方向に周回を繰り返す．④の保磁力が大きいと磁化の向きを変えるためにエネルギーが必要であり，このエネルギーが鉄心の中で熱となりヒステリシス損になる．ヒステリシス損は，ヒステリシス曲線の面積に比例する．

(3) うず電流損

図 3･51 は，鉄心の断面を示した図である．図 3･51 のように，鉄心を通過する磁束が変化すると，鉄心内部に磁束の変化を打ち消す方向に誘導起電力が発生し，うず電流が流れる．鉄心の電気抵抗にうず電流が流れることで発生する電力損失（ジュール熱）がうず電流損である．うず電流損は鉄心材料の厚みの二乗に比例することから，うず電流損を低減するため，変圧器の鉄心には図 3･51 のように薄い板状の材料を絶縁して重ねた成層鉄心が用いられる．

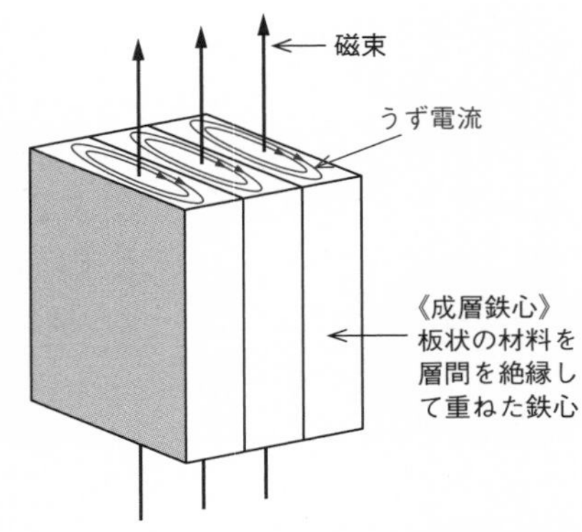

●図 3・51　鉄心に流れるうず電流

2 変圧器の効率の計算

(1) 変圧器の効率

変圧器の効率 η〔%〕は，変圧器の出力と損失から次式で表される．

$$効率\ \eta = \frac{出力〔kW〕}{出力〔kW〕+損失〔kW〕} \times 100〔\%〕$$

$$= \frac{出力〔kW〕}{出力〔kW〕+鉄損〔kW〕+銅損〔kW〕} \times 100〔\%〕 \qquad (3・31)$$

変圧器の定格容量を S_n〔kV･A〕，鉄損を P_i〔kW〕，変圧器の定格容量と同じ大きさの負荷を供給するときの銅損である全負荷銅損を P_c〔kW〕，負荷の力率を $\cos\theta_n$，定格容量と同じ大きさの負荷を供給するときの効率を η_n〔%〕とすると，効率 η_n は次式で表される．

$$効率\ \eta_n = \frac{S_n \cos\theta_n}{S_n \cos\theta_n + P_i + P_c} \times 100〔\%〕 \qquad (3・32)$$

また，この変圧器で有効電力 P_1〔kW〕，皮相電力 S_1〔kV･A〕，力率を $\cos\theta_1$ の負荷を供給するときの効率 η_1〔%〕は，銅損が皮相電力（電流）の二乗に比例することから，次式で表される．

$$効率\ \eta_1=\frac{S_1\cos\theta_1}{S_1\cos\theta_1+P_i+\left(\dfrac{S_1}{S_n}\right)^2P_c}\times 100\ 〔\%〕$$

$$=\frac{P_1}{P_1+P_i+\left(\dfrac{P_1/\cos\theta_1}{S_n}\right)^2P_c}\times 100\ 〔\%〕\qquad(3\cdot 33)$$

ここで，定格容量と負荷の皮相電力の比を $\alpha=(S_1/S_n)$ とすると

$$効率\ \eta_1=\frac{S_1\cos\theta_1}{S_1\cos\theta_1+P_i+\alpha^2P_c}\times 100\ 〔\%〕\qquad(3\cdot 34)$$

となる．変圧器の効率の計算では，式（3･33）又は式（3･34）を用いて計算する．

また，α を用いて式（3･34）を定格容量 S_n〔kV･A〕の式に変換すると

$$効率\ \eta_1=\frac{\alpha S_n\cos\theta_1}{\alpha S_n\cos\theta_1+P_i+\alpha^2P_c}\times 100\ 〔\%〕$$

$$=\frac{S_n\cos\theta_1}{S_n\cos\theta_1+\dfrac{P_i}{\alpha}+\alpha P_c}\times 100\ 〔\%〕\qquad(3\cdot 35)$$

となる．力率 $\cos\theta_1$ を一定とすると，効率 η_1 が最大となるのは分母の鉄損と銅損の項の和（$P_i/\alpha+\alpha P_c$）が最小のときである．鉄損の項と銅損の項の積が α によらず常に一定であることから，最小定理により鉄損の項と銅損の項が同じ時に和が最小となる．

$$\frac{P_i}{\alpha}\times\alpha P_c=P_iP_c=一定\quad\Rightarrow\quad\frac{P_i}{\alpha}=\alpha P_c\ のときに\ \frac{P_i}{\alpha}+\alpha P_c\ が最小$$

よって，α が次の値の時に変圧器の効率は最大になる．

$$\frac{P_i}{\alpha}=\alpha P_c\quad\Rightarrow\quad\alpha=\sqrt{\frac{P_i}{P_c}}$$

例として，定格容量 100 kV･A，鉄損 240 W，全負荷銅損 1500 W の変圧器で負荷を供給するときの効率を計算する．この変圧器で 100 kW，力率 1 の負荷を供給する場合の効率は，式（3･33）より

$$\eta_1 = \frac{P_1}{P_1 + P_i + \left(\dfrac{P_1/\cos\theta_1}{S_n}\right)^2 P_c} \times 100$$

$$= \frac{100}{100 + 0.24 + \left(\dfrac{100/1}{100}\right)^2 1.5} \times 100 \fallingdotseq 98.3\,\%$$

である．この変圧器の効率が最大になる α は

$$\alpha = \sqrt{\frac{P_i}{P_c}} = \sqrt{\frac{240}{1\,500}} = 0.4$$

であり，負荷力率が 1 であれば負荷 40 kW のときに最大となる．このときの効率は

$$\eta_1 = \frac{P_1}{P_1 + P_i + \left(\dfrac{P_1/\cos\theta_1}{S_n}\right)^2 P_c} \times 100 = \frac{40}{40 + 0.24 + \left(\dfrac{40/1}{100}\right)^2 1.5} \times 100$$

$$\fallingdotseq 98.8\,\%$$

である．この変圧器の力率 1 での出力に対する鉄損・銅損及び効率の値をグラ

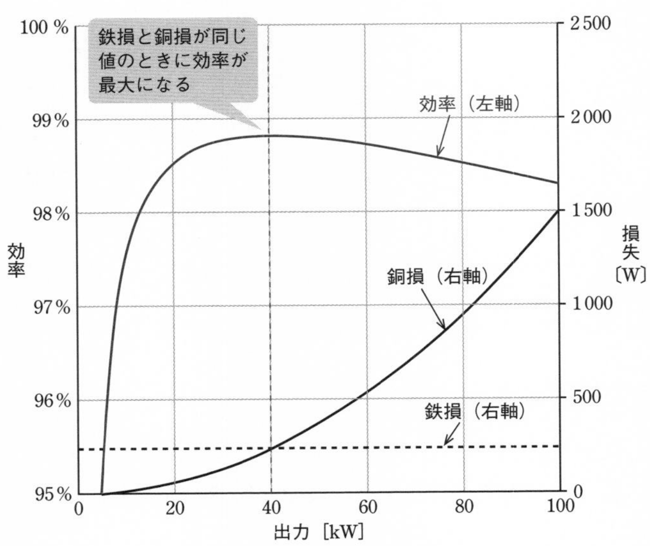

●図 3・52　変圧器の効率と損失の例

フにすると図 3･52 となる．鉄損は出力に関わらず一定で，鉄損は出力に二乗に比例して増加する．鉄損と銅損の大きさが同じになる出力 40 kW のときに変圧器の効率が最大になることがわかる．

(2) 全日効率

一般に，変圧器が供給する 1 日の負荷は，時間とともに変化する．1 日を通しての変圧器の効率を**全日効率**といい，全日効率を η_d〔%〕とすると，次式で表される．

$$\text{全日効率}\ \eta_d = \frac{1\text{日の出力電力量〔kW·h〕}}{1\text{日の出力電力量〔kW·h〕}+1\text{日の損失電力量〔kW·h〕}} \times 100\ \text{〔%〕} \quad (3\cdot36)$$

例として，定格容量 100 kV･A，鉄損 240 W，全負荷銅損 1500 W の変圧器で図 3･53 の日負荷曲線の負荷を供給するときの全日効率を計算する．1 日の出力電力量を W〔kW･h〕とすると，1 日の負荷は 80 kW が 12 時間，40 kW が 12 時間であるので

$$W = 80\times12+40\times12 = 1\,440\ \text{kW·h}$$

1 日の鉄損の損失電力量を W_i〔kW･h〕とすると，鉄損は一定であるので

$$W_i = 0.24\times24 = 5.76\ \text{kW·h}$$

負荷 80 kW の 12 時間での銅損の損失電力量を W_{c1}〔kW･h〕とすると，変圧器の定格容量 S_n〔kV･A〕，全負荷銅損 P_c〔kW〕，負荷の有効電力 P_1〔kW〕，負荷力率 $\cos\theta_1$，時間 t〔h〕より

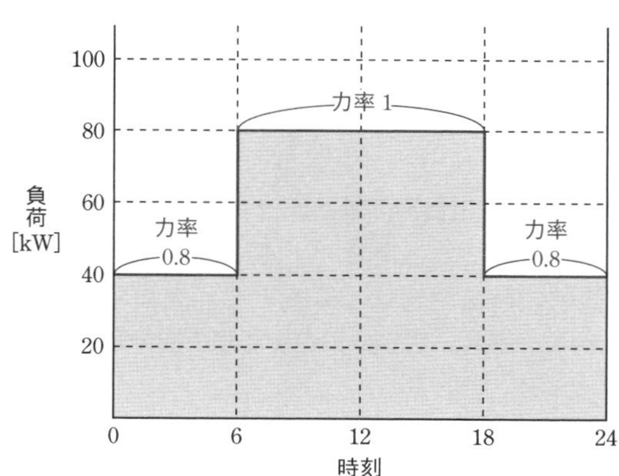

●図 3・53　変圧器の日負荷曲線の例

$$W_{c1}=\left(\frac{P_1/\cos\theta_1}{S_n}\right)^2 P_c\times h=\left(\frac{80/1}{100}\right)^2 1.5\times 12=11.52\,\mathrm{kW\cdot h}$$

同様に，負荷 40 kW の 12 時間での銅損の損失電力量を W_{c2}〔kW・h〕とすると

$$W_{c2}=\left(\frac{P_1/\cos\theta_1}{S_n}\right)^2 P_c\times h=\left(\frac{40/0.8}{100}\right)^2 1.5\times 12=4.5\,\mathrm{kW\cdot h}$$

1 日の銅損の損失電力量の合計 W_c〔kW・h〕は

$$W_c=W_{c1}+W_{c1}=11.52+4.5=16.02\,\mathrm{kW\cdot h}$$

よって，変圧器の全日効率 η_d は

$$\text{全日効率}\ \eta_d=\frac{W}{W+W_i+W_c}\times 100=\frac{1440}{1440+5.76+16.02}\times 100 \fallingdotseq 98.5\,\%$$

である．

問題24　H30　B-13

ある需要家では，図 1 に示すように定格容量 300 kV・A，定格電圧における鉄損 430 W 及び全負荷銅損 2 800 W の変圧器を介して配電線路から定格電圧で受電し，需要家負荷に電力を供給している．この需要家には出力 150 kW の太陽電池発電所が設置されており，図 1 に示す位置で連系されている．

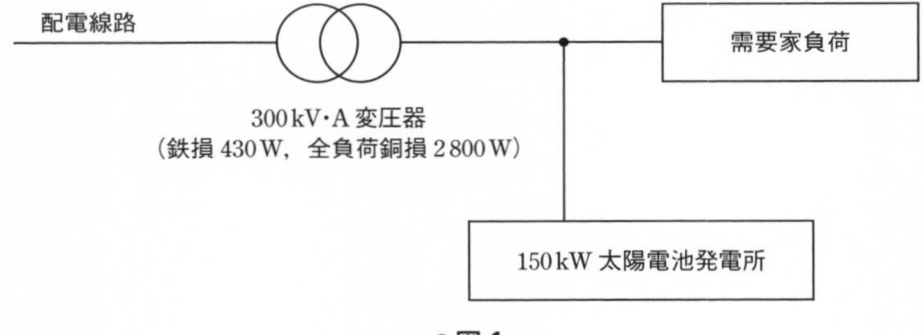

●図 1

ある日の需要家負荷の日負荷曲線が図 2 であり，太陽電池発電所の発電出力曲線が図 3 であるとするとき，次の（a）及び（b）の問に答えよ．

ただし，需要家の負荷力率は 100％とし，太陽電池発電所の運転力率も 100％とする．なお，鉄損，銅損以外の変圧器の損失及び需要家構内の線路損失は無視するものとする．

(a) 変圧器の 1 日の損失電力量の値〔kW・h〕として，最も近いものを次の（1）～（5）のうちから一つ選べ．

(1) 10.3　(2) 11.8　(3) 13.2　(4) 16.3　(5) 24.4

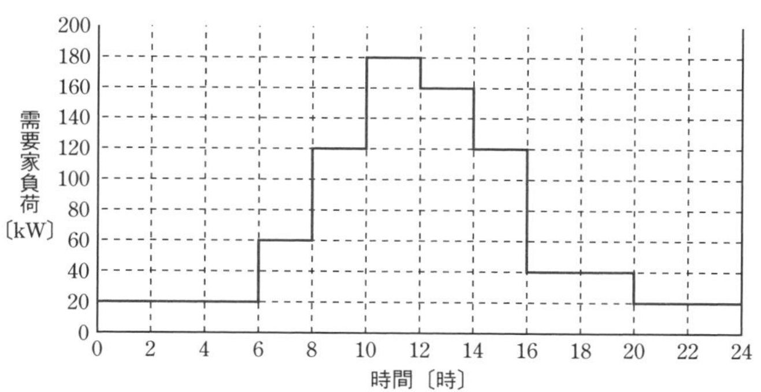

●図２　日負荷曲線

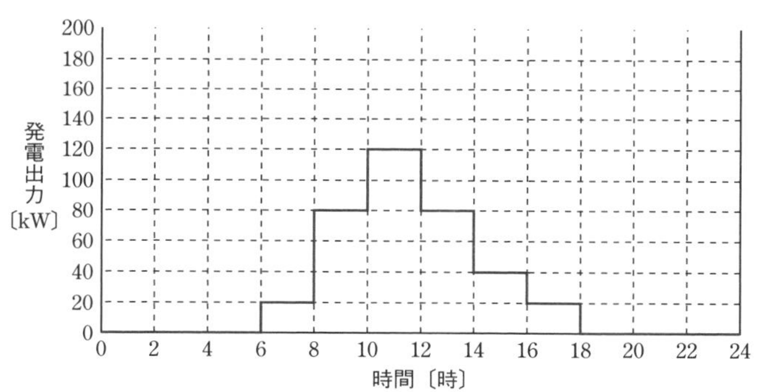

●図３　太陽電池発電所の発電出力曲線

(b) 変圧器の全日効率の値〔%〕として，最も近いものを次の(1)～(5)のうちから一つ選べ．

(1) 97.5　　(2) 97.8　　(3) 98.7　　(4) 99.0　　(5) 99.4

変圧器から供給する負荷の電力は，需要過負荷から太陽電池発電所の発電出力分だけ減少する．変圧器の効率の計算は，発電分の負荷の減少を考慮する必要があるが，計算方法は負荷のみのときと同じでよい．

解説　(a) 変圧器の日負荷曲線は，需要過負荷から太陽電池発電所の発電出力分を差し引いた解図の色付きの線となる．解図より，変圧器にかかる負荷の大きさと時間は，80 kW が 4 時間，60 kW が 2 時間，40 kW が 6 時間，20 kW が 12 時間である．

1 日の鉄損の損失電力量を W_i〔kW·h〕とすると

$$W_i = 0.43 \times 24 = 10.32\,\mathrm{kW \cdot h}$$

1 日の銅損の損失電力量を W_c〔kW･h〕，ある時間の負荷の有効電力を P_k〔kW〕，力率を $\cos\theta_k$，その負荷の時間数を t_k〔h〕，全負荷銅損 P_c〔kW〕とすると，W_c〔kW･h〕は

$$W_c = \sum\left\{\left(\frac{P_k/\cos\theta_k}{S_n}\right)^2 P_c \times h_k\right\} = \sum\left\{\left(\frac{P_k/\cos\theta_k}{S_n}\right)^2 \times h_k\right\} \times P_c$$

$$= \left\{\left(\frac{80/1}{300}\right)^2 \times 4 + \left(\frac{60/1}{300}\right)^2 \times 2 + \left(\frac{40/1}{300}\right)^2 \times 6 + \left(\frac{20/1}{300}\right)^2 \times 12\right\} \times 2.8$$

$$= (8^2 \times 4 + 6^2 \times 2 + 4^2 \times 6 + 2^2 \times 12) \times \frac{2.8}{30^2}$$

$$= (256 + 72 + 96 + 48) \times \frac{2.8}{900}$$

$$\fallingdotseq 1.468\,\text{kW･h}$$

1 日の損失電力量は，鉄損と銅損の損失電力量の合計なので

$W_i + W_c = 10.32 + 1.468 \fallingdotseq$ **11.8 kW･h**

(b) 1 日の出力電力量を W〔kW･h〕とすると

$W = 80 \times 4 + 60 \times 2 + 40 \times 6 + 20 \times 12 = 920\,\text{kW･h}$

変圧器の全日効率を η_d〔%〕とすると

$$\eta_d = \frac{1\text{ 日の出力電力量〔kW･h〕}}{1\text{ 日の出力電力量〔kW･h〕} + 1\text{ 日の損失電力量〔kW･h〕}} \times 100\ \text{〔\%〕}$$

$$= \frac{920}{920 + 11.8} \times 100 \fallingdotseq \mathbf{98.7\,\%}$$

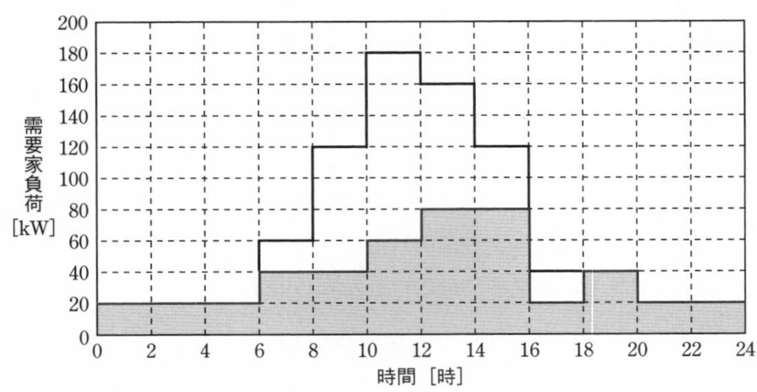

●解図　変圧器の日負荷曲線

解答 ▶ (a)-(2)，(b)-(3)

問題25 ✓✓✓ H14 B-11

定格容量 100 kV・A，鉄損 900 W 及び全負荷銅損 1.2 kW の変圧器がある．この変圧器を 1 日のうち無負荷で 10 時間，定格電流の 50 %（力率 1.0）で 6 時間，定格電流（力率 0.85）で 8 時間使用するときに，次の (a) 及び (b) に答えよ．

(a) この変圧器の 1 日の全損失電力量〔kW・h〕の値として，正しいのは次のうちどれか．

(1) 80　(2) 66　(3) 55　(4) 46　(5) 33

(b) このときの全日効率〔%〕の値として，最も近いのは次のうちどれか．

(1) 60.5　(2) 75.2　(3) 80.5　(4) 96.7　(5) 99.3

変圧器が無負荷であれば銅損は発生しないが，鉄損は発生しつづける．

(a) 1 日の鉄損の損失電力量を W_i〔kW・h〕とすると

$$W_i = 0.9 \times 24 = 21.6\,\text{kW・h}$$

定格電流 50 % のときの負荷の皮相電力は，変圧器の定格容量の 50 % なので 50 kV・A である．また，定格電流 100 % のときの負荷の皮相電力は 100 kV・A である．

1 日の銅損の損失電力量を W_c〔kW・h〕，ある時間の負荷の皮相電力を S_k〔kV・A〕，その負荷の時間数を t_k〔h〕，全負荷銅損 P_c〔kW〕とすると，W_c〔kW・h〕は，無負荷の時間は銅損が発生しないので

$$W_c = \sum\left\{\left(\frac{S_k}{S_n}\right)^2 P_c \times h_k\right\} = \sum\left\{\left(\frac{S_k}{S_n}\right)^2 \times h_k\right\} \times P_c$$

$$= \left\{\left(\frac{50}{100}\right)^2 \times 6 + \left(\frac{100}{100}\right)^2 \times 8\right\} \times 1.2 = 11.4\,\text{kW・h}$$

1 日の損失電力量は，鉄損と銅損の損失電力量の合計なので

$$W_i + W_c = 21.6 + 11.4 = \mathbf{33\,kW・h}$$

(b) 負荷の皮相電力 50 kV・A のときの有効電力は，力率が 1 なので 50 kW である．負荷の皮相電力 100 kV・A の有効電力は，力率が 0.85 なので 85 kW である．

1 日の出力電力量を W〔kW・h〕とすると

$$W = 50 \times 6 + 85 \times 8 = 980\,\text{kW・h}$$

変圧器の全日効率を η_d〔%〕とすると

$$\eta_d = \frac{1\text{日の出力電力量〔kW・h〕}}{1\text{日の出力電力量〔kW・h〕} + 1\text{日の損失電力量〔kW・h〕}} \times 100\ \text{〔%〕}$$

$$= \frac{980}{980 + 33} \times 100 \fallingdotseq \mathbf{96.7\,\%}$$

解答 ▶ (a)-(5)，(b)-(4)

Chapter 3

高調波抑制対策

［★★］

半導体素子を用いたインバータなどの機器は，高調波電流を発生させる．その高調波電流が電力系統に流出すると電力系統に接続されるコンデンサ設備などの機器に悪影響を及ぼす．そのため，高調波発生機器を設置する高圧需要家は，国が制定した「高圧又は特別高圧で受電する需要家の高調波抑制対策ガイドライン」（以下，「ガイドライン」という）に則って流出する高調波電流を抑制する必要がある．また，ガイドラインを解説，補完する民間の技術指針として「高調波抑制対策技術指針（JEAG 9702-2018）」も制定されている．ここでは，ガイドラインなどの内容を基に，高調波抑制対策の概要と高調波電流の流出計算について説明する．

1 高調波抑制対策の概要

(1) 高調波電流の発生原因

半導体素子を用いたインバータなどの機器は，電力系統から供給される商用周波数（50 Hz 又は 60 Hz）の正弦波電圧を変換して利用するため，その入力電流は正弦波とは異なる形となる．例として，図 3･54 の単相ブリッジ整流回路の場合，入力電圧と入力電流の波形は図 3･55 のようになり，電流は正弦波とは異なる形となる．この正弦波とは異なる入力電流の波形には，図 3･56 のように商用周波数の基本波にその**整数倍の周波数の高調波**が含まれている．このように，入力電流が正弦波とは異なる機器は，**高調波電流の発生機器**となる．

なお，偶数次の高調波は，図 3･56 のように波形がプラス側とマイナス側で上

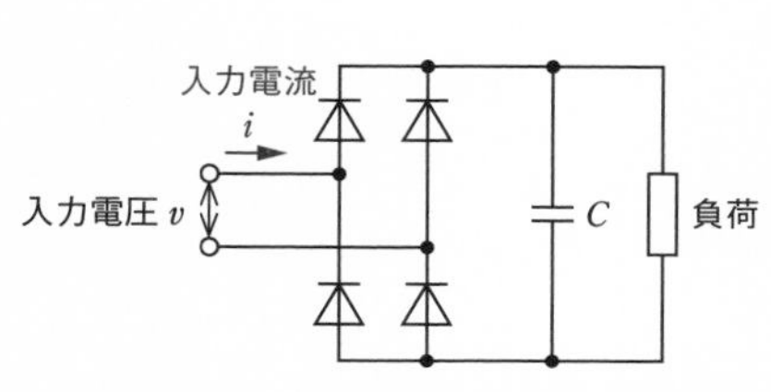

●図 3・54　単相ブリッジ整流回路

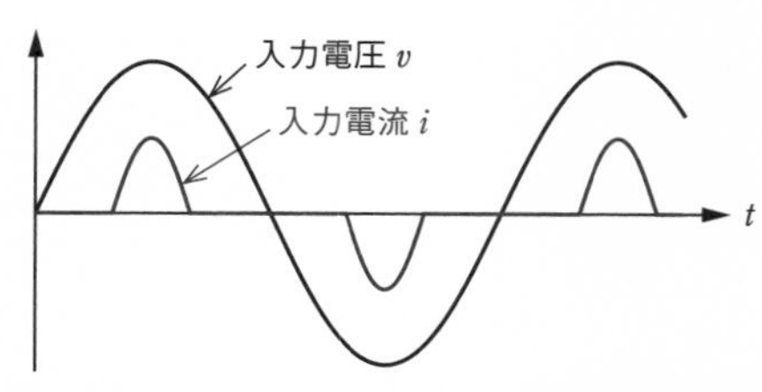

●図 3・55　単相ブリッジ整流回路の電圧・電流波形

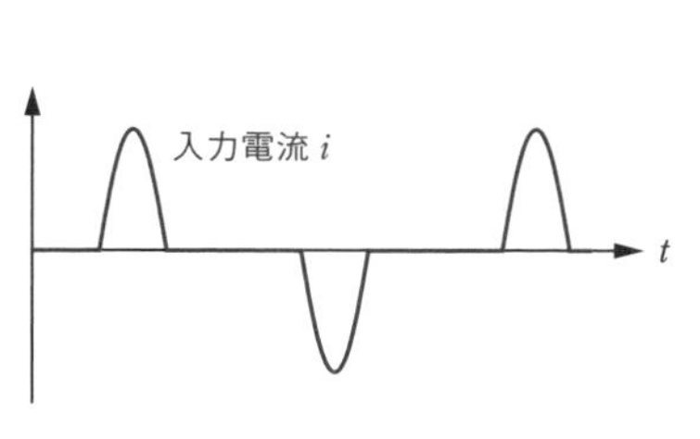

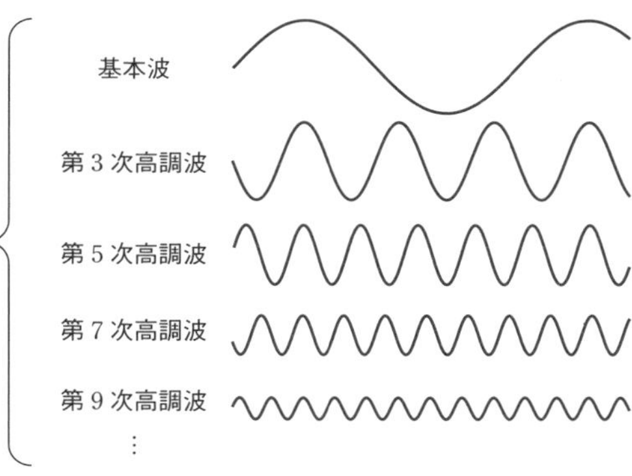

●図 3・56　入力電流の高調波

下対称になっていれば含まれておらず，実測例においても発生量は少ない．また，三相回路では**3 の倍数の次数の高調波**が三相で同位相になり，三相で高調波発生機器の負荷が平衡していれば変圧器の △ 回路で還流して吸収され，理論的には高圧系統には流れない．このため，ガイドラインでは 3 の倍数を除く奇数次の高調波について電力系統への高調波電流の流出上限値が定められている．

(2) 高調波による障害

需要家から発生した高調波電流が電力系統に流出すると，高調波電流による系統での電圧変動により**電圧波形にも高調波によるひずみが発生する**．需要家機器への高調波電流の流入や，電力系統の電圧ひずみが大きくなると，表 3･9 のように高調波がさまざまな機器に障害を与える．この中で特に障害が多いのが**進相コンデンサ設備**（コンデンサ用直列リアクトル及び電力用コンデンサ）であり，高調波発生機器の多い都市部でリアクトルが焼損する障害などが発生している．

●表 3・9　高調波が機器に与える障害例

機器	障害
電力用コンデンサ	過熱，焼損，異常音，振動
コンデンサ用直列リアクトル	過熱，焼損，異常音，振動
誘導電動機	過熱，異常音，振動，効率低下
変圧器	過熱，異常音，振動，効率低下
配線用遮断器，継電器	誤動作
電力用ヒューズ	過熱，溶断

このため，1998 年の JIS 規格の改正において進相コンデンサ設備の高調波耐量を大きくするなどの見直しが行われている．

3 高調波の抑制対策

高調波による障害を発生させないよう電力系統の高調波を抑制する対策として，ガイドラインではすべての高圧需要家に対して高調波電流の流出量をガイドラインの上限以下に抑制するよう定めている．高調波電流の主な抑制対策には，表 3·10 のものがある．

●表 3・10　主な高調波抑制対策

対　策	概　要	
直列リアクトル付き進相コンデンサ	直列リアクトル付き進相コンデンサを高圧又は低圧に設置する． 需要家構内で発生した高調波電流の一部がコンデンサに分流するとともに，電力系統からも高調波電流が流入することにより，電力系統の高調波電圧及び高調波電流を低減する．	
多パルス化	パルス数は，他励式変換装置の電源電圧 1 サイクルの転流回数であり，三相ブリッジ回路では 6 パルス（60 度ごと）である．通常，パルス数を 12 パルス以上とすることを多パルス化という． 右図のように位相が 30 度ずれた結線の異なる変圧器にそれぞれ 6 パルス変換装置を接続すると，転流のタイミングがずれて 12 パルスになる．12 パルス化では両変圧器の 5 次，7 次，17 次，19 次の高調波の位相がほぼ反転して打ち消しあう．	
LC フィルタ（受動フィルタ）	LC フィルタは，コンデンサ，リアクトルといった受動素子を組み合わせて特定の周波数又は周波数領域で低インピーダンスとなる回路である．低インピーダンスとなる当該周波数の高調波電流を吸収する．	

●表 3・10 （つづき）

対策	概要	
アクティブフィルタ（能動フィルタ）	アクティブフィルタは，負荷から発生する高調波電流を検出し，それを打ち消す逆位相の高調波電流を注入することで相殺する装置である．	

一般の高圧需要家では，直列リアクトル付き進相コンデンサで対策を行うことが多い．現在の JIS 規格や高圧受電設備規程において，進相コンデンサには直列リアクトルを取り付けて使用することが原則となっており，コンデンサのリアクタンスの 6％ 又は 13％ の直列リアクトルを取り付ける．6％ リアクトルでは 5 次以上の高調波電流に対して効果があり，13％ リアクトルでは 3 次以上の高調波電流に対して効果がある．逆に，直列リアクトルの無い進相コンデンサは，高調波を拡大させて高調波障害の要因となるため，原則として使用してはならない．（リアクトルの有無による高調波への影響は，次の第 2 項で説明する．）

2 高調波電流の流出計算

ここでは，高圧需要家に高調波発生機器と進相コンデンサがある場合の高調波電流の流出量の計算方法を説明する．進相コンデンサは，直列リアクトル付きの場合と直列リアクトル無しの場合，また高圧に設置する場合と低圧に設置する場合で流出量への影響が異なるため，それぞれについて説明する．

(1) 直列リアクトル付き進相コンデンサの高圧設置

図 3･57 のように高調波発生機器と高圧の直列リアクトル付き進相コンデンサが設置されている高圧需要家から配電系統へ流出する高調波電流の計算方法を説明する．高調波発生機器から発生する高調波電流は，通常，定電流源として取り扱う．図 3･57 において，基本波周波数に対する配電系統のリアクタンスを jX_S〔Ω〕，直列リアクトルのリアクタンスを jX_L〔Ω〕，進相コンデンサのリアクタンスを $-jX_C$〔Ω〕とする．これ以外のインピーダンスは無視するものとする．ここで，直列リアクトルのインダクタンスを L〔H〕，進相コンデンサの静電容量

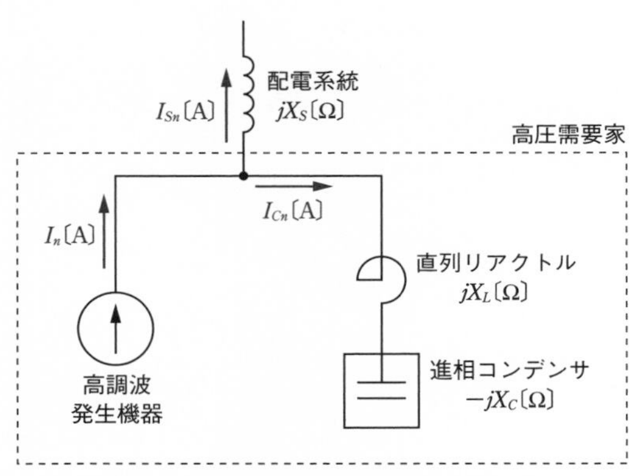

●図 3・57　高圧需要家の高調波電流

を C〔F〕，基本波の周波数を f〔Hz〕とすると，jX_L〔Ω〕と $-jX_C$〔Ω〕は次式で表される．

$$jX_L = j2\pi fL \text{〔Ω〕}$$

$$-jX_C = \frac{1}{j2\pi fC} \text{〔Ω〕}$$

次に，第 n 次高調波に対する各リアクタンスを考える．第 n 次高調波の周波数に対する配電系統，直列リアクトル，進相コンデンサの各リアクトルを jX_{Sn}〔Ω〕，jX_{Ln}〔Ω〕，$-jX_{Cn}$〔Ω〕とする．第 n 次高調波の周波数は，基本波周波数の n 倍なので，jX_{Ln}〔Ω〕，$-jX_{Cn}$〔Ω〕は

$$jX_{Ln} = j2\pi nfL = jnX_L \text{〔Ω〕}$$

$$-jX_{Cn} = \frac{1}{j2\pi nfC} = -j\frac{X_C}{n} \text{〔Ω〕}$$

となる．このように，第 n 次高調波に対して誘導性リアクタンスは n 倍に，容量性リアクタンスは $1/n$ 倍になる．このリアクタンスを用いて，図 3･57 の回路を高調波電流源を電源とする第 n 次高調波に対する等価回路で表すと図 3･58 のようになる．なお，高調波電流源から発生する第 n 次高調波電流が I_n〔A〕，配電系統に流出する第 n 次高調波電流が I_{Sn}〔A〕，直列リアクトルと進相コンデンサに流入する第 n 次高調波電流が I_{Cn}〔A〕である．

図 3･58 の等価回路より，配電系統へ流出する高調波電流 I_{Sn}〔A〕は，インピーダンスによる分流の法則を用いて次式で計算できる．

$$I_{Sn}=\frac{nX_L-\dfrac{X_C}{n}}{nX_S+\left(nX_L-\dfrac{X_C}{n}\right)}\times I_n \ \text{〔A〕} \tag{3・37}$$

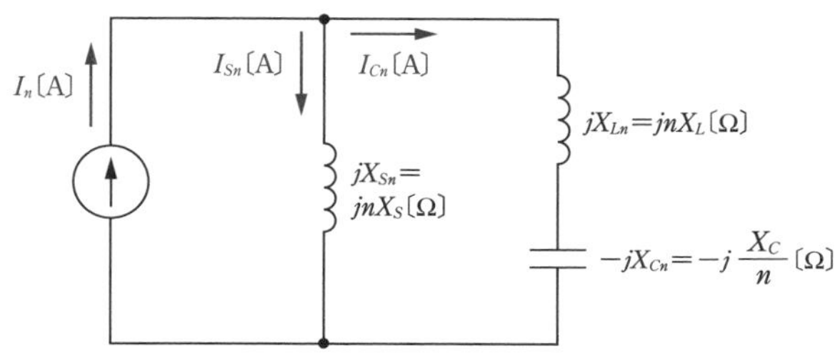

●図 3・58　第 n 次高調波の等価回路

例として，基本波周波数に対する配電系統のリアクタンスを $j3.5$〔Ω〕，進相コンデンサのリアクタンスを $-j465$〔Ω〕，直列リアクトルのリアクタンスを進相コンデンサのリアクタンスの 6%，高調波発生機器から発生する第 5 次高調波電流 $I_5=3.5$ A の場合の配電系統に流出する第 5 次高調波電流 I_{S5}〔A〕を計算する．直列リアクトルのリアクタンスは，進相コンデンサのリアクタンスの 6% であるから $X_L=0.06X_C$〔Ω〕となり，これを式（3･37）に入れて整理すると

$$I_{Sn}=\frac{nX_L-\dfrac{X_C}{n}}{nX_S+\left(nX_L-\dfrac{X_C}{n}\right)}\times I_n$$

$$=\frac{0.06nX_C-\dfrac{X_C}{n}}{nX_S+\left(0.06nX_C-\dfrac{X_C}{n}\right)}\times I_n=\frac{\left(0.06n-\dfrac{1}{n}\right)X_C}{nX_S+\left(0.06n-\dfrac{1}{n}\right)X_C}\times I_n \text{〔A〕} \tag{3・38}$$

となる．式（3･38）を用いて配電系統に流出する第 5 次高調波電流 I_{S5}〔A〕を計算すると

$$I_{S5}=\frac{\left(0.06\times5-\dfrac{1}{5}\right)\times465}{5\times3.5+\left(0.06\times5-\dfrac{1}{5}\right)\times465}\times4=\frac{46.5}{17.5+46.5}\times4 \fallingdotseq 2.91\,\text{A}$$

となり，発生した高調波電流より流出する高調波電流が減少する．

同じ高調波発生機器から第 3 次高調波電流 $I_3=1\,\mathrm{A}$ が発生していた場合，配電系統に流出する第 3 次高調波電流 I_{S3}〔A〕は

$$I_{S3}=\frac{\left(0.06\times3-\dfrac{1}{3}\right)\times465}{3\times1+\left(0.06\times3-\dfrac{1}{3}\right)\times465}\times1=\frac{-71.3}{3-71.3}\times1\fallingdotseq1.04\,\mathrm{A}$$

となり，発生した高調波電流より流出する高調波電流が増加する．

式（3･38）において，直列リアクトル付き進相コンデンサのリアクタンス $\left(0.06n-\dfrac{1}{n}\right)X_C$ が正の値であれば誘導性リアクタンスであり，高調波電流がコンデンサと配電系統に分流して流出電流が減少する．一方，負の値であれば容量性リアクタンスであり，配電系統の誘導性リアクタンスと共振することで高調波の流出電流が増加する．高調波の次数による直列リアクトル，進相コンデンサ及びその合成のリアクタンスの変化を図 3･59 に示す．図 3･59 より，6％リアクトル付きコンデンサでは 5 次以上の高調波に対して誘導性になり，5 次に対する

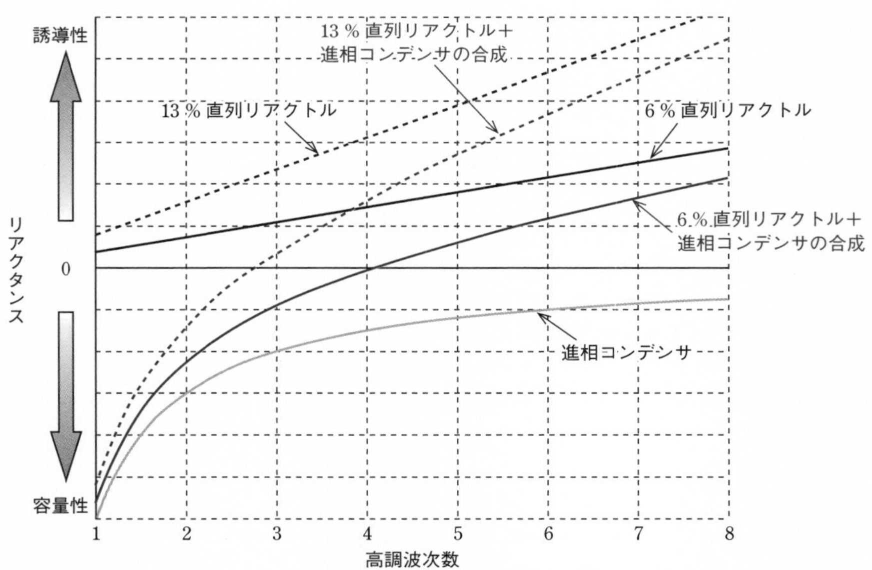

●図 3・59　高調波の次数によるリアクトルの変化

リアクタンスが小さいため第 5 次高調波電流の吸収効果が大きい．しかし，3 次に対しては容量性になる．三相負荷の不平衡があるなど第 3 次高調波電流が多い場合には，13％ の直列リアクトルを用いる場合がある．図 3･59 に示すように 13％ の直列リアクトルでは 3 次以上で誘導性となる．

また，需要家に直列リアクトル付き進相コンデンサを設置すると，**配電系統からも高調波電流が流入する**．説明した計算では流入を考慮していないが，実際の高圧需要家の高調波対策の検討では，需要家の高調波発生機器から系統に流出する高調波電流と系統から需要家に流入する高調波電流を計算し，流出電流と流入電流を差し引いた値により対策の要否を検討する．

（2） 直列リアクトル無しの進相コンデンサ

進相コンデンサに直列リアクトルを設置していないと，高調波に対して必ず容量性リアクタンスになるため，配電系統の誘導性リアクタンスと共振することで高調波の流出電流が増加する．前述（1）の計算例において，直列リアクトルが無い（$X_L = 0\,\Omega$）の場合の配電系統に流出する第 5 次高調波電流 I_{S5}〔A〕を計算する．基本波周波数に対する配電系統のリアクタンスを $j3.5$〔Ω〕，進相コンデンサのリアクタンスを $-j465$〔Ω〕，高調波発生機器から発生する第 5 次高調波電流 $I_5 = 3.5\,\text{A}$ とすると，式（3･38）より

$$I_{S5} = \frac{nX_L - \dfrac{X_C}{n}}{nX_S + \left(nX_L - \dfrac{X_C}{n}\right)} \times I_n = \frac{0 - \dfrac{465}{5}}{5 \times 3.5 + \left(0 - \dfrac{465}{5}\right)} \times 4 = \frac{-93}{17.5 - 93} \times 4$$

$$\fallingdotseq 4.93\,\text{A}$$

となり，高調波電流が増加することがわかる．

なお，直列リアクトルを設置していない進相コンデンサは，需要家内に高調波発生機器が設置されていない場合であっても**配電系統側の高調波を拡大する**おそれがある．そのため，進相コンデンサを設置する場合は，直列リアクトル付きとすることが重要である．

（3） 直列リアクトル付き進相コンデンサの低圧設置

図 3･60 のようにリアクトル付き進相コンデンサを高調波発生機器と同じ変圧器の低圧側に設置した場合に配電系統へ流出する高調波電流の計算方法を説明する．図 3･60 において，基本波周波数に対する変圧器のリアクタンスを jX_T〔Ω〕とする．図 3･60 の回路を第 n 次高調波に対する等価回路で表すと図 3･61 のよ

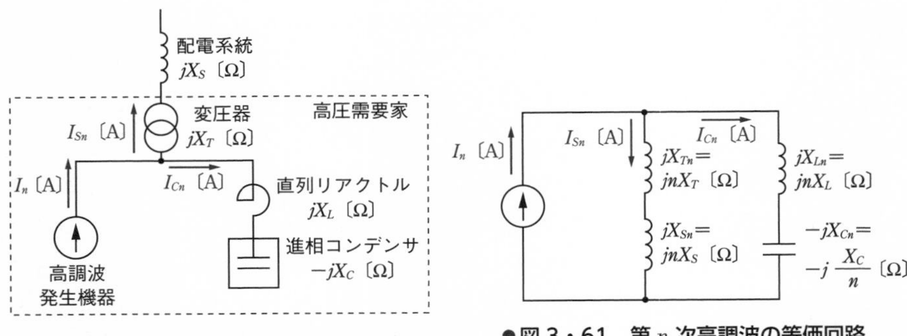

●図３・60　高圧需要家の高調波電流

●図３・61　第 n 次高調波の等価回路

うになる．図3·61の等価回路より，配電系統へ流出する高調波電流 I_{Sn}〔A〕は，インピーダンスによる分流の法則を用いて次式で計算できる．

$$I_{Sn}=\frac{nX_L-\dfrac{X_C}{n}}{(nX_S+nX_T)+\left(nX_L-\dfrac{X_C}{n}\right)}\times I_n\ \text{〔A〕} \qquad (3\cdot39)$$

高圧側に直列リアクトル付き進相コンデンサを設置した場合に比べ，変圧器のリアクタンスが入ることで進相コンデンサに分流する高調波電流が多くなり，系統に流出する高調波電流が少なくなる．高調波電流の流出対策としては，直列リアクトル付き進相コンデンサを高圧側より**低圧側に設置した方が，抑制効果が大きい．**

なお，前述（1）で説明した配電系統からの高調波電流の流入は，高圧設置の場合に比べて低圧設置の方が少なくなる．

問題26　H22　A-10

次の文章は，配電系統の高調波についての記述である．不適切なものは次のうちのどれか．

(1) 高調波電流を多く含んだ程度に応じて電圧ひずみが大きくなる．
(2) 高調波発生機器を設置していない高圧需要家であっても直列リアクトルを付けないコンデンサ設備が存在する場合，電圧ひずみを増大させることがある．
(3) 低圧側の第 3 次高調波は，零相（各相が同相）となるため高圧側にあまり現れない．
(4) 高調波電流流出抑制対策のコンデンサ設備は，高調波発生源が変圧器の低圧側にある場合，高圧側に設置した方が高調波電流流出抑制の効果が大きい．
(5) 高調波電流流出抑制対策設備に，高調波電流を吸収する受動フィルタと高調波電流の逆極性の電流を発生する能動フィルタがある．

解説 (1) ○　需要家から発生した高調波電流が電力系統に流出すると，高調波電流による系統での電圧変動により**電圧波形にも高調波によるひずみが発生する**．

(2) ○　直列リアクトルを設置していない進相コンデンサは，**系統側の高調波を拡大**するおそれがある．

(3) ○　三相回路では **3 の倍数の次数の高調波**が三相で同位相になり，三相で高調波発生機器の負荷が平衡していれば変圧器の △ 回路で還流して吸収され，理論的には高圧系統には流れない．

(4) ×　高調波発生機器と同じ変圧器の低圧側に直列リアクトル付き進相コンデンサを設置した場合，高圧側に設置するより変圧器のインピーダンスがあることで進相コンデンサへ分流する高調波電流が多くなる．高圧側より**低圧側に設置した方が，抑制効果が大きい**．

(5) ○　**受動フィルタ**（**LC フィルタ**）は，コンデンサ，リアクトルといった受動素子を組み合わせた回路であり，**能動フィルタ**（**アクティブフィルタ**）は，高調波電流を検出し，それを打ち消す逆位相の高調波電流を注入することで相殺する装置である．

解答 ▶ (4)

問題27 　R2 B-13

図に示すように，高調波発生機器と高圧進相コンデンサ設備を設置した高圧需要家が配電線インピーダンス Z_S を介して 6.6 kV 配電系統から受電しているとする.

コンデンサ設備は直列リアクトル SR 及びコンデンサ SC で構成されているとし，高調波発生機器からは第 5 次高調波電流 I_5 が発生するものとして，次の (a) 及び (b) の問に答えよ．ただし，Z_S，SR，SC の基本波周波数に対するそれぞれのインピーダンス $\dot{Z}_{S1}$，$\dot{Z}_{SR1}$，$\dot{Z}_{SC1}$ の値は次のとおりとする.

$$\dot{Z}_{S1} = j4.4\,\Omega,\ \dot{Z}_{SR1} = j33\,\Omega,\ \dot{Z}_{SC1} = -j545\,\Omega$$

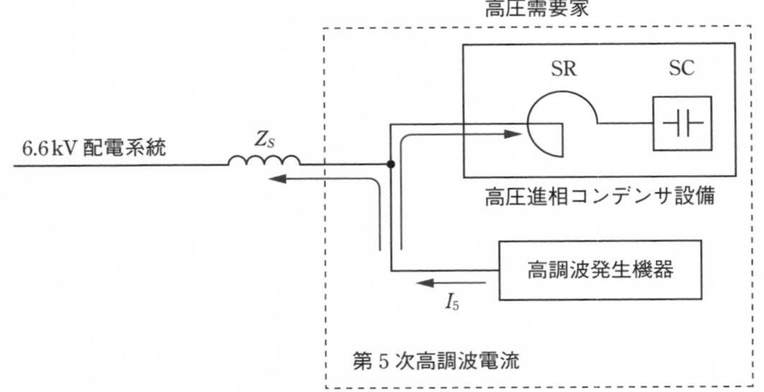

(a) 系統に流出する高調波電流は高調波に対するコンデンサ設備インピーダンスと配電線インピーダンスの値により決まる．Z_S，SR，SC の第 5 次高調波に対するそれぞれのインピーダンス $\dot{Z}_{S5}$，$\dot{Z}_{SR5}$，$\dot{Z}_{SC5}$ の値〔Ω〕の組合せとして，最も近いものを次の (1) ～ (5) のうちから一つ選べ.

	$\dot{Z}_{S5}$	$\dot{Z}_{SR5}$	$\dot{Z}_{SC5}$
(1)	$j22$	$j165$	$-j2\,725$
(2)	$j9.8$	$j73.8$	$-j1\,218.7$
(3)	$j9.8$	$j73.8$	$-j243.7$
(4)	$j110$	$j825$	$-j21.8$
(5)	$j22$	$j165$	$-j109$

(b)「高圧又は特別高圧で受電する需要家の高調波抑制対策ガイドライン」では需要家から系統に流出する高調波電流の上限値が示されており，6.6 kV 系統への第 5 次高調波の流出電流上限値は契約電力 1 kW 当たり 3.5 mA となっている．今，需要家の契約電力が 250 kW とし，上記ガイドラインに

従うものとする．このとき，高調波発生機器から発生する第 5 次高調波電流 I_5 の上限値（6.6 kV 配電系統換算値）の値〔A〕として，最も近いものを次の（1）～（5）のうちから一つ選べ．ただし，高調波発生機器からの高調波は第 5 次高調波電流のみとし，その他の高調波及び記載以外のインピーダンスは無視するものとする．なお，上記ガイドラインの実際の適用に当たっては，需要形態による適用緩和措置，高調波発生機器の種類，稼働率などを考慮する必要があるが，ここではこれらは考慮せず流出電流上限値のみを適用するものとする．

（1）0.6　　（2）0.8　　（3）1.0　　（4）1.2　　（5）2.2

第 n 次高調波に対するリアクタンスは，直列リアクトルなどの誘導性リアクタンスでは基本波に対するリアクタンスの n 倍に，コンデンサなどの容量性リアクタンスでは基本波に対するリアクタンスの $1/n$ 倍になる．

高調波の流出電流は，等価回路に置き換えることで簡単に計算することができる．

（a）第 5 次高調波に対するインピーダンスは，配電線インピーダンス及び直列リアクトルは誘導性リアクタンスなので基本波に対するリアクタンスの 5 倍に，コンデンサは容量性リアクタンスなので基本波に対するリアクタンスの 1/5 倍になる．よって，各インピーダンスの値は

$$\dot{Z}_{S5}=5\dot{Z}_{S1}=5\times j4.4=\boldsymbol{j22\,\Omega}$$

$$\dot{Z}_{SR5}=5\dot{Z}_{SR1}=5\times j33=\boldsymbol{j165\,\Omega}$$

$$\dot{Z}_{SC5}=\frac{\dot{Z}_{SC1}}{5}=\frac{-j545}{5}=\boldsymbol{-j109\,\Omega}$$

（b）需要家から配電系統に流出する第 5 次高調波電流を I_{S5}〔A〕とすると，その上限値は

$$I_{S5}=3.5\times10^{-3}\times250=0.875\,\mathrm{A}$$

である．高調波電流源から発生する第 5 次高調波電流を I_5〔A〕，進相コンデンサに流入する第 5 次高調波電流を I_{C5}〔A〕とすると，第 5 次高調波の等価回路は解図のようになる．等価回路より，配電系統への高調波流出電流 $I_{S5}=0.875\,\mathrm{A}$ のときの高調波電流源から発生する高調波電流 I_5〔A〕は

$$I_{S5}=\left|\frac{\dot{Z}_{SR5}+\dot{Z}_{SC5}}{\dot{Z}_{S5}+(\dot{Z}_{SR5}+\dot{Z}_{SC5})}\right|\times I_5=\frac{165-109}{22+(165-109)}\times I_5=\frac{56}{78}I_5$$

$$I_5=\frac{78}{56}I_{S5}=\frac{78}{56}\times0.875\fallingdotseq\boldsymbol{1.2\,\mathrm{A}}$$

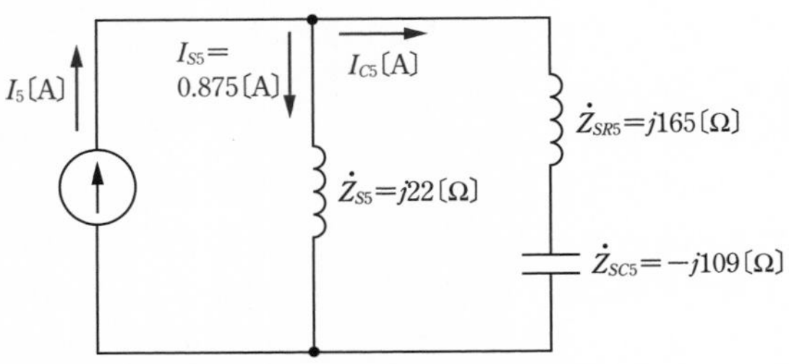

●解図　第 5 次高調波の等価回路

解答 ▶ (a)-(5)，(b)-(4)

バーチャルパワープラント，ディマンドリスポンス

［★］

1 バーチャルパワープラント（VPP）

(1) バーチャルパワープラントの概要

電力系統の周波数を規定値に維持するためには，電力の需要と供給の均衡を常に確保する必要がある．従来は，電力需要に合わせて発電電力を調整してきたが，近年導入量が増加している太陽光発電や風力発電などの再生可能エネルギーは，天候などにより発電量が左右され供給量を制御することが困難である．

一方で，家庭用燃料電池などのコージェネレーションシステム（電力と熱を供給するシステム），蓄電池，電気自動車，ネガワット（節電した電力）など，需要家側に導入される分散型のエネルギーリソースの普及も進んでいる．これらの

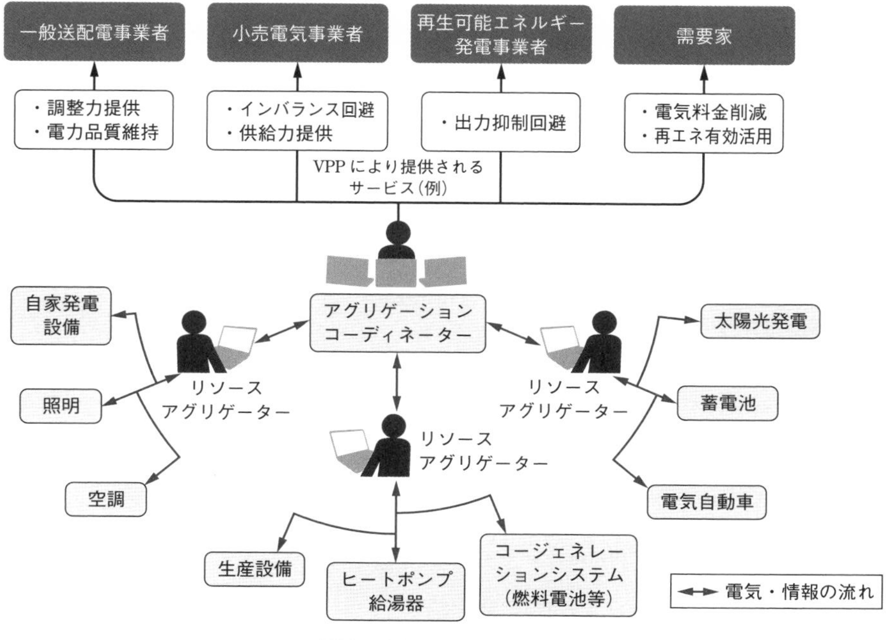

●図3・62　VPPのイメージ

分散型エネルギーリソースを，IoT などの技術を活用して束ね（アグリゲーション）遠隔・統合制御することであたかも一つの発電所のような機能を提供するしくみを**バーチャルパワープラント**（**VPP**）という．VPP のイメージを図 3･62 に示す．

(2) アグリゲーター

アグリゲーターとは，需要家側のエネルギーリソースや分散型エネルギーリソースを統合制御し，エネルギーサービスを提供する事業者をいう．VPP では，役割により次の 2 種類のアグリゲーターがある．なお，両役割を兼ねる事業者も存在する．

・リソースアグリゲーター

需要家と VPP サービス契約を直接締結してリソース制御を行う事業者．

・アグリゲーションコーディネーター

リソースアグリゲーターが制御した電力量を束ね，一般送配電事業者や小売電気事業者と直接電力取引を行う事業者．親アグリゲーターとも呼ばれる．

2022 年の電気事業法の改正により，アグリゲーションコーディネーターは「特定卸供給事業者」として電気事業者と位置付けられ，経済産業大臣への届出が必要になった．（p.2「1-1 節　電気事業法とその関係法令」参照．）

(3) VPP により提供されるサービス例

VPP は，負荷平準化や再生可能エネルギーの供給過剰の吸収，電力不足時の供給などの機能により，次のようなサービスの提供が期待されている．

・調整力供給

一般送配電事業者に対して，系統安定化業務に必要な調整力として電源などの能力を供給する．調整力については，本節第 3 項で説明する．

・インバランス回避

発電・需要の計画と実績の差（インバランス）の発生を回避する．インバランスについては，本節第 4 項で説明する．

・出力抑制回避

需要を創出することにより太陽光発電などの出力抑制を回避する．

2 ディマンドリスポンス（DR）

(1) ディマンドリスポンスの概要

ディマンドリスポンス（又は**デマンドレスポンス**，**DR**）とは，需要家側のエネルギーリソースの保有者若しくは第三者が，需要家側のエネルギーリソースを制御し，電力需要パターンを変化させることであり，VPP の手法の一つである．DR は，需要制御のパターンによって「上げ DR」と「下げ DR」に区別される．

・上げ DR：需要機器の稼働や蓄電池の充電などにより，電力需用量を増やす．
・下げ DR：需要機器の出力抑制や蓄電池の放電などにより，電力需用量を減らす．

ディマンドリスポンスの例を表 3･11 に示す．

●表 3・11　ディマンドリスポンスの例

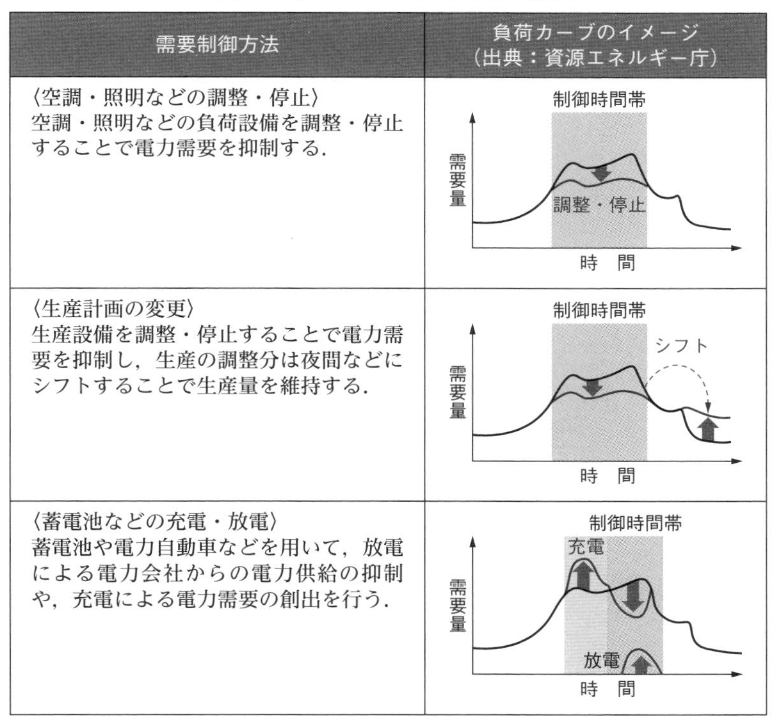

需要制御方法	負荷カーブのイメージ（出典：資源エネルギー庁）
〈空調・照明などの調整・停止〉 空調・照明などの負荷設備を調整・停止することで電力需要を抑制する．	制御時間帯 需要量 調整・停止 時　間
〈生産計画の変更〉 生産設備を調整・停止することで電力需要を抑制し，生産の調整分は夜間などにシフトすることで生産量を維持する．	制御時間帯 シフト 需要量 時　間
〈蓄電池などの充電・放電〉 蓄電池や電力自動車などを用いて，放電による電力会社からの電力供給の抑制や，充電による電力需要の創出を行う．	制御時間帯 充電 需要量 放電 時　間

(2) ネガワット取引

VPP を活用したビジネスとして，下げ DR による**ネガワット**（節電した電力）を取引するネガワット取引が行われている．また，ネガワットを取引する場として，2017 年 4 月にネガワット取引市場が創設されている．

3　一般送配電事業者の調整力

一般送配電事業者は，周波数制御や需給バランス調整などを行うため，電力需給を調整するための発電設備などが必要である．これらの需給調整のための能力を調整力という．以前は電力会社が自社の発電所などを調整力として保有していたが，2017 年度により，一般送配電事業者が確保する調整力は原則として公募で調達することとなった．また，2021 年度より各一般送配電事業者のエリアを越えた広域的な調整力の調達・運用と，市場原理による調整力コスト低減を図るため，需給調整市場が開設され取引を開始した．調整力の調達は公募から需給調整市場に順次移行する予定である（図 3・63）．

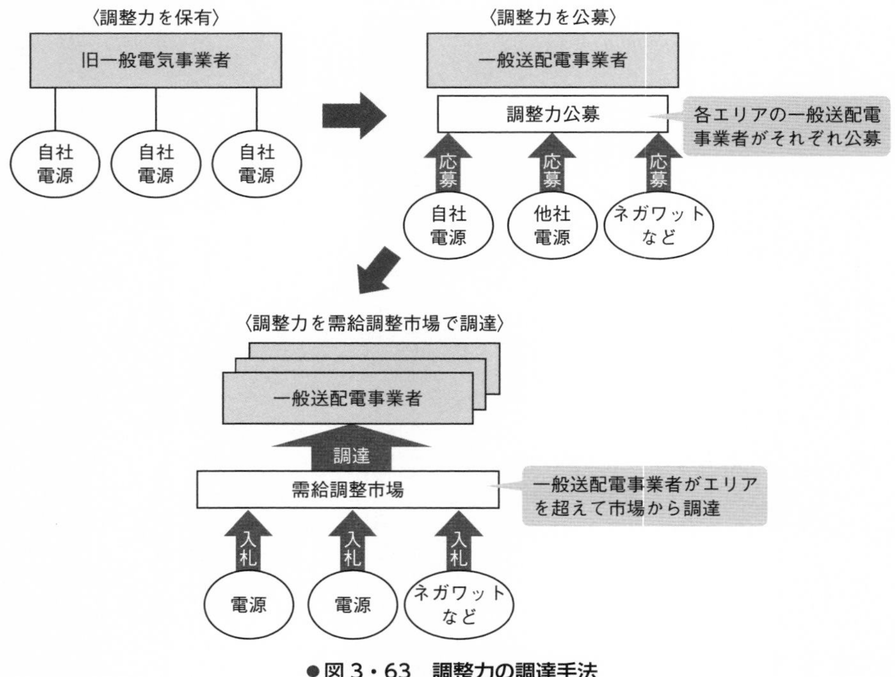

●図 3・63　調整力の調達手法

この調整力の調達では，DR 事業者も応募・入札しており，複数の一般送配電事業者がネガワットを調整力として調達している．

4 計画値同時同量

電力の需給バランスを確保するため，発電事業者及び小売電気事業者は，発電及び需要の計画を広域機関を通じて一般送配電事業者に提出し，この計画と発電・需要実績を 30 分単位で一致させる必要がある．これを**計画値同時同量制度**という．一般送配電事業者は，計画値と実績値との差分の電気（インバランス）を調整力電源を用いて調整し，電力の安定供給を維持する．また，一般送配電事業者は，不足分の電気を供給し，余剰電気を買い取るが，この過不足分の電気料金をインバランス料金といい，一般送配電事業者と発電事業者・小売電気事業者の間で精算が行われる（図 3･64）．

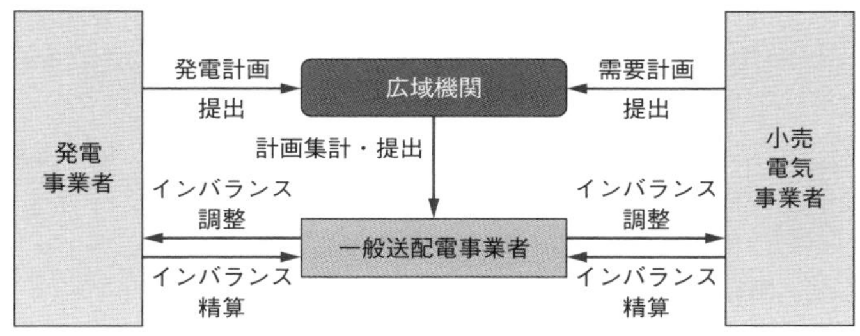

●図 3・64　計画値同時同量制度のイメージ

小売電気事業者は，同時同量を達成するため，ネガワット取引を活用することができる．ネガワット取引では，小売電気事業者は自社で契約する需要家のネガワットだけでなく，アグリゲーターなどを介して他の小売電気事業者が契約する需要家によって生み出されるネガワットを調達することもできる．

問題28　H30　A-10

次の文章は，電力の需給に関する記述である．

電力システムにおいて，需要と供給の間に不均衡が生じると，周波数が変動する．これを防止するため，需要と供給の均衡を常に確保する必要がある．

従来は，電力需要にあわせて電力供給を調整してきた．

しかし，近年，（ア）状況に応じ，スマートに（イ）パターンを変化させること，いわゆるディマンドリスポンス（「デマンドレスポンス」ともいう．以下同じ．）の重要性が強く認識されるようになっている．この取組の一つとして，電気事業者（小売電気事業者及び系統運用者をいう．以下同じ．）やアグリゲーター（複数の（ウ）を束ねて，ディマンドリスポンスによる（エ）削減量を電気事業者と取引する事業者）と（ウ）の間の契約に基づき，電力の（エ）削減の量や容量を取引する取組（要請による（エ）の削減量に応じて，（ウ）がアグリゲーターを介し電気事業者から報酬を得る．），いわゆるネガワット取引の活用が進められている．

上記の記述中の空白箇所（ア），（イ），（ウ）及び（エ）に当てはまる組合せとして，正しいものを次の（1）～（5）のうちから一つ選べ．

	（ア）	（イ）	（ウ）	（エ）
(1)	電力需要	発電	需要家	需要
(2)	電力供給	発電	発電事業者	供給
(3)	電力供給	消費	需要家	需要
(4)	電力需要	消費	発電事業者	需要
(5)	電力供給	発電	需要家	供給

解説　電力系統における需給調整では，従来は電力需要に合わせて電力供給を調整してきたが，需要家側に蓄電池や調整可能な需要設備などの分散型のエネルギーリソースの普及が進んでいることで，**電力供給**状況に応じて需要家側のエネルギーリソースを制御して**消費**パターンを変化させるディマンドリスポンス（DR）の活用が重要になっている．アグリゲーターとは，複数の**需要家**側のエネルギーリソースを統合制御し，DR などのエネルギーサービスを提供する事業者であり，電気事業者から得た報酬の一部を需要家に支払う．また，複数の需要家側のエネルギーリソースを遠隔・統合制御することであたかも一つの発電所のような機能を提供するしくみをバーチャルパワープラント（VPP）という．

解答 ▶ (3)

練習問題

■ 1 (H19 B-13)

負荷設備（低圧のみ）の容量が 600 kW，需要率が 60％ の高圧需要家について，次の（a）及び（b）に答えよ．

（a）下表に示す受電用変圧器バンク容量〔kV･A〕が選択できる．

変圧器のバンク容量〔kV･A〕				
375	400	500	550	600

この中から，この需要家に設置すべき必要最小限の変圧器バンク容量〔kV･A〕として選ぶとき，正しいのは次のうちどれか．ただし，負荷設備の総合力率は 0.8 とする．

（1）375　（2）400　（3）500　（4）550　（5）600

（b）年負荷率を 55％ とするとき，負荷の年間総消費電力量〔MW･h〕の値として，最も近いのは次のうちどれか．ただし，1 年間の日数は 365 日とする．

（1）1665　（2）1684　（3）1712　（4）1734　（5）1754

■ 2 (R4 上 B-13)

有効落差 80 m の調整池式水力発電所がある．調整池に取水する自然流量は 10 m³/s 一定であるとし，図のように 1 日のうち 12 時間は発電せずに自然流量の全量を貯水する．残り 12 時間のうち 2 時間は自然流量と同じ 10 m³/s の使用水量で発電を行い，他の 10 時間は自然流量より多い Q_p〔m³/s〕の使用水量で発電して貯水分全量を使い切るものとする．このとき，次の（a）及び（b）の問に答えよ．

（a）運用に最低限必要な有効貯水量の値〔m³〕として，最も近いものを次の（1）～（5）のうちから一つ選べ．

（1）220×10^3　（2）240×10^3　（3）432×10^3　（4）792×10^3　（5）864×10^3

（b）使用水量 Q_p〔m³/s〕で運転しているときの発電機出力の値〔kW〕として，最も近いものを次の（1）～（5）のうちから一つ選べ．ただし，運転中の有効落差は変わらず，水車効率，発電機効率はそれぞれ 90％，95％ で一定とし，溢水（いっすい）はないものとする．

（1）12 400　（2）14 700　（3）16 600　（4）18 800　（5）20 400

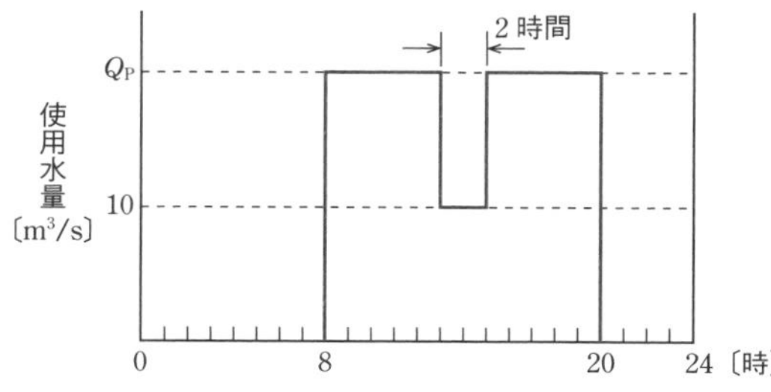

■ **3** (H19　A-10)

自家用需要家が絶縁油の保守，点検のため行う試験には，絶縁耐力試験及び［（ア）］試験が一般に実施されている．

絶縁油，特に変圧器油は，使用中に次第に劣化して酸価が上がり，［（イ）］や耐圧が下がるなどの諸性能が低下し，ついには泥状のスラッジができるようになる．変圧器油劣化の主原因は，油と接触する空気が油中に溶け込み，その中の酸素による酸化であって，この酸化反応は変圧器の運転による［（ウ）］の上昇によって特に促進される．

上記の記述中の空白箇所（ア），（イ）及び（ウ）に当てはまる語句として，正しいものを組み合わせたのは次のうちどれか．

	（ア）	（イ）	（ウ）
(1)	酸価度	濃度	湿度
(2)	酸価度	抵抗率	湿度
(3)	重合度	濃度	湿度
(4)	酸価度	抵抗率	温度
(5)	重合度	抵抗率	温度

■ **4** (H23　B-13)

図は，電圧 6600 V，周波数 50 Hz，中性点非接地方式の三相 3 線式配電線路及び需要家 A の高圧地絡保護システムを簡易に表した単線図である．次の (a) 及び (b) の問に答えよ．ただし，図で使用している主要な文字記号は付表のとおりとし，$C_1 = 3.0$ μF，$C_2 = 0.015$ μF とする．なお，図示されていない線路定数及び配電用変電所の制限抵抗は無視するものとする．

(a) 図の配電線路において，遮断器 CB が「入」の状態で地絡事故点に一線完全地絡事故が発生した場合の地絡電流 I_g〔A〕の値として，最も近いものを次の (1) ～ (5) のうちから一つ選べ．ただし，間欠アークによる高調波の影響は無視できるものとする．

(1) 4　　(2) 7　　(3) 11　　(4) 19　　(5) 33

(b) 図のような高圧配電線路に接続される需要家が，需要家構内の地絡保護のために設置する継電器の保護協調に関する記述として，誤っているものを次の (1) ～ (5) のうちから一つ選べ．なお，記述中「不必要動作」とは，需要家の構外事故において継電器が動作することをいう．

(1) 需要家が設置する地絡継電器の動作電流及び動作時限整定値は，配電用変電所の整定値より小さくする必要がある．

(2) 需要家の構内高圧ケーブルが極めて短い場合，需要家が設置する継電器が無方向性地絡継電器でも，不必要動作の発生は少ない．

(3) 需要家が地絡方向継電器を設置すれば，構内高圧ケーブルが長い場合でも不必要動作は防げる．

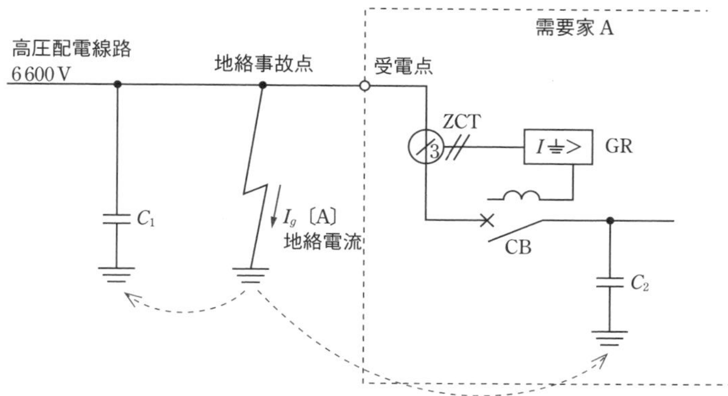

文字・記号	名称・内容
C_1	配電線路側一相の全対地静電容量
C_2	需要家側一相の全対地静電容量
ZCT	零相変流器
GR	地絡継電器
CB	遮断器

(4) 需要家が地絡方向継電器を設置した場合，その整定値は配電用変電所との保護協調に関し動作時限のみ考慮すればよい．

(5) 地絡事故電流の大きさを考える場合，地絡事故が間欠アーク現象を伴うことを想定し，波形ひずみによる高調波の影響を考慮する必要がある．

■ 5 (H26 B-13)

三相 3 線式，受電電圧 6.6 kV，周波数 50 Hz の自家用電気設備を有する需要家が，直列リアクトルと進相コンデンサからなる定格設備容量 100 kvar の進相設備を施設することを計画した．この計画におけるリアクトルには，当該需要家の遊休中の進相設備から直列リアクトルのみを流用することとした．施設する進相設備の進相コンデンサのインピーダンスを基準として，これを $-j100\,\%$ と考えて，次の (a) 及び (b) の問に答えよ．なお，関係する機器の仕様は，次のとおりである．

・施設する進相コンデンサ：回路電圧 6.6 kV，周波数 50 Hz，定格容量三相 106 kvar

・遊休中の進相設備：回路電圧 6.6 kV，周波数 50 Hz
　　進相コンデンサ　定格容量三相 160 kvar
　　直列リアクトル　進相コンデンサのインピーダンスの 6 %

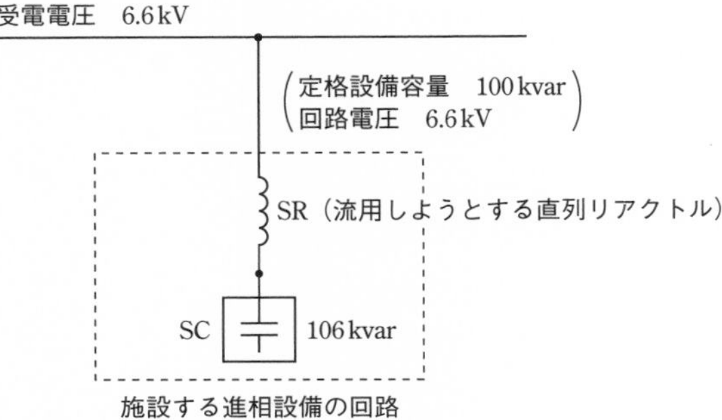

施設する進相設備の回路

(a) 回路電圧 6.6 kV のとき，施設する進相設備のコンデンサの端子電圧の値〔V〕として，最も近いものを次の (1)～(5) のうちから一つ選べ.

(1) 6 600　(2) 6 875　(3) 7 020　(4) 7 170　(5) 7 590

(b) この計画における進相設備の，第 5 調波の影響に関する対応について，正しいものを次の (1)～(5) のうちから一つ選べ.

(1) インピーダンスが 0% の共振状態に近くなり，過電流により流用しようとするリアクトルとコンデンサは共に焼損のおそれがあるため，本計画の機器流用は危険であり，流用してはならない.

(2) インピーダンスが約 $-j10$% となり進み電流が多く流れ，流用しようとするリアクトルの高調波耐量が保証されている確認をしたうえで流用する必要がある.

(3) インピーダンスが約 $+j10$% となり遅れ電流が多く流れ，流用しようとするリアクトルの高調波耐量が保証されている確認をしたうえで流用する必要がある.

(4) インピーダンスが約 $-j25$% となり進み電流が流れ，流用しようとするリアクトルの高調波耐量を確認したうえで流用する必要がある.

(5) インピーダンスが約 $+j25$% となり遅れ電流が流れ，流用しようとするリアクトルの高調波耐量を確認したうえで流用する必要がある.

■ 6 (H19 B-12)

配電線路に接続された，定格容量 20 kV·A，定格二次電流 200 A，定格電圧時の鉄損 150 W，定格負荷時の銅損 270 W の単相変圧器がある．この変圧器の二次側の日負荷曲線が図のような場合について，次の (a) 及び (b) に答えよ．ただし，負荷の力率は 100% とする.

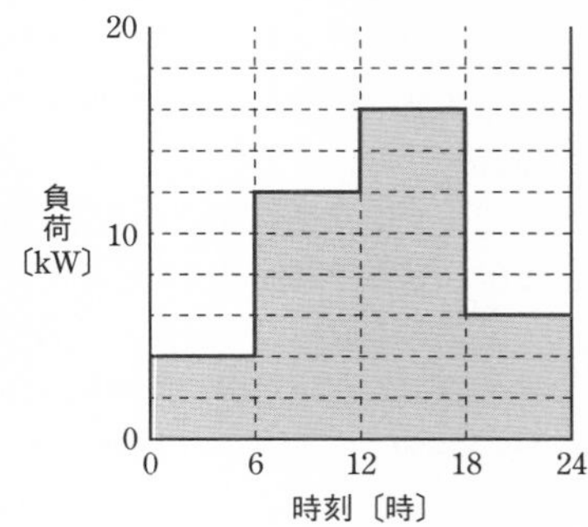

(a) 変圧器の 1 日の損失電力量〔kW·h〕の値

として，最も近いのは次のうちどれか．

(1) 3.68　(2) 3.91　(3) 5.43　(4) 7.00　(5) 7.50

(b) 変圧器の全日効率〔%〕の値として，最も近いのは次のうちどれか．

(1) 96.8　(2) 97.0　(3) 97.7　(4) 98.4　(5) 99.0

■ 7 (H16 B-12)

A と B の二つの変電所を持つ工場がある．ある期間において，A 変電所は負荷設備の定格容量の合計が 500 kW，需要率 90 %，負荷率 60 % であり，B 変電所は負荷設備の定格容量の合計が 300 kW，需要率 80 %，負荷率 50 % であった．二つの変電所間の不等率が 1.3 であるとき，次の (a) 及び (b) に答えよ．

(a) 工場の合成最大需要電力〔kW〕の値として，最も近いのは次のうちどれか．

(1) 346　(2) 450　(3) 531　(4) 615　(5) 690

(b) 工場を総合したこの期間の負荷率〔%〕の値として，最も近いのは次のうちどれか．

(1) 55.0　(2) 56.5　(3) 63.4　(4) 73.5　(5) 86.7

■ 8 (H25 B-12)

出力 600 kW の太陽電池発電所を設置したショッピングセンターがある．ある日の太陽電池発電所の発電の状況とこのショッピングセンターにおける電力消費は図に示すとおりであった．すなわち，発電所の出力は朝の 6 時から 12 時まで直線的に増大し，その後は夕方 18 時まで直線的に下降した．また，消費電力は深夜 0 時から朝の 10 時までは 100 kW，10 時から 17 時までは 300 kW，17 時から 21 時までは 400 kW，21 時から 24 時は 100 kW であった．

このショッピングセンターは自然エネルギーの活用を推進しており太陽電池発電所の発電電力は自家消費しているが，その発電電力が消費電力を上回って余剰を生じたときは電力系統に送電している．次の (a) 及び (b) の問に答えよ．

(a) この日，太陽電池発電所から電力系統に送電した電力量〔kW·h〕の値として，最も近いものを次の (1)～(5) のうちから一つ選べ．

(1) 900　(2) 1 300　(3) 1 500　(4) 2 200　(5) 3 600

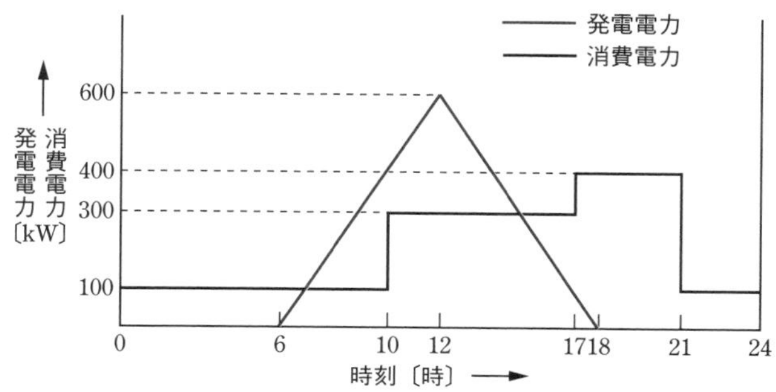

(b) この日，ショッピングセンターで消費した電力量に対して太陽電池発電所が発電した電力量により自給した比率〔%〕として，最も近いものを次の (1)～(5) のうちから一つ選べ.

(1) 35　　(2) 38　　(3) 46　　(4) 52　　(5) 58

■ 9 (H15 A-10 (改))

図は，高圧充電設備の単線結線図の一部である.

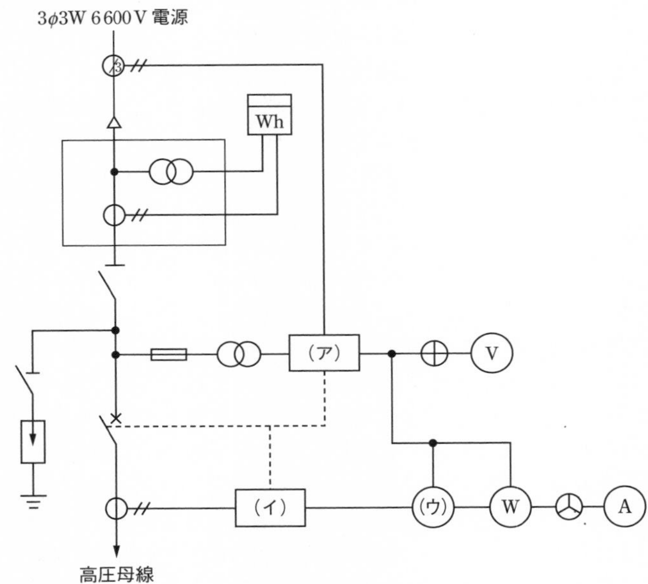

図の空白箇所 (ア)，(イ) 及び (ウ) に設置する機器又は計器として，正しいものを組み合わせたのは次のうちどれか.

	(ア)	(イ)	(ウ)
(1)	地絡継電器	過電圧継電器	周波数計
(2)	過電圧継電器	過電流継電器	周波数計
(3)	過電流継電器	地絡継電器	周波数計
(4)	過電流継電器	地絡継電器	力率計
(5)	地絡継電器	過電流継電器	力率計

■ 10 （H22 B-11）

図のような自家用電気施設の供給系統において，変電室変圧器二次側（210 V）で三相短絡事故が発生した場合，次の（a）及び（b）に答えよ．

ただし，受電電圧 6 600 V，三相短絡事故電流 $I_s = 7$ kA とし，変流器 CT-3 の変流比は，75 A/5 A とする．

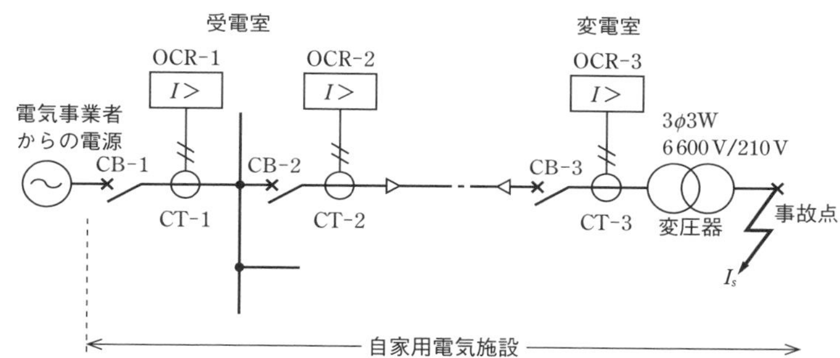

（a）事故時における変流器 CT-3 の二次電流〔A〕の値として，最も近いのは次のうちどれか．

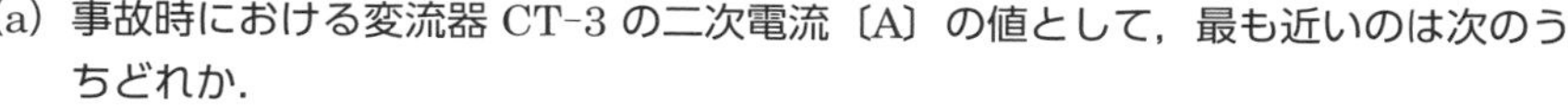

（1）5.6　（2）7.5　（3）11.2　（4）14.9　（5）23

（b）この事故における保護協調において，施設内の過電流継電器の中で最も早い動作が求められる過電流継電器（以下，OCR-3 という．）の動作時間〔秒〕の値として，最も近いのは次のうちどれか．ただし，OCR-3 の動作時間演算式は

$T = \dfrac{80}{(N^2 - 1)} \times \dfrac{D}{10}$〔秒〕とする．この演算式における T は OCR-3 の動作時間〔秒〕，N は OCR-3 の電流整定値に対する入力電流値の倍数を示し，D はダイヤル（時限）整定値である．また，CT-3 に接続された OCR-3 の整定値は次のとおりとする．

OCR 名称	電流整定値〔A〕	ダイヤル（時限）整定値
OCR-3	3	2

（1）0.4　（2）0.7　（3）1.2　（4）1.7　（5）3.4

■ 11 （H27 B-13）

定格容量が 50 kV·A の単相変圧器 3 台を △-△ 結線にし，一つのバンクとして，三相平衡負荷（遅れ力率 0.90）に電力を供給する場合について，次の（a）及び（b）の問に答えよ．

（a）図のように消費電力 90 kW（遅れ力率 0.90）の三相平衡負荷を接続し使用していたところ，3 台の単相変圧器のうちの 1 台が故障した．負荷はそのままで，残りの 2 台の単相変圧器を V-V 結線として使用するとき，このバンクはその定格容量より何〔kV·A〕過負荷となっているか．最も近いものを次の（1）～（5）のうちから一つ選べ．

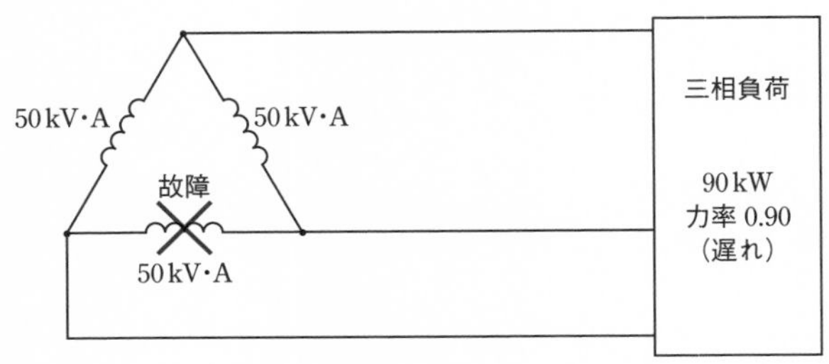

（1）0　（2）3.4　（3）10.0　（4）13.4　（5）18.4

(b) 上記（a）において，故障した変圧器を同等のものと交換して 50 kV·A の単相変圧器 3 台を △-△ 結線で復旧した後，力率改善のために，進相コンデンサを接続し，バンクの定格容量を超えない範囲で最大限まで三相平衡負荷（遅れ力率 0.90）を増加し使用したところ，力率が 0.96（遅れ）となった．このときに接続されている三相平衡負荷の消費電力の値〔kW〕として，最も近いものを次の（1）～（5）のうちから一つ選べ．

（1）135　（2）144　（3）150　（4）156　（5）167

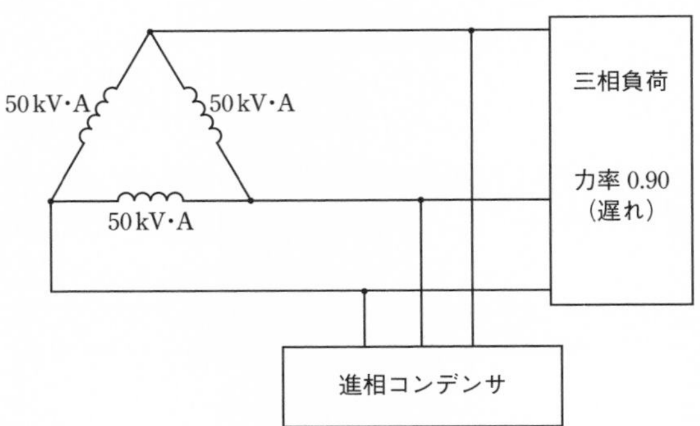

■ 12　(H18　B-13)

三相 3 線式配電線路から 6 600 V で受電している需要家がある．この需要家から配電系統へ流出する第 5 調波電流を算出するにあたり，次の（a）及び（b）に答えよ．

ただし，需要家の負荷設備は定格容量 500 kV·A の三相機器のみで，力率改善用として 6% 直列リアクトル付きコンデンサ設備が設置されており，この三相機器（以下，高調波発生機器という．）から発生する第 5 調波電流は，負荷設備の定格電流に対し

15％とする．

また，受電点よりみた配電線路側の第 n 調波に対するインピーダンスは 10 MV･A 基準で $j6\times n$〔%〕，コンデンサ設備のインピーダンスは 10 MV･A 基準で $j50\times\left(6\times n-\dfrac{100}{n}\right)$〔%〕で表され，高調波発生機器は定電流源と見なせるものとし，次のような等価回路で表すことができる．

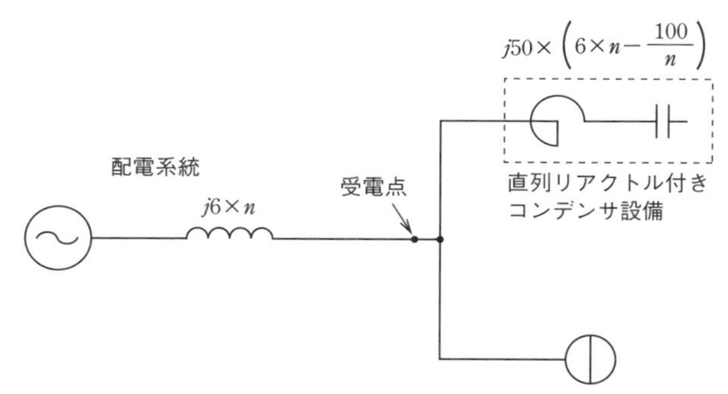

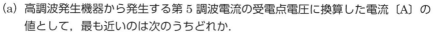

(a) 高調波発生機器から発生する第 5 調波電流の受電点電圧に換算した電流〔A〕の値として，最も近いのは次のうちどれか．

(1) 1.3　(2) 6.6　(3) 11.4　(4) 32.8　(5) 43.7

(b) 受電点から配電系統に流出する第 5 調波電流〔A〕の値として，最も近いのは次のうちどれか．

(1) 1.2　(2) 6.2　(3) 10.8　(4) 30.9　(5) 41.2

練習問題略解

Chapter 1 電気事業法とその他の法規

▶ 1. 解答(4)

電気事業法第 43 条（主任技術者）第 3 項，第 4 項及び電気事業法施行規則第 56 条（免状の種類による監督の範囲）からの出題である．（1-3 節第 4 項参照）．

第三種電気主任技術者免状の交付を受けている者は，電圧 50 000 V 未満の事業用電気工作物（出力 5 000 kW 以上の発電所又は蓄電所を除く．）の工事，維持及び運用に関する保安の監督をすることができる．

▶ 2. 解答(2)

電気事業法第 38 条及び電気事業法施行規則第 48 条（一般用電気工作物の範囲）からの出題である．（1-2 節第 2 項（1）表 1･5 参照）．

▶ 3. 解答(5)

① は，電気事業法第 39 条（事業用電気工作物の維持）からの出題である．（1-3 節第 2 項参照）．

② は，電気関係報告規則第 3 条（事故報告）からの出題である．（1-4 節第 2 項（1）表 1･12 参照）．

③ は，② の報告対象となるのは自家用電気工作物の事故であるから，自家用構内の事故点 2 又は事故点 3 が対象である．

▶ 4. 解答(4)

a は，電気工事士法第 1 条（目的）からの出題である．（1-6 節第 1 項参照）．

b と c は，電気工事士法第 3 条（電気工事士等），電気工事士法施行規則第 2 条の 2 及び第 2 条の 3 からの出題である（1-6 節第 2 項参照）．

特殊電気工事には，ネオン工事と非常用予備発電装置工事の 2 種類がある．認定電気工事従事者は，電圧 600 V 以下で使用する自家用電気工作物に係る電気工事（簡易電気工事）の作業に従事できる．

▶ 5. 解答(3)

電気事業法第 51 条（使用前自主検査）からの出題である．（1-3 節第 6 項参照）．
使用前自主検査の対象となる工事は，電気事業法第 48 条の工事計画の届出をした工事（表 1･10）であり，需要設備の設置では受電電圧 10 000 V 以上のものが対象となる．

▶ 6. 解答(1)

（1）電気工事業法第 2 条からの出題である．（1-6 節第 3 項参照）．

電気工事業を営む者のである電気工事業者には，経済産業大臣又は都道府県知事の登録を受ける登録電気工事業者と，経済産業大臣又は都道府県知事にその旨を通知する通知電気工事業者の 2 種類がある．事業許可を受ける必要はない．

（2）電気工事業法第 3 条からの出題である．（1-6 節第 3 項（1）表 1･19 参照）．

（3）～（5）電気工事業法第 24 条，第 25 条及び第 26 条からの出題である．（1-6 節第 3 項（2）表 1･20 参照）．

▶ 7. 解答(2)

(1) は，電気事業法第 26 条（電圧及び周波数）及び電気事業法施行規則第 38 条からの出題である．(1-1 節第 3 項参照)．

(2) は，電気事業法施行令第 1 条（電気工作物から除かれる工作物）からの出題である．(1-2 節第 1 項 (2) 参照)．電気工作物から除かれる工作物は「電圧 30 V 未満の電気的設備であって，電圧 30 V 以上の電気的設備と電気的に接続されていないもの」であり，100 V 回路に電気的に接続されたものは電気工作物に該当する．

(3) は，電気事業法第 51 条の 2（設置者による事業用電気工作物の自己確認）及び電気事業法施行規則第 74 条からの出題である．(1-3 節第 7 項参照)

(4) は，電気関係報告規則第 3 条 (事故報告) からの出題である．(1-4 節第 2 項参照)．

(5) は，電気工事士法第 2 条（用語の定義）及び第 3 条（電気工事士等）からの出題である．(1-6 節第 1 項と第 2 項参照)．

▶ 8. 解答(4)

(ア) と (イ) は，電気事業法第 57 条の 2（調査業務の委託）からの出題である．(1-5 節第 2 項 (1) 参照)．

(ウ) は，電気事業法第 42 条（保安規程）からの出題である．(1-3 節第 3 項参照)．

(エ) は，電気事業法第 106 条 (報告の徴収) からの出題である．(1-3 節第 1 項参照)．

Chapter 2 電気設備の技術基準

A 問題

▶ 1. 解答(2)

a は解釈第 16 条 (機械器具等の電路の絶縁性能) からの出題である (2-3 節第 3 項 (4) 参照)．

b は解釈第 46 条（太陽電池発電所等の電線等の施設）からの出題である (2-2 節第 1 項 (6) 参照)．

▶ 2. 解答(5)

(1) は，電技第 7 条（電線の接続）からの出題である (2-2 節第 2 項参照)．

「電線を接続する場合は，接続部分において電線の電気抵抗を増加させないように接続する他，絶縁性能の低下（裸電線を除く）及び通常の使用状態において**断線のおそれがない**ようにしなければならないこと」となっており，「異常な温度上昇のおそれがないように接続する」は誤りである．

(2) は，解釈第 12 条（電線の接続法）からの出題である (2-2 節第 2 項参照)．

「裸電線と絶縁電線を接続する場合は，電線の引張強さを **20 % 以上減少させないこと**」となっており，本文中の「25 %」は誤りである．

(3) は，解釈第 150 条（配線器具の施設）からの出題である (2-18 節第 3 項 (1) 参照)．低圧用の配線器具に電線を接続する場合は，「① ねじ止めその他これと同等以上の効力のある方法により，堅ろうに，かつ，② 電気的に完全に接続するとともに，

③ **接続点に張力が加わらない**ようにすること」となっており，本文中には，③ の条件がないため，誤りである．

(4) は，解釈第 158 条（合成樹脂管工事）及び解釈第 159 条（金属管工事）からの出題である（2-20 節第 2 項（2）及び（3）参照）．「合成樹脂管内及び金属管内では，**電線に接続点を設けないこと**」となっており，誤りである．

(5) は，解釈第 143 条（電路の対地電圧の制限）からの出題である（2-18 節第 1 項（1）参照）．2 kW 以上の電気機械器具は，屋内配線と「直接接続すること（コンセントによる接続を禁止)」となっており，正しい．

▶ 3.　解答 (2)

(1) は，電技第 4 条（電気設備における感電，火災等の防止）からの出題である（2-14 節第 1 項参照）．

(2) は，電技第 5 条（電路の絶縁）からの出題である（2-3 節第 2 項参照）．電技第 5 条では，「電路は，大地から絶縁しなければならない．ただし，構造上やむを得ない場合であって通常予見される使用形態を考慮し危険のおそれがない場合，又は**混触による高電圧の侵入等**の異常が発生した際の危険を回避するための接地その他の**保安上必要な措置**を講ずる場合は，この限りでない．」と規定している．

(3) は，電技第 8 条（電気機械器具の熱的強度）からの出題である（2-6 節第 1 項参照）．

(4) は，電技第 16 条（電気設備の電気的，磁気的障害の防止）からの出題である（2-10 節電技参照）．

(5) は，電技第 18 条（電気設備による供給支障の防止）からの出題である（2-11 節第 3 項参照）．

▶ 4.　解答 (1)

1. は電技第 8 条（電気機械器具の熱的強度）からの出題である（2-6 節第 1 項参照）．

2. は電技第 11 条（電気設備の接地の方法）からの出題である（2-4 節電技参照）．

▶ 5.　解答 (3)

a と d は，解釈第 19 条（保安上又は機能上必要な場合における電路の接地）からの出題である（2-4 節第 4 項（1）及び（4）参照）．

b は，解釈第 24 条（高圧又は特別高圧と低圧との混触による危険防止施設）からの出題である（2-5 節第 1 項（1）参照）．

c は，解釈第 28 条（計器用変成器の 2 次側電路の接地）からの出題である（2-4 節第 3 項（1）参照）．

▶ 6.　解答 (4)

解釈第 17 条（接地工事の種類及び施設方法）からの出題である（2-5 節第 2 項参照）．

$$V=\frac{6.6}{1.1}=6$$

$$L=20\times3=60$$

$$I_g = 1 + \frac{\frac{V}{3}L - 100}{150} = 1 + \frac{\frac{6}{3}\times 60 - 100}{150} = 1 + \frac{20}{150} \fallingdotseq 1.13 \quad \rightarrow \quad 2\,\text{A}（切上げ）$$

高圧電路と低圧電路の混触により低圧電路の対地電圧が 150 V を超えた場合に 1 秒以内に自動的に高圧電路を遮断する装置を施設した場合，B 種接地工事の接地抵抗値の上限は $600/I_g$ に該当する．

$$R = \frac{600}{I_g} = \frac{600}{2} = \mathbf{300\,\Omega}$$

▶ 7.　解答 (3)

解釈第 37 条（避雷器等の施設）からの出題である（2-9 節第 1 項（1）参照）．

（1）と（4）は，「地中電線」とあるので該当しない．

（2）は，35 kV 以下の特別高圧架空電線路ではなく，「6 kV 高圧架空電線路」に接続されるとあるので該当しない．

（5）は，受電電力が 500 kW 未満なので該当しない．

▶ 8.　解答 (5)

電技第 23 条（発電所等への取扱者以外の者の立入の防止）からの出題である（2-11 節第 1 項及び 2-17 節第 2 項参照）．

▶ 9.　解答 (1)

解釈第 47 条の 2（常時監視をしない発電所の施設）からの出題である（2-11 節第 5 項（1）参照）．

▶ 10.　解答 (4)

1 は電技第 21 条（架空電線及び地中電線の感電防止）からの出題である（2-14 節第 1 項参照）．

2 は電技第 57 条（配線の使用電線）からの出題である（2-18 節第 2 項参照）．

▶ 11.　解答 (3)

解釈第 148 条（低圧幹線の施設）からの出題である（2-19 節第 3 項参照）．

▶ 12.　解答 (2)

（1）及び（2）は，解釈第 220 条（分散型電源の系統連系設備に係る用語の定義）からの出題である（2-25 節第 1 項（1）参照）．「単独運転」は，分散型電源が連系している電力系統から解列された状態において，「線路負荷（当該分散型電源設置者の構内負荷だけでなく，**構外負荷を含む**）に有効電力を供給している状態」のことを言い，「当該分散型電源設置者の構内負荷にのみ電力を供給している状態」は「**自立運転**」という．

（3）は，解釈第 226 条（低圧連系時の施設要件）からの出題である（2-25 節第 3 項（2）参照）．

（4）は，解釈第 227 条（低圧連系時の系統連系用保護装置）からの出題である（2-25 節第 2 項（1）参照）．

（5）は，解釈第 225 条（一般送配電事業者又は配電事業者との間の電話設備の施設）

からの出題である（2-25 節第 3 項（1）参照）.

▶ 13.　解答(5)

解釈第 229 条（高圧連系時の系統連系用保護装置）からの出題である（2-25 節第 2 項（2）参照）.

B 問題

▶ 1.　解答(a)-(4), (b)-(1)

解釈第 15 条（高圧又は特別高圧の電路の絶縁性能）からの出題である（2-3 節第 3 項（3）及び（5）参照）.

(a) 最大使用電圧（V_m）は，一般に公称電圧$\times\dfrac{1.15}{1.1}$（1 000 V 以下の場合は公称電圧×1.15 倍）なので

$$V_m = 6\,600\times\frac{1.15}{1.1} = 6\,900\,\mathrm{V}$$

高圧電線路の試験電圧（V_t）は，交流の場合は最大使用電圧の 1.5 倍の電圧なので

$$V_t = 6\,900\times1.5 = 10\,350\,\mathrm{V}$$

ケーブル 1 線の対地静電容量（C）は，ケーブルのこう長が 150 m なので

$$C = 0.22\times10^{-6}\,\mathrm{F/km}\times0.15\,\mathrm{km} = 3.3\times10^{-8}\,\mathrm{F}$$

絶縁耐力試験は 3 線一括で試験するため，3 線一括の対地静電容量（C_0）は

$$C_0 = 3C = 9.9\times10^{-8}\,\mathrm{F}$$

試験電圧（V_t）を印加したときに流れる充電電流（I_2）は，周波数を f とすると

$$I_2 = 2\pi fC_0V_t = 2\pi\times50\times9.9\times10^{-8}\times10\,350 = 0.322\,\mathrm{A} = 322\,\mathrm{mA} \rightarrow \mathbf{330\,mA}$$

(b) 高圧補償リアクトルに流れる電流（I_4）は，電圧に比例するため

$$I_4 = 300\,\mathrm{mA}\times\frac{10\,350\,\mathrm{V}}{13\,000\,\mathrm{V}} = 239\,\mathrm{mA}$$

高圧補償リアクトルに流れる電流（I_4）は，充電電流（I_2）を打ち消すことができるので，合成電流（I_3）は

$$I_3 = I_2 - I_4 = 322 - 239 = 83\,\mathrm{mA}$$

単相交流発電機に求められる容量（S_1）は

$$S_1 = I_3\times V_t = 83\times10^{-3}\times10\,350 = 859\,\mathrm{V\cdot A} = 0.859\,\mathrm{kV\cdot A} \rightarrow \mathbf{1.0\,kV\cdot A}$$

▶ 2.　解答(a)-(4), (b)-(5)

(a) 1 線地絡電流 5 A，遮断時間 0.8 秒の B 種接地工事の接地抵抗値の上限は $600/I_g$ に該当する（2-5 節第 2 項（1）参照）.

$$\frac{600}{5} = 120\,\Omega$$

本問では，B 種接地工事の接地抵抗値は許容されている最高限度の 1/3 に維持されているとあるので

$$R_B = 120 \times \frac{1}{3} = \mathbf{40\,\Omega}$$

(b) 空調機の金属外箱に人が触れた状況は解図 (a) となり，解図 (b) に示す等価回路で表される．ここで，人体の抵抗 R_H が 6 000 Ω，流れる電流 I_H が 10 mA なので

$$E_H = 6\,000 \times 10 \times 10^{-3} = 60\,\mathrm{V}$$

使用電圧が 100 V，$E_D = E_H = 60\,\mathrm{V}$ なので，E_B〔V〕は

$$E_B = 100 - E_D = 100 - 60 = 40\,V$$

となり，I_B〔A〕は

$$I_B = \frac{E_B}{R_B} = \frac{40}{40} = 1\,\mathrm{A}$$

したがって，$I_B = I_D + I_H$ より

$$1 = I_D + 10 \times 10^{-3} \quad \rightarrow \quad I_D = 1 - 10 \times 10^{-3} = 0.99\,\mathrm{A}$$

ここで，$E_D = R_D I_D$ なので

$$60 = R_D \times 0.99 \quad \rightarrow \quad R_D = \frac{60}{0.99} = 60.61 \fallingdotseq \mathbf{60\,\Omega}$$

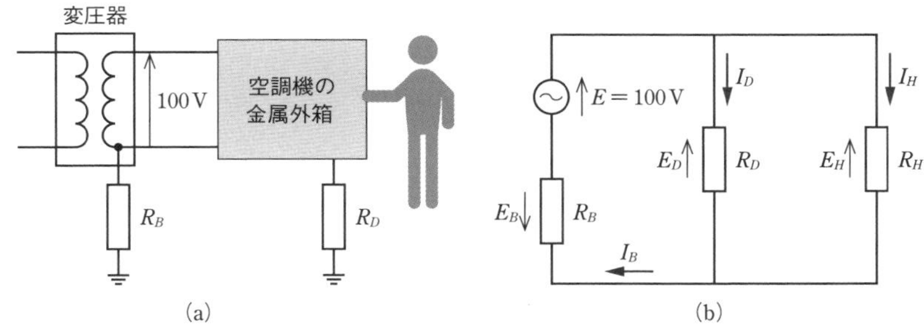

●解図

▶ 3. 解答 (a)-(5), (b)-(2)

解釈第 58 条（架空電線路の強度検討に用いる荷重）からの出題である（2-12 節第 1 項参照）．

氷雪の多い地方のうち，低温季に最大風速を生ずる地方以外の地方は

・高温季……甲種風圧荷重

・低温季……乙種風圧荷重

となっている．

$3.2 \times 10^{-3}\,\mathrm{m}$ ×5 本
垂直投影面積 S [m²]
1 m

●解図 1

(a) 垂直投影面積を計算する（解図 1）．

$$S = 3.2 \times 10^{-3} \times 5 \times 1 = 1.6 \times 10^{-2}\,\mathrm{m}^2$$

甲種風圧荷重は，垂直投影面積 1 m² 当たり 980 Pa（= N/m²）であるから

$$980\,\mathrm{N/m^2} \times 1.6 \times 10^{-2}\,\mathrm{m}^2 = 15.68 \fallingdotseq \mathbf{15.7\,N}$$

(b) 厚さ 6 mm の氷雪が付着した状態として，垂直投影面積を計算する（解図 2）．

$$S' = 28\times10^{-3}\times1 = 2.8\times10^{-2}\ \mathrm{m^2}$$

乙種風圧荷重は，垂直投影面積 1 m^2 当たり 490 Pa（= N/m^2）であるから

$$490\ \mathrm{N/m^2}\times2.8\times10^{-2}\ \mathrm{m^2} = 13.72 \fallingdotseq \mathbf{13.7\,N}$$

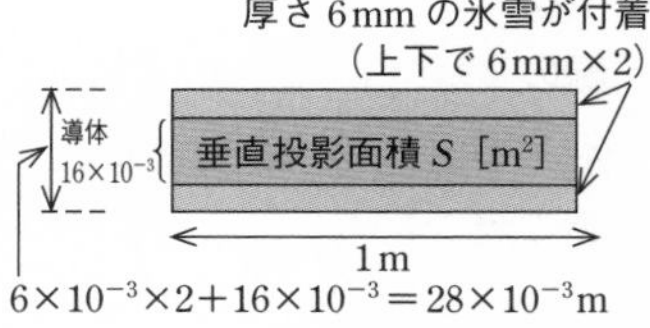

●解図 2

▶ 4. 解答 (a)-(3)，(b)-(2)

解釈第 66 条（低高圧架空電線の引張強さに対する安全率）からの出題である（2-12 節第 2 項参照）．

(a) 高圧架空電線側の水平張力を合成したものは，解図 1 に示すように $P_1 = 9.8\ \mathrm{kN}$ となる．

解図 2 において転倒モーメントの式は

$$P_1\times h_1 = P_2\times h_2$$

$$\therefore\quad P_2 = \frac{P_1\times h_1}{h_2}\ \text{〔kN〕}$$

となる．したがって，支線側の水平張力 P_2〔kN〕は，電線側の取付点高さ $h_1 = 10\ \mathrm{m}$，支線側の取付点高さ $h_2 = 8\ \mathrm{m}$ であるので，転倒モーメントの式に代入すると

$$P_1\times h_1 = P_2\times h_2$$

$$\therefore\quad P_2 = \frac{P_1\times h_1}{h_2} = \frac{9.8\times10}{8} = 12.25\ \mathrm{kN}$$

したがって，支線の想定荷重 P_3〔kN〕は

$$P_3 = P_2\times\frac{\sqrt{6^2+8^2}}{6} = 12.25\times\frac{10}{6} \fallingdotseq \mathbf{20.4\,kN}$$

(b) 1 条の素線の引張強さ F_1〔kN〕は，断面積を乗じて

$$F_1 = 1.23\times\pi\times\left(\frac{2.6}{2}\right)^2 \fallingdotseq 6.53\ \mathrm{kN}$$

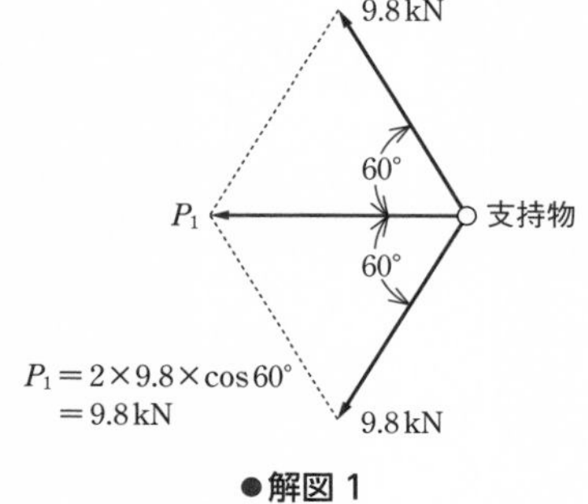

●解図 1

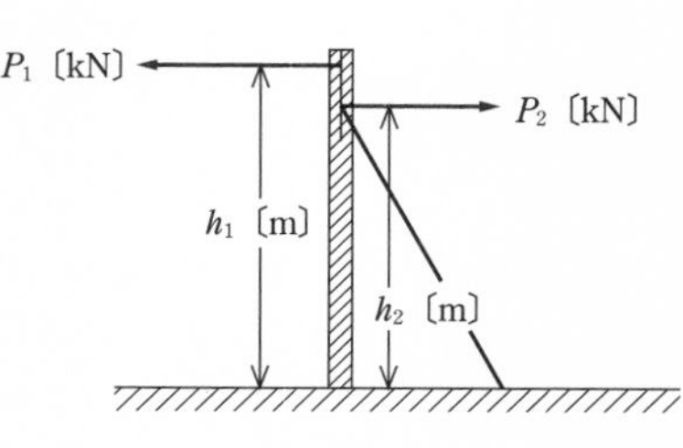

●解図 2

支線の引張強さの減少係数 0.92 と支線の安全率 1.5 となっていることから，必要な素線の条数 n は

$$F_1\times0.92\times n>P_3\times1.5$$

$$\therefore\quad n>\frac{P_3\times1.5}{F_1\times0.92}=\frac{20.4\times1.5}{6.53\times0.92}\fallingdotseq5.09$$

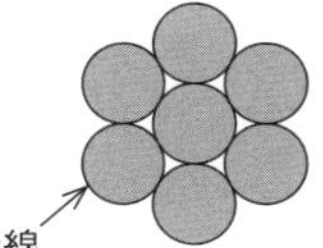

●解図 3

となり，6 条が得られるが，より線としては，解図 3 に示すように通常は **7 条**が用いられる．

▶ 5.　解答 (a)-(5)，(b)-(4)

(a) ① は電技第 56 条（配線の感電又は火災の防止），② は電技第 57 条（配線の使用電線）からの出題である（2-18 節第 2 項参照）．

③ は電技第 62 条（配線による他の配線等又は工作物への危険の防止）からの出題である（2-20 節第 3 項参照）．

(b) 解釈第 146 条（低圧配線に使用する電線）からの出題である（2-19 節第 1 項参照）．三相抵抗負荷の定格消費電力 P_n〔W〕は，定格電圧 V_n〔V〕，定格電流 I_n〔A〕とすると

$$P_n=\sqrt{3}\,V_nI_n\ \text{〔W〕}$$

$$\therefore\quad I_n=\frac{P_n}{\sqrt{3}\,V_n}\ \text{〔A〕}$$

ここで，$P_n=15\times10^3$ W，$V_n=210$ V であるから

$$I_n=\frac{15\times10^3}{\sqrt{3}\times210}=41.24\ \text{A}$$

許容電流補正係数 k_1 は，周囲温度 $\theta=50$ であるから

$$k_1=\sqrt{\frac{75-\theta}{30}}=\sqrt{\frac{75-50}{30}}=\sqrt{\frac{25}{30}}=0.913$$

次に，三相 3 線式の場合，同一管路に収める電線数は 3 本となり，電流減少係数 k_2 は表 2 から 0.7 である．

したがって，使用する絶縁電線に要求される許容電流 I〔A〕は

$$I\times k_1\times k_2>I_n\ \text{〔A〕}$$

$$\therefore\quad I>\frac{I_n}{k_1\times k_2}=\frac{41.24}{0.913\times0.7}=64.53\fallingdotseq64.5\ \text{A}$$

これを満足する導体の公称断面積は，表 1 より **14 mm²** となる．

Chapter 3　電気施設管理

▶ 1.　解答 (a)-(3)，(b)-(4)

(a)（3-1 節第 1 項参照）

負荷設備の最大需要電力〔kW〕は

$$\text{最大需要電力} = \text{設備容量合計} \times \frac{\text{需要率}}{100} = 600 \times 0.6 = 360\,\text{kW}$$

最大需要電力時の皮相電力〔kV・A〕は，総合力率 0.8 より

$360 \div 0.8 = 450\,\text{kV·A}$

したがって，必要最小限の変圧器バンク容量は，**500 kV・A** である．

(b)（3-1 節第 3 項参照）

負荷設備の年間の平均需要電力〔kW〕は

$$\text{年間の平均需要電力} = \text{年間の最大需要電力} \times \frac{\text{負荷率}}{100} = 360 \times 0.55 = 198\,\text{kW}$$

負荷設備の年間総消費電力〔MW・h〕は

$198 \times 365 \times 24 \div 10^3 \fallingdotseq \mathbf{1\,734\,MW \cdot h}$

▶ **2.　解答 (a)-(3)，(b)-(2)**

(3-2 節第 1 項（4）参照)

(a) 河川流量 Q_{av}〔m³/s〕，最低使用水量 Q_o〔m³/s〕，最小使用水量の時間 t_o〔h〕とすると，次式となる．

$V = (Q_p - Q)\,t_p \times 3\,600 = (Q - Q_o)\,t_o \times 3\,600$〔m³〕

河川流量 $Q_{av} = 10\,\text{m}^3/\text{s}$，最低使用水量 $Q_o = 0\,\text{m}^3/\text{s}$，最小使用水量の時間 $t_o = 12\,\text{h}$ より，必要な調整池の貯水量 V〔m³〕は

$V = (Q - Q_o)\,t_o \times 3\,600 = (10 - 0) \times 12 \times 3\,600 = \mathbf{432\,000\,m^3}$

(b) 最大使用水量 Q_p〔m³/s〕は，最大使用水量の時間 10 h であるから

$(Q_p - Q)\,t_p = (Q - Q_o)\,t_o$

$(Q_p - 10) \times 10 = (10 - 0) \times 12$

$$Q_p = \frac{10 \times 12}{10} + 10 = 22\,\text{m}^3/\text{s}$$

最大使用水量 22 m³/s のときの水力発電所の出力 P〔kW〕は，有効落差 80 m，水車の効率 90％，発電機の効率 95％より

$P = 9.8\,QH\eta_T\eta_G = 9.8 \times 22 \times 80 \times 0.9 \times 0.95 \fallingdotseq \mathbf{14\,700\,kW}$

▶ **3.　解答 (4)**

油入変圧器における絶縁油の劣化診断に関する出題である（3-3 節第 2 項（2）参照）．

▶ **4.　解答 (a)-(3)，(b)-(4)**

(a)（3-4 節第 5 項参照）

問題の配電線路の等価回路は，解図となる．等価回路より，地絡電流 I_g〔A〕を求める式は

$$I_g = \frac{6\,600/\sqrt{3}}{\dfrac{1}{2\pi f\{3(C_1 + C_2)\}}} = 13\,200\sqrt{3}\,\pi f(C_1 + C_2) = 13\,200\sqrt{3}\,\pi \times 50 \times 3.015 \times 10^{-6}$$

$= 10.83\,\text{A} \fallingdotseq \mathbf{11\,A}$

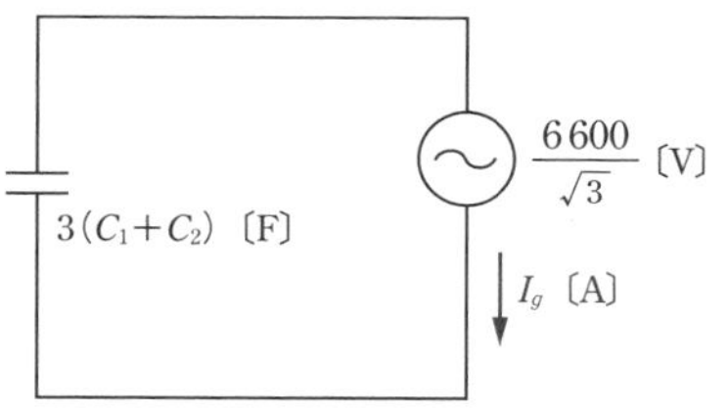

●解図　等価回路

(b)（3-4 節第 3 項参照）

絡方向継電器を設置した場合であっても，配電用変電所との保護協調では，**動作電流**及び**動作時限**を考慮する必要があり，両方を配電用変電所の整定値より小さくする必要がある．

▶ 5.　解答(a)-(2)，(b)-(1)

(a)（3-5 節第 2 項（1）参照）

遊休中の進相コンデンサ 160 kvar のインピーダンスを 160 kvar 基準で $-j100$ % とすると，直列リアクトルのインピーダンスは 160 kvar 基準で $j6$ % である．これを施設する進相コンデンサ 106 kvar 基準に変換すると

$$j6\times\frac{106}{160}=j3.975\,\%$$

施設する進相コンデンサの端子電圧 V〔V〕は，インピーダンスの分圧より

$$V=6\,600\times\left|\frac{-j100}{-j100+j3.975}\right|=6\,873\,\mathrm{V}\fallingdotseq\mathbf{6\,875\,V}$$

(b)（3-7 節第 2 項（1）参照

第 5 次高調波に対する直列リアクトルと進相コンデンサのインピーダンスの合計は

$$j3.975\times5-j100\times\frac{1}{5}=-j0.125\,\%$$

インピーダンスが 0 % に近く，直列共振状態に近い状態になる．

▶ 6.　解答(a)-(3)，(b)-(3)

（3-6 節第 2 項参照）

(a) 1 日の鉄損の損失電力量 W_i〔kW·h〕は

$$W_i=0.15\times24=3.6\,\mathrm{kW\cdot h}$$

1 日の銅損の損失電力量 W_c〔kW·h〕は

$$W_c=\left\{\left(\frac{4}{20}\right)^2\times6+\left(\frac{12}{20}\right)^2\times6+\left(\frac{16}{20}\right)^2\times6+\left(\frac{6}{20}\right)^2\times6\right\}\times0.27=1.8306\,\mathrm{kW\cdot h}$$

1 日の損失電力量は

$$W_i+W_c=3.6+1.8306\fallingdotseq\mathbf{5.43\,kW\cdot h}$$

(b) 1 日の出力電力量 W〔kW·h〕は

$$W = 4\times6+12\times6+16\times6+6\times6 = 228\,\mathrm{kW\cdot h}$$

変圧器の全日効率 η_d は

$$\eta_d = \frac{228}{228+5.4306} \fallingdotseq \mathbf{97.7\,\%}$$

▶ **7.　解答(a)-(3)，(b)-(4)**

(3-1 節参照)

(a) A 変電所，B 変電所それぞれの最大需要電力は

A 変電所：$500\times0.9 = 450\,\mathrm{kW}$

B 変電所：$300\times0.8 = 240\,\mathrm{kW}$

工場の合成最大需要電力は

$$\frac{450+240}{1.3} = 530.77 \fallingdotseq \mathbf{531\,kW}$$

(b) A 変電所，B 変電所それぞれの平均需要電力は

A 変電所：$450\times0.6 = 270\,\mathrm{kW}$

B 変電所：$240\times0.5 = 120\,\mathrm{kW}$

工場を統合したこの期間の負荷率は

$$\frac{270+120}{530.77}\times100 \fallingdotseq \mathbf{73.5\,\%}$$

▶ **8.　解答(a)-(2)，(b)-(3)**

(3-2 節第 2 項参照)

(a) 太陽光発電所が発電した電力量は

$$\frac{600\times12}{2} = 3\,600\,\mathrm{kW\cdot h}$$

太陽光発電所が発電した電力量のうち自家消費した電力量は，解図の色塗り部分になる．発電電力の変化の傾きは 100 kW/h であり，6～7 時と 15 時～17 時の色塗り部分は三角形となる．色塗り部分の面積を求めると

$$\frac{100\times1}{2}+100\times3+300\times5+\frac{300\times3}{2} = 2\,300\,\mathrm{kW\cdot h}$$

太陽光発電所から電力系統に送電した電力量は，発電した電力量から自家消費した電力量を差し引いた量であるから

$$3\,600-2\,300 = \mathbf{1\,300\,kW\cdot h}$$

(b) ショッピングセンターの消費電力量の合計は

$$100\times10+300\times7+400\times4+100\times3 = 5\,000\,\mathrm{kW\cdot h}$$

太陽光発電所の発電により自給した比率は，(a) の自家消費した電力量を用いて

$$\frac{2\,300}{5\,000}\times100 = \mathbf{46\,\%}$$

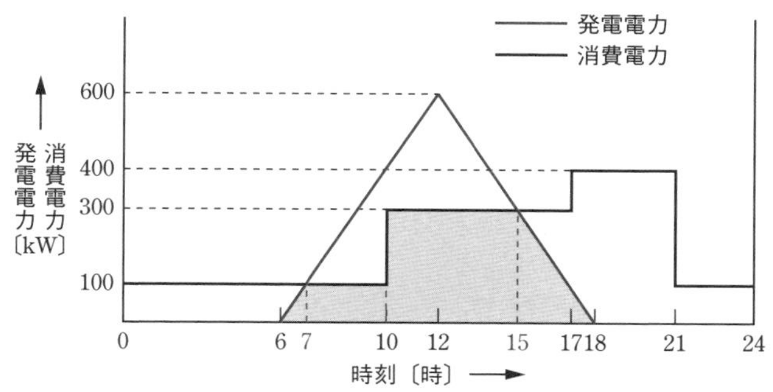

●解図　等価回路

▶ 9.　解答 (5)

(3-3 節第 1 項（2）参照)

（ア）は，零相変流器（ZCT）から零相電流，計器用変圧器（VT）から制御用電源（電圧）を入力しているので，**地絡継電器**（GR）である．

（イ）は，変流器（CT）から電流を入力しているので，**過電流継電器**（OCR）である．

（ウ）は，電圧と電流を入力しているので，電力計か力率計であり，電力計は右側にあるので**力率計**である．周波数計であれば電圧のみの入力でよい．

▶ 10.　解答 (a)-(4)，(b)-(2)

(3-4 節第 4 項参照)

(a) 短絡事故時に CT-3 の二次側に流れる電流 I_s〔A〕は，変圧器の変圧比および CT の変流比より

$$I_s = 7\,000 \times \frac{210}{6\,600} \times \frac{5}{75} = 14.848\,\mathrm{A} \fallingdotseq \mathbf{14.9\,A}$$

(b) OCR-3 の電流整定値に対する入力電流値の倍数 N は

$$N = \frac{14.848}{3} \fallingdotseq 4.949$$

OCR-3 の動作時間 T〔s〕は

$$T = \frac{80}{4.949^2 - 1} \times \frac{2}{10} = 0.681\,\mathrm{s} \fallingdotseq \mathbf{0.7\,s}$$

▶ 11.　解答 (a)-(4)，(b)-(2)

(a) (3-1 節第 4 項参照)

回路の線間電圧を V〔V〕，単相変圧器の定格電流を I〔A〕，単相変圧器 1 台の定格容量を S_{Tr}〔kV·A〕とすると，$S_{Tr} = VI$ となる．V 結線のバンクの定格容量 S_V〔kV·A〕は

$$S_V = \sqrt{3}\,VI = \sqrt{3}\,S_{Tr} = \sqrt{3} \times 50 \fallingdotseq 86.60\,\mathrm{kV \cdot A}$$

三相負荷の皮相電力 S〔kV·A〕は

$$S=\frac{P}{\cos\theta}=\frac{90}{0.9}=100\,\mathrm{kV{\cdot}A}$$

よって，バンクの過負荷量〔kV･A〕は

$$100-86.6=\mathbf{13.4\,kV{\cdot}A}$$

(b)（3-5 節第 2 項（3）参照）

△ 結線のバンクの定格容量 S_{Δ}〔kV･A〕は

$$S_{\Delta}=3S_{Tr}=3\times50=150\,\mathrm{kV{\cdot}A}$$

三相負荷の消費電力 P〔kW〕は，負荷とコンデンサの合成力率 0.96 より

$$P=S_{\Delta}\times0.96=150\times0.96=\mathbf{144\,kW}$$

▶ 12.　解答 (a)-(2)，(b)-(2)

(3-7 節第 2 項参照)

(a) 受電電圧に換算した発生する第 5 調波電流 I_5〔A〕は，負荷設備容量 500 kV･A の定格電流の 15 % であるから

$$I_5=\frac{500\times10^3}{\sqrt{3}\times6\,600}\times0.15=\frac{46.5}{17.5+46.5}\times4=6.5608\,\mathrm{A}\fallingdotseq\mathbf{6.6\,A}$$

(b) 第 5 調波に対する 10 MV･A 基準での高圧電線路側のインピーダンス $\dot{Z}_{S5}$〔%〕及びコンデンサ設備のインピーダンス $\dot{Z}_{LC5}$〔%〕は

$$\dot{Z}_{S5}=j6\times5=j30\ [\%]$$

$$\dot{Z}_{LC5}=j50\times\left(6\times5-\frac{100}{5}\right)=j500\ [\%]$$

配電系統へ流出する第 5 調波電流 I_{S5}〔A〕は

$$I_{S5}=\left|\frac{\dot{Z}_{LC5}}{\dot{Z}_{S5}+\dot{Z}_{LC5}}\right|\times I_5=\frac{500}{30+500}\times6.5608=6.1894\,\mathrm{A}\fallingdotseq\mathbf{6.2\,A}$$

数式索引

Index of Fomulas

Chapter 2 電気設備の技術基準

$$S = I_c V_t = 2\pi f C_0 V_t^2$$

$$E_0 = I_0 \times R_{\mathrm{D}} = \frac{R_D}{R_B + R_D} E$$

$$I_1 = 1 + \frac{\frac{V'}{3}L - 100}{150} + \frac{\frac{V'}{3}L' - 1}{2} \text{〔A〕}$$

$$D = \frac{WS^2}{8T} \text{〔m〕}$$

$\Sigma I_M \leqq \Sigma I_H$ のとき　$I_A \geqq (\Sigma I_M + \Sigma I_H)$

$\Sigma I_M > \Sigma I_H$ のとき　$I_A \geqq 1.25(\Sigma I_M) + \Sigma I_H$　$\leftarrow \Sigma I_M \leqq 50\,\mathrm{A}$

$I_A \geqq 1.1(\Sigma I_M) + \Sigma I_H$　$\leftarrow \Sigma I_M > 50\,\mathrm{A}$

$\Sigma I_M = 0$ のとき $I_B \leqq I_d$

$\Sigma I_M \neq 0$ のとき $3(\Sigma I_M) + \Sigma I_H \geqq I_B \leqq 2.5 I_A$

Chapter 3 電気施設管理

$$\text{需要率} = \frac{\text{最大需要電力〔kW〕}}{\text{設備容量の合計〔kW〕}} \times 100 \text{〔\%〕}$$

$$\text{不等率} = \frac{\text{各負荷の最大需要電力の合計〔kW〕}}{\text{合成最大需要電力〔kW〕}}$$

$$\text{負荷率} = \frac{\text{期間中の平均需要電力〔kW〕}}{\text{期間中の最大需要電力〔kW〕}} \times 100 \text{〔\%〕}$$

水力発電所の出力 P	p.349（3・6）

$$P=9.8QH\eta_T\eta_G \text{〔kW〕}$$

力率改善に必要なコンデンサ容量 Q_C と改善後の力率 $\cos\theta_1$	p.412（3・27）

$$Q_C=\frac{P_1}{\cos\theta_1}\times\sqrt{1-\cos^2\theta_1}-\frac{P_1}{\cos\theta_1}\times\sqrt{1-\cos^2\theta_2}=P_1\sqrt{\frac{1}{\cos^2\theta_1}-1}-\sqrt{\frac{1}{\cos^2\theta_2}-1}\text{〔kvar〕}$$

変圧器の効率 η と鉄損 p_i，銅損 p_c	p.426（3・31）（3・32）

$$\text{効率 }\eta=\frac{\text{出力〔kW〕}}{\text{出力〔kW〕}+\text{損失〔kW〕}}\times 100\text{〔\%〕}$$

$$\text{効率 }\eta_n=\frac{S_n\cos\theta_n}{S_n\cos\theta_n+p_i+p_c}\times 100\text{〔\%〕}$$

変圧器の全日効率	p.429（3・36）

$$\text{全日効率 }\eta_d=\frac{\text{1日の出力電力量〔kW・h〕}}{\text{1日の出力電力量〔kW・h〕}+\text{1日の損失電力量〔kW・h〕}}\times 100\text{〔\%〕}$$

三相短絡及び二相短絡事故電流 I_{3s}，I_{2s}	p.384（3・10）（3・11）

$$I_{3s}=\frac{E}{Z}\text{〔A〕}\qquad I_{2s}=\frac{\sqrt{3}\,E}{2Z}\text{〔A〕}$$

インピーダンス Z の百分率インピーダンス%Z	p.384（3・12）

$$\%Z=\frac{Z}{Z_{\mathrm{BASE}}}\times 100=\frac{ZI_{\mathrm{BASE}}}{E_{\mathrm{BASE}}}\times 100=\frac{ZI_{\mathrm{BASE}}}{V_{\mathrm{BASE}}/\sqrt{3}}\times 100=\frac{\sqrt{3}\,V_{BASE}I_{BASE}Z}{{V_{\mathrm{BASE}}}^2}\times 100=\frac{ZS_{\mathrm{BASE}}}{{V_{\mathrm{BASE}}}^2}\times 100\text{〔\%〕}$$

百分率インピーダンス%Z による三相短絡時の短絡事故電流 I_{3S}	p.385（3・13）（3・14）

$$I_{3s}=\frac{E_{\mathrm{BASE}}}{Z}=\frac{E_{\mathrm{BASE}}}{\dfrac{\%ZE_{\mathrm{BASE}}}{I_{\mathrm{BASE}}\times 100}}=\frac{100}{\%Z}I_{\mathrm{BASE}}=\frac{100}{\%Z}\cdot\frac{S_{\mathrm{BASE}}}{\sqrt{3}\,V_{\mathrm{BASE}}}=\frac{100}{\%Z}\cdot\frac{S_{\mathrm{BASE}}}{3E_{\mathrm{BASE}}}\text{〔A〕}$$

n 次高調波電流 I_{Sn}	p.438（3・37）

$$I_{Sn}=\frac{nX_L-\dfrac{X_C}{n}}{nX_S+\left(nX_L-\dfrac{X_C}{n}\right)}\times I_n$$

用語索引

ア 行

カ 行

サ　行

タ　行

ナ 行

ハ 行

マ行・ヤ行

ラ 行

英数字

〈著者略歴〉

重藤貴也（しげとう　たかや）

平成 13 年　第一種電気主任技術者試験合格
　　　　　　中部電力パワーグリッド株式会社

山田昌平（やまだ　しょうへい）

平成 27 年　第一種電気主任技術者試験合格
　　　　　　中部電力パワーグリッド株式会社

完全マスター電験三種受験テキスト
法　規（改訂５版）

2008 年 3 月 20 日　第 1 版第 1 刷発行
2012 年 6 月 15 日　改訂 2 版第 1 刷発行
2014 年 3 月 20 日　改訂 3 版第 1 刷発行
2019 年 4 月 25 日　改訂 4 版第 1 刷発行
2023 年 11 月 30 日　改訂 5 版第 1 刷発行

著　者　重藤貴也
　　　　山田昌平
発行者　村上和夫
発行所　株式会社 オーム社
　　　　郵便番号 101-8460
　　　　東京都千代田区神田錦町 3-1
　　　　電話 03(3233)0641(代表)
　　　　URL https://www.ohmsha.co.jp/

印刷　中央印刷　　製本　協栄製本
ISBN978-4-274-23131-5　Printed in Japan

好評関連書籍

身近な現象を題材に電磁気学をマンガで解説！

- 遠藤雅守／著
- 真西まり／作画
- トレンド・プロ／制作
- B5変・264頁
- 定価（本体2200円【税別】）

生活を取り巻く電気設備や動力設備、配管・配線、電気室などをマンガで表現！

- 五十嵐博一／著
- 笹岡悠瑠／作画
- ジーグレイプ／制作
- B5変・200頁
- 定価（本体2200円【税別】）

電気機器を駆動させるモーターをマンガで学ぼう！

- 森本雅之／著
- 嶋津 蓮／作画
- トレンド・プロ／制作
- B5変・200頁
- 定価（本体2000円【税別】）

マンガでわかる 電気

見えない電気をマンガで体感！

- 藤瀧和弘／著
- マ ツ ダ／作画
- トレンド・プロ／制作
- B5変・224頁
- 定価（本体1900円【税別】）

もっと詳しい情報をお届けできます.
◎書店に商品がない場合または直接ご注文の場合も右記宛にご連絡ください.

ホームページ https://www.ohmsha.co.jp/
TEL／FAX TEL.03-3233-0643 FAX.03-3233-3440

（定価は変更される場合があります）